AF411188

PRÉCIS

DU

PIED DU CHEVAL

ET

DE SA FERRURE

AVEC APPENDICE SUR LA FERRURE DU MULET

DE L'ANE ET DU BŒUF

CORBEIL. — IMPRIMERIE ÉD. CRÉTÉ

PRÉCIS

DU

PIED DU CHEVAL

ET

DE SA FERRURE

AVEC APPENDICE SUR LA FERRURE DU MULET

DE L'ANE ET DU BOEUF

PAR

F. PEUCH et X. LESBRE

PROFESSEURS A L'ÉCOLE NATIONALE VÉTÉRINAIRE DE LYON

Avec 328 figures dans le texte

PARIS

ASSELIN ET HOUZEAU

Libraires de la Société centrale de Médecine vétérinaire

PLACE DE L'ÉCOLE-DE-MÉDECINE

1896

A LA MÉMOIRE

DE

H. BOULEY.

PRÉFACE

L'enseignement de l'Anatomie et de la Ferrure qui
nous est confié, depuis plusieurs années, à l'École
vétérinaire de Lyon, nous a conduits à rassembler et
à compléter, sous une forme aussi concise que possible,
l'œuvre éparse et inachevée de H. Bouley sur l'anatomie,
la physiologie et la ferrure du pied du cheval. Personne,
après ce Maître, n'a écrit sur cette matière avec plus
d'autorité et d'éloquence : le *Traité de l'organisation
du pied du cheval*, les articles du *Dictionnaire de médecine, de chirurgie et d'hygiène vétérinaires* sur la ferrure
et la plupart des maladies du pied sont des modèles
qui n'ont pas été dépassés. En dédiant ce livre à sa
mémoire, nous avons voulu lui rendre un hommage
de reconnaissance, bien faible il est vrai, mais profondément sincère. Car, pour rédiger le *Précis* que
nous publions aujourd'hui, nous nous sommes ins-
pirés principalement des études de l'ancien Inspecteur
général des Écoles vétérinaires sur un sujet qui lui
était cher.

Nous avons aussi mis à profit les nombreux travaux
qui ont paru, dans ces dernières années, tant en

France qu'à l'étranger, parmi lesquels il faut citer ceux de Goyau, Lavalard, Delpérier, Dangel, Aureggio, Pader, Jacoulet et Chomel, Brambilla, Fogliata, Leisering et Hartmann, Lungwitz, Dominick, Möller, Fleming, etc., sans compter les moyens d'enseignement dont nous disposons soit dans le service d'Anatomie, soit dans celui de Ferrure et de Clinique de l'École vétérinaire de Lyon.

Nous avons mis en œuvre tous ces documents et observations pour présenter au lecteur un exposé méthodique de nos connaissances sur le pied du cheval et sa ferrure, en nous appliquant à faire une sélection parmi les innombrables inventions qui encombrent cette matière.

Un livre sur ce sujet doit être autre chose qu'une énumération de fers de toutes sortes et de tous pays, autre chose, en un mot, qu'un catalogue illustré de maréchalerie entremêlé de développements disparates sur l'anatomie et la physiologie du pied, l'extérieur et la pathologie : ce doit être un exposé de l'art de bien ferrer basé sur la connaissance approfondie de l'anatomie et de la physiologie du pied. La ferrure n'est pas un but, c'est un moyen ; or, on ne peut discerner la valeur de ce moyen qu'en considérant le résultat à atteindre, lequel est essentiellement de protéger le sabot, en en conservant la forme et les fonctions. C'est la manière d'être du pied qui doit, en principe, commander la manière d'être du fer. Il appartient au maréchal de confectionner et d'appliquer le fer et au vétérinaire d'en indiquer la forme et les dispositions pour remplir des indications dont lui seul est juge éclairé.

Tel est l'esprit dans lequel ce livre a été conçu et exécuté. Il comprend deux parties : la première est consacrée à l'anatomie et à la physiologie du pied du cheval, la seconde à la ferrure. Cette dernière est elle-même divisée en trois sections : *historique de la ferrure, ferrure du pied normal* et *ferrure du pied défectueux* ou *malade*, suivies d'un appendice sur la *ferrure du mulet, de l'âne et du bœuf*. Plus de 300 figures intercalées dans le texte complètent les descriptions tout en atténuant ce qu'elles ont toujours d'aride et de fastidieux.

Nos éditeurs, MM. Asselin et Houzeau, toujours si dévoués pour la publication des ouvrages vétérinaires, n'ont reculé devant aucune dépense pour l'exécution matérielle de ce livre; nous leur adressons donc ici l'expression de notre gratitude. Ajoutons que le *Précis du Pied du cheval et de sa ferrure* a été principalement écrit pour les Élèves de nos Écoles vétérinaires : leur être utile est notre seule ambition ; réussir dans cette tâche serait notre plus douce récompense.

Lyon, 30 janvier 1896.

F. PEUCH.   F. X. LESBRE.

TABLE MÉTHODIQUE DES MATIÈRES

CHAPITRE II. — **Physiologie.**

Historique.

DEUXIÈME PARTIE

FERRURE

SECTION I. — HISTORIQUE DE LA FERRURE.

SECTION II. — FERRURE NORMALE.

PRÉCIS

DU

PIED DU CHEVAL ET DE SA FERRURE

PRÉLIMINAIRES

DÉFINITIONS. — DIVISIONS.

Le mot *pied* désigne, d'une manière générale, la partie
inférieure des membres qui pose sur le sol et supporte le
corps. Conséquemment, on reconnaît aux quadrupèdes des
pieds antérieurs et des pieds postérieurs.

En anatomie, ce mot a une acception plus restreinte : il
s'applique seulement à la partie terminale du membre
pelvien, comprenant le tarse, le métatarse et les phalanges ; la partie équivalente du membre thoracique,
formée du carpe, du métacarpe et des phalanges, porte le
nom de *main* (fig. 1). — Assurément, la main de nos
mammifères domestiques, et principalement celle des
Solipèdes, a été destituée de sa fonction essentielle, la
préhension, et agit comme un autre pied ; mais elle n'en
est pas moins comparable à la main de l'homme par les
grands traits de sa structure ; les différences consistent
en une réduction du nombre des doigts et en une hypertrophie compensatrice des doigts restants : les doigts

extrêmes disparaissent, les doigts centraux persistent, pour adapter la main à un simple rôle de support. Le pied lui-même subit des modifications anatomiques parallèles à celles de la main.

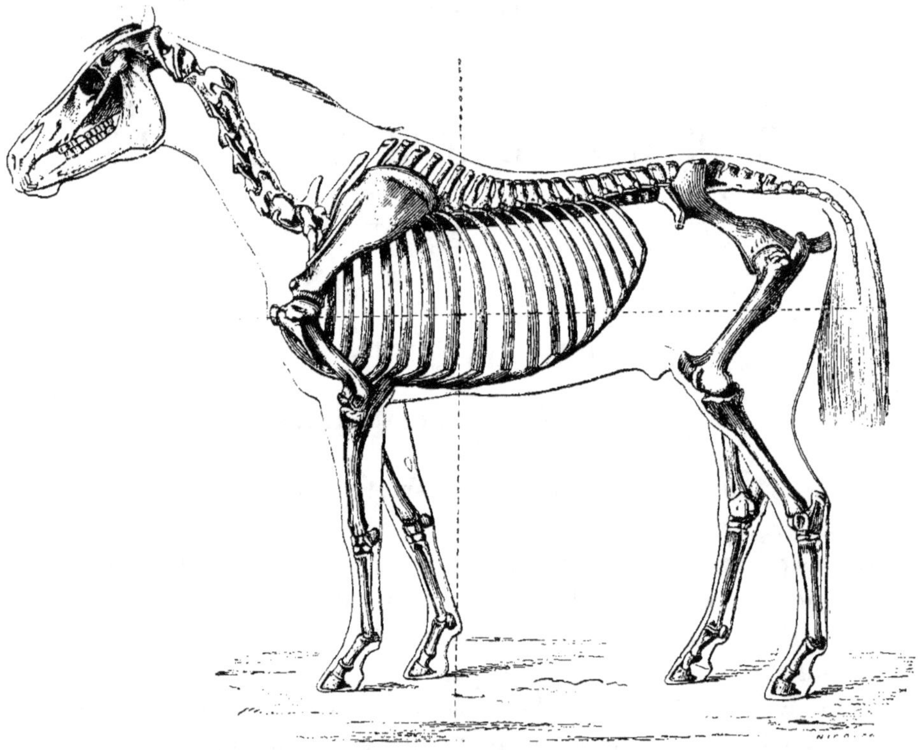

Fig. 1, empruntée à l'*Extérieur du cheval* de Goubaux et Barrier. Squelette avec profil des formes du cheval. Le centre de gravité est à l'intersection des deux lignes pointillées.

Au point de vue anatomique, donc, il n'y a pas d'animaux quadrupèdes, non plus que d'animaux quadrumanes. Mais au point de vue où nous sommes placés dans ce livre, il y a intérêt à adopter le langage courant attribuant le nom de *pied* à la partie inférieure des quatre membres, indifféremment, posant sur le sol et supportant le corps. On distingue d'après le mode de station :

1° Des animaux *plantigrades*, c'est-à-dire marchant sur toute l'étendue de la plante des pieds, depuis le carpe ou le tarse jusqu'à l'extrémité des doigts. Exemples : l'homme, l'ours.

2° Des animaux *digitigrades*, marchant sur les doigts, tels que le chien et le chat.

3° Enfin, des animaux *onguligrades*, marchant sur les ongles développés en sabots, comme les Solipèdes et les Ruminants.

Nous faisons abstraction des modes d'appui intermédiaires, qualifiés de *subplantigrade*, *subdigitigrade*, *subonguligrade*.

Dans les formes digitigrades et onguligrades, le carpe et le tarse se trouvent plus ou moins éloignés du sol ; celui-ci devient la base du jarret, celui-là la base du genou ; le calcanéum ne justifie plus son nom, tiré de *calcare*, fouler au pied, il constitue la pointe du jarret ; le pied se réduit à l'extrémité digitée. C'est ainsi que les pieds du cheval ne sont rien autre que les quatre sabots et leur contenu.

Nous allons en faire connaître l'anatomie, la physiologie, et la ferrure.

PREMIÈRE PARTIE
ANATOMIE ET PHYSIOLOGIE

CHAPITRE PREMIER

ANATOMIE

Sous ce titre, nous étudierons la structure et la forme des pieds normaux.

ART. I. — STRUCTURE

Le pied est plus qu'un organe, c'est tout un appareil formé de parties nombreuses et diverses admirablement agencées, les unes internes, les autres externes.

Les *parties internes* sont :

La troisième phalange et son sésamoïde ; l'articulation de ces os entre eux et avec la deuxième phalange ; la terminaison des tendons des deux muscles extenseur antérieur des phalanges et fléchisseur profond des phalanges ; la synoviale articulaire et la synoviale petite sésamoïdienne ; les cartilages complémentaires de la phalange et le coussinet plantaire, organes éminemment élastiques et amortissants ; la membrane kératogène ou tégument sous-unguéal ; enfin des vaisseaux et des nerfs.

Les *parties externes* sont :

La paroi, la sole, la fourchette et le périople, formant ensemble le sabot, ongle qui a atteint le summum du développement.

Une étude complète de la structure du pied, au double point de vue de l'anatomie descriptive et de l'histologie, demanderait des développements que le caractère essentiellement pédagogique de cet ouvrage ne saurait permettre. Au reste nous nous adressons spécialement à un public déjà initié auquel il suffira de remémorer les principaux traits de cette étude en en faisant valoir les applications à la physiologie et à la pathologie.

§ 1. — OS

Troisième phalange. — La troisième phalange ou phalangette, mérite on ne peut mieux le nom de *phalange unguéale*, car elle supporte le sabot et en présente la forme. Les figures 2 et suivantes nous dispenseront d'une description détaillée ; nous appellerons seulement l'attention du lecteur sur quelques particularités importantes.

a. Les surfaces articulaires phalangiennes sont remarquablement uniformes : la surface inférieure de la première phalange est semblable à la surface inférieure de la deuxième ; il en est de même pour les surfaces supérieures de la deuxième et de la troisième ; à la vérité, celle-là ne

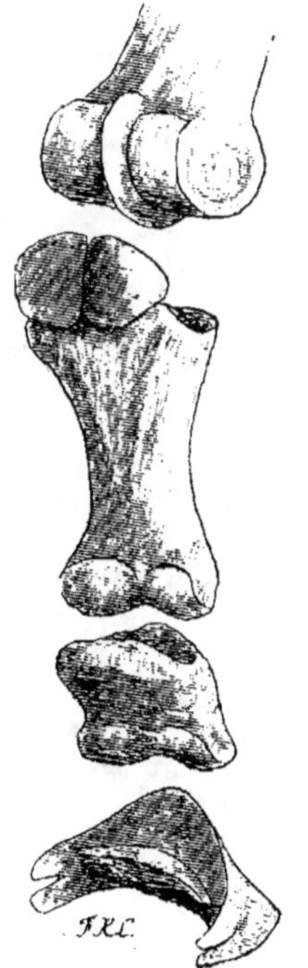

Fig. 2. — Os de l'extrémité digitée.

possède pas de sésamoïde complémentaire, mais elle présente en arrière une saillie de glissement qui en tient lieu et que l'on a comparée à un sésamoïde fixe.

b. La partie distale de la phalangette est criblée de pertuis et de petites scissures qui lui donnent à peu près l'aspect de la cheville osseuse des cornes frontales; tous ces foramens, parmi lesquels se distinguent ceux du bord inférieur, donnent accès par de petits tuyaux osseux dans le *sinus semi-lunaire*, lequel s'ouvre d'autre part à l'extérieur par les deux *trous plantaires* situés derrière la *crête semi-lunaire*. Cette structure poreuse tient à ce que les vaisseaux de quelque importance, ne pouvant trouver place à la surface de l'os sous peine d'être exposés aux compressions, ont dû le traverser et se diviser à son intérieur en mille et mille ramuscules avant d'atteindre la membrane kératogène. Il n'y a donc pas là de simples trous nourriciers comparables à ceux des autres os, mais un véritable système canaliculaire permettant à la phalangette de jouer, relativement au sang destiné au tégument sous corné, le rôle d'une pomme d'arrosoir.

La phalangette est formée, comme tous les autres os, de substance compacte et de substance spongieuse. La première forme une enveloppe périphérique, particulièrement épaisse à la base de l'éminence pyramidale, vers la crête semi-lunaire et en dessous de la surface articulaire. La seconde forme un noyau central condensé dont l'ordonnance générale des lamelles est indiquée par la figure 3, qui montre ainsi les lignes de pression et de résistance de l'os (1); parmi ces lamelles il en est de remarquablement fortes qui figurent de véritables piliers ou poutres.

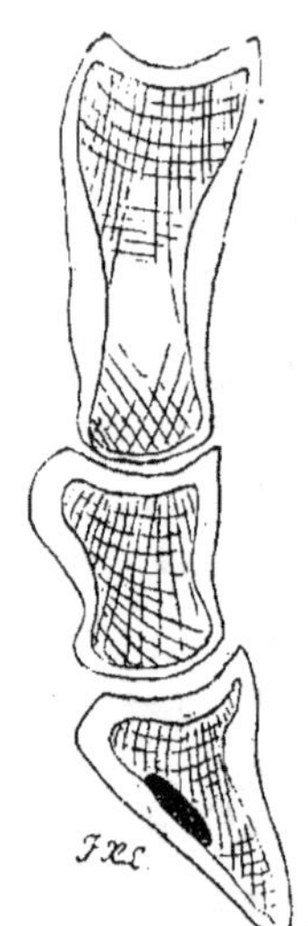

Fig. 3, d'après Zchokke. Schéma de la texture des phalanges.

(1) Voir Zchokke : Nouvelles recherches sur la relation qui existe entre la forme des os, la statique et la mécanique du squelette des vertébrés. Zurich, 1892. (Travail écrit en allemand.)

Petit sésamoïde. — Le petit sésamoïde ou os *naviculaire* complète en arrière la surface articulaire de la troisième phalange et sert de poulie de renvoi au tendon perforant; il est incrusté de cartilage sur ses deux faces, et constitué par un noyau spongieux très serré, entouré d'une couche compacte.

§ 2. — ARTICULATIONS

L'articulation de la troisième phalange avec l'os naviculaire est une petite arthrodie assujettie par un ligament dit interosseux représenté figures 4 et 6.

L'articulation de la deuxième phalange avec les deux os précités est une charnière imparfaite assujettie par deux ligaments latéraux antérieurs et deux ligaments latéraux postérieurs, dirigés obliquement de haut en bas et d'avant en arrière de manière à permettre la flexion mais à brider l'extension.

Il est remarquable que les ligaments des diverses articulations digitées sont presque tous disposés pour les raidir en limitant l'extension : le ligament suspenseur du boulet et les tendons fléchisseurs des phalanges soutiennent l'articulation métacarpo ou métatarso-phalangienne, et imposent une limite à l'affaissement du pâturon (1), pendant que la bride de renforcement de l'extenseur antérieur des phalanges raidit tout le rayon phalangien; la deuxième phalange est si bien bridée dans son extension par le ligament sésamoïdien inférieur superficiel, par les brides d'attache du bourrelet glénoïdien et par les ligaments de la première articulation interphalangienne, qu'elle constitue avec la première phalange un seul et même levier oscillant sur la troisième. En sorte que tout est disposé

(1) Lequel affaissement est un mouvement d'extension.

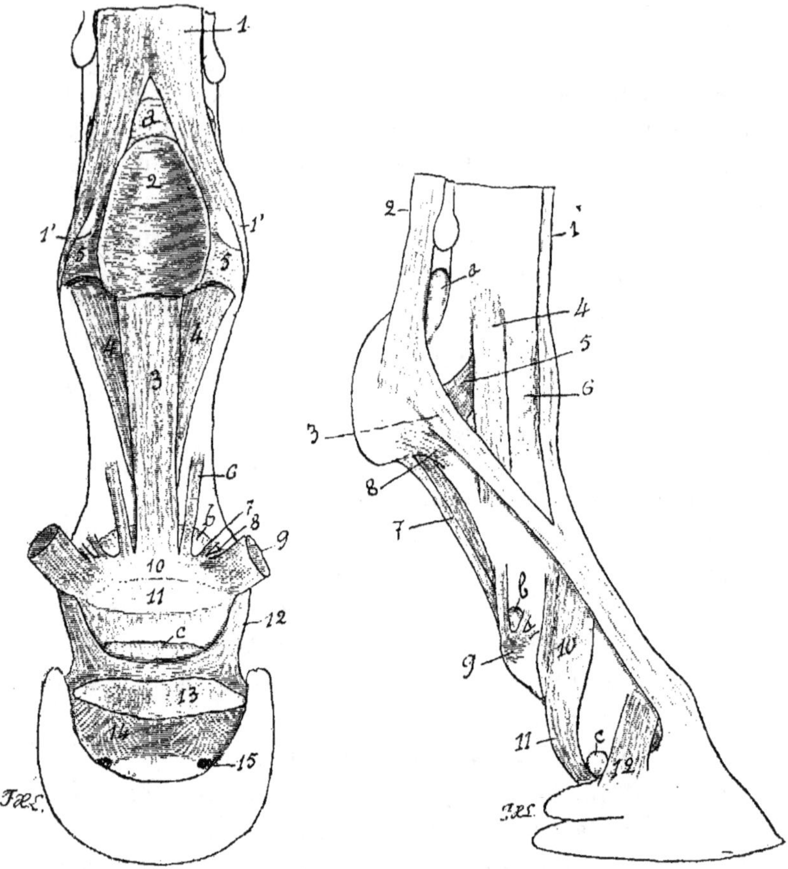

Fig. 4.

1, ligament suspenseur du boulet.

1' 1', brides de renforcement du tendon extenseur.

2. ligament intersésamoïdien formant coulisse.

3, ligament sésamoïdien inférieur superficiel.

4, ligament sésamoïdien inférieur moyen.

5,5 ligaments sésamoïdiens latéraux.

6, 7, 8. Brides d'attache du bourrelet glénoïdien.

9, terminaison du perforé.

10, bourrelet glénoïdien.

11, sésamoïde fixe de la 2e phalange.

12, ligament latéral postérieur de l'articulation du pied.

13, petit sésamoïde.

14, ligament interosseux.

15, trous plantaires.

a, cul-de-sac postérieur de la synoviale articulaire du boulet.

b, cul-de-sac postérieur de la synoviale de la première articulation interphalangienne.

c, cul-de-sac postérieur de la synoviale de l'articulation du pied.

Fig. 5.

1. tendon de l'extenseur antérieur des phalanges.

2, ligament suspenseur du boulet.

3, bride de renforcement du tendon extenseur.

4 et 5. Les deux couches du ligament latéral.

6, ligament membraneux antérieur.

7, ligaments sésamoïdiens inférieurs, superficiel et moyen.

8, ligament sésamoïdien latéral.

9. bourrelet glénoïdien et ses trois brides d'insertion.

10, ligament latéral de la première articulation interphalangienne.

11, ligament latéral postérieur de l'articulation du pied.

12, ligament latéral antérieur de l'articulation du pied.

a, cul-de-sac synovial de l'articulation métacarpo-phalangienne.

b, cul-de-sac synovial de la première articulation interphalangienne.

c, cul-de-sac synovial latéral de l'articulation du pied.

pour communiquer au rayon digité une rigidité proportionnelle à son degré d'extension (Voir fig. 5).

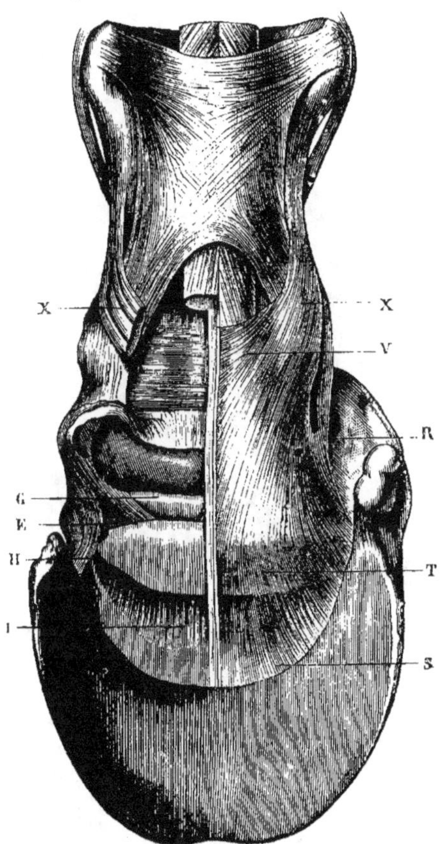

Fig. 6, d'après H. Bouley
(Le tendon perforant a été enlevé d'un côté).

E, insertion du ligament latéral postérieur à l'extrémité du sésamoïde.
G, bourrelet complémentaire du petit sésamoïde.
H, branche du ligament latéral postérieur s'insérant sur l'apophyse rétrossale.
I, ligament interosseux.
R, bord du tendon perforant en dedans du cartilage.

S, insertion de ce tendon à la crête semi-lunaire.
T, élargissement terminal du perforant, ou aponévrose plantaire.
V, gaine de renforcement de l'aponévrose plantaire.
X, brides d'attaches de cette gaine.

§ 3. — **TENDONS**

Il y a le tendon de l'extenseur antérieur des phalanges

qui se termine à l'éminence pyramidale de la phalangette
et celui du fléchisseur profond des phalanges ou perforant

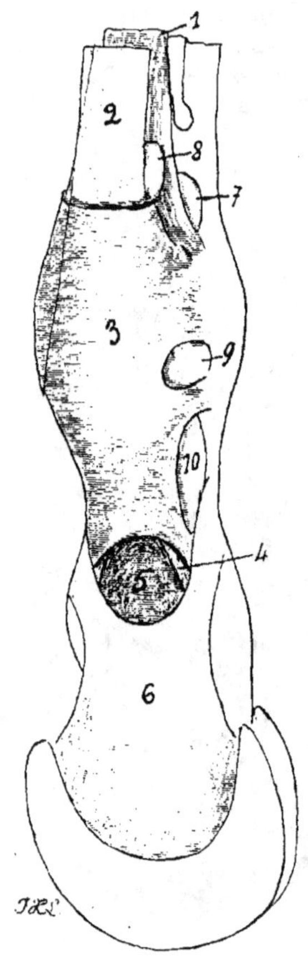

Fig. 7.

1, ligament suspenseur du boulet.
2, tendons fléchisseurs.
3, arcade fibreuse grande sésamoïdienne.
4, branches terminales du perforé.
5, perforant.
6, aponévrose de renforcement du perforant.

7, cul-de-sac synovial de l'articulation du boulet.
8, cul-de-sac supérieur de la synoviale grande sésamoïdienne.
9,10, petits culs-de-sac latéraux de la même synoviale.

qui s'insère à la crête semi-lunaire, l'un et l'autre élargis
et renforcés de brides puissantes.

Le tendon extenseur, grâce aux brides qu'il reçoit du suspenseur du boulet, fonctionne, avons-nous dit déjà. comme une corde de raidissage à l'égard du rayon phalangien, lorsque ce rayon s'affaisse sous le poids du corps

Le tendon fléchisseur, doublé de son aponévrose de renforcement, soutient le petit sésamoïde sur lequel se déversent parfois de très fortes pressions.

En somme, il y a lieu d'être frappé de l'accumulation. en arrière des phalanges, des ligaments, des tendons et des soupentes aponévrotiques, accumulation en rapport avec la surcharge de pressions et de tractions résultant de l'inclinaison de ces os en avant.

§ 4. — SYNOVIALES

Il faut signaler, dans la structure du pied, deux synoviales : la **synoviale articulaire** et la **synoviale petite sésamoïdienne.** La première forme quatre culs-de-sac : un *postérieur*, au-dessus du petit sésamoïde, contre la face postérieure de la deuxième phalange, lequel vient s'adosser au cul-de-sac inférieur de la gaine grande sésamoïdienne et au cul de-sac supérieur de la petite sésamoïdienne — un *inférieur* qui tapisse le ligament interosseux, — enfin deux *latéraux* compris entre les ligaments de chaque côté, et couverts par les cartilages scutiformes.

La synoviale petite sésamoïdienne ou podo-sésamoïdienne est une synoviale tendineuse vésiculaire, aplatie entre le tendon perforant et l'os naviculaire; elle forme deux culs-de-sac : un *supérieur* adossé, comme il vient d'être dit, au cul-de-sac inférieur de la gaine grande sésamoïdienne et au cul-de-sac postérieur de la synoviale articulaire — un *inférieur* situé sous le ligament interosseux, qui le sépare du cul-de-sac inférieur de cette dernière.

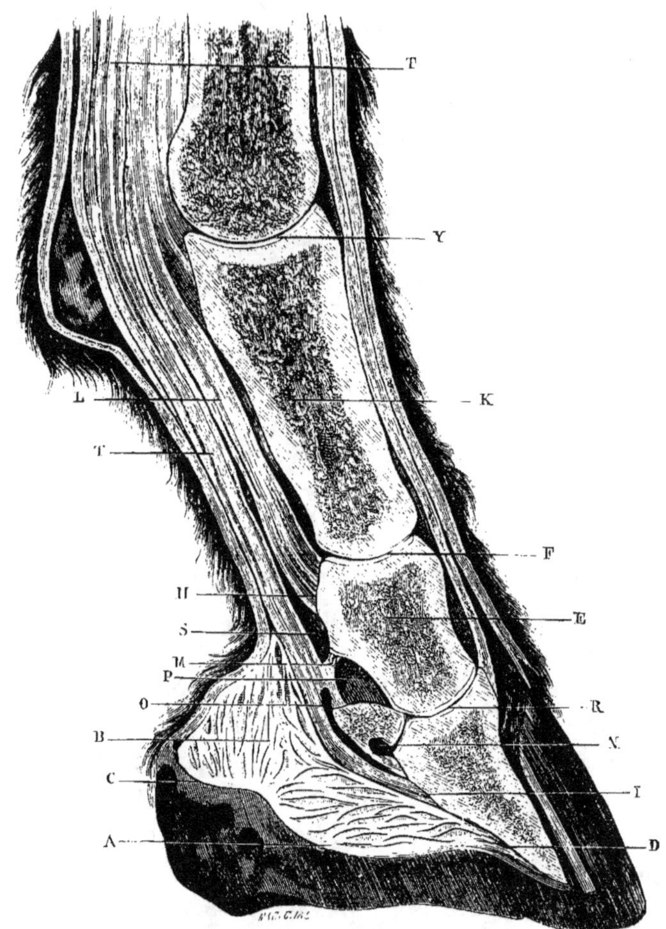

Fig. 8, d'après H. Bouley.
Coupe longitudinale et médiane de la région digitée.

A, B, coupe du coussinet plantaire montrant ses travées fibreuses et sa pulpe élastique.

C, tissu velouté faisant corps avec ce coussinet.

D, point d'insertion du coussinet à la face inférieure de l'os du pied.

E, substance spongieuse de l'intérieur de la deuxième phalange.

F, articulation de la première phalange avec la deuxième.

H, terminaison du perforé.

I, insertion de l'aponévrose plantaire à la crête semi-lunaire.

K, intérieur de la première phalange.

L, perforé et ligaments sésamoïdiens inférieurs, superficiel et moyen.

M, lame jaune unissant le tendon perforant à la deuxième phalange.

N, cul-de-sac inférieur de la synoviale de l'articulation du pied.

O, synoviale podo-sésamoïdienne.

P, cul-de-sac postérieur de la synoviale de l'articulation du pied.

S, cul-de-sac inférieur de la synoviale grande sésamoïdienne.

T, perforant.

Y, articulation métacarpo-phalangienne.

§ 5. — ORGANES D'AMORTISSEMENT

Ce sont : les cartilages ou fibro-cartilages complémentaires de la troisième phalange, et le coussinet plantaire.

Les cartilages figurent des plaques scutiformes prolongeant l'os en haut et en arrière, et couvrant l'articulation du pied latéralement. Leur *face externe* est convexe et surplombante. Leur *face interne* est concave ; antérieurement, elle est appliquée sur l'articulation ; postérieurement, elle se joint au coussinet plantaire par une véritable continuité de tissu. Leur *bord inférieur* est implanté sur la phalangette jusqu'à l'éminence rétrossale, et se projette au delà. Leur *bord supérieur* est plus ou moins convexe, aminci, taillé en écaille. Leur *extrémité antérieure* se confond, avec l'âge, avec le ligament latéral antérieur. Leur *extrémité postérieure* se termine en pointe dans le bulbe du talon.

Les deux faces des fibro-cartilages servent de support à des veines nombreuses et plexiformes dont plusieurs s'impriment sur l'organe ou même le traversent de part en part.

Ces appendices ne sont qu'à moitié contenus dans le sabot ; ils le débordent en haut et produisent à la couronne deux saillies flexibles et élastiques que l'on sent très bien sous la peau.

Lesdits fibro-cartilages ne sont pas absolument homogènes ; ils sont beaucoup plus fibreux en arrière et sur leur face interne, où ils font transition au coussinet, qu'en avant et sur leur face externe, où ils ont tendance à la texture hyaline. Il est à remarquer, d'autre part, que ceux des pieds de devant sont plus épais et plus étendus que les postérieurs.

Le coussinet plantaire est un gros tampon fibro-élastique situé sous la terminaison du perforant, entre les fibro-

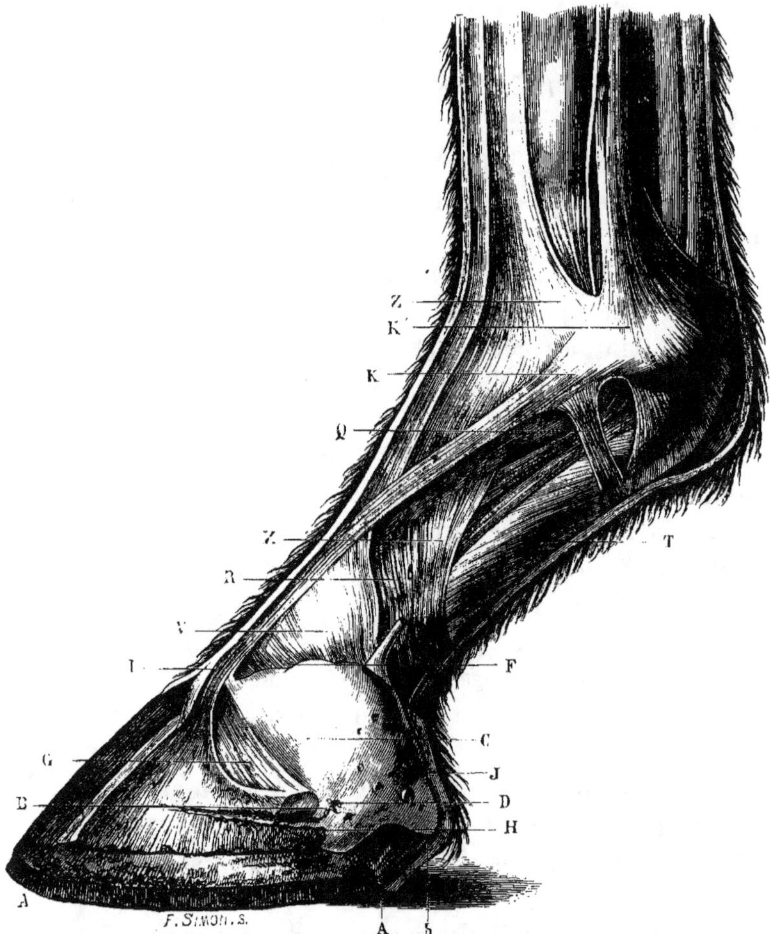

Fig. 9, d'après H. Bouley.

A. A, coupe latérale du sabot.
B, apophyse basilaire.
C, cartilage de prolongement.
D, ouvertures vasculaires.
FJ, bord supérieur du cartilage.
G, ligament latéral antérieur.
H, apophyse rétrossale.
I, tendon de l'extenseur antérieur des phalanges.
K, brides émanant du suspenseur du boulet.
Q, bride d'attache de l'arcade fibreuse grande sésamoïdienne.
RX, aponévrose de renforcement du perforant.
T, tendons fléchisseurs.
Z, insertion du tendon de l'extenseur latéral des phalanges.

cartilages, supportant la fourchette à laquelle il sert de matrice.

La *face supérieure* se moule sur l'expansion terminale
du perforant et adhère à son aponévrose de renforcement ;
elle est revêtue d'une membrane cellulo-fibreuse qui
donne naissance de chaque côté à une petite bandelette se
portant au coussinet de l'ergot en croisant en X les vaisseaux et les nerfs collatéraux du doigt, bandelette qui
représente certainement un ligament interdigité.

La *face inférieure* rappelle tout à fait l'aspect de la fourchette ; aussi les hippiatres donnaient-ils au coussinet
plantaire le nom de *fourchette de chair*. Cette face forme
donc une forte saillie triangulaire, simple en avant,
dédoublée en arrière par une profonde dépression longitudinale : c'est le *corps pyramidal*, auquel on distingue
une *pointe* dépassant à peine la crête d'insertion du perforant, une *lacune médiane*, et deux *branches* terminées en
arrière par deux renflements arrondis où se perdent les
fibro-cartilages, renflements désignés sous les noms
de *bulbes cartilagineux, bulbes du coussinet, bulbes des
talons*.

Le coussinet plantaire est doué d'une structure merveil-
leusement adaptée à son rôle ; il se compose en effet d'un
canevas fibreux aréolaire dont les mailles, d'autant plus
serrées qu'on les examine plus près de la surface et plus
en avant, sont remplies par une substance d'aspect jaunâtre que Coleman avait prise à tort pour de la graisse,
mais que H. Bouley assimila au tissu élastique des
artères ; vue au microscope, elle se montre constituée
par des pelotons de fines fibres élastiques enchevêtrées
que le scapel ou l'aiguille peuvent étirer en membranes.
Ces pelotons communiquent d'une maille à l'autre et
sont d'un seul tènement. Chez l'âne et le mulet, les mailles
du coussinet plantaire, au lieu d'être remplies exclusivement de tissu élastique, contiennent en outre des lobules
adipeux, en sorte que cet organe fait transition des

coussinets *fibro-adipeux* des carnivores, des ruminants et du porc aux coussinets *fibro-élastiques* du cheval (1).

Les coussinets plantaires, en général, ne sont pas des organes d'une nature particulière ; on peut avec toutes raisons les considérer comme le résultat d'une hypertrophie localisée de la couche réticulo-adipeuse du derme cutané, hypertrophie que l'on remarque d'ailleurs dans tous les points de la peau subissant des pressions répétées ; on dirait des callosités naturelles. Le coussinet plantaire du cheval, avec ses mailles remplies de tissu élastique au lieu de tissu graisseux, est adapté à l'optimum à recevoir des pressions et à les amortir.

Malgré sa structure fibro-élastique, ce coussinet est un organe très vasculaire, doué d'une nutrition énergique qui lui rend facile la réparation de ses lésions. Il est d'autre part abondamment innervé, et il contient dans son intérieur des corpuscules de Pacini qui lui donnent sans doute une sensibilité toute particulière à la pression ; ces corpuscules relativement volumineux, groupés par deux, trois, quatre ou davantage, sont surtout abondants dans la région des bulbes ; ils ont été découverts, il y a une vingtaine d'années, par le professeur de Martini de Naples et ont été ensuite bien étudiés par les professeurs Palladino et Piana (2).

Les coussinets plantaires des solipèdes, à l'instar de ceux des carnivores, renferment en outre des glandes sudoripares dont les canaux excréteurs traversent le tissu velouté et la fourchette ; ces glandes se rencontrent surtout à la partie postérieure et en regard de la lacune médiane ; elles manquent dans la pointe ; elles ont été signalées pour la première fois par Ercolani et ont été l'objet de

---

(1) Voir Lesbre et Peuch, Contribution à l'anatomie et à la physiologie du pied, etc. (*Journal de l'Ecole vétérinaire de Lyon*, 1892 et 1893.)

(2) Voir Fogliata (*Manuale di ippo-podologia*).

recherches spéciales de la part de Franck, Fogliata, Vachetta (1).

§ 6. — TÉGUMENT SOUS-CORNÉ OU MEMBRANE KÉRATOGÈNE.

La peau ne s'arrête pas à la jonction du sabot ; elle ne fait que changer de caractères : le derme se prolonge sous l'ongle, à la surface de la troisième phalange et du coussinet plantaire, et prend le nom assez impropre de *membrane kératogène* ; la couche cornée de l'épiderme s'amoncelle, se différencie et constitue l'ongle lui-même ; enfin le corps muqueux de Malpighi se retrouve entre l'ongle et le derme sous-unguéal, établissant leur jonction et se développant surtout là où la corne prend naissance. Celle-ci procède en effet de la couche malpighienne sous-jacente, dont les cellules prolifèrent au contact du derme tandis qu'elles se kératinisent au contact de la corne ; cette kératinisation s'opère au sein d'une couche granuleuse plus ou moins manifeste, le *stratum granulosum*. Le derme sous-unguéal n'engendre donc pas la corne, il lui sert seulement de support et de moule ; la véritable membrane kératogène c'est le corps muqueux de Malpighi qui le recouvre.

La figure ci-contre montre parfaitement la transition entre la peau épaisse et dense de la couronne et *la peau du pied*. On voit le derme perdre ses glandes et ses poils, hypertrophier ses papilles, augmenter sa vascularisation, le corps muqueux s'épaissir proportionnellement à l'allongement de ces dernières, et enfin la couche cornée, devenue ongle, orienter son développement non plus perpendiculairement au derme mais parallèlement.

(1) Ercolani. Osservazioni anatomo-fisiologiche intorno all' organo keratogeni dei mamiferi domestici (*Il medico veterinario*, 1861).
Franck (*Deutsche Zeitscrift fur Thier medicin*, 1874).
Fogliata (*in loc. cit.*).

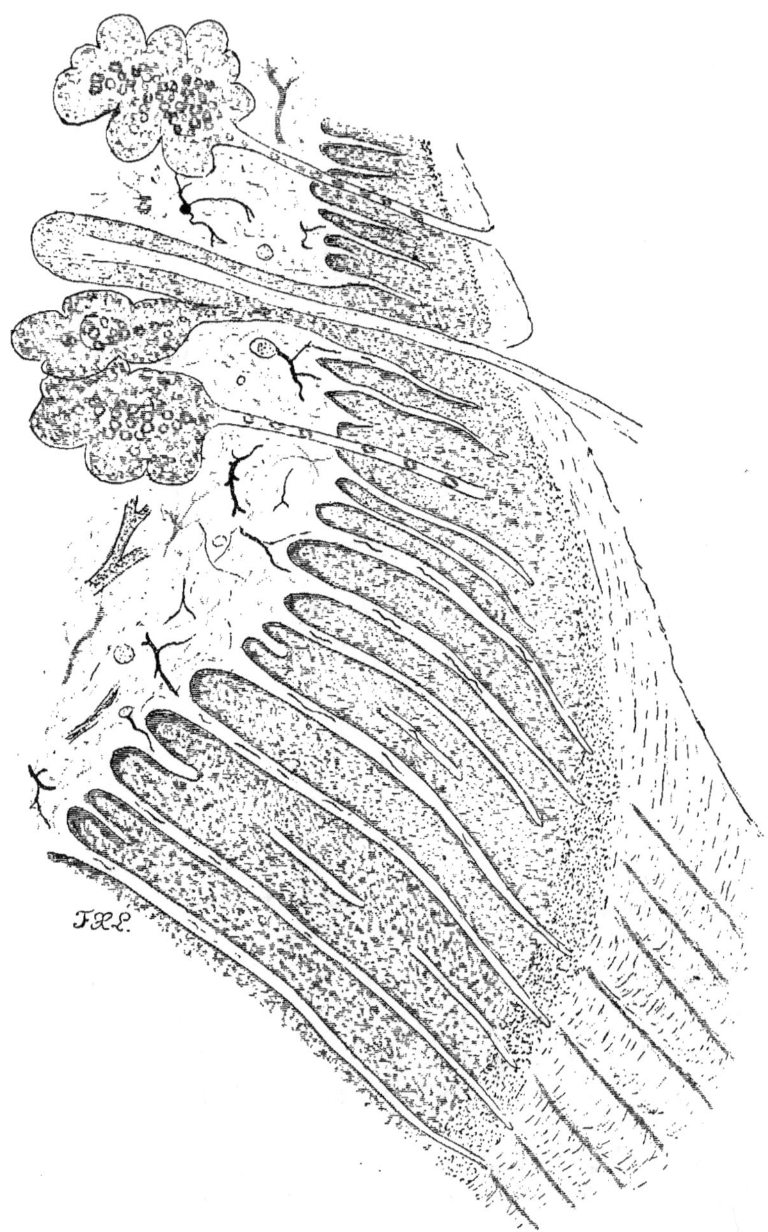

Fig. 10. — Coupe histologique montrant le passage de la peau de la couronne au bourrelet périoplique et au périople (Grossissement = 30 diamètres).

Lorsque le sabot a été arraché, le derme mis à découvert se distingue en : *bourrelet ou cutidure, derme feuilleté podophylle ou tissu podophylleux,* et *tissu ou membrane veloutée.*

Bourrelet. — Le bourrelet est un renflement en corniche

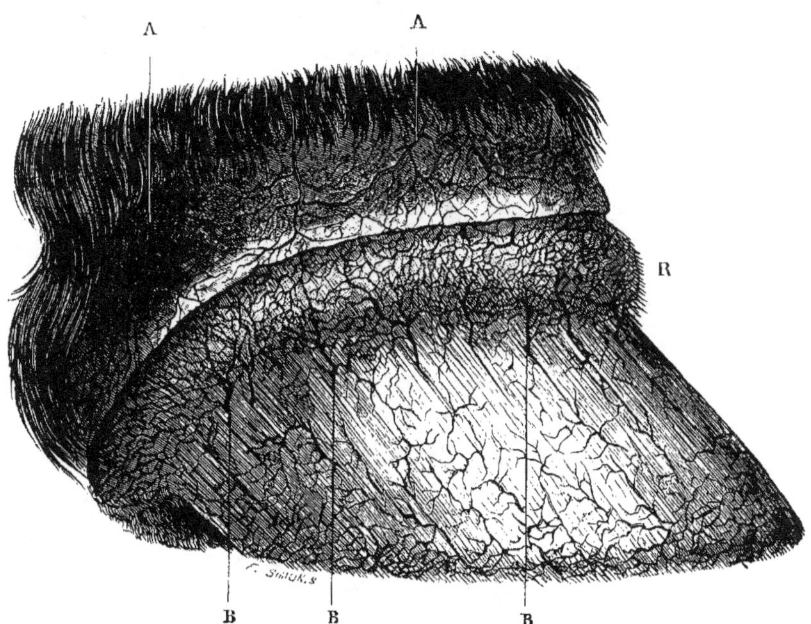

Fig. 11, d'après H. Bouley. Derme sous-unguéal injecté.

AA, peau de la couronne.
R, bourrelet principal surmonté du bourre-let périoplique dont il est séparé par la rainure unguéale.

BBB, rameaux artériels ascendants du bour-relet, surgissant de la zone coronaire inférieure.

qui se développe tout autour du bord supérieur de l'ongle, logé dans une gouttière de ce bord. En arrière, il se réfléchit brusquement sous la face plantaire, de chaque côté du coussinet, où il se termine en se confondant avec la membrane veloutée.

Il est limité supérieurement par une rainure où s'enclave le bord supérieur de la paroi : c'est la *rainure unguéale,* s'arrêtant en arrière aux bulbes des talons. Le petit pli de peau qui surmonte cette rainure équivaut au pli sus-unguéal de l'homme, il est connu en vétérinaire sous le nom de *bourrelet périoplique* (fig. 11), tandis que le bourrelet proprement dit est qualifié de bourrelet principal ou cutidure.

Ce dernier diminue progressivement de largeur d'avant

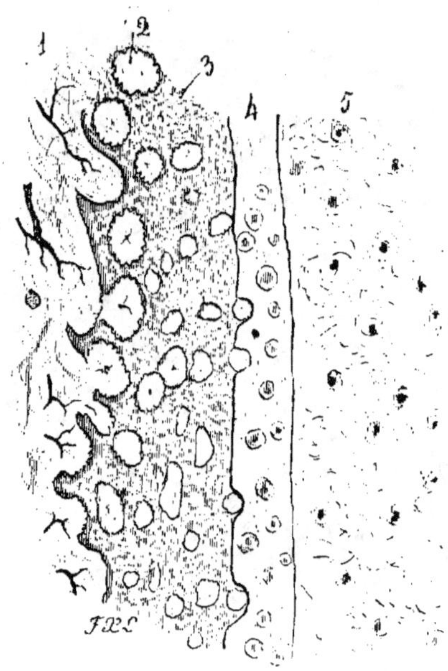

Fig. 12. — Coupe horizontale du sabot, à sa naissance (grossissement = 30).

1, bourrelet.   4, paroi.
2, papilles.   5, périople.
3, corps muqueux de Malpighi.

en arrière ; il est longé inférieurement par une zone blanchâtre très étroite qui fait transition au podophylle : c'est la *zone coronaire inférieure* de H. Bouley. Il est hérissé, sur toute sa surface, de papilles drues et serrées, toutes dirigées en bas, qui, dans l'eau, flottent comme les brins d'herbe d'un gazon fin et touffu ; ces papilles, villo-papilles, villosités ont une longueur d'un à trois millimètres vers le bord supérieur du bourrelet ; elles atteignent et dépas-

sent un demi-centimètre vers le bord inférieur; il y en a
d'ailleurs de petites et de grandes entremêlées; plus elles
sont petites, plus elles sont nombreuses; leur forme est
celle d'un cône très effilé, finement crénelé dans le sens
de la longueur, ainsi que le montrent les sections
transversales (fig. 12).

Le tissu dermique qui constitue le bourrelet présente la
texture serrée et dense d'un tissu fibreux; il s'en distingue
toutefois par sa grande vascularité et par ses nombreuses
fibres élastiques.

Quant au bourrelet périoplique, il se confond en arrière
avec les bulbes du coussinet plantaire; c'est une bordure
de trois à quatre millimètres de largeur comprise entre la
rainure de l'ongle et la ligne d'arrêt des follicules pileux,
bordure hérissée de papilles généralement plus longues,
plus fines et plus serrées que celles de la cutidure.

Les deux bourrelets renferment un grand nombre de
vaisseaux et de nerfs formant de très riches réseaux dans
les couches superficielles, projetant des branches à l'intérieur des papilles jusque vers leur extrémité. On
ne connaît pas encore le mode de terminaison des nerfs.

Podophylle. — Le podophylle, tissu podophylleux, tissu
feuilleté, chair cannelée, etc., fait suite au bourrelet et s'é-
tend sur la face antérieure de la phalangette et la partie
inférieure des fibro-cartilages; il suit en talon la réflexion cutidurale et se termine sur la face plantaire par une
pointe triangulaire qui arrive à peu près à mi-longueur
du coussinet plantaire. Cette membrane, très adhérente,
très résistante, d'une coloration rouge vif, supporte 550 à
600 lames à peu près parallèles qui la parcourent de haut
en bas et lui ont valu les noms divers sous lesquels on la
désigne; ces lames ou feuillets vont en diminuant de
longueur à partir de la pince; chacune d'elles décroît en
outre de largeur de bas en haut, de manière à se réduire

à de simples crêtes au niveau de la *zone coronaire inférieure*,

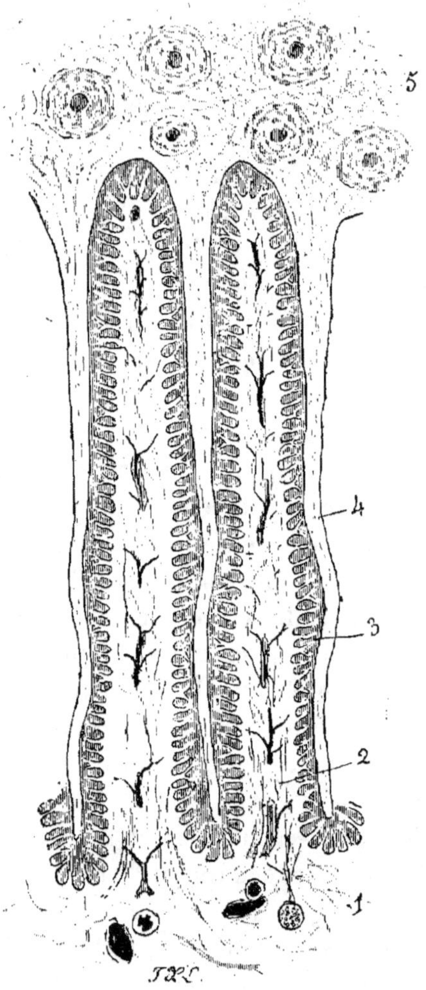

Fig. 13. — Union du podophylle et du kéraphylle, coupe transversale
grossie 30 fois.

1, derme podophylleux.
2, lame podophylleuse.
3, crêtes secondaires.

4, lame du kéraphylle.
5, couche profonde de la paroi.

zone presque lisse et pâle sur le compte de laquelle nous
aurons à revenir. En bas elles peuvent atteindre 3 à 4 mil-

limètres de largeur, et se terminent chacune par une dizaine de papilles qui contribuent à l'extension périphérique du tissu velouté.

A s'en tenir à l'examen à l'œil nu, on pourrait croire que les deux faces de chaque feuillet sont planes et lisses et que le bord est absolument rectiligne ; il n'en est rien ; on constate au microscope que ces faces, ce bord, ainsi que le fond des intervalles entre feuillets voisins, sont parcourus longitudinalement par un grand nombre de petites crêtes, hautes de 70 à 100 µ que séparent autant de fines cannelures. On compte une cinquantaine de ces crêtes sur chaque face d'un feuillet, parmi lesquelles beaucoup se dédoublent.

Cette disposition doublement cannelée multiplie considérablement la surface du tissu podophylleux, ainsi qu'on peut en juger par la figure 13 ; H. Bouley estimait cette surface, supposée déployée et étalée sur un plan, « 6 à 7 fois plus grande que celle de la superficie extérieure du cylindre du doigt » ; Bracy-Clark admettait un rapport de 12 : 1 qui serait assez exact si les lames podophylleuses étaient planes ; mais leurs crénelures quadruplent à peu près leur surface, de sorte que le rapport précité est environ 50 : 1.

Il est évident que les lames du podophylle, avec leurs lamelles, se rattachent à l'appareil papillaire du derme ; ne les voit-on pas se désagréger en papilles à leur extrémité inférieure, et, dans certains cas pathologiques, présenter la même désagrégation tout le long de leur bord libre ? On dirait que chaque lame résulte de la coalescence d'une série linéaire de papilles.

Le tissu podophylleux est si résistant et si tenace que Bracy-Clark le croyait de nature cartilagineuse ; bien entendu il ne s'agit là que d'un chorion très dense, dans lequel il faut remarquer un grand nombre de fines fibres élastiques ; sa couche profonde se confond avec le périoste de la phalangette et sert de support à un réseau veineux des plus riches ; c'est cette couche que Bracy-Clark distingue sous le nom de *reticulum processigerum*.

Les vaisseaux sanguins sont très nombreux et remarquablement ordonnés dans les lames du podophylle : le long du bord adhérent de chacune d'elles, on voit un

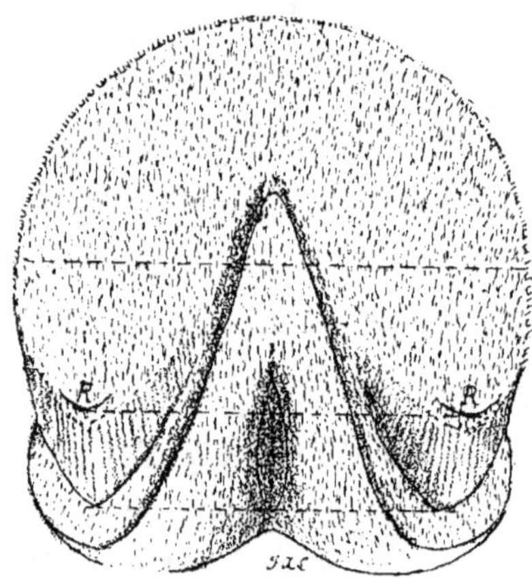

Fig. 14. — Face inférieure du pied après enlèvement du sabot. On voit, en talons, la réflexion du bourrelet et du podophylle.

RR, sont les points correspondants aux apophyses rétrossales.

rameau artériel et un rameau veineux qui, de distance en distance, lancent dans le plan médian de la lame des branches s'épuisant en fins capillaires jusqu'au sein des lamelles.

Les nerfs sont disposés de la même manière ; ils émettent de nombreuses fibres dans les lames ; mais il a été impossible jusqu'à ce jour de les poursuivre jusqu'à la terminaison ; on n'a jamais trouvé notamment le moindre corpuscule tactile ni dans les crêtes ni dans les sillons qui les séparent. Toutefois Norner a décrit et figuré chez le cheval des terminaisons libres engagées dans le corps muqueux et arrivant presque au contact de la corné (1), comme il en a été vu dans le groin du porc, la trompe de la taupe et dans d'autres organes doués d'une exquise sensibilité tactile. Au reste l'observation démontre que la sensibilité du tégument sous-corné est particulièrement vive et délicate au niveau du podophylle.

Tissu velouté. — Le tissu velouté revêt la face inférieure de la troisième phalange et le corps pyramidal, c'est-à-dire toute la partie de la face plantaire qui est couverte par la sole et la fourchette. Il doit son nom à son aspect tomenteux dû à la multitude des prolongements papillaires qui s'élèvent de sa trame, papilles semblables à celles du bourrelet, longues de cinq à six millimètres à la périphérie de la face plantaire, de deux millimètres seulement sur le corps pyramidal et d'un millimètre à peine au fond de la lacune du coussinet plantaire. — Il est impossible d'établir une démarcation entre le bourrelet plantaire et la membrane veloutée : ces deux parties se confondent ; de même le tissu velouté du coussinet plantaire sur lequel se développe la fourchette ne se distingue pas du tissu velouté qui est en rapport avec la sole.

Le tissu velouté a la même adhérence, la même résistance et la même texture que les autres parties de la membrane kératogène. La distribution des vaisseaux et des nerfs se fait exactement comme au bourrelet. Sa couche profonde distinguée par Bracy-Clark sous le nom de *reticulum plantaire* forme canevas à un réseau veineux.

En résumé, le derme sous-unguéal se fait remarquer 1° par son appareil papillaire extraordinairement développé, soit sous forme de papilles proprement dites, soit sous forme de lames et de crêtes ; 2° par son abondante vascularisation lui communiquant une coloration rouge

(1) Dr Norner : De la structure intime du sabot (*Archives d'anatomie microscopique*. Berlin, 1886).

vif, souvent masquée par le pigment sur le bourrelet et le tissu velouté ; 3° par sa texture dense et résistante et son extrême adhérence aux parties sous-jacentes ; 4° par l'absence de tout follicule pileux ou glandulaire (abstraction faite des quelques glandes sudoripares du coussinet plantaire) ; 5° enfin, par sa riche innervation qui lui communique une exquise sensibilité.

Corps muqueux de Malpighi.

L'ongle n'étant que le *stratum corneum* de la peau du pied, le corps muqueux sous-jacent en est le véritable germe. Là, comme ailleurs, les cellules malpighiennes prolifèrent au contact du derme et se kératinisent au contact de la corne, de telle sorte que celle-ci s'accroît sans cesse, par juxtaposition, de nouveaux éléments. La transition des cellules muqueuses et vivantes aux cellules cornées, mortes, se fait par l'intermédiaire d'une couche plus ou moins distincte de cellules granuleuses (*stratum granulosum* de Oelh). Cette couche granuleuse, siège du processus chimique de la kératinisation, n'est pas partout semblable à elle-même ; elle varie suivant la qualité de la corne qu'elle doit élaborer.

L'épaisseur du corps muqueux de Malpighi est assez généralement proportionnelle à l'activité de la kératogenèse à sa surface, l'activité kératogène étant évidemment subordonnée à l'activité proliférante. Conséquemment, là où, sous l'ongle, on voit un corps muqueux épais, dont les cellules profondes ou génératrices sont très petites et irrégulièrement alignées, on peut affirmer que la kératogenèse est active ; au contraire, là où le corps muqueux est très mince et présente des cellules profondes, hautes et régulièrement alignées en palissade, on peut affirmer que l'activité proliférante est nulle ou presque nulle.

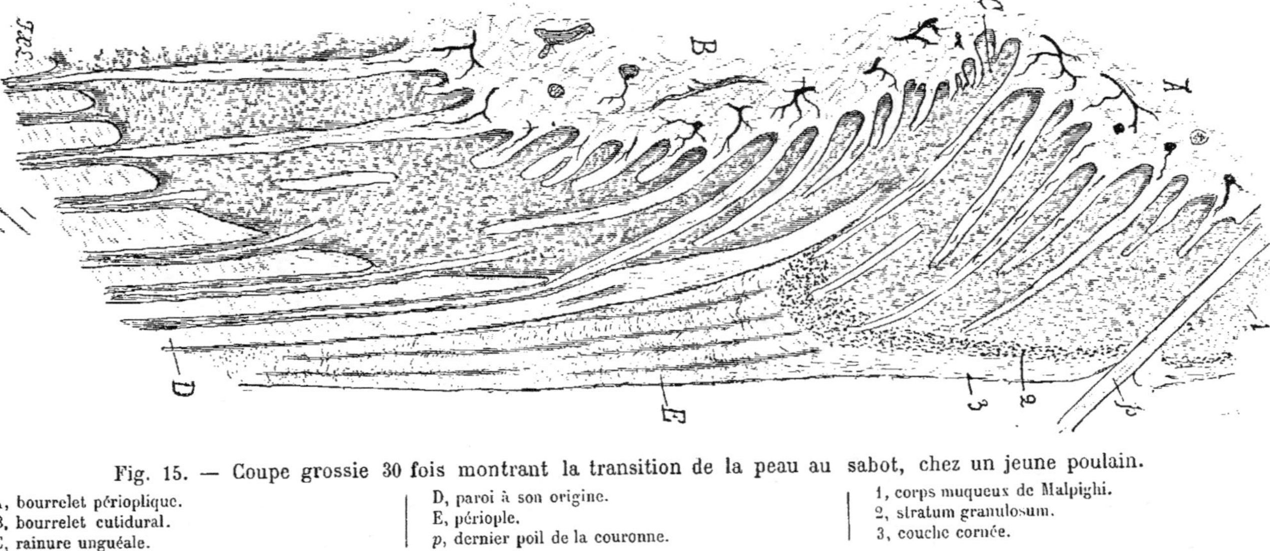

Fig. 15. — Coupe grossie 30 fois montrant la transition de la peau au sabot, chez un jeune poulain.

A, bourrelet périoplique.
B, bourrelet cutidural.
C, rainure unguéale.

D, paroi à son origine.
E, périople.
p, dernier poil de la couronne.

1, corps muqueux de Malpighi.
2, stratum granulosum.
3, couche cornée.

Ces quelques considérations générales étant posées, suivons le corps muqueux sous-unguéal à partir de la peau de la couronne (fig. 15).

Nous le voyons s'épaissir progressivement sur le bourrelet périoplique, proportionnellement à l'allongement des papilles, augmenter son stratum granulosum et donner tous les indices d'une active kératogenèse : c'est le germe du périople. Celui-ci ne se distingue de la couche cornée de la peau que par sa texture tubulée, déterminée par les papilles qui le pénétrent à son origine.

Au fond de la rainure unguéale, le corps muqueux se continue sur la cutidure en diminuant un peu d'épaisseur ; la plupart des papilles ne peuvent trouver place dans cette épaisseur, cependant considérable (1 à 2 millimètres), qu'en s'engageant dans les tubes cornés sur une longueur de plusieurs millimètres, entraînant avec elles des prolongements du corps muqueux. La couche granuleuse change de caractère ; c'est une zone brune, très finement grenue, peu apparente, et dont l'aspect contraste avec celui de la même couche sur le bourrelet périoplique ; il est évident, à première vue, qu'il y a là une différence dans le processus de kératinisation : la kératinisation du périople est *éléidinique* comme celle de la couche superficielle de l'épiderme cutané, tandis que la kératinisation de la paroi est *onychogénique* (1).

La couche malpighienne se continue avec les caractères précédents, mais en diminuant progressivement d'épaisseur, sur la zone coronaire inférieure, qui doit sans doute sa coloration blanchâtre à la substance kératogène des cellules qui la recouvrent.

(1) M. Ranvier a désigné sous le nom de *substance onychogène* la substance finement grenue et brunâtre sous le microscope du stratum granulosum des ongles et des poils. Il a appelé *éléidine* la matière des grosses granulations du stratum granulosum de l'épiderme cutané, granulations ayant une affinité prononcée pour le carmin et l'hématoxyline.

Plus bas, sur le podophylle, le corps muqueux change de caractères (fig. 16); son épaisseur se réduit à quelques centièmes de millimètre et son stratum granulosum disparaît ; on ne trouve plus qu'une couche très régulière de cellules cylindriques appliquées sur les crêtes podophylliennes. et un strate de cellules aplaties, à noyau

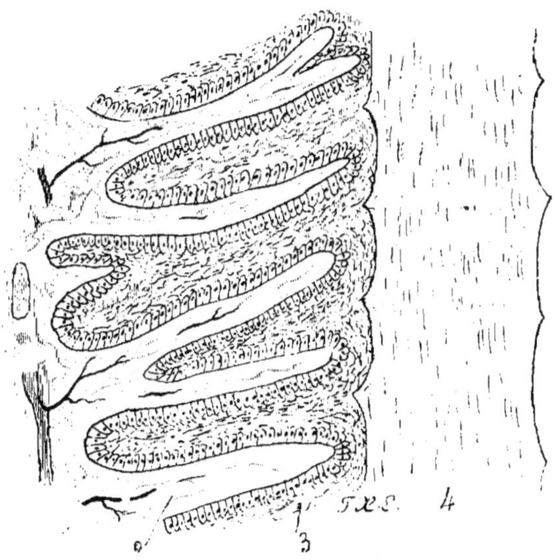

Fig. 16. — Union d'une lame podophylleuse avec une lame kéraphylleuse (fort grossissement).

1, lame podophylleuse.
2, crêtes latérales.

3, épiderme podophyllien.
4, lame kéraphylleuse.

atrophié, qui touche à la corne. Encore sommes-nous persuadés qu'il y a là plus que le corps muqueux, mais un épiderme complet, les cellules de la surface, lamellaires, avec un vestige de noyau, constituant une véritable couche cornée, diffluente et adhésive, qui se détache avec la paroi lors de l'arrachement de celle-ci. D'ailleurs, la paroi représentant le stratum corneum du bourrelet et de la zone coronaire inférieure dont elle descend, il est rationnel de penser que l'épiderme propre du podophylle n'est pas réduit au corps muqueux, mais qu'il comprend les deux couches ordinaires, bien qu'il ne soit pas kératinisant à l'état physiologique.

Sur le tissu velouté, il y a lieu de distinguer le corps muqueux de la sole et le corps muqueux de la fourchette ; celui-ci est sensiblement plus épais et son stratum granulosum extrêmement apparent est éléidinique comme sur

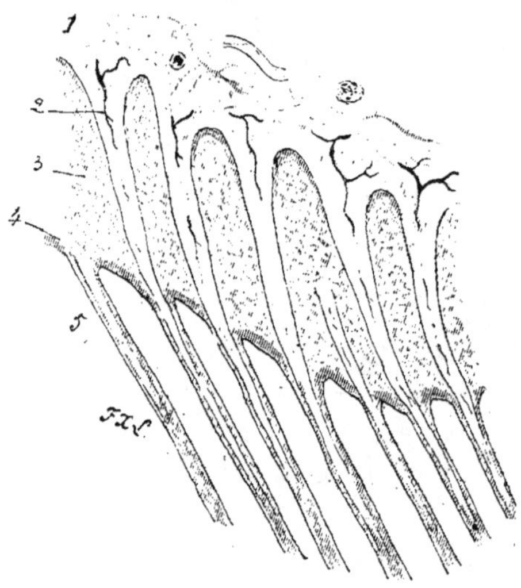

Fig. 17. — Union de la sole et du tissu velouté d'un poulain
(Grossissement = 30).

1, tissu velouté.
2, papilles.
3, corps muqueux.

4, couche granuleuse.
5, corne.

le bourrelet périoplique ; celui-là offre les mêmes caractères que sur la cutidure.

En résumé, le corps muqueux sous-unguéal est *kératogène* sur les bourrelets, sur la zone coronaire inférieure, et sur le tissu velouté ; il est simplement *kératophore* sur le podophylle. Nous aurons à revenir sur ce point.

Il n'est jamais pigmenté sur le podophylle et la zone coronaire, tandis qu'il est souvent noir ou brun très

foncé sur le bourrelet et le tissu velouté. Le pigment, qui
fait écran sur le derme sous-jacent, s'élabore dans la couche
génératrice et se transmet de proche en proche à la corne ;

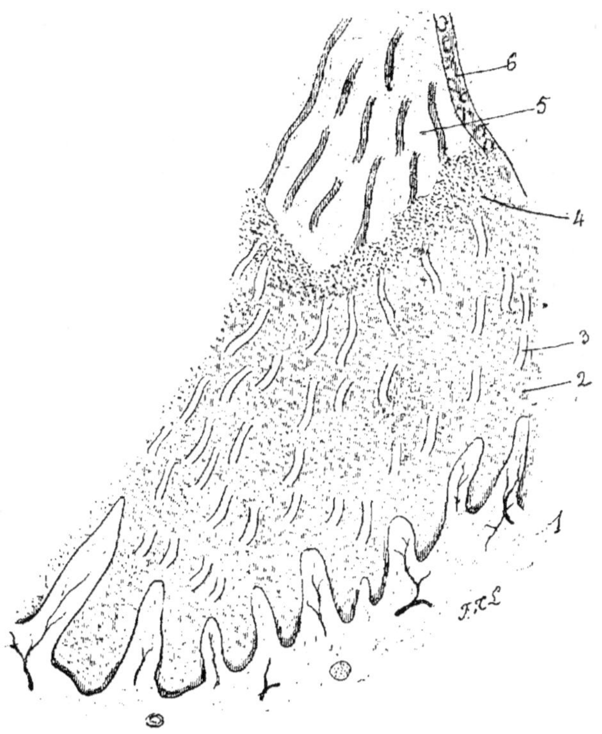

Fig. 18. — Union de la fourchette et du tissu velouté
(Cheval ; grossissement = 30).

1, tissu velouté.
2, corps muqueux.
3, papilles.
4, couche granuleuse éléidinique.

5, corne de la fourchette parcourue par des tubes onduleux.
6, canal excréteur d'une glande sudoripare.

il est souvent disposé par taches au lieu d'être uniformément étendu. La pigmentation du bourrelet est corrélative
à celle de la peau de la couronne ; s'il y a balzane, le
bourrelet est dépigmenté et la corne de la paroi est toute
blanche, car les balzanes ne sont pas seulement des
taches pileuses, ce sont de véritables taches de ladre.

§ 7. — VAISSEAUX ET NERFS DU PIED

Le sabot étant formé d'un tissu parfaitement inerte, doué seulement de propriétés physico-chimiques, ne reçoit ni vaisseaux ni nerfs. Nous pouvons donc étudier ceux-ci avant de le faire connaître.

Artères. — Le pied reçoit la terminaison des deux artères *collatérales du doigt*. Ces vaisseaux s'engagent sous les cartilages scutiformes et atteignent les angles saillants postérieurs de la phalangette, où il se terminent par les deux artères *unguéale plantaire*, *unguéale pré-plantaire*, (Chauveau et Arloing). Ils émettent : 1° au niveau du bord supérieur des cartilages précités, *l'artère du coussinet plantaire*, dont un rameau récurrent plonge dans le bourrelet ; 2° vers le milieu de la hauteur de la deuxième phalange, *l'artère coronaire* qui se bifurque bientôt et dont les deux branches en se joignant à celles de l'artère opposée entourent ledit os d'un cercle complet, de la partie antérieure duquel émanent des rameaux descendants à destination du bourrelet.

L'artère unguéale pré-plantaire se place dans la scissure de même nom et s'épuise dans le podophylle ainsi que dans le bourrelet par de nombreux rameaux ascendants, descendants et terminaux qui s'anastomosent en un lacis complexe avec les ramuscules du cercle coronaire et avec ceux qui s'échappent de la profondeur de l'os du pied par les innombrables foramens dont il est percé.

L'artère *unguéale plantaire*, plus volumineuse, se place dans la scissure plantaire, en dessous de l'insertion du perforant, pour gagner le trou plantaire et le sinus semi-lunaire où elle s'anastomose en arcade avec celle du côté opposé. Un grand nombre de rameaux se détachent de la convexité de cette arcade et viennent s'échapper comme autant de racines chevelues par les ouvertures multiples de la phalangette : les plus volumineux sortent par les

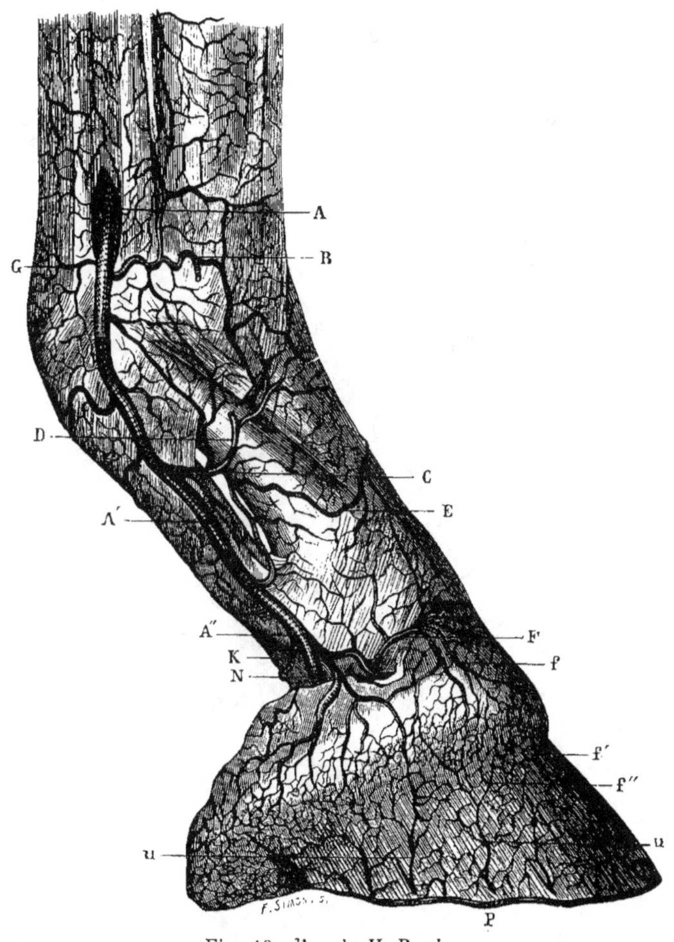

Fig. 19, d'après H. Bouley.
Appareil artériel de la région digitale.

A, A', A" artère collatérale du doigt.
N, point où elle disparait sous le cartilage.
B, G, rameaux pour l'articulation du boulet.
C, artère perpendiculaire de Percivall.
D, E, ses principaux rameaux antérieurs.
K, artère du coussinet plantaire.
F, rameau transverse dépendant du cercle coronaire.

f, ramuscules descendants pour le bourrelet.
f', ramuscules ascendants du tissu podophylleux.
u, u, divisions terminales de l'artère unguéale plantaire, à leur sortie des porosités de la phalangette.
P, artère circonflexe du pied.

douze ou quatorze grands foramens du bord inférieur et
s'anastomosent en guirlande le long de ce bord, constituant

3

l'artère circonflexe du pied qui alimente principalement le tissu velouté.

Cette disposition des artères est éminemment favorable à la circulation : « Lorsque, dit en substance H. Bouley, les deux colonnes sanguines des artères digitales, animées

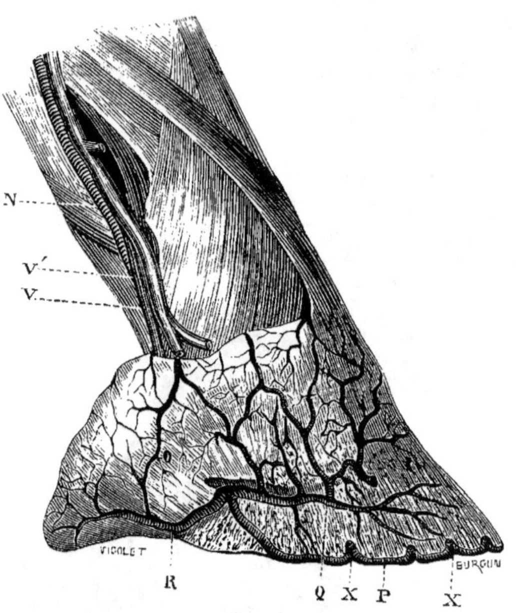

Fig. 20. — Artère unguéale pré-plantaire (d'après H. Bouley).

N, artère collatérale du doigt.
V, veine satellite avec un de ses affluents V'.
P, artère circonflexe du pied, formée par les divisions X sortant de l'os.

Q, artère unguéale pré-plantaire ;
R, rameau rétrograde de l'artère précédente.

d'une même quantité de mouvement, viennent à se heurter dans l'anastomose semi-lunaire, il doit résulter de cet afflux liquide une pression considérable qui pousse le sang avec force dans la multitude des canaux ouverts devant lui ; on dirait une pomme d'arrosoir dont le jet est d'autant plus précipité que la masse liquide qui fait pression pour sortir est plus considérable. » Il est même probable qu'il y a là une condition prédisposante aux con-

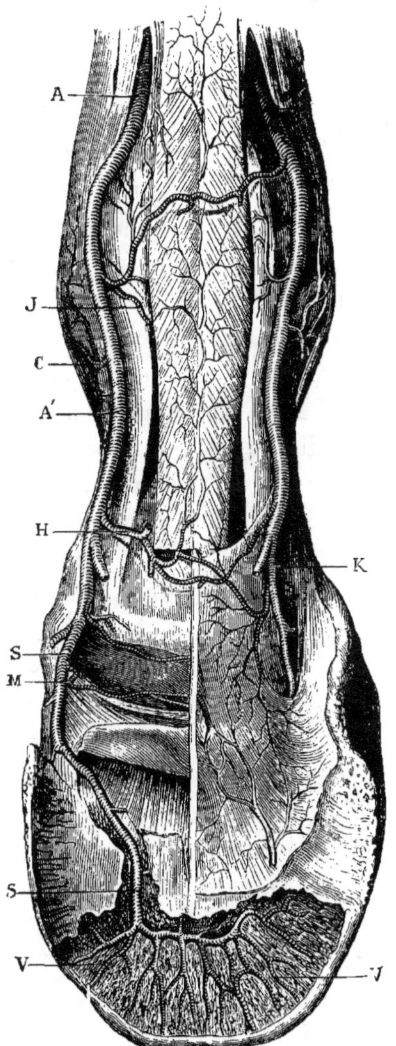

Fig. 21. — D'après H. Bouley.
Vuc postérieure des artères digitales et des artères unguéales plantaires.

AA', artère collatérale du doigt.
C, artère perpendiculaire.
H, J, rameaux innomés pour le perforant
et sa gaine.
K, origine de l'artère du coussinet plantaire.

M, branche postérieure du cercle coronaire.
S, S, artère unguéale plantaire et anastomose semi-lunaire.
V, divisions rayonnées de l'artère précédente à l'intérieur de l'os.

gestions et aux hémorrhagies de la membrane kératogène, lesquelles se produisent surtout au niveau du tissu podophylleux.

Grâce aux anastomoses nombreuses unissant en une sorte de *réseau admirable* toutes les artères qui alimentent les diverses parties du pied, l'une quelconque de ces parties, séparée des autres, peut recevoir néanmoins une quantité suffisante de sang; ainsi : le tissu podophylleux complètement isolé de la surface osseuse continuera à vivre par les radicules émergentes du cercle coronaire ; isolé de ce cercle mais en communication avec l'os, il recevra encore tous les éléments de sa nutrition. De même pour la membrane veloutée : elle peut vivre par ses communications avec l'os lorsqu'elle est isolée sur toute sa périphérie du restant de la membrane kératogène, et réciproquement, séparée de l'os, elle aura encore toutes les conditions de sa végétation si, dans une étendue même circonscrite, elle se rattache encore au podophylle ou à la peau. On peut détruire l'une des deux artères digitales, ce qui arrive quelquefois dans l'opération du javart cartilagineux, sans qu'il en résulte de conséquence sensible. Et même la ligature des deux artères, au-dessous de l'émission des coronaires ne suffirait pas à produire la mortification des organes sous-ongulés, car il se ferait une suppléance par les rameaux descendants de ces dernières et par les artères du coussinet plantaire.

Veines. — « L'appareil veineux du pied, dit H. Bouley, peut être divisé en appareil veineux externe et appareil veineux interne ou intra-osseux. »

Les *veines externes* forment un filet à mailles serrées soutenu par les couches profondes de la membrane kératogène et collectant le sang de chaque côté dans un plexus de grosses branches convergentes qui couvrent le cartilage complémentaire, et dont émane la veine collatérale du doigt. Les deux plexus cartilagineux se joignent l'un à

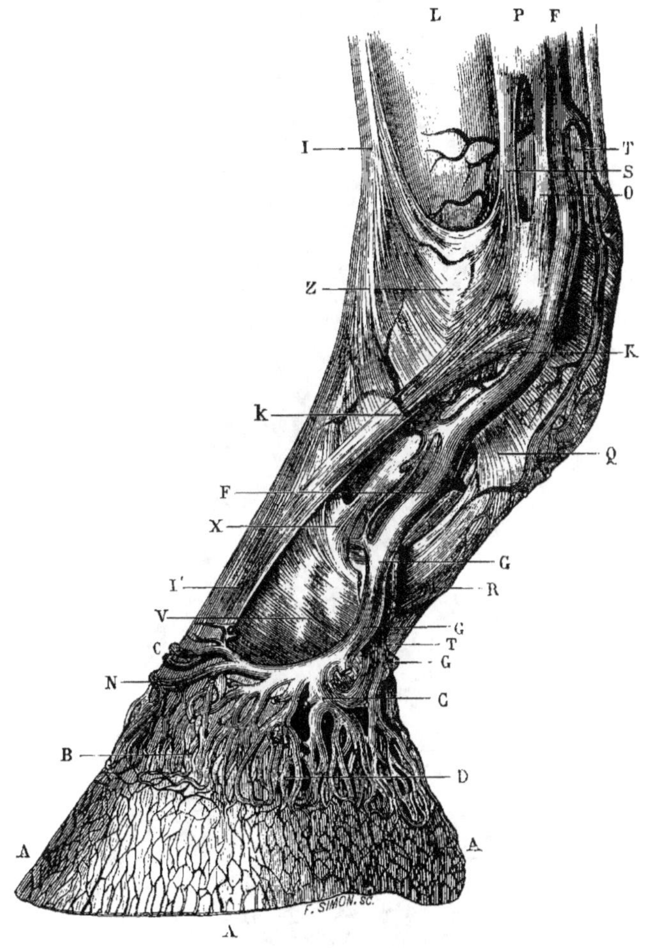

Fig. 22, d'après H. Bouley.

AA, plexus podophylleux.
BD, plexus veineux coronaire ou cartila-
  gineux.
C, veines ascendantes du plexus coronaire.

CN, veines communicantes entre les deux
  plexus cartilagineux.
FG, veine collatérale du doigt.
Pour les autres lettres, voir les figures relatives aux ligaments et aux tendons.

l'autre, soit en avant vers l'éminence pyramidale, soit en
arrière vers les bulbes du coussinet plantaire.

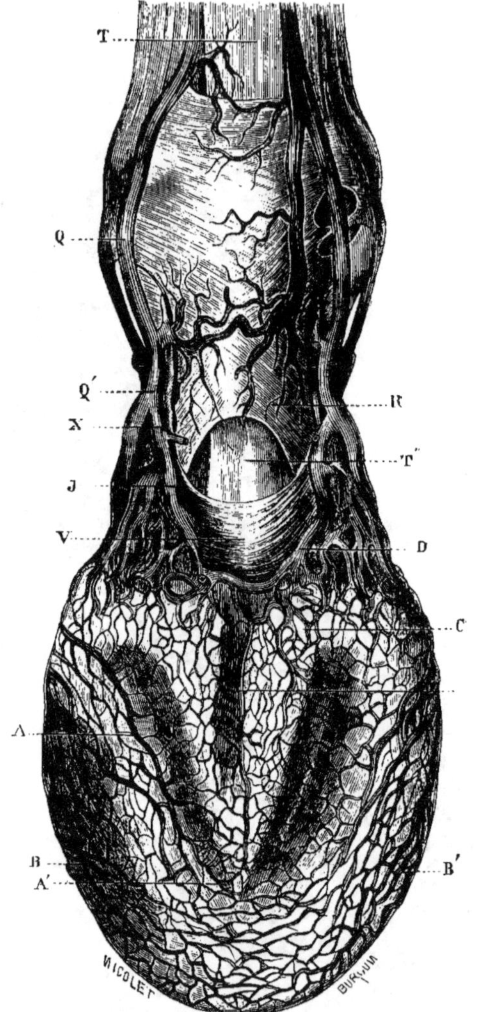

Fig. 23, d'après H. Bouley.

AA', canal central de décharge du plexus solaire.
BB, canal périphérique ou veine circonflexe.
CC', veines de décharge du plexus solaire dans le plexus cartilagineux superficiel.
D, plexus cartilagineux superficiels avec une grosse veine communicante.
QQ', veine collatérale du doigt.
RR, arcade fibreuse, grande sésamoïdienne.
T, tendon perforé.
T', tendon perforant.
V, aponévrose de renforcement du perforant.

Les *veines internes* répètent dans l'os la disposition des artères : on voit un grand nombre de veinules se détacher du réseau externe, pénétrer dans les pertuis de la phalange et aboutir à une arcade semi-lunaire qui se continue de chaque côté par une grosse veine satellite de l'artère unguéale plantaire. Cette veine arrive à la face interne du fibro-cartilage où elle rencontre la veine du coussinet plantaire, la veine coronaire et un certain nombre de veines externes qui ont traversé ledit cartilage à sa base ; il se forme ainsi un *plexus cartilagineux profond* se déversant comme le superficiel à l'origine de la veine collatérale du doigt, laquelle se place en avant de l'artère homonyme.

On le voit, le développement des veines du pied est vraiment extraordinaire ; il n'a d'équivalent que celui des *vasa vorticosa* de la choroïde. Cet extrême développement ne sert pas seulement à faciliter le départ du sang, il sert aussi sans nul doute à l'entretien d'une chaleur convenable et régulière, indispensable à l'exercice de la sensibilité exquise de cette région.

Lymphatiques. — Personne, que nous sachions, n'a réussi jusqu'à ce jour à démontrer l'existence de lymphatiques dans le derme sous-unguéal des animaux domestiques. Nos tentatives d'injection au mercure n'ont pas été plus heureuses que celles de H. Bouley. Chez l'homme, les auteurs ne sont pas d'accord sur ce point : les uns arrêtent les réseaux lymphatiques à la naissance de l'ongle ; les autres n'en disent pas un mot ; quelques-uns seulement, tels que Bonamy et Sappey, disent avoir vu ces réseaux s'avancer dans le derme sous-unguéal (1). — Il est infiniment probable que, dans les mammifères domestiques, ainsi que dans l'homme, les lymphatiques ne font point

____

(1) Voir Arloing, *Poils et ongles*; thèse d'agrégation, 1880. — Testut, *Traité d'anatomie descriptive*.

défaut dans cette membrane, mais que, eu égard à sa ténacité et à son extrême adhérence, ils sont seulement beaucoup plus fins et beaucoup moins extensibles ; on voit d'ailleurs sur certaines coupes, au microscope, des trajets intradermiques ressemblant beaucoup à des lymphatiques. Si l'on considère, d'autre part, qu'il existe un réseau lymphatique très riche, très développé, visible même à l'œil nu, au-dessous de la peau, dans le tissu conjonctif qui entoure la deuxième et la première phalange, et qu'il n'est pas rare en clinique de constater une lymphangite de tout le membre à la suite d'une lésion traumatique du pied, on arrive à une conviction complète.

Nerfs. — Les nerfs plantaires, arrivés sur le côté du boulet, se divisent en trois branches digitales ou collatérales du doigt.

a. — La *branche postérieure*, de beaucoup la plus importante, continue le tronc du nerf et suit en arrière l'artère collatérale du doigt qu'elle recouvre partiellement ; elle fournit sur son trajet plusieurs rameaux, notamment au coussinet de l'ergot, au coussinet plantaire et à la région de la couronne ; elle se termine soit dans le tissu velouté par quelques rameaux qui croisent en dedans l'apophyse rétrossale, soit dans le tissu podophylleux par une branche qui s'infléchit dans la scissure pré-plantaire ; un ou deux ramuscules excessivement grêles suivent l'artère unguéale plantaire dans le sinus semi-lunaire en s'enlaçant autour d'elle.

b. — La *branche antérieure* se détache du tronc en regard du sommet du grand sésamoïde ; elle descend obliquement en avant en croisant l'artère et la veine digitales, et se termine dans la région médiane par un certain nombre de ramifications dont les plus inférieures arrivent jusque dans la cutidure.

c. — La *branche moyenne* prend naissance à quelques

centimètres au-dessous de la branche antérieure, parfois

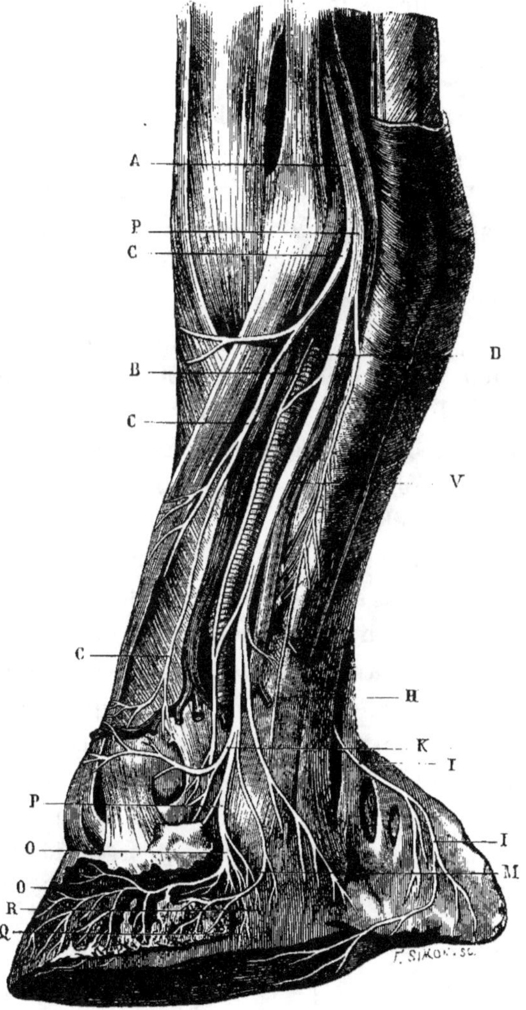

Fig. 24. d'après H. Bouley.

A, nerf plantaire à sa terminaison.
P P, branche digitale postérieure.
B, branche digitale moyenne.
C, branche digitale antérieure.
H, division non constante destinée au bulbe
    cartilagineux.

I, I, rameau du coussinet plantaire.
K, branche transverse coronaire.
M,O, divisions podophylleuses.
QR, divisions pour le tissu velouté.
V, veine digitale supplémentaire dont
    l'existence est exceptionnelle.

en commun avec elle ; elle se place entre l'artère et la

veine et arrive ainsi au bord supérieur de la plaque cartilagineuse ; là, elle se termine par plusieurs rameaux qui se dispersent dans le plexus veineux cartilagineux superficiel, le tissu du bourrelet et le tissu podophylleux. Eu égard à sa terminaison, H. Bouley désigne cette branche sous le nom de *branche cartilagineuse*.

Il est à peine besoin de dire qu'il y a anastomoses entre les trois branches d'un même côté et entre celles des deux côtés.

D'après la distribution des nerfs que nous venons d'indiquer, on pourrait distinguer, jusqu'à un certain point, deux étages d'innervation dans le pied : un étage inférieur alimenté par les branches postérieures, un étage supérieur alimenté par les branches antérieures et moyennes et par un rameau des branches postérieures.

Lorsqu'il y a indication, pour combattre une boiterie, d'insensibiliser la région coronaire, par exemple dans le cas de formes, il ne suffit pas de névrotomiser la branche antérieure et la branche moyenne, il faut couper le nerf plantaire lui-même avant sa division (névrotomie haute). Par contre, s'il s'agit d'insensibiliser quelque région profonde du pied, comme dans la maladie naviculaire, la névrotomie de la branche postérieure ou névrotomie basse y suffira. — Disons par anticipation que la névrotomie haute, surtout lorsqu'elle est pratiquée des deux côtés du membre, n'est pas sans danger pour la nutrition des tissus sous-ongulés.

§ 8. — ONGLE.

L'ongle du cheval engaine toute l'extrémité digitée : on l'appelle *sabot*.

Grâce à la pénétration des papilles du bourrelet et du tissu velouté à l'origine des tubes cornés et surtout à l'engrènement réciproque du podophylle et du kéraphylle, l'adhérence du sabot est extrême : « Si énergique que soit

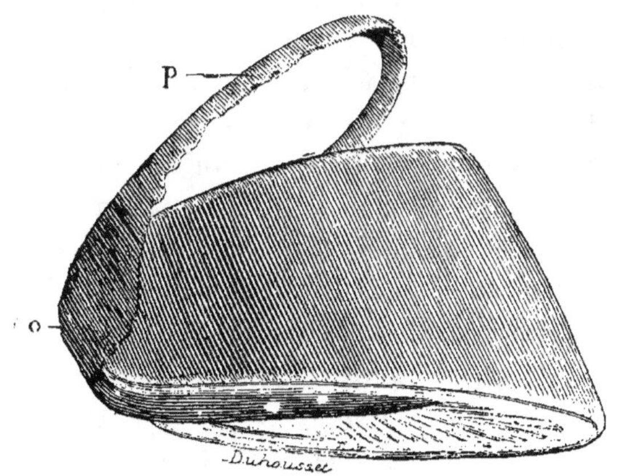

Fig. 25, d'après le colonel Duhousset.
Vue d'ensemble d'un sabot de cheval dont le périople *op* a été détaché et soulevé.

l'action musculaire d'un cheval, si puissants les efforts à l'aide desquels il se cramponne au sol pour déplacer les masses pesantes qu'il doit vaincre, jamais la résistance des attaches du sabot n'est surmontée dans ces circonstances. Il n'y a d'exemples d'arrachement du sabot par l'effort de l'action musculaire que dans les cas où le pied est fortement engagé dans un obstacle qui détermine, par son action violente, une douleur excessive. Dans de telles circonstances, l'animal dont les forces sont exaltées par cette douleur même fait un effort suprême pour dégager son membre, et il peut arriver, si la pression que supporte le sabot est extrême, que cet effort soit suffisant pour rompre les adhérences des parties vives avec l'ongle. Encore n'est-ce pas là un véritable désengrènement, car souvent, dans de tels accidents, les lames podophylleuses demeurent attachées sur une grande étendue de surface aux feuillets kéraphylleux, et la désunion s'est produite autant par déchirure que par disjonction. » (H. Bouley.)

Même dans les cas d'évulsion chirurgicale d'un lambeau de paroi, quelque précaution que l'on prenne à cette opération, on n'obtient pas un désengrènement pur et simple ; presque toujours un certain nombre de feuillets podophylleux se déchirent vers le bord libre et laissent des débris dans les cannelures du kéraphylle arraché, et vice versa. beaucoup de lames de corne laissent une partie de leur substance au fond des cannelures podophylleuses opposées.

Que l'ongle soit arraché accidentellement ou chirurgicalement, sur le vivant ou sur le cadavre, le corps muqueux reste intact ou peu endommagé à la surface de la membrane kératogène, prêt à régénérer un ongle nouveau.

Le sabot du cheval se compose de trois parties : la paroi. la sole et la fourchette, qui se séparent l'une de l'autre sous l'influence d'une macération prolongée.

Λ. — **PAROI.**

La *paroi* ou *muraille* forme toute la portion du sabot visible lorsque le pied repose sur le sol; en arrière et de chaque côté elle se réfléchit brusquement pour former sous le pied ce qu'on appelle les *barres* ou *arcs-boutants ;* en un mot, elle couvre toute l'étendue du bourrelet et du podophylle. Son pourtour a été divisé conventionnellement en *pince* (région médiane antérieure), *mamelles* (de chaque côté de la pince), *quartiers* (les deux

parties latérales), *talons* (les angles d'inflexion), et enfin
barres ou arcs-boutants (les parties plantaires).

La *face externe* est rectiligne de haut en bas sur tous les
points de son périmètre ; elle est lisse, polie, luisante et
présente un aspect finement rayé, subordonné à sa texture
fibreuse. Elle est recouverte à sa
partie proximale d'une mince couche
épidermique qui se confond en arrière
avec les glomes de la fourchette et qui
descend du pli sus-unguéal : c'est le
périople. Le *périople* est une couche
cornée peu cohérente, très hygroscopique et très desquamante qui s'en va
en écailles à deux ou trois centimètres

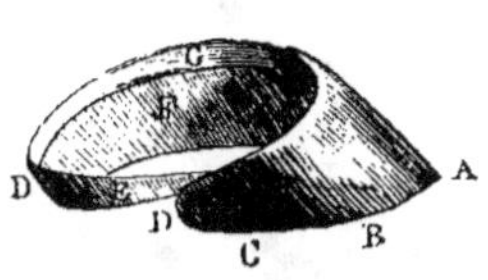

Fig. 26. — Paroi isolée.

A, pince.   D, talons.
B, mamelle,   E. barres.
C, quartier.   F,kéraphylle.
G, gouttière du bourrelet.

de l'origine de l'ongle, et dont il n'y a pas trace au-dessous ;
sa structure et son mode de développement aux dépens d'un
stratum granulosum éléidinique la rapprochent des châ-
taignes et de la fourchette.

La *face interne* de la paroi est parcourue de haut en bas
par 500 à 600 lames blanches et flexibles qui s'engrènent
une à une avec les lames podophylleuses ; l'ensemble
porte le nom de kéraphylle ou tissu kéraphylleux
(voy. fig. 13). Les lames de corne sont beaucoup plus
minces que les lames dermiques, si ce n'est vers leur bord
adhérent ; de plus, elles sont planes sur leurs faces ; toutefois divers auteurs, et notamment Norner (*in loc. cit*), décrivent des crêtes cornées secondaires s'engrenant avec celles
des lames podophylleuses ; c'est là, pensons-nous, une
interprétation erronée ; les prétendues crêtes cornées secondaires ne sont rien autre que les cellules superficielles de l'épiderme podophyllien dont nous avons déjà
parlé, cellules constituant une très mince couche diffluente
et adhésive.

Le *bord supérieur*, tranchant, s'engage dans la rainure

unguéale ; il est creusé, en dedans, d'une gouttière circulaire dans laquelle se loge le bourrelet, la *gouttière cutigérale* ; on y voit une multitude de porosités pour recevoir l'extrémité des papilles de cet organe.

Le *bord inférieur* ou plantaire s'unit en dedans avec la circonférence de la sole, non pas par simple juxtaposition,

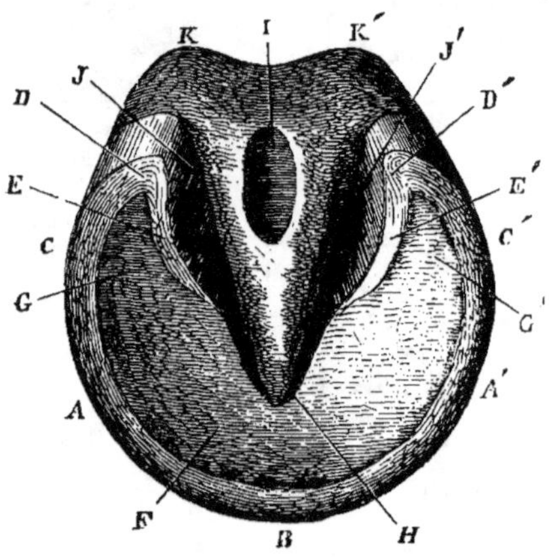

Fig. 27. — Pied vu par dessous.

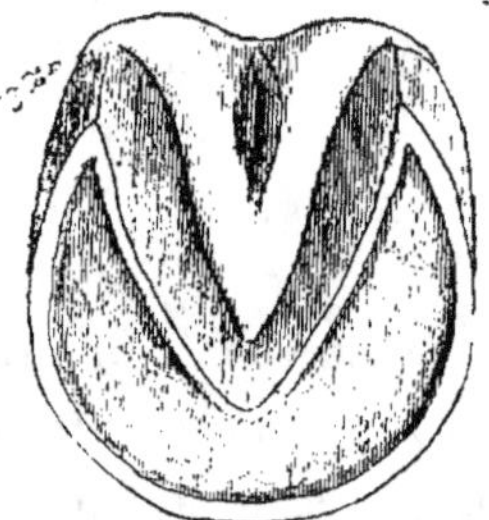

Fig. 28. — Pied de poulain soustrait depuis longtemps à l'usure. Les barres se détachent en relief jusqu'en avant de la fourchette.

B, pince.
AA', limite postérieure des mamelles.
C.C, quartiers.
D,D', talons.
E, E', barres.
F, sole.
G,G', branches de la sole.
H, pointe de la fourchette.
I, lacune médiane.
J,J', lacunes latérales.
K, K' glômes.

mais par une engrenure extrêmement solide ; il y a là une ligne blanche appelée *limbe ou nimbe* de la sole où l'on voit l'extrémité inférieure des feuillets kéraphylleux pénétrer la sole à sa périphérie et s'engrener avec des dentelures de cette dernière qui correspondent aux papilles terminales des feuillets podophylleux (fig. 31).

Les *barres* encadrent latéralement la fourchette et se confondent antérieurement avec la sole. Les uns les arrêtent vers le milieu ou le tiers antérieur de la fourchette, les autres les font rejoindre l'une à l'autre au-devant d'elle. A en juger sur un pied paré ou usé naturellement, il semble qu'elles ne dépassent pas le kéraphylle plantaire, lequel ne s'étend jamais à plus de quatre ou cinq centimètres du talon, et que la sole arrive au contact immédiat de la pointe de la fourchette. Mais si l'on observe des pieds vierges de ferrure, abandonnés à leur croissance naturelle, sans usure compensatrice, on voit les barres se détacher en relief jusqu'au-devant de la fourchette ainsi que le restant du bord inférieur de la paroi, et la sole rester en creux à cause des exfoliations naturelles dont elle est le siège. Par conséquent, malgré l'absence de toute ligne de démarcation au delà du kéraphylle plantaire sur les pieds usés, il n'en faut pas moins distinguer les barres jusqu'à la pointe de la fourchette, attendu qu'on trouve jusque-là les propriétés caractéristiques de la corne de la paroi. Le kéraphylle a dû nécessairement s'arrêter là où les barres étaient engendrées à fleur de la surface plantaire et n'avaient plus à descendre sur un glacis.

L'*épaisseur* de la paroi est subordonnée à celle du bourrelet ; elle diminue régulièrement de la pince aux arcs-boutants ; mais, dans une région quelconque du pourtour, elle reste la même de la gouttière cutidurale au bord plantaire. En règle très générale, la paroi est plus mince au quartier interne qu'à l'externe, ce qui tient vraisemblablement à ce que la peau est moins épaisse en dedans des membres qu'en dehors.

L'épaisseur moyenne de la muraille est à peu près d'un centimètre.

Dureté. Coloration. — La corne de cette partie du sabot est d'autant plus dure et consistante qu'elle est plus éloignée des parties vives, et, au contraire, d'autant plus souple et molle qu'elle en est plus voisine, comme si la dureté résultait du degré de dessiccation et la mollesse du degré d'imbibition. Il y a aussi un rapport entre la dureté de la paroi et sa pigmentation ; plus elle est colorée, plus elle est consistante. En général, la couche superficielle est noire ou grise avec dégradation de teinte du côté interne, tandis que la couche profonde est blanche ; mais l'épaisseur relative de ces deux couches et le degré de pigmentation de la première sont très variables : parfois la corne blanche, indépendamment du kéraphylle, ne forme qu'un liséré de 2 ou 3 millimètres ; d'autres fois, au contraire, elle forme plus de la moitié de l'épaisseur de la paroi, et même l'épaisseur tout entière si le pied est surmonté d'une balzane. Quant à la corne pigmentée, elle peut être noire, brune ou grise ; en général, elle est noire extérieurement, grise ou striée de noir et de blanc au contact de la corne blanche ; ces variété de coloration dépendent de l'état de pigmentation du bourrelet ou plutôt du corps muqueux qui le recouvre.

Structure. — A un simple examen à l'œil nu, il est facile de se rendre compte de la texture essentiellement fibreuse de la paroi. Les fibres constitutives sont rectilignes, cylindriques, et s'étendent, parallèlement aux faces et à peu près parallèlement entre elles, de la gouttière cutigérale au bord inférieur ; chacune d'elles correspond à une papille du bourrelet (voy. fig. 15). Ces fibres cornées ont un diamètre qui varie de $0^{mm},15$ à $0^{mm},50$: c'est dans les couches superficielles qu'elles sont le plus petites et le plus nombreuses, toutefois, même dans les couches profondes, on en remarque de petites entremêlées aux grosses. Les lames kéraphylleuses n'en renferment jamais. On les appelle communément *tubes cornés* car leur axe est occupé par un canal de $0^{mm},02$ à $0^{mm},05$ de calibre, s'évasant supérieurement pour recevoir une papille cutidurale, et contenant dans le restant de sa longueur quelques grumeaux informes, noirâtres sous le microscope, dont nous verrons plus loin la nature.

Les fibres pariétales ne sont pas en contact immédiat ;

un tissu corné, qui correspond aux espaces interpapillaires du bourrelet, en remplit exactement les intervalles, c'est la *substance intertubulaire*; les lames kéraphylleuses n'en sont que des prolongements.

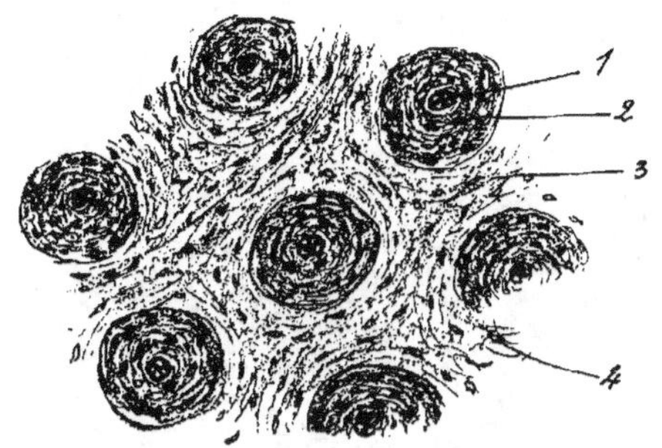

Fig. 29. — Coupe transversale de la corne de la paroi, à un faible grossissement.

1, substance intratubulaire.
2, substance de la paroi du tube.
3, substance intertubulaire.

4, noyaux cellulaires disséminés jouant l'aspect d'ostéoplastes.

Quand la corne est colorée, les granulations pigmentaires se remarquent principalement dans la substance intertubulaire, car le corps muqueux cutidural se charge de pigment à peu près exclusivement dans les espaces interpapillaires.

En général les fibres cornées n'affectent, dans leur superposition, aucun arrangement régulier ; cependant il n'est pas rare de les voir s'aligner en regard des cannelures kéraphylleuses, dans la profondeur de la paroi, surtout vers la région des talons ; ces alignements résultent d'une sériation des papilles inférieures du bourrelet dans la direction des lames podophylleuses.

Bien qu'il y ait un abîme entre la corne et l'os, les coupes transverses microscopiques de la paroi ressemblent au premier coup d'œil à des coupes transverses du tissu osseux compact : les tubes cornés rappelant les canaux de Havers (sauf qu'ils ne s'anastomosent pas), leur épaisse paroi propre, les lamelles concentriques des systèmes de Havers, enfin la substance intertubulaire, les systèmes intermédiaires ; l'illusion est complétée par les noyaux très apparents d'un grand nombre de cellules qui jouent l'aspect d'ostéoplastes. Mais il n'y a là qu'une apparence, bien vite dissipée si l'on examine la coupe de corne à un

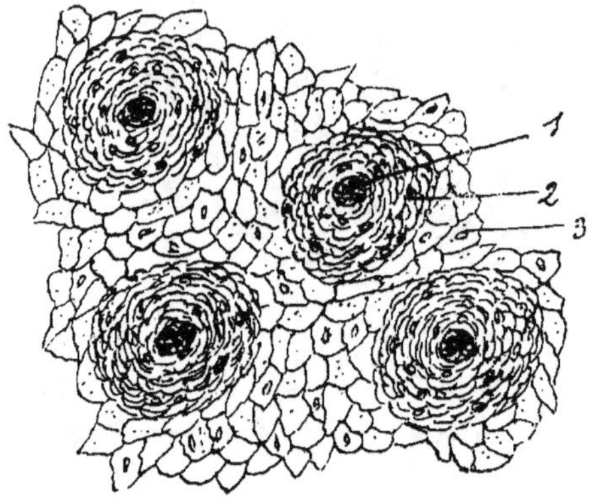

Fig. 30. — Coupe transversale de la paroi, après l'action de la potasse.

1, petites cellules plus ou moins désintégrées de l'intérieur des tubes.

2, cellules aplaties latéralement de la paroi des tubes.

3, cellules aplaties horizontalement de la substance intertubulaire.

Un certain nombre de cellules montrent un noyau.

grossissement plus fort, surtout après l'action de la potasse : on voit alors que tout se résout, fibres et substance intertubulaire, en cellules kératinisées, disposées en long parallèlement à leur axe dans les fibres, stratifiées horizontalement dans le tissu intermédiaire : arrangement subordonné aux accidents de surface du bourrelet (fig. 30).

On distingue, en effet, au point de vue de la texture, trois sortes de productions cornées, avec transitions de l'une à l'autre (1).

1° La *corne homogène* (griffes, ongles humains, cornes

(1) Lesbre, Structure et développement des productions cornées dans les mammifères domestiques (*Bulletin de la Société centrale*, 1892).

frontales du bœuf) développée sur un derme lisse ou dont les papilles ne dépassent pas le corps muqueux.

2° La *corne tubuleuse* (cornes frontales du mouton et de la chèvre, périople, fourchette des solipèdes, onglons des ruminants, etc.), développée sur un derme dont les papilles atteignent juste la ligne de kératinisation, de telle sorte que les cellules situées à leur extrémité ne se kératinisent pas ou se kératinisent imparfaitement, laissant ainsi de véritables tubes, vides ou remplis de petites cellules peu cohérentes qui se désagrègent bientôt.

3° Enfin, la *corne fibreuse* (paroi et sole des solipèdes) développée sur un derme dont les papilles pénètrent à l'origine de la corne en entraînant avec elles des prolongements du corps muqueux, de manière à ordonner un certain nombre de cellules autour des tubes cornés, ceux-ci devenant de véritables fibres creuses. Le tissu de ces fibres est notablement plus dense et plus solide que le tissu intertubulaire; aussi la paroi s'effiloche-t-elle naturellement à son bord inférieur, ce qui avait fait croire à sa constitution par des poils agglutinés.

B. — SOLE.

La sole répond à la partie du tissu velouté appliqué sur la face inférieure de la troisième phalange. C'est une plaque semi-lunaire encadrée par le bord plantaire de la muraille, et même confondue avec lui au niveau de la partie antérieure des arcs-boutants.

La *face supérieure*, convexe en proportion de la concavité de la face inférieure de la phalangette, est criblée de porosités pour recevoir l'extrémité des papilles du tissu velouté correspondant.

La *face inférieure* forme le creux du pied, sorte de voûte dont le centre correspond à la pointe de la fourchette ;

elle exfolie naturellement lorsque l'usure ne suffit pas à compenser son accroissement en épaisseur.

Le *bord excentrique* s'engrène, comme nous l'avons dit,

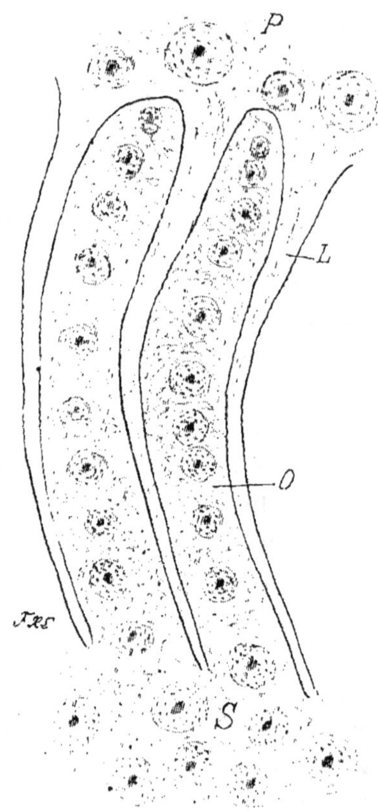

Fig. 31. — Union de la paroi avec la sole, grossie 30 fois.

P, paroi.   L, lames kéraphylleuses.
S, sole.   O, dentelures périphériques de la sole.

avec le bord plantaire de la paroi, et cette zone d'engrènement porte le nom de limbe ou de nimbe de la sole, ou encore de ligne blanche; c'est une union si solide qu'il ne faut pas moins de cinq ou six mois de macération pour la détruire (fig. 31).

Le *bord concentrique* forme une profonde échancrure angulaire au niveau de laquelle la sole se joint aux barres. et même se confond avec elles ainsi qu'il a été dit plus haut.

Les *branches* de la sole, extrémités du croissant qu'elle représente, sont enclavées dans les angles d'inflexion de la muraille et correspondent aux éminences rétrossales de la phalangette.

L'*épaisseur* de la sole équivaut à peu près à celle de la paroi ; elle est un peu plus considérable à la périphérie qu'au centre.

Dureté. Coloration. — La corne de cette partie du sabot est beaucoup moins dure que celle de la paroi, et se laisse attaquer par le rogne-pied et le boutoir avec beaucoup plus de facilité ; elle est toutefois plus consistante dans les couches superficielles que dans les couches profondes. Sa couleur reflète exactement celle de la paroi attendu que le corps muqueux du tissu velouté participe des variations de l'état pigmentaire du bourrelet ; tantôt il est uniformément noir ou brun, tantôt il est marbré de noir, tantôt enfin l'absence de pigment laisse évidente la couleur rouge du derme, et, suivant le cas, la corne solaire est noire, marbrée ou blanche. En général la couleur s'atténue de la profondeur à l'extérieur, de sorte que si la sole est noire au contact du tissu velouté elle est ardoisée dans ses couches superficielles.

Structure. — La sole a essentiellement la même structure que la paroi. Elle est formée de fibres qui vont obliquement d'une face à l'autre dans une direction parallèle à celle des fibres de la muraille, et d'un tissu corné intermédiaire. Cette structure fibreuse déterminée par les papilles du tissu velouté se voit très bien sur les coupes ; mais elle est masquée à première vue par l'état desquamant de la surface qui avait fait admettre autrefois une texture feuilletée. Les différences de qualité de la corne solaire comparée à la corne pariétale ne paraissent pas dépendre de la structure, mais du processus chimique de la kératinisation ; le stratum granulosum sus-jacent à la sole, sans être éléidinique comme celui de la fourchette, est plus manifeste que celui de la paroi.

C. — **FOURCHETTE.**

La fourchette est un coin de corne souple et flexible enclavé entre les barres, appliqué et comme moulé sur

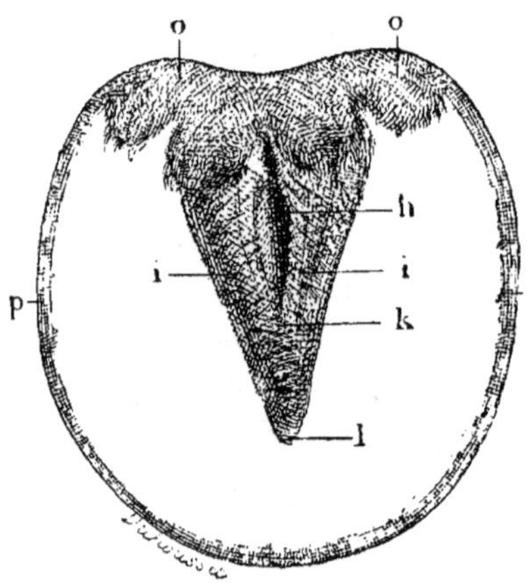

Fig. 32, d'après le colonel Duhousset.

k,l, pointe de la fourchette.
h, lacune médiane de la fourchette.
ii, branches de la fourchette.

oo, glomes de la fourchette.
p, périople.

le coussinet plantaire. Nous lui décrirons une face externe ou inférieure, une face interne ou supérieure, deux bords latéraux, une base et une pointe.

La *face inférieure* répète exactement la configuration du corps pyramidal, que les anciens appelaient pour cette raison fourchette de chair. C'est une saillie triangulaire, simple en avant, divisée en arrière en deux *branches*, grâce à une sorte de pli rentrant, la *lacune médiane*. Le

nom de *lacunes latérales* a été donné aux deux rigoles
angulaires formées entre la fourchette et les barres.

La *face supérieure* montre l'empreinte exacte du corps
pyramidal, c'est-à-dire : une arête médiane engagée dans
la lacune (arête de la fourchette ou arrête-fourchette), et
une excavation triangulaire divisée postérieurement en

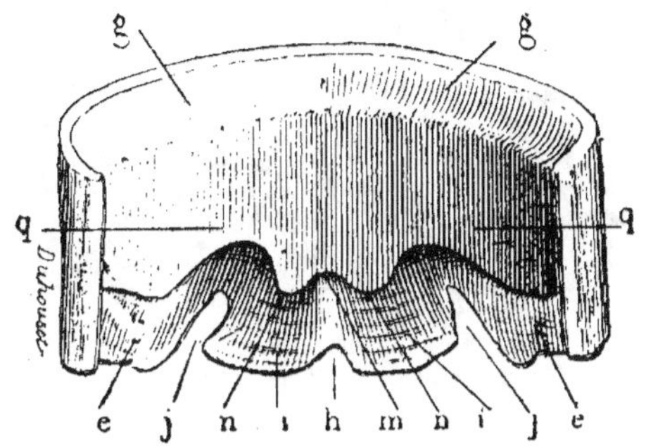

Fig. 33, d'après le colonel Duhousset.
Coupe transversale du sabot, partie antérieure.

gg, gouttière culigérale.
qq, intérieur du sabot.
ee, sole.
j,j, lacunes latérales de la fourchette.

h, lacune médiane.
i,i, branches de la fourchette.
m, arête de la fourchette, partie antérieure,
bordée de chaque côté par les sillons *n,n*.

deux gouttières latérales pour recevoir la saillie. On y
voit un grand nombre de petits orifices où s'engageait
l'extrémité des papilles du tissu velouté.

Les *bords* se joignent aux barres au fond des lacunes
latérales, si bien qu'il n'y a pas trace de démarcation
à l'intérieur du sabot ; les barres ne se distinguant
pas elles-mêmes de la sole, il s'ensuit que le plancher de celui-ci est tout d'une pièce, comme la membrane
veloutée sur laquelle il se développe. La différenciation,
tout extérieure, en sole, barres, fourchette, tient à des
modifications dans le processus kératinisant et à des changements dans la direction des papilles. Il est clair que
les lacunes latérales de la fourchette doivent leur exis-

tence à une divergence des papilles de part et d'autre de leur fond.

La *base* de la fourchette est constituée par les extrémités renflées de ses branches, sortes de bulbes arrondis, flexibles, élastiques, connus sous le nom de *glomes*. Les glomes se continuent par-dessus l'angle d'inflexion

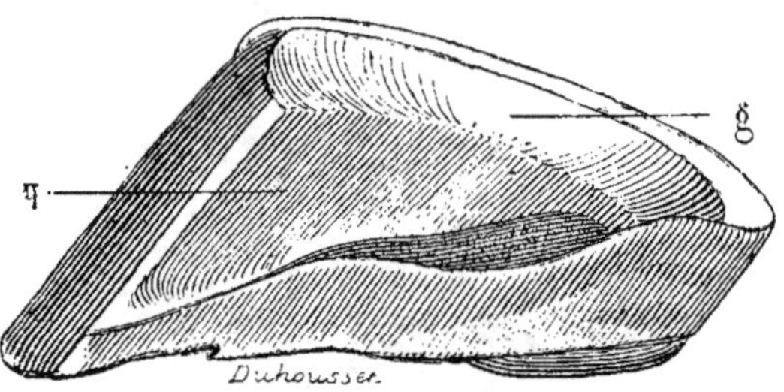

Fig. 34, d'après le colonel Duhousset.
Coupe antéro-postérieure du sabot.
g, gouttière cutigérale. — *q*, kéraphylle.

de la paroi avec le périople, qui pourrait être décrit comme une dépendance de la fourchette.

La *pointe* de celle-ci dépasse un peu, en avant, le niveau de la crète semi-lunaire et de l'insertion du perforant ; elle se loge dans l'angle des deux barres réunies. Toutefois la distinction des barres au delà du kéraphylle plantaire n'étant possible que sur des pieds vierges, beaucoup de personnes conduisent la sole jusqu'au contact de la fourchette.

L'*épaisseur* de la fourchette est à son maximum sur les parties les plus saillantes du corps et des branches ; elle diminue beaucoup sur les parties latérales, au niveau de la lacune médiane, ainsi que sur les glomes, où la corne fait transition à l'épiderme cutané. Dans les points où elle est le plus grande, elle ne dépasse guère celle de la sole.

« La *couleur* de la fourchette est toujours plus foncée que celle des autres parties du sabot. Dans les ongles noirs, elle est d'un noir d'ébène ; sa teinte tire plus ou moins sur le gris ou sur le blanc jaunâtre dans les sabots dont la corne est blanche. » (H. Bouley.)

La corne furcale est remarquable par sa mollesse, sa souplesse et son élasticité, égales à celles du caoutchouc. Elle s'exfolie superficiellement en fines écailles imbriquées ou en filandres, lorsque l'usure fait défaut.

Sa *structure* est notablement différente de celle de la paroi et de la sole ; elle est la même que celle du périople ou de la châtaigne, procédant comme eux d'un stratum granulosum éléidinique où s'arrêtent les papilles, et présentant de simples tubes au lieu de véritables fibres. Ces tubes sont dirigés obliquement d'arrière en avant, ainsi que les fibres de la sole ; ils sont plus nombreux que celles-ci dans l'unité de surface et sont légèrement flexueux dans leur longeur ; leurs ondulations paraissent se former sous l'influence des pressions de l'appui. On voit de distance en distance les canaux excréteurs des glandes sudoripares du coussinet plantaire (fig. 18).

§ 9. — DESCRIPTION DES PRINCIPALES COUPES DU PIED

Après avoir étudié une à une les parties constituantes du pied, il n'est pas sans utilité de les envisager dans l'ensemble sur diverses coupes de l'organe normal et d'aplomb.

I. — **Coupe longitudinale et médiane** (fig. 35). — On voit : 1° que la troisième phalange se place dans l'axe des deux précédentes, axe qui aboutit assez exactement à la pointe de la fourchette ; 2° qu'une verticale descendant du centre de l'articulation tombe au centre de la face plantaire ; 3° que la partie inférieure de la phalangette est enclavée comme un coin entre la paroi et la sole ; 4° que

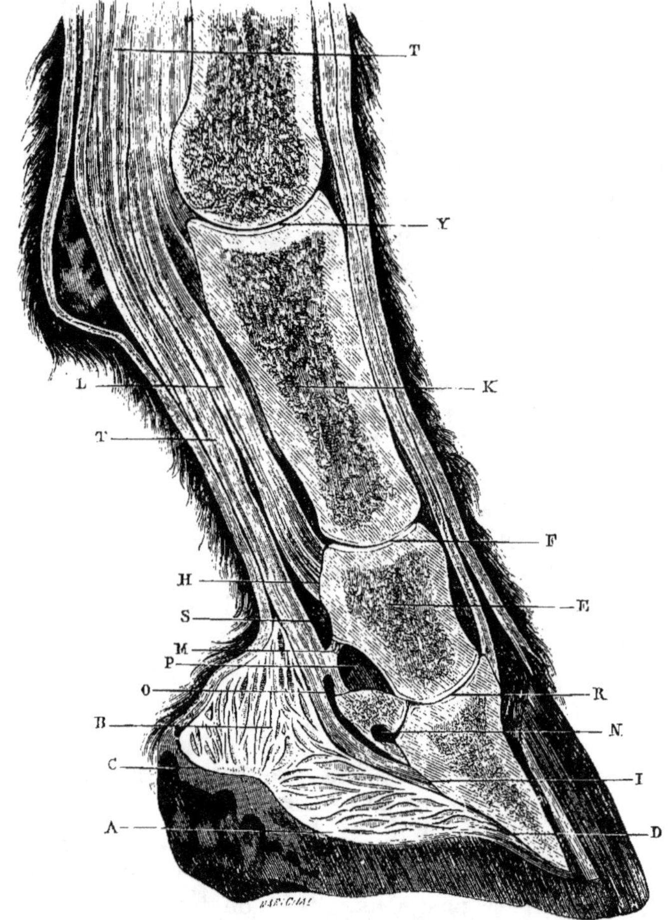

Fig. 35, d'après H. Bouley.
Coupe longitudinale et médiane de la région digitée.

A,B. coupe du coussinet plantaire montrant ses travées fibreuses et sa pulpe élastique.

C, tissu velouté faisant corps avec ce coussinet.

D, point d'insertion du coussinet à la face inférieure de l'os du pied.

E, substance spongieuse de l'intérieur de la deuxième phalange.

F, articulation de la première phalange avec la deuxième.

H, terminaison du perforé.

I, insertion de l'aponévrose plantaire à la crête semi-lunaire.

K, intérieur de la première phalange.

L, perforé et ligaments sésamoïdiens inférieurs, superficiels et moyen.

M, lame jaune unissant le tendon perforant à la deuxième phalange.

N, cul-de-sac inférieur de la synoviale de l'articulation du pied.

O, synoviale podo-sésamoïdienne.

P, cul-de-sac postérieur de la synoviale de l'articulation du pied.

S, cul-de-sac inférieur de la gaine grande sésamoïdienne.

T, perforant.

Y, articulation métacarpo-phalangienne.

le petit sésamoïde est situé à peu près au milieu de la
longueur coronaire s'étendant de la pince aux glomes, et
son bord supérieur au niveau de l'origine de l'ongle ; 5° que
l'éminence pyramidale se juxtapose à la partie médiane
de la gouttière cutidurale de manière à proéminer légèrement au-dessus du sabot.

II. — Coupe longitudino-transversale, parallèle à la pince,
passant par la pointe de la fourchette (fig. 36). — On voit

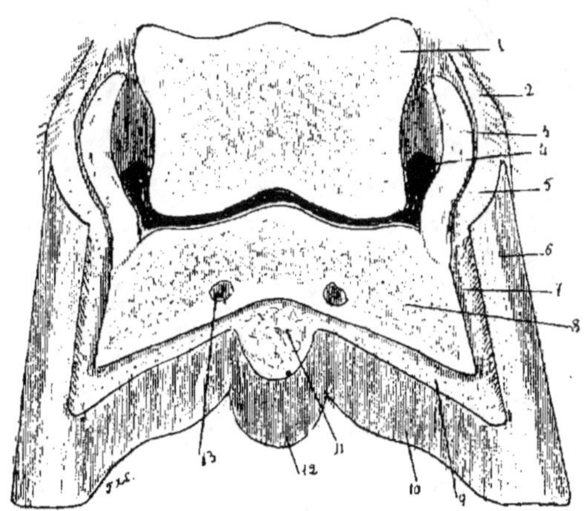

Fig. 36. — Coupe transversale parallèle à la pince passant par la pointe
de la fourchette.

1, phalangine.
2, peau de la couronne.
3, cartilage complémentaire.
4, cul-de-sac synovial latéral de l'articulation du pied.
5, bourrelet.
6, paroi.
7, tissu podophyllo-kéraphylleux.
8, troisième phalange.
9, tissu velouté.
10, sole.
11, pointe du coussinet plantaire.
12, pointe de la fourchette.
13, sinus semi-lunaire.

les cartilages complémentaires monter très haut sur les
côtés de la deuxième phalange en couvrant les culs-de-sac
latéraux de la synoviale articulaire ; ils bombent en dehors
sur la troisième de manière à subir les pressions ascendantes de la paroi. On voit aussi que la paroi s'élève au-
dessus de l'interligne articulaire juste de la hauteur
de la gouttière cutigérale ; enfin qu'il y a corrélation

entre la concavité de la phalange et la concavité de la sole.

III. — Plan supérieur du pied après désarticulation de la deuxième phalange. — La figure 37 est bien propre

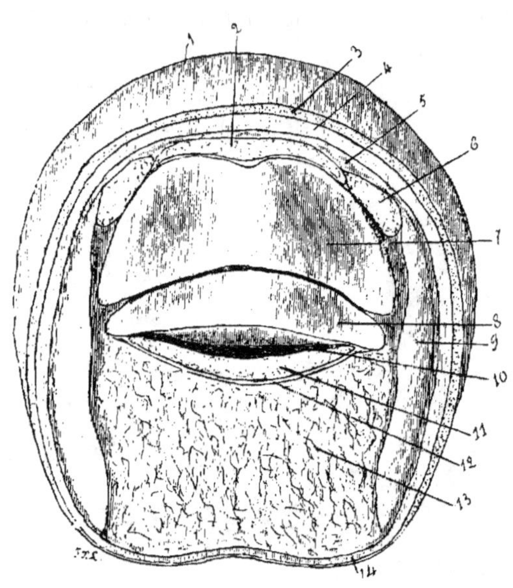

Fig. 37. — Plan supérieur du pied après désarticulation de la deuxième phalange.

1, projection de la paroi.
2, tendon extenseur antérieur à son insertion sur l'éminence pyramidale.
3, épaisseur de la paroi à son origine.
4, derme cutidural.
5, couche du plexus veineux coronaire.
6, ligament latéral antérieur.
7, surface articulaire de la troisième phalange.
8, surface articulaire du petit sésamoïde.
9, cartilage scutiforme, en saillie.
10, synoviale podo-sésamoïdienne.
11, tendon perforant.
12, son aponévrose de renforcement.
13, coussinet plantaire.
14, peau des glomes de la fourchette.

à faire saisir toute l'importance des cartilages scutiformes et du coussinet plantaire en tant qu'organes amortissants.

IV. — Coupe horizontale passant à deux centimètres du bord inférieur de la paroi. — On voit, sur la figure 38, les angles saillants de la phalangette s'engager dans les angles d'inflexion de la paroi sans en atteindre le fond ; les barres sont coupées obliquement; l'arête de la fourchette est restée dans la lacune du coussinet plantaire.

V. — Topographie du sabot marquant la place des principaux organes intérieurs.

1° *Profil*. — La figure 39 montre la place des phalanges. des sésamoïdes. du cartilage scutiforme, comme si on les

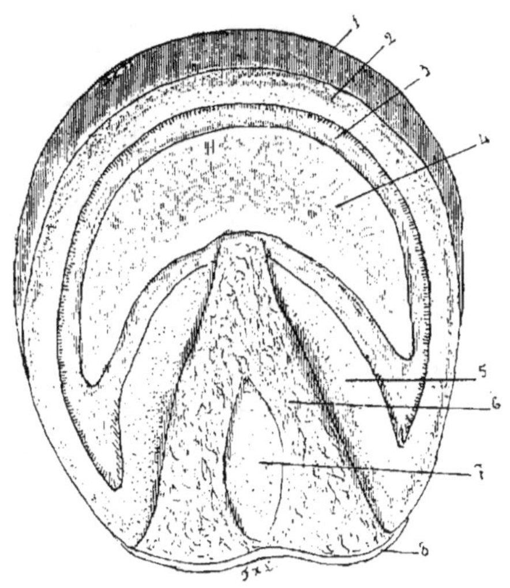

Fig. 38. — Coupe horizontale du pied passant à deux centimètres de son bord inférieur.

1, projection de la paroi.
2, épaisseur de la paroi.
3, tissu podophyllo-kéraphylleux.
4, phalangette.
5, barres coupées obliquement.

6, coussinet plantaire.
7, arête de la fourchette coupée en place dans la lacune médiane du coussinet plantaire.
8, peau des glomes.

voyait par transparence. On remarque notamment que la paroi repose sur les fibro-cartilages pour une bonne part de sa surface; les angles d'inflexion des talons sont occupés exclusivement par les bulbes cartilagineux, excepté au niveau de la face plantaire où les apophyses rétrossales s'avancent vers leur fond.

La figure 40 représente la coupe médiane longitudinale, projetée sur le sabot; elle est assez démonstrative pour dispenser de toute description.

2° *Face plantaire*. — Elle présente trois repères importants : la pointe de la fourchette marquant la crête semi-lunaire ou du moins la dépassant de peu, les angles des

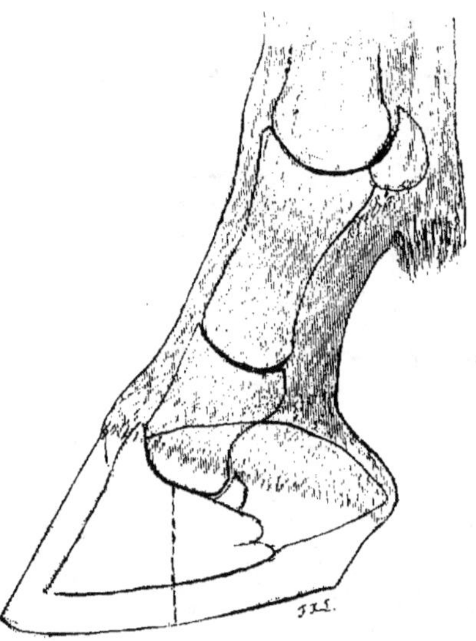

Fig. 39. — Topographie de la région digitée montrant le profil des os et du cartilage scutiforme.

talons marquant les éminences rétrossales. La sole tout entière correspond à la partie de la phalangette antérieure

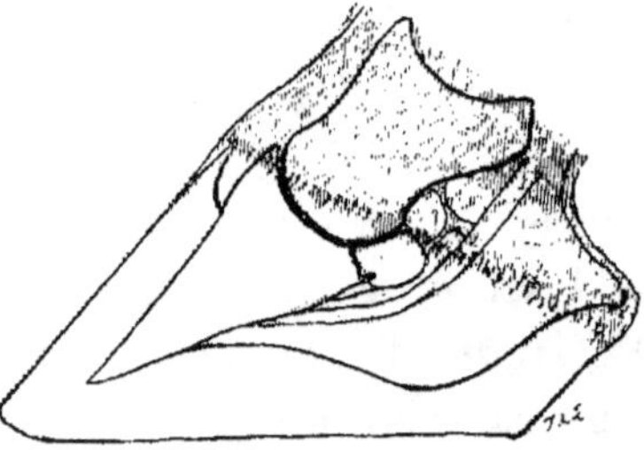

Fig. 40.— Projection d'une coupe médiane du pied sur la surface du sabot.

à la crête semi-lunaire ; tandis que les barres et la fourchette font face à l'expansion terminale du perforant.

§ 10. — PROPRIÉTÉS PHYSIQUES ET CHIMIQUES DE LA CORNE

Indépendamment des propriétés indiquées dans l'étude anatomique de chacune des trois pièces du sabot, il faut en signaler quelques autres communes à toutes les productions cornées.

La corne est *hygroscopique*; elle se ramollit en s'imbibant de liquide, se durcit en se desséchant ; c'est surtout à leur saturation par le plasma épanché du derme que les couches profondes du sabot doivent leur mollesse spéciale. Quand on laisse à l'air un sabot arraché, on le voit se rétracter beaucoup du fait de la dessiccation des couches internes ; il est bien possible que, sur le vivant, il puisse quelquefois se resserrer en talons sous la même influence.

« La corne est mauvais conducteur de la chaleur. D'après les expériences de Reynal et Delafond, il ne faut pas moins de quatre à cinq minutes d'application du fer rouge sur la face externe de la sole ou de la muraille pour que le thermomètre appliqué à leur face interne accuse la transmission de la chaleur à travers toute leur épaisseur. Toutefois cette propagation est un peu plus rapide dans la sole que dans la paroi. » (H. Bouley.)

Soumise à l'action de l'eau bouillante sous pression, la corne devient molle et plastique, propriété qu'on utilise dans l'industrie de la tabletterie.

La corne brûle au contact du feu en dégageant une fumée épaisse, d'odeur empyreumatique.

Les alcalis, potasse, soude, ammoniaque, et les acides forts étendus d'eau, sulfurique, chlorhydrique, azotique, ramollissent la corne et finissent par la dissoudre.

La corne est constituée essentiellement par une matière sulfuro-azotée, dérivée de l'albumine, qu'on appelle *kéra-*

line, matière dont la composition élémentaire est la suivante :

Pour 100	Carbone..........................	51
—	Hydrogène........................	6.94
—	Azote............................	17.51
—	Oxygène..........................	21.75
—	Soufre	2.8

Moleschott a constaté sur l'ongle humain que la kératine est plus hydratée en été qu'en hiver.

Voici, d'après H. Bouley, une analyse des trois parties du sabot du cheval faite par Clément, ancien chef de service d'Alfort, et qui montre que leur dureté respective est inversement proportionnelle à leur degré d'hydratation et directement en rapport avec leur teneur en kératine.

	PAROI.	SOLE.	FOURCHETTE.
Eau.............................	16.12	36	42
Matière grasse...	0.95	0.25	0 50
Matière soluble dans l'eau.......	1.04	1.50	1.50
Sels insolubles.................	0.26	0.25	0.22
Matière animale (kératine).......	81.63	62	55.78
	100	100	100

ART. II — MORPHOLOGIE

Le pied étant connu dans les détails de sa structure, le moment est venu d'envisager sa forme générale, les rapports de ses diverses dimensions et les différences qu'il présente suivant qu'il est antérieur ou postérieur, gauche ou droit, suivant la race, le climat, l'âge, etc., etc.

Bracy-Clark compare la forme du pied à un segment de cylindre coupé très obliquement et reposant sur la face de section (fig. 41); cette comparaison n'est pas rigoureusement exacte, car le beau pied, vu de face, est manifestement évasé de haut en bas ; ce serait plutôt un tronc de cône obliquement sectionné à sa partie supérieure ; toutefois dans cette dernière hypothèse, l'évasement inférieur du pied devrait se remarquer dans le sens antéro-postérieur comme dans le sens transversal, ce qui n'est pas ; ce n'est donc exactement ni un tronc de cône ni un tronc de cylindre. Pour définir sa forme, il faut l'analyser en détails comme nous l'avons déjà fait dans un travail antérieur (1).

Il est vrai que la beauté du pied, de même que la beauté générale, n'est pas une, qu'il y a non seulement la beauté du pied de devant et celle du pied de derrière, mais encore, pour chacun d'eux, des beautés adaptives liées à la conformation, au genre de vie de l'animal, etc. ; mais ces différences ne sont pas très grandes et on en jugera d'autant mieux qu'on disposera d'un type de comparaison ; c'est cette beauté moyenne que nous allons d'abord faire connaître, comme un étalon d'après lequel on distinguera ensuite des pieds petits ou grands, étroits ou larges, longs ou courts, plats ou droits, etc., etc.

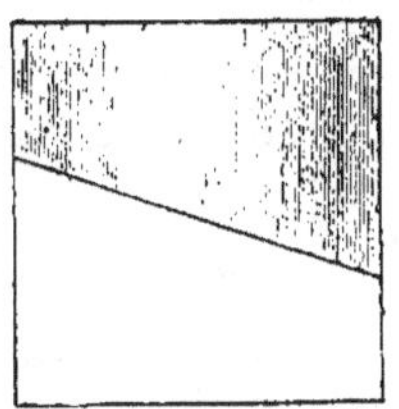
Fig. 41.

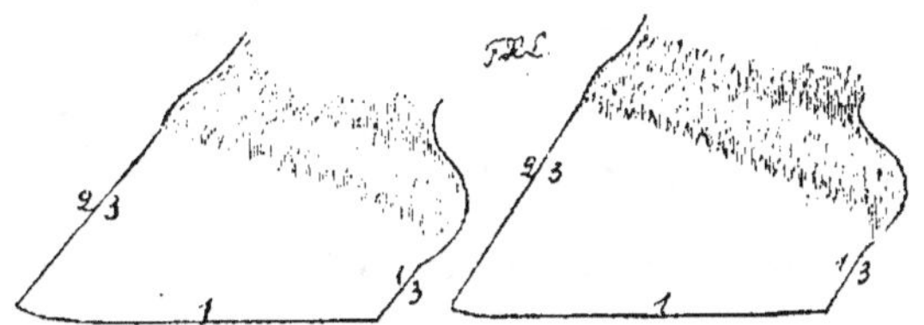
Fig. 42. — Profil du pied antérieur et du pied postérieur.

De profil (fig. 42). — Le beau pied est limité en avant et en arrière par deux lignes sensiblement parallèles, obliques de 50° à 55° sur l'horizontale au pied antérieur, de 55° à 60° au pied postérieur. Le rapport de longueur de ces deux

(1) Lesbre et Peuch, *in loc. cit.*

lignes est de 1 à 2 dans l'un et l'autre pied ; si le postérieur paraît plus haut de talons, cela tient à la moindre inclinaison de ceux-ci, le rapport avec la pince n'est pas changé.

Lorsque la croissance de la paroi n'est pas compensée par son usure ou son ablation, ledit rapport augmente constamment et se rapproche de 1 : 1, car, la pousse s'effectuant d'une manière égale sur tout le pourtour, il passe à la longue de 1:2 à 2:3, 3:4, 4:5, etc.

La hauteur de la paroi en pince et la longueur plantaire, depuis la pince jusqu'à l'inflexion du talon, sont entre elles comme 2 à 3 environ (1). La longueur plantaire du pied de derrière est sensiblement la même que celle du pied de devant ; l'allongement apparent de ce pied est la conséquence de son étroitesse.

La longueur coronaire, y compris la saillie des glômes, équivaut environ aux neuf dixièmes de la longueur plantaire. Ce rapport est un peu plus élevé au pied de derrière.

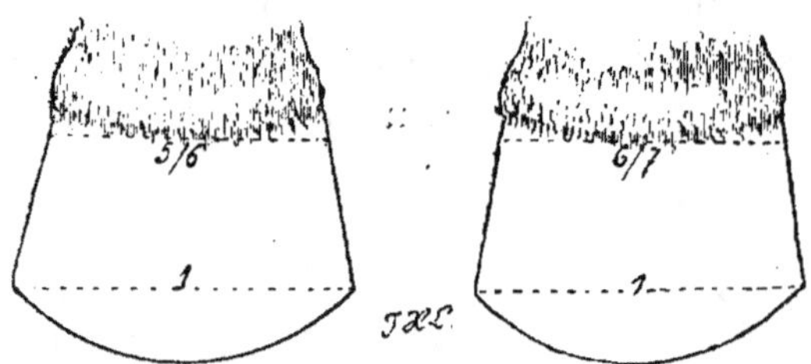

Fig. 43. — Pied antérieur et pied postérieur vus par devant.

De face (fig. 43). — Le beau pied est limité par deux lignes latérales égales, divergentes en bas, obliques de 10 à 12°, sur la verticale dans le pied antérieur, de 6 à 8° dans le postérieur. On ne s'entend pas sur la question de savoir si les lignes des quartiers doivent avoir la même obliquité

(1) La saillie des glomes n'est pas comprise dans la longueur plantaire.

ou bien si l'interne n'est pas normalement moins oblique
que l'autre. Quelques auteurs, M. Sanson entre autres, proclament la parfaite symétrie bilatérale du pied vraiment
bien conformé et attribuent à la ferrure l'inégalité d'inclinaison que l'on constate si souvent ; la plupart des autres,
notamment H. Bouley, admettent au contraire que le quartier interne est, à l'état normal, sensiblement moins oblique
que l'externe, ce qui détermine un contour plantaire un
peu moins convexe en dedans qu'en dehors ; ils motivent
ainsi la forme asymétrique que les maréchaux ont l'habitude de donner au fer. Parmi les beaux pieds que nous
avons examinés, il y en avait de parfaitement symétriques,
mais c'était le petit nombre ; la plupart présentaient une
légère asymétrie, même ceux qui n'avaient jamais subi de
ferrure. Nous conclurons donc que si le beau pied tend à
la symétrie bilatérale, il l'atteint exceptionnellement, le
côté interne étant moins incliné que l'externe.

La largeur supérieure ou coronaire est à la largeur
inférieure ou plantaire comme 5 à 6 au pied antérieur,
comme 6 à 7 au pied postérieur.

Par dessous (fig. 44). — Le pied montre : le bord inférieur
de la paroi, les barres, la sole et la fourchette. Dans les beaux
pieds de devant, la largeur de la face plantaire est égale
à sa longueur ; mais il n'est pas vrai que le contour soit
un cercle, comme le disent et le figurent H. Bouley et
Fogliata ; compas en main, nous avons constaté que c'est
un segment d'ovale coupé par le petit bout. Complétez un
demi-cercle par deux arcs de 30° ayant pour rayon le diamètre du demi-cercle antérieur, et vous aurez le contour
d'un beau pied de devant, contour évidemment meilleur
que le cercle, car il écarte davantage les talons. Cet arc
n'est qu'exceptionnellement régulier ; en règle très générale,
il est un peu moins convexe en dedans qu'en dehors,
comme il a été dit plus haut.

Rien n'est plus facile que de décomposer un pareil contour en pince, mamelles, quartiers, talons : il suffit de prendre le quart du diamètre du pied (moitié du rayon) et de porter cette distance du milieu de la pince au talon, de chaque côté ; elle s'y trouve contenue juste cinq fois et délimite très rationnellement la pince P, la mamelle M,

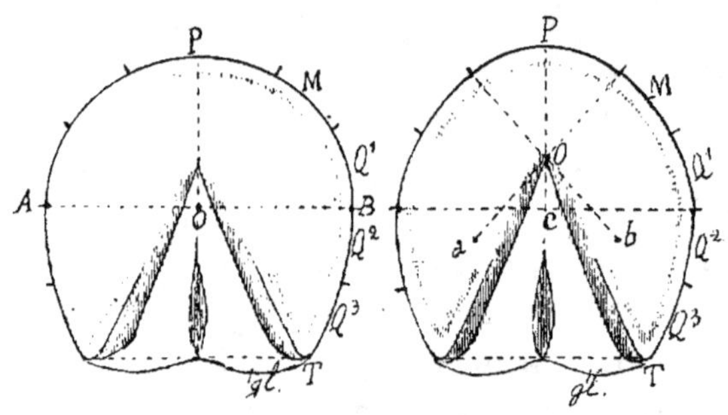

Fig. 44. — Face plantaire du pied antérieur et du pied postérieur.

PIED ANTÉRIEUR.	PIED POSTÉRIEUR.
O, centre du demi-cercle antérieur.	O, centre de l'arc P.
A, centre de l'arc BT.	a, centre de l'arc MQ¹.
B, centre de l'arc opposé.	b, centre de l'arc opposé.
P, pince.	Les arcs postérieurs ont leur centre aux extrémités du diamètre transverse.
M, mamelle.	P, pince.
Q¹, partie antérieure du quartier.	M, mamelle.
Q², partie moyenne du quartier.	Q¹, partie antérieure du quartier.
Q³, partie postérieure du quartier.	Q², partie moyenne du quartier.
T, talon.	Q³, partie postérieure du quartier.
gl, glome.	T, talon.
	gl, glome.

la partie antérieure du quartier Q^1, sa partie moyenne Q^2, et sa partie postérieure Q^3. Quant aux talons, ce sont les angles d'inflexion eux-mêmes. T.

Le pied de derrière est notablement plus étroit que celui de devant ; il s'ensuit un allongement apparent qui transforme le demi-cercle antérieur en segment d'ellipse ; aussi l'indice plantaire ou rapport de la largeur à la longueur n'est-il plus 1 : 1, mais 0,95 ou moins encore.

Pour obtenir graphiquement ce contour (fig. 44), on trace deux lignes perpendiculaires; à partir de leur intersection, on marque avec le même rayon les limites latérales et postérieure ; en augmentant ce rayon de 1/10ᵉ, on détermine la limite antérieure. Les quatre points extrêmes étant fixés, on prend le tiers de la distance CP, et, autour du point O, on décrit un arc de cercle de 80°. Sur le prolongement des derniers rayons de cet arc, à une distance de son centre égale à un rayon, on trouve le centre des courbes latérales MQ¹. On achève le contour comme au pied de devant par deux arcs ayant pour centre respectif l'extrémité opposée du diamètre transverse.

La division de ce contour en pince, mamelles, etc., se fera comme ci-dessus, et l'on constatera que la pince coïncide juste avec l'arc antérieur.

La face plantaire du pied de derrière se distingue en outre par sa sole plus concave et ses barres moins inclinées, particularités corrélatives à la moindre obliquité de la paroi. Il est à remarquer, en effet, qu'il y a toujours proportionnalité entre l'obliquité de la muraille et celle des barres d'une part, entre ces deux obliquités et la concavité de la sole d'autre part ; le pied se creuse en même temps qu'il se redresse ; il s'aplanit en même temps qu'il s'aplatit ; ce rapport apparaît dans toute sa netteté quand on compare les pieds de l'âne à ceux du cheval.

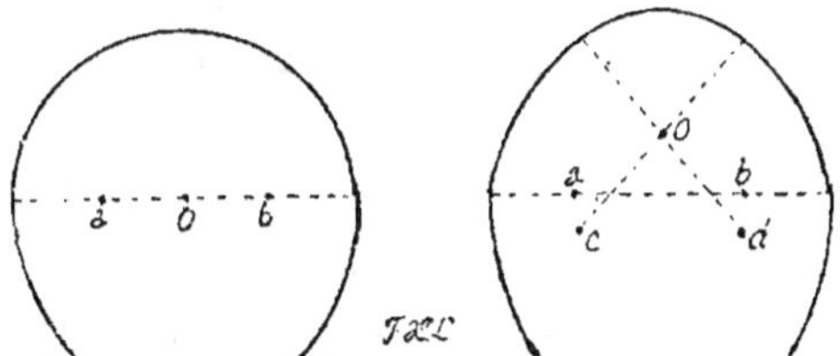

Fig. 45. — Contour coronaire du pied antérieur et du pied postérieur.

o, centre du demi-cercle antérieur.
a, b, centres des arcs postérieurs.

o, centre de l'arc antérieur.
c, d, centres des arcs latéraux.
a, b, centres des arcs postérieurs.

Contour coronaire (fig. 45). — Le contour supérieur n'est pas exactement semblable au contour inférieur ; il approche davantage du cercle.

Pour en faire le graphique, on complétera le demi-cercle ou la demi-ellipse antérieure par deux arcs dont le rayon sera, non pas le diamètre total de ce demi-cercle ou de cette demi-ellipse, mais seulement les 3/4 de ce diamètre

Obliquité de la paroi. — Elle est de 50° environ en pince, au pied antérieur, de 55° à 60° au pied postérieur ; elle va décroissant d'avant en arrière, de manière à s'annuler et même à devenir négative en talons. Si l'on fait glisser une équerre tenue verticalement autour d'un pied reposant sur un plan horizontal, on constate que, à quelques centimètres des talons, elle prend contact de la paroi dans toute sa hauteur, suivant une verticale qui coupe la couronne vers son tiers postérieur. Plus en arrière, la couronne surplombe. Cette obliquité inverse de la région qui précède le talon s'observe dans tous les beaux pieds, mais elle est moindre aux postérieurs qu'aux antérieurs ; elle est d'environ 10° relativement à la verticale pour ceux-ci, de 5° pour ceux-là.

Si l'on projette le contour supérieur du pied sur son contour inférieur, on constate que le premier ne reste pas concentrique au second dans toute son étendue, mais qu'il le coupe et le déborde en arrière.

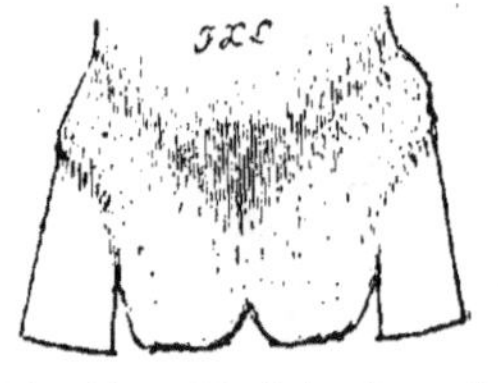

Fig. 46. — Pied de devant vu par derrière.

Par derrière (fig. 46). — Vus par derrière lorsqu'ils reposent sur un plan, les beaux pieds se font remarquer par le grand écartement des talons, susceptible d'atteindre les 2/3 de la largeur maximum, et par le grand développement de la fourchette, qui appuie sur le plan de support : double caractère de la plus haute importance pour leur bon fonctionnement, ainsi que nous le démontrerons plus loin. La largeur d'une belle fourchette en avant des glomes équivaut à la moitié de la largeur maximum du pied.

Différences entre le pied gauche et le pied droit de chaque bipède. — En règle très générale, le quartier interne est sensiblement plus aplati que l'externe, de sorte que le contour plantaire correspondant est moins convexe. Ce quartier est aussi un peu moins épais. L'inclinaison des arcs-boutants étant solidaire de celle des quartiers, il s'ensuit que l'arc-boutant interne est souvent un peu plus redressé que l'externe. Ces différences sont parfois très peu marquées, à peine sensibles ; alors, si le pied a été désarticulé, le meilleur moyen de reconnaître le côté auquel il appartient est d'examiner la surface articulaire de la phalangette, la cavité glénoïde interne étant un peu plus spacieuse que l'externe.

Différences des pieds tenant à la race, au climat, à l'état du sol, etc. — Il est peu d'organes aussi variables dans leur forme que le pied, l'antérieur surtout. Abstraction faite

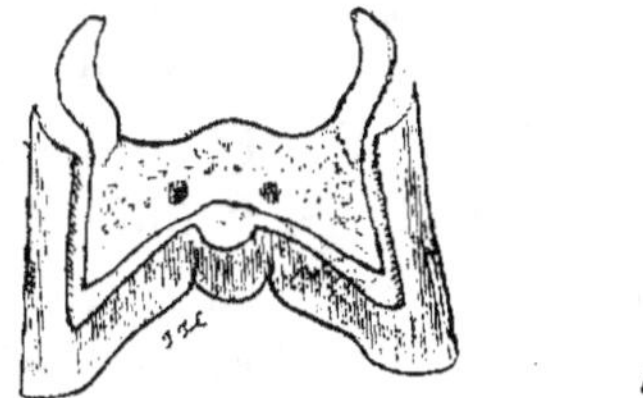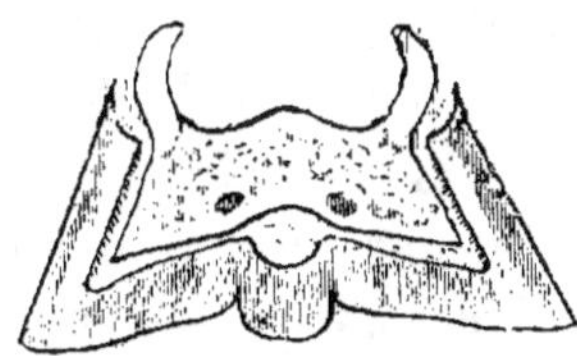

Fig. 47. — Coupe transversale d'un pied creux et d'un pied plat.

des formes défectueuses qui seront l'objet d'un chapitre spécial, il faut signaler des variations normales qui tiennent notamment à la race, au climat, à l'état du sol, etc.

Les gros chevaux ont, en général, les pieds plus évasés, plus plats que les petits, comme si l'étendue de la face plantaire devait être en rapport avec le poids supporté. La tendance à l'évasement des pieds chez les chevaux lourds est si accentuée qu'un grand nombre d'entre eux dépassent la mesure et présentent des pieds de devant si plats que c'est une de leurs plus redoutables défectuosités.

Les animaux nés et élevés dans des pays bas et humides,

tels que les chevaux hollandais, ont aussi une tendance au pied plat, comme si l'organe devait s'élargir en proportion de l'état fangeux du sol.

Au contraire, les chevaux originaires des contrées méridionales, ceux qui ont été élevés dans des lieux hauts et secs, ou bien à l'écurie, ont généralement des sabots petits et durs.

Le tempérament, qui n'est qu'une résultante du climat, de la race, de l'alimentation, etc., imprime aussi son cachet au pied : les chevaux nerveux ont plutôt le pied petit et creux, les lymphatiques plutôt le pied grand et plat.

Ces variations du sabot sont corrélatives à des variations pareilles de la 3ᵉ phalange, qui est certainement l'os le plus malléable du squelette (fig. 47).

DÉVELOPPEMENT MORPHOLOGIQUE DU PIED.

Il ne peut s'agir, dans un ouvrage comme celui-ci, de remonter chez l'embryon jusqu'au premier développement de l'extrémité digitée (1). Il suffit de prendre l'organe déjà formé, à partir du milieu de la gestation, et de le suivre jusqu'à ce qu'il ait atteint sa forme définitive.

Les figures 48 et 49 représentent l'ongle d'un fœtus de jument de cinq à six mois de gestation : il est mou dans toute sa masse, principalement à l'extrémité, et de forme conique, comme une griffe courte et obtuse. On reconnaît en arrière la fourchette formant un triangle allongé dont la pointe arrive non loin de l'extrémité de l'ongle ; elle n'est délimitée avec la paroi que par deux sillons très superficiels ; les arcs-boutants ne sont pas dis-

(1) Voir à ce sujet : Retterer. Développement des extrémités chez les mammifères (*Thèse pour le doctorat-ès-sciences naturelles*, 1885).

Kolliker. Développement de l'ongle (*Journal de l'anatomie*, 1888).

Kolliker. Traité d'embryologie.

Ludwig Kunsien. Sur le développement du sabot chez quelques ongulés *Thèse vétérinaire de Dorpat*, 1882).

tincts ; la lacune médiane est représentée par une très
légère dépression longitudinale, relevée d'une fine crête
médiane. Quant à la sole, elle n'est pas encore apparente ; on ne peut en effet considérer comme telle la
petite excavation semi-lunaire que l'on observe au devant
de la pointe furcale.

Le sabot ainsi constitué n'est pigmenté que sur la
partie proximale de la paroi ; il est blanc jaunâtre dans le
restant de son étendue. Toutes les fibres cornées con-

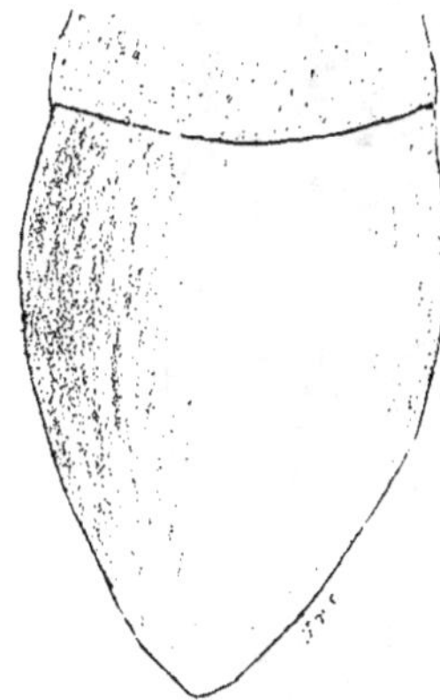

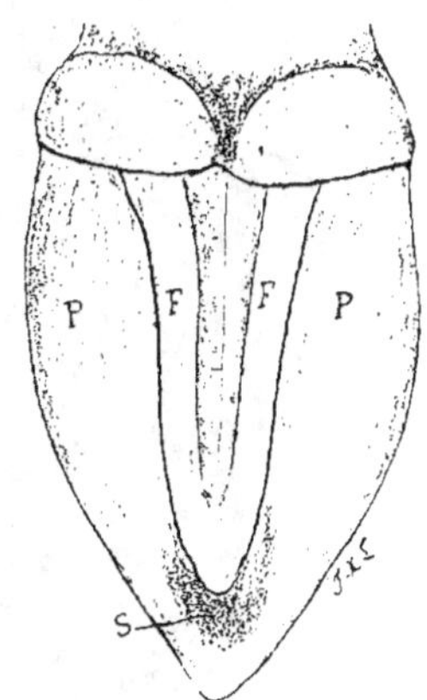

Fig. 48. — Extrémité ongulée
d'un fœtus, face antérieure.

Fig. 49. — Extrémité ongulée d'un
fœtus, face postérieure.

P. paroi.   FF, branches de la four-
S. sole.   chette.

vergent en pointe à la manière des poils d'un pinceau que
l'on mouille, et forment au-dessous de la phalangette une
sorte de tampon souple et élastique que l'on croirait
surajouté dans le but d'amortir les chocs contre les annexes
fœtales et la paroi utérine. Ce n'est que dans la deuxième
moitié de la gestation que l'ongle commence à prendre la
consistance de la corne ; cette kératinisation se fait progressivement à partir du bourrelet et du tissu velouté, de
sorte que la partie molle des fibres se trouve poussée à
l'extrémité de l'ongle où elle ne disparaît qu'après la

naissance sous l'influence de la dessiccation et des pressions du sol ; on voit alors cette sorte de tampon conique se flétrir, se désagréger et laisser à nu une surface plantaire qui a toute sa netteté dans la deuxième ou troisième semaine qui suit la naissance. Il se fait ainsi une véritable amputation qui transforme la griffe en sabot (fig. 50).

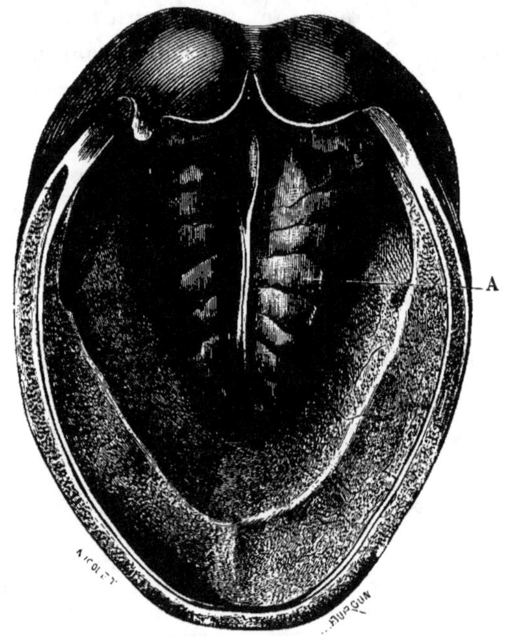

Fig. 50, d'après H. Bouley.
Face inférieure du sabot d'un poulain de quelques semaines.
A, restes du tampon plantaire fœtal.

Mais ce sabot est loin de la forme et des proportions qu'il est appelé à prendre : sa surface d'appui s'étendra progressivement, de telle sorte que le cône tronqué à base supérieure deviendra segment de cylindre, puis tronc de cône à base inférieure. Cet élargissement par le bas se fera, comme nous l'avons déjà dit, parallèlement et proportionnellement au développement de la masse et du poids supportés par les membres.

Dans le poulain très jeune, le sabot se fait remarquer :
par des talons fuyants sur lesquels l'animal prend souvent
appui du fait de la flexibilité extrême du boulet, par la
hauteur de la paroi en pince qui est au moins les 4/5 de la

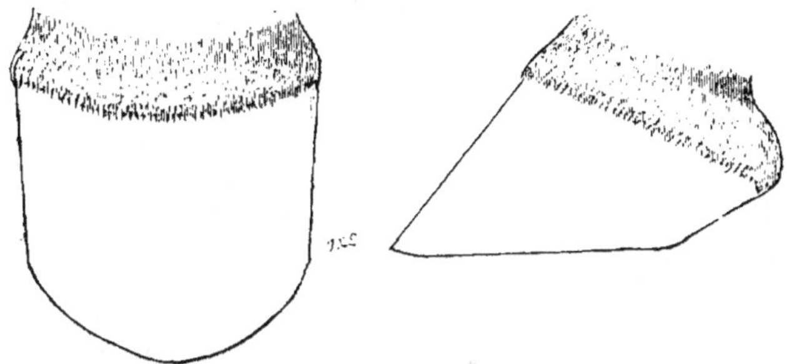

Fig. 51. — Pied d'un poulain de quelques semaines. Vue antérieure et vue
latérale.

longueur plantaire, au lieu des 2/3, par la largeur coronaire l'emportant sur la largeur plantaire, de sorte
que, de face, les lignes des quartiers sont convergentes

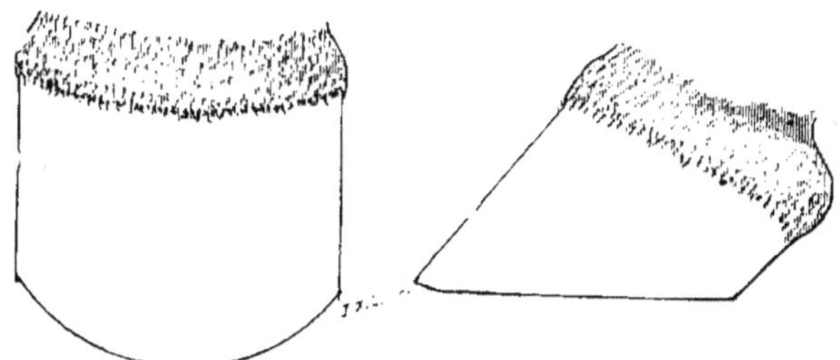

Fig. 52. — Pied d'un poulain d'un an, vue antérieure et vue latérale.

en bas, par une inflexion des talons tendant à fermer le
cercle plantaire en arrière, etc. (fig. 51).

Pendant la première année, le pied s'accroît rapidement
tout en conservant sa forme tronconique renversée. Vers
cinq ou six mois, les dernières traces du sabot apporté à
la naissance disparaissent par avalure ; jusqu'alors il
figurait une sorte de croissant antérieur limité en

haut par un sillon. L'obliquité convergente des quartiers diminue peu à peu, et, vers un an, le pied est limité, de face, par des lignes parallèles ; il se rapporte alors à la forme cylindrique (fig. 52).

A partir de quinze à dix-huit mois, plus tôt dans les

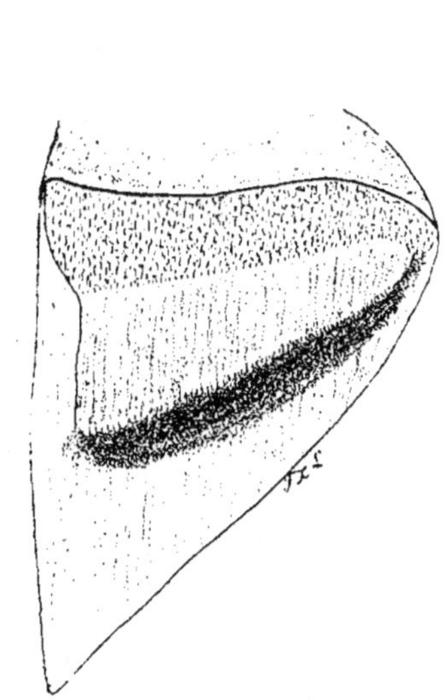

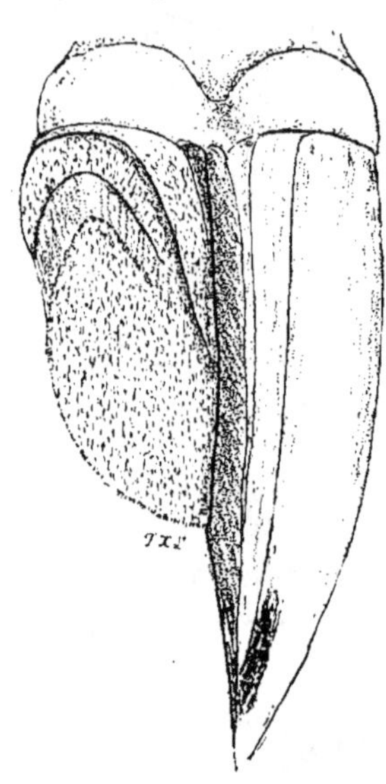

Fig. 53. — Extrémité ongulée d'un fœtus. Vue latérale. Une moitié de l'ongle a été arrachée.

Fig. 54. — Extrémité ongulée d'un fœtus. Vue postérieure. Une moitié de l'ongle a été arrachée.

grosses races que dans les petites, ces lignes de face commencent à diverger en bas ; les talons se redressent et deviennent parallèles à la pince ; ils s'écartent davantage ; et ainsi se développe progressivement la forme adulte et définitive.

Les parties intra-ongulées présentent aussi, dans le cours du développement, des particularités dignes de mention. La membrane kératogène se différencie, dès le principe, en bourrelet, tissu velouté, podophylle ; mais la hauteur de celui-ci équivaut à peine à celle du bourrelet alors qu'elle est appelée à devenir trois à quatre fois plus grande à l'âge adulte (fig. 53 et 54). Il était intéressant de savoir si

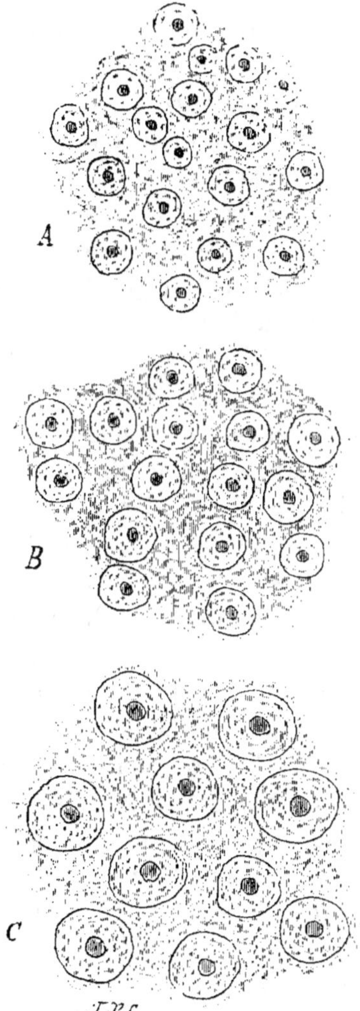

Fig. 55. — Coupes transversales de la paroi, grossies 30 fois.

A, d'un poulain nouveau-né.
B, d'un poulain de 3 à 4 mois.
C, d'un cheval adulte.

le nombre des lames du podophylle ou des papilles de la

cutidure et du tissu velouté n'augmente pas durant la croissance, et si l'accroissement du sabot se fait par multiplication des tubes cornés ou par augmentation de chacun d'eux et de la substance qui les sépare ? On sait que, chez l'homme, l'appareil papillaire cutané est invariable du fait de l'âge et caractéristique dans chaque individu : les doigts mignons de l'enfant présentent sur la pulpe le même nombre de crêtes papillaires affectant le même dessin que plus tard chez l'adulte ; la croissance amplifie le dessin mais ne change rien à sa disposition (1). Il était vraisemblable, à priori, qu'une pareille immuabilité dût exister pour les papilles et crêtes du derme sous-ongulé du cheval ; nous en avons acquis la certitude matérielle en comptant les lames podophylleuses sur des poulains nouveau-nés et sur des chevaux adultes : le nombre a été le même dans les deux cas (550 à 600) ; aussi sont-elles beaucoup plus rapprochées chez les premiers que chez les seconds ; il y en a chez le nouveau-né 4 ou 5 par millimètre sur le pourtour de la paroi, tandis qu'on n'en compte pas 3 en moyenne dans l'adulte.

Les crêtes ne variant pas de nombre dans le même individu, il devait en être de même des papilles ; mais il était bien difficile de les compter ! nous avons dû nous contenter d'observer, à un même grossissement, des coupes transversales de la même région de l'ongle chez un poulain nouveau-né, chez un poulain de trois à quatre mois, enfin chez un cheval adulte. Les figures A, B, C, ci-contre, dessinées à la chambre claire, démontreront nettement que les tubes cornés diminuent de nombre dans l'unité de surface au fur et à mesure que l'ongle s'accroît, en même temps qu'ils augmentent d'épaisseur et que la substance intermédiaire devient plus abondante. Il paraît

(1) Voir Dr Forgeot. *Thèse inaugurale sur les crêtes papillaires de la main et du pied. Lyon,* 1891.

donc certain que le nombre des papilles du bourrelet et du tissu velouté ne change pas, ainsi que le nombre des lames podophylleuses, à partir de la naissance tout au moins. L'accroissement est une amplification et non une multiplication.

La troisième phalange présente un mode d'ossification tout particulier. Elle résulte, pensons-nous, de deux formations distinctes : une formation proximale d'essence cartilagineuse, et une formation distale de même nature que la cheville osseuse des cornes frontales ; la première fait partie du squelette primordial et en a la fixité morphologique ; la seconde est une sorte de support appendiculaire pour l'ongle dont elle subit les variations de forme. L'ossification commence par cette dernière ; elle envahit ensuite de proche en proche la partie articulaire, de telle manière qu'il n'y a jamais qu'un noyau d'ossification.

Dans le jeune poulain, les angles latéraux de la phalangette sont obtus, épais, et ne dépassent pas la limite postérieure de la surface articulaire ; ils s'allongent progressivement avec l'âge et s'avancent de plus en plus dans les angles d'inflexion de la paroi dont ils finissent par atteindre le fond ; en même temps ils se couvrent de tubérosités plus ou moins irrégulières, et l'échancrure qui sépare l'apophyse basilaire de l'apophyse rétrossale se convertit en trou. Ces modifications sont dues à l'ossification progressive des fibro-cartilages complémentaires, ossification qui trop souvent dépasse les bornes physiologiques et produit des *formes*.

Signalons enfin, comme conséquence de l'âge, la chondrinisation des ligaments antérieurs, qui finissent par se confondre avec les fibro-cartilages, ce dont il faut être prévenu dans l'opération du javart cartilagineux.

CHAPITRE II

PHYSIOLOGIE

Nous étudierons sous ce titre :

1° la *kératogenèse*, fonction en vertu de laquelle le sabot résiste à l'usure et peut se reformer s'il vient à être arraché ;

2° la *transpiration*, qui entretient la corne à un certain degré de souplesse ;

3° la *sensibilité*, qui fait du pied un véritable organe du toucher ;

4° l'*élasticité*, propriété importante qui a été l'objet de longues et intéressantes discussions ;

5° l'*aplomb* du pied, déterminant les conditions de son appui plantaire et réagissant sur tout le membre ;

6° le *rôle du pied* et de toute l'extrémité digitée dans la locomotion.

ART. Ier. — KÉRATOGENÈSE

Rappelons d'abord que la corne est un tissu de cellules épidermiques, kératinisées, tassées les unes contre les autres et procédant d'un corps muqueux de Malpighi sous-jacent qui prolifère au contact du derme et se kératinise dans une couche de transition, dite couche granuleuse ou *stratum granulosum*. Ce n'est donc pas un produit de sécrétion, c'est un épiderme mort engendré par un épiderme actif et proliférant, et qui s'accroît sans cesse, par juxtaposition, de nouvelles cellules. La véritable membrane kératogène est le corps muqueux de Malpighi et non pas le derme sous-corné auquel on a donné ce nom ; jamais, dans un point quelconque d'un tégument quelconque, le derme n'engendre l'épiderme, il en est seulement le substratum nourricier et sensible ; toutefois, nous avons déjà dit que l'état de sa surface détermine l'arrangement des cellules de la corne, autrement dit, la texture de celle-ci, qui peut être *homogène, tubuleuse, fibreuse* (voir page 51). Sachant que le derme sous-unguéal n'est pour l'ongle qu'un moule, mais nullement un germe, on s'explique dès lors que la régénération de la corne puisse se produire même après destruction de ce derme. Enlevez un lambeau de paroi avec le tissu podophylleux et le bourrelet y adhérents, et vous verrez bientôt la brèche se combler, grâce à un travail de cicatrisation en tout comparable à celui d'une plaie cutanée : le derme se réparera d'abord, puis le corps muqueux de Malpighi circonvoisin s'avancera à sa surface et engendrera rapidement de la corne nouvelle ; mais cette corne formée sur un derme cicatriciel, peu vasculaire et non papillaire, sera sèche, cassante, de mauvaise qualité, et non fibreuse. L'os serait-il lui-même intéressé par la brèche ? la cicatrisation se ferait de même. « Détruisez à fond, dit H. Bouley, sur un point des surfaces de la troisième phalange, la membrane qui les revêt, puis attaquez avec la rugine la couche corticale de cet os, de manière à mettre à nu son tissu spongieux dans une étendue correspondante, et vous verrez, au bout d'un certain temps, la matière cornée sourdre pour ainsi dire des bourgeons charnus formés de toutes pièces sur le tissu propre de l'os, tant son appareil vasculaire est, si l'on peut ainsi parler, prédisposé à la sécrétion cornée. » Cette réparation est si rapide que l'auteur dont nous venons de rapporter les paroles, et beaucoup d'autres avec lui, considéraient le pied comme un appareil glanduleux kératogène dont la troisième phalange serait le noyau central et le derme l'enveloppe : opinion dont l'histologie a fait justice.

Il y a plus, la troisième phalange tout entière serait amputée, le moignon ne se recouvrirait pas moins de corne si le bourrelet était conservé, corne qui se développerait sur la cicatrice de la circonférence au centre. Il suffit donc qu'il reste au pourtour de la brèche produite, si profonde qu'elle soit, une certaine étendue de corps muqueux kératogène pour qu'elle se recouvre de corne. Celle-ci n'exsude pas des tissus mis à nu ; elle se développe, comme toujours, aux dépens du corps muqueux qui a préalablement envahi la cicatrice.

Quant aux autres tissus du pied, ils se régénèrent comme ailleurs, individuellement et indépendamment les uns des autres, avec une vitesse proportionnelle à leur vascularité.

Ces principes généraux étant posés, examinons comment se forment et s'accroissent, à l'état normal, les diverses parties constituantes du sabot des solipèdes.

§ 1. — LIEUX DE FORMATION

A. Périople. — Le périople se forme et s'accroît à la surface du bourrelet périoplique ; on ne saurait élever le moindre doute à ce sujet, puisqu'il ne prend contact que là avec la membrane kératogène.

B. Paroi. — On a beaucoup discuté, et on discute encore, sur le lieu de formation et d'accroissement de la paroi. Prend-elle naissance exclusivement sur le bourrelet? ou simultanément sur le bourrelet et le podophylle ? dans ce dernier cas, quelle est la part contributive du podophylle?

H. Bouley ne croit pas que l'épiderme podophyllien contribue à la formation de la paroi. « Supposez, dit-il, qu'au fur et à mesure que l'ongle fait son avalure par l'impulsion de la corne nouvelle que le bourrelet ajoute incessamment à la corne anciennement sécrétée, le tissu podophylleux ait fonctionné de même, n'est-il pas évident que la capacité intérieure de la boîte cornée aurait été comblée,

avant l'achèvement de l'avalure, par l'addition incessante
de couches de nouvelle corne en dedans de la paroi ; et
que les tissus internes auraient subi dans l'intérieur de
cette boîte, de plus en plus rétrécie, une compression
analogue à celle qu'éprouve la pulpe des dents devant
l'invasion de leur cavité intérieure par de nouvelles
couches d'ivoire? Or, ce qui n'est ici qu'une supposition
ne devient-il pas souvent une malheureuse réalité dans
certains cas de fourbure très aiguë? Ne voit-on pas alors
la corne anormalement formée par le podophylle comprimer l'os du pied et les membranes qui le recouvrent et
finir par en déterminer l'atrophie, de même que la matière
éburnée accumulée dans la cavité dentaire écrase la pulpe
qui en est le germe et finit par la réduire à un mince
filet? »

La valeur de cette argumentation développée par un
maître ne saurait être méconnue ; mais rien ne vaut la
preuve donnée par l'histologie. Or, elle nous apprend
que toutes les fibres de la paroi, même les plus profondes,
aboutissent à la gouttière cutigérale, elles prennent donc
toutes naissance sur les papilles du bourrelet, ainsi que
le tissu intermédiaire. Comme ces fibres se rencontrent jusqu'au ras de l'insertion des lames kéraphylleuses, la conclusion s'impose incontestablement que la
paroi, dans toute son épaisseur, descend du bourrelet ;
d'ailleurs cette épaisseur ne change pas jusqu'au bord
plantaire.

Reste le kéraphylle. Il est évident qu'il ne peut se constituer que sur une surface dermique feuilletée ; le problème
est de savoir si les lames de corne se forment sur toute la
hauteur des cannelures podophylleuses ou seulement à
leur partie supérieure? — Si l'on considère que ces lames
n'augmentent pas d'épaisseur de haut en bas, que la couche
cornée propre de l'épiderme podophyllien constitue une

couche distincte, molle et adhésive, que, enfin, le corps muqueux de Malpighi se présente avec une certaine épaisseur sur la *zone coronaire inférieure*, tandis qu'il est réduit plus bas à une seule couche de cellules, on se convainc sans peine que le kéraphylle se forme immédiatement au-dessous du bourrelet, dans la zone coronaire inférieure, et que, à partir de là, il descend avec la paroi, d'un seul tènement, sans éprouver d'augmentation.

Conséquemment, à l'état normal, la plus grande partie de l'épiderme podophyllien n'est point kératogène mais seulement *kératophore* : c'est une surface d'adhérence et de glissement. L'adhérence se fait par la couche de cellules aplaties et diffluentes qui représente la couche cornée de cet épiderme ; elle est énormément accrue, comme nous l'avons dit, par la disposition engrenante des surfaces, engrènement d'autant plus profond que la solidité de l'union à établir doit être plus grande. Ainsi, les lames podophylleuses sont au summum de développement dans les solipèdes, où elles présentent des crêtes secondaires sur leurs faces ; tandis qu'elles sont simples et beaucoup plus petites sous l'ongle des ruminants,

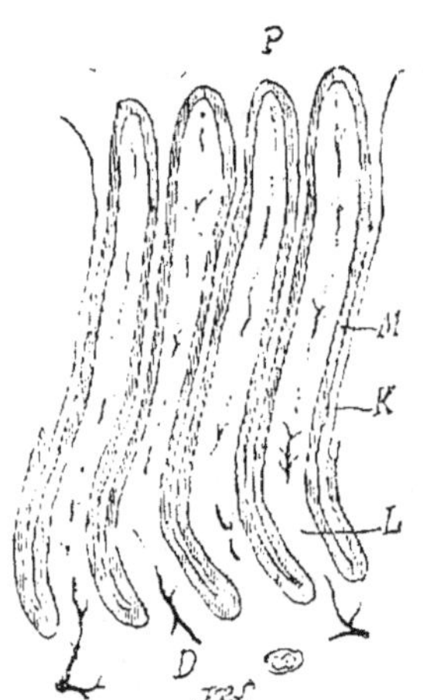

Fig. 56. — Coupe transversale pour montrer l'union du podophylle et du kéraphylle chez la vache (grossissement = 30).

D, tissu podophylleux.
L, lames podophylleuses.
K, lames kéraphylleuses.
M, épiderme intermédiaire.
P, couche profonde de la paroi.

(fig. 56) du porc, de l'homme ; en outre, elles montent beaucoup moins haut, de telle sorte que la gouttière cutigérale, au lieu d'être cantonnée au bord supérieur de l'ongle, est transformée en un long biseau, s'étendant jusqu'au milieu de la face interne.

Le podophylle est aussi une surface de glissement pour la paroi ; les lames cornées et les lames dermiques ne sont pas dans un rapport invariable ; les premières descendent dans les intervalles des secondes au fur et à mesure de l'accroissement qui s'effectue sur le bourrelet. « Chose remarquable, dit H. Bouley, à quelques millimètres au-dessous de leur point d'origine, les lames kéraphylleuses restent invariables dans leur forme et leur largeur, et opèrent, sans éprouver de changements, leur lente avalure dans les sillons qui les renferment, bien que, au fond de ces sillons, la source dont elles émanent soit toujours active et en puissance d'ajouter des molécules solides nouvelles à celles qui les constituent ; les accidents pathologiques ne le démontrent que trop. Mais, dans l'état physiologique, cette source ne laisse exhaler, et encore en quantité à peine appréciable, qu'une matière onctueuse, sorte de fluide non actuellement solidifiable qui, en baignant incessamment les lames kéraphylleuses, les maintient dans un état de demi-concrétion, en vertu duquel elles sont toujours aptes à se souder avec les nouvelles couches de corne concrescible déposées à leur surface : c'est ainsi, par exemple, qu'elles contractent adhérence, au terme de leur avalure, avec la circonférence de la sole et se soudent avec elle d'une manière si intime que six mois de macération ne suffisent pas pour les séparer : c'est ainsi que, dans les conditions pathologiques, elles constituent les kéraphyllocèles ou les kéracèles de la fourbure, en se soudant avec les bouffées de corne solidifiable qu'exhale le tissu podophylleux, sous l'influence d'une irritation sécrétoire momentanée. »

On ne saurait mieux dire, et, sauf certaines locutions que les progrès de l'histologie rendent aujourd'hui impropres, ce passage du *traité du pied* est la meilleure définition qui ait été donnée du rôle du tissu podophylleux dans la kératogenèse. En somme, ce tissu est recouvert de deux épidermes superposés : l'un qui lui appartient en propre, mou et adhésif, l'autre qui descend du bourrelet et de la zone coronaire inférieure, constituant la paroi. La propriété kératogène du premier est à l'état latent ; elle se réveille sous l'influence d'une irritation quelconque, comme celles provoquées par la fourbure ou par l'arrachement de

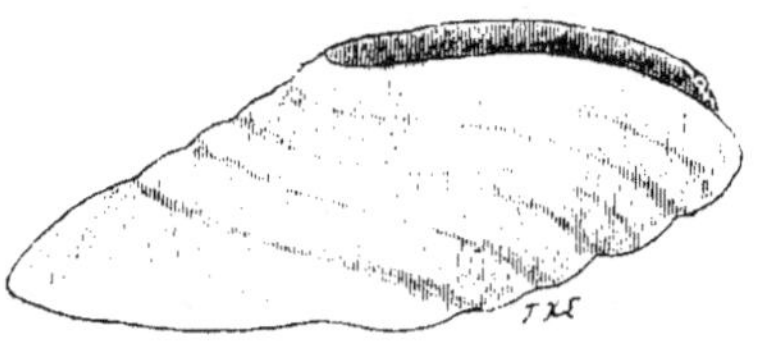

Fig. 57. — Pied fourbu, profil.

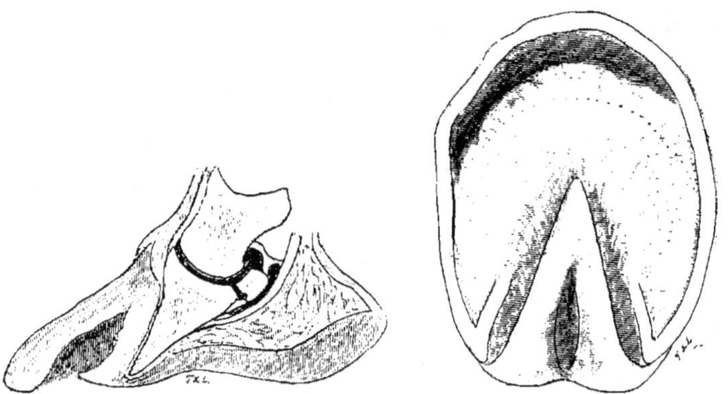

Fig. 58. — Le même, coupe.   Fig. 59. — Le même, face plantaire.
(La corne podophyllienne est séparée de la paroi normale par une vaste fourmilière).

la muraille ; on voit alors le corps muqueux proliférer activement, s'épaissir, se surmonter d'une couche granuleuse, et engendrer une corne peu dense, dont la texture fibreuse est déterminée par de longues papilles filiformes qui se sont développées de toutes pièces sur le bord libre des lames podophylleuses (fig. 62). Si cette formation a lieu sous la paroi, elle ne peut trouver place qu'en soulevant

celle-ci ou en faisant basculer l'os ; la pression transmise
à la sole par ce dernier détermine le pied comble ou
même le croissant (fig. ci-contre). La corne podophyllienne
du pied fourbu ne se confond jamais avec la corne de la
paroi normale ; là où elles ne sont pas disjointes par une
fourmilière, on peut toujours au microscope les distinguer nettement l'une de l'autre, ainsi que le démontre

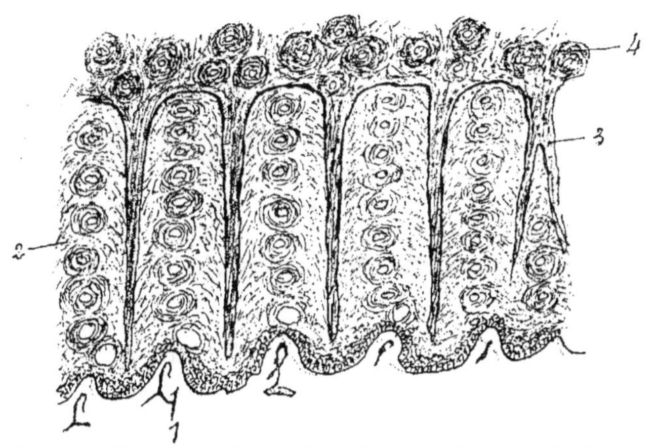

Fig. 60. — Résultat de la kératogenèse aux dépens de l'épiderme
podophyllien.

1, lames podophylleuses atrophiées.
2, corne accidentellement développée, sur
le podophylle, dont les tubes ont envahi
les espaces interkéraphylleux en atro-

phiant les lames de chair.
3. lames de corne.
4. couche profonde de la paroi normale.

la figure 60 ; il y a soudure mais non pas confusion, et
rien ne saurait démontrer avec plus d'évidence que la
paroi normale est une formation procédant tout entière
des régions proximales.

Maintes fois nous avons trouvé de la corne podophylleuse en plus ou moins grande quantité, dans une région
plus ou moins étendue, sous la paroi de sabots n'offrant
aucun signe extérieur de fourbure chronique. Une fois,
entre autres, la muraille n'atteignait pas moins de deux centimètres et demi à la partie moyenne des quartiers, tandis

qu'elle avait une épaisseur normale en pince et en talons ; le podophylle désagrégé en papilles, sous une influence irritante inconnue, avait été la cause de cet épaississement. Dans ces cas, la paroi augmente d'épaisseur de haut en bas, mais elle perd une partie de son adhérence et de sa souplesse, ce qui prédispose à l'arrachement accidentel du sabot et à l'éclatement de la corne.

A propos de la fourbure, nous reviendrons sur les conséquences de la kératogenèse podophyllienne, qui est toujours un phénomène d'ordre pathologique.

C. Sole et fourchette. — Ces deux pièces du plancher du sabot se forment sur le tissu velouté et s'accroissent en épaisseur par leur face supérieure.

§ 2. — DE L'ACCROISSEMENT DE LA CORNE ET DE SON AVALURE

L'accroissement du sabot, comme de tout ongle, est permanent ; s'il n'usait ou si on ne le rognait dans la même proportion, il finirait par s'allonger d'une manière difforme. Il existe, dans les collections de l'École de Lyon, un sabot de cheval mesurant 0m,50 de longueur.

L'accroissement se faisant par juxtaposition sur des matrices fixes, la corne qui se forme doit nécessairement, pour trouver place, chasser au-devant d'elle celle déjà formée ; c'est ainsi que la sole et la fourchette maintiennent leur épaisseur en dépit de leur desquamation ou de leur usure superficielle, et que la paroi descend sur le podophylle de manière à compenser, à l'état physiologique, l'usure qu'elle éprouve à son bord plantaire. La corne s'éloigne donc peu à peu de son lieu de formation jusqu'à ce qu'elle ait atteint le plan d'usure et se détruise à son tour. Ce mouvement, désigné en vétérinaire sous le nom d'*avalure*, se fait avec une vitesse moyenne d'un à deux centimètres par mois, de sorte que le sabot met six à huit mois pour se renouveler complètement.

« Dans les conditions normales de l'accroissement de l'ongle, dit H. Bouley, les organes générateurs de la corne fonctionnent avec une égale activité dans tous les points de leur étendue, en sorte que, dans un temps donné, une même quantité de matière cornée est excrétée sur toutes les parties de leur surface et que la descente de l'ongle s'effectue d'une manière régulière et égale, sous l'influence impulsive d'une même force, agissant avec une égale intensité en pince et en talons, à la circonférence de la sole et au centre, au milieu de la fourchette et à ses extrémités. On peut se convaincre de cette égalité d'action de la force de l'avalure en imprimant une marque sur différents points du sabot à une égale distance de son origine ; on verra, avec les progrès de la pousse, cette marque s'éloigner du bourrelet d'une longueur parfaitement égale sur tous ces points à la fois. »

On ne peut faire pareille expérience pour déterminer l'avalure de la sole et de la fourchette ; mais il est facile de comprendre que, si le plancher du sabot ne s'accroissait pas au même degré que sa paroi, il se produirait un désengrènement, ainsi qu'on l'observe dans divers cas pathologiques.

La régularité et l'uniformité de l'avalure s'accusent par l'état parfaitement uni et lisse de la face externe de la muraille ; toutefois on observe assez souvent « une succession alternative de petits reliefs et de sillons superficiels qui règnent, transversalement à la direction des fibres, d'un angle d'inflexion à l'autre. Ces sortes d'ondes dessinées à la superficie de la matière cornée concrète semblent correspondre à des états alternatifs de plus ou de moins de congestion physiologique des tissus générateurs de la corne, et accuser des degrés dans l'activité de leur sécrétion continue. » (**H.** Bouley.)

L'avalure est influencée par la race, l'individu, l'âge, la nourriture, les saisons, l'exercice ou le repos, la longueur de la corne antérieurement formée, le mode de répartition des pressions plantaires, la ferrure, l'état du sol, l'état général du sujet, enfin les maladies diverses des matrices.

RACE. — « Les chevaux de sang, dit H. Bouley, ont en général la corne du sabot plus dense, plus luisante, plus épaisse, d'un grain plus fin que les chevaux communs ; elle résiste davantage aux influences des agents extérieurs et se régénère avec une plus grande rapidité, comme il est facile de l'observer dans les régiments, qui forment une agglomération de chevaux de différentes origines sur lesquels le phénomène peut être étudié comparativement. »

Nous ajouterons qu'il paraît y avoir une certaine corrélation entre le diamètre et la densité des poils et le diamètre et la densité des fibres cornées, d'une part ; entre l'obliquité de la paroi et son épaisseur, d'autre part. C'est ainsi qu'on peut expliquer les différences ci-dessus indiquées.

INDIVIDU. — Dans une même race, les différences sont encore plus grandes suivant les individus. « Il est tel animal chez lequel le sabot ne pousse qu'avec une désespérante lenteur, au point que, d'une ferrure à l'autre, c'est à peine s'il s'est formé assez de corne pour que le maréchal puisse rafraîchir seulement le bord inférieur de l'ongle et changer les clous de place. Il en est d'autres, au contraire, sur lesquels la pousse de la corne est tellement active qu'en moins de trois semaines, le sabot a acquis une trop grande longueur pour la régularité des aplombs. » (H. Bouley.)

En général, la pousse est plus rapide dans les sabots bien proportionnés, à corne épaisse, unie et luisante que dans les pieds défectueux. Elle est notamment très lente dans les pieds plats, à corne mince, inégale, et cerclée à sa surface, dépouillée de vernis. Elle est moins rapide dans les pieds à corne blanche que dans les pieds à corne pigmentée ; aussi est-il très commun de rencontrer des chevaux alezans ou blancs avec des sabots à paroi mince ; et très ordinaire, au contraire, de trouver une forte muraille dans les sabots des chevaux bais ou à robes foncées.

Age. — L'avalure, ainsi que tous les phénomènes d'ordre nutritif, est à son maximum pendant le jeune âge ; elle décroît plus ou moins dans la vieillesse.

Nourriture. — La transition d'un régime de privations à un régime substantiel se marque d'ordinaire, quelques semaines après, par un cercle saillant sur chaque sabot, cercle témoignant d'une certaine congestion du bourrelet et d'une suractivité de la kératogenèse. Cette congestion dépasse quelquefois les limites physiologiques et la fourbure aiguë en résulte : c'est un des dangers bien connus de l'alimentation avec des graines très alibiles telles que le blé et surtout l'orge.

Les animaux mis au vert à la prairie en éprouvent souvent une recrudescence de la pousse du sabot, attestée par un cercle.

Saisons. — Le retour de la belle saison produit souvent le même effet, et cela ne doit pas surprendre car c'est le moment où la peau se dépouille de son vêtement d'hiver et où, chez le bœuf, les cornes frontales s'additionnent à leur base d'un nouvel anneau saillant.

Exercice. — L'avalure est plus rapide chez le cheval qui travaille que chez celui qui reste au repos, la marche activant la circulation dans le derme sous-unguéal, et conséquemment la prolifération épithéliale. Reynal a constaté sur des chevaux de l'armée que, pendant les manœuvres ou à l'époque des changements de garnison, le numéro matricule imprimé au fer chaud à l'origine de l'ongle descend plus vite vers son bord inférieur. « Cette plus grande rapidité de la pousse dans le cheval qui travaille est assez considérable pour permettre le renouvellement de la ferrure jusqu'à deux et trois fois dans un mois, comme cela est quelquefois nécessité par une usure excessive à l'époque de la saison des pluies. L'ongle du cheval qui demeure inactif n'aurait certainement pas assez de longueur pour supporter avec impunité ces manœuvres répétées. » (H. Bouley.)

LONGUEUR DE LA CORNE. — La croissance de l'ongle, comme celle des poils, comme celle des cornes frontales, est d'autant plus lente qu'il s'allonge davantage, d'autant plus rapide au contraire qu'il est rogné plus souvent. C'est un fait que Moleschott a démontré expérimentalement pour l'ongle et les poils de l'homme (1), et que l'observation met pleinement en évidence dans le sabot du cheval. « Les dimensions que peut acquérir un sabot qu'on laisse croître indéfiniment pendant douze mois, sans que l'animal sorte de son écurie, équivalent à peine au double de sa hauteur normale ; tandis que la quantité de corne qu'on en détache par douze ferrures successives est bien plus considérable que celle dont cette hauteur donne la mesure, puisqu'il ne faut pas plus de six à huit mois, dans ces conditions, pour qu'une marque empreinte à l'origine de l'ongle soit arrivée à son bord plantaire, c'est-à-dire pour que le sabot ait doublé sa longueur par des renouvellements successifs. » (H. Bouley.)

Puisque la corne qui se forme doit, pour trouver place, chasser au-devant d'elle la corne déjà formée, il est évident que celle-ci constitue par son accumulation un obstacle progressif à l'accroissement. Non seulement la « *théorie*

(1) Moleschott. Sur l'accroissement des productions cornées, etc., in *Atti della reale Accademia delle science di Torino*, 1878.

de l'obstacle à la descente » n'est pas *antiphysiologique*, ainsi que le soutient M. Pader (1), mais elle est la seule explication rationnelle de ce fait incontestable que l'avalure diminue proportionnellement à l'allongement de l'ongle.

RÉPARTITION DES PRESSIONS. — Les pressions et percussions de l'appui, en tant qu'elles se disséminent régulièrement sur la face plantaire, n'apportent aucun obstacle à la croissance. Mais si, par suite d'un défaut d'aplomb ou de conformation, elles se concentrent sur une région du pourtour de l'ongle, elles peuvent devenir excessives et ralentir considérablement la pousse en cette région. C'est pour cela que la pince du pied rampin, les talons du pied plat, le quartier bas du pied de travers, etc., ont une croissance plus faible que les parties opposées.

Lorsque le pied s'élève à l'excès par défaut d'usure, il tend à se recourber en avant, ou se recourbe effectivement, de telle sorte que les pressions ascendantes se concentrent sur le bourrelet, en pince, et que l'avalure des talons devient prédominante; des cercles se forment qui s'élargissent d'avant en arrière, et l'incurvation du sabot ne fait qu'augmenter. Le même phénomène se produit lorsque, à la suite de la fourbure, un coin de corne podophylleuse s'est développé sous la paroi dans la région de la pince et a augmenté en ce point la résistance à l'avalure.

Le docteur Brauell de Dorpat (2) ayant constaté expérimentalement cet excès d'avalure des talons dans le pied qui s'élève, avait conclu que tel est le mode d'accroissement physiologique. Des marques, faites en pince et en quartier à la même distance de la couronne, s'étaient trouvées au bout de quelque temps à des distances différentes, progressivement croissantes d'avant en arrière, ainsi qu'en témoignent les deux expériences suivantes :

(1) Pader, *Précis théorique et pratique de maréchalerie.*
(2) Voir *Recueil de médecine vétérinaire*, 1857.

1re expérience.

	millimètres.
Pendant que la marque de la pince était descendue de.....	15
La marque du quartier interne était descendue de.........	16.5
La marque du quartier externe était descendue de........ .	17.5

2e expérience.

Pince 16,5,   quartier interne 19,   quartier externe 20,5.

Ferrure. — L'influence de la ferrure sur la kératogenèse est certaine. « L'une des premières règles de l'art du maréchal, dit H. Bouley, est, d'une part de savoir conserver à l'ongle les conditions de sa pousse régulière en sauvegardant, par la justesse de la ferrure, la rectitude des aplombs de l'animal, et d'autre part, de mettre à profit, avec intelligence, l'inégalité possible de l'action sécrétoire, en empêchant dans un point une pousse trop rapide et en activant dans un autre l'accroissement trop lent à se produire. »

C'est ce que Bourgelat exprime fort bien dans le passage suivant (1) :

« Moins les retranchements à faire à l'ongle par l'action de parer seront fréquents, moins l'ongle croîtra, et moins l'accroissement en sera prompt ; plus ils seront réitérés, plus cet accroissement sera diligent et sensible... L'accumulation de la corne constitue en effet un obstacle à son accroissement ultérieur. »

Mais cet obstacle n'est pas le seul ; nous avons dit déjà que les pressions et percussions de l'appui, en se concentrant sur une région, peuvent devenir excessives et en gêner l'avalure ; c'est ce qui arrive lorsque le pied n'est pas paré d'aplomb ; alors la région dénivelée peut être à tel point surchargée que sa pousse en soit diminuée, malgré le raccourcissement qu'elle a subi. Bourgelat commet-

---

(1) *Essai théorique et pratique sur la ferrure.*

tait donc une grave erreur quand il prescrivait de diminuer la longueur du sabot dans celle de ses régions où la croissance est le plus lente à s'effectuer, et de la ménager, au contraire, là où elle est le plus rapide, afin d'activer ou de ralentir la force impulsive de la kératogenèse en diminuant la masse qui lui fait obstacle ou en lui laissant toute sa force. « En partant de ce principe, il arrive, sans s'en douter, à ce singulier résultat d'exagérer démesurément les difformités auxquelles il voulait remédier, et de les rendre plus durables et plus constantes par la plus grande somme des pressions que l'inégalité méthodique du niveau de la face plantaire du sabot devait accumuler sur les régions les plus abaissées. » (H. Bouley.)

Avant toute autre chose, le maréchal doit se proposer comme but, en parant le pied, de *respecter son aplomb*.

État du sol. — Les sols durs, secs ou sablonneux, sont plus favorables à l'avalure que les sols argileux ou fangeux, sans doute parce que les réactions sont plus fortes sur les premiers, et la congestion physiologique de la membrane kératogène plus intense. Cependant si le sol est pavé, les réactions peuvent être excessives, surtout pour les pieds antérieurs, et la pousse du sabot en subir une diminution.

État général. — Chaque fois que la nutrition générale est atteinte, les phanères épidermiques s'en ressentent : les poils deviennent ternes, piqués, cassants, très caducs ; Moleschott a constaté expérimentalement que leur croissance diminue dans une forte proportion, ainsi que celle des ongles. Il arrive souvent, chez le cheval, qu'un état morbide, tel qu'une pneumonie, détermine la formation d'un ou de plusieurs cercles sur le sabot ; la corne ayant diminué d'épaisseur pendant la maladie, il se fait en quelque sorte un flux de croissance au moment de la convalescence.

État des matrices. — « On peut activer la pousse de

l'ongle d'une manière très rapide en entretenant à demeure
une application irritante autour de la couronne et jusque
sur le bourrelet; on ne tarde pas à voir les effets de cette
irritation continue se traduire à l'origine du sabot par l'apparition d'un cercle en relief. L'art sait mettre à profit
cette influence des irritants pour obtenir, dans certaines
conditions pathologiques, des modifications de la forme
et des dimensions de la boîte cornée.

« L'effet déterminé sur toute l'étendue du bourrelet peut
être produit dans un point circonscrit. L'état maladif en
fournit des preuves journalières. Ainsi, quand la couronne
est congestionnée ou enflammée, à la région des cartilages, par une maladie de ces organes, on voit des reliefs
de corne très saillants, indices de la supersécrétion du
bourrelet dans un point circonscrit, se dessiner à l'origine
du quartier correspondant. » (II. Bouley.)

§ 3. — DE LA RÉGÉNÉRATION DES PARTIES DU SABOT ACCIDENTELLEMENT ARRACHÉES

Nous envisagerons successivement : 1° la régénération du
plancher du sabot, après dessolure; 2° la régénération
de la paroi, après arrachement; 3° la régénération du
derme sous-corné.

Plancher du sabot. — Lorsque l'on arrache ce plancher
dans l'opération de la dessolure, on voit la multitude des
papilles du tissu velouté sortir peu à peu des tubes cornés,
de telle sorte que celui-ci peut rester intact, conservant à
sa surface le corps muqueux de Malpighi ininterrompu.
Aussi la régénération de la corne ne se fait-elle pas
attendre : dès la fin du premier jour, on constate l'existence d'un enduit de consistance gélatineuse, lisse au
toucher, formé de cellules kératinisées mais non encore
desséchées; cet enduit s'épaissit rapidement par addition

de nouvelles cellules à sa face supérieure ; il se concrète par dessiccation et aplatissement de ses éléments superficiels, si bien qu'au bout de huit jours il a une épaisseur suffisante pour servir de plastron protecteur au tissu qui l'a engendré. Après un mois, la sole et la fourchette sont reconstituées avec leur forme et leur structure normales, différenciées l'une de l'autre grâce au processus kératinisant, qui n'est pas le même sur le coussinet plantaire et sur le croissant phalangien.

En définitive, le plancher du sabot se reconstitue par le même processus histo-chimique qui préside à son accroissement normal.

Muraille. — Si l'on enlève un lambeau de paroi, de manière à découvrir juste le bourrelet, on voit, au bout de vingt-quatre heures, les papilles dénudées disparaître sous une couche d'une matière jaune ou grise, laquelle, en se concrétant, rétablira si bien la continuité du sabot avec lui-même, qu'en l'examinant au bout de quinze jours, par sa face interne, sur un pied détaché par macération, on distingue à peine quelque différence d'aspect sur la corne, à l'endroit où la brèche a été faite. Au bout d'un mois la corne de nouvelle formation a complètement rempli celle-ci, et même, forme une tumeur exubérante qui déborde la face externe du sabot normal ; les fibres de cette corne, au lieu de suivre une direction rectiligne, s'infléchissent fortement contre la corne sous-jacente, qui apporte sans nul doute un obstacle à la rapidité de leur croissance ; ce sont ces inflexions dont la convexité est tournée en dehors qui déterminent pour une part leur proéminence.

Plus tard, lorsque trois ou quatre mois se sont écoulés, la tumeur cornée qui faisait saillie à l'origine de l'ongle est descendue de 3 à 4 centimètres environ et en occupe le milieu ; au-dessus la paroi a repris sa régularité et le rythme normal de sa croissance. Il faut d'ailleurs remarquer qu'elle n'a présenté, à aucun moment, d'irrégularité à sa face interne : le kéracèle était tout extérieur. Au bout de sept à huit mois, celui-ci a atteint le bord inférieur de la paroi et disparaît.

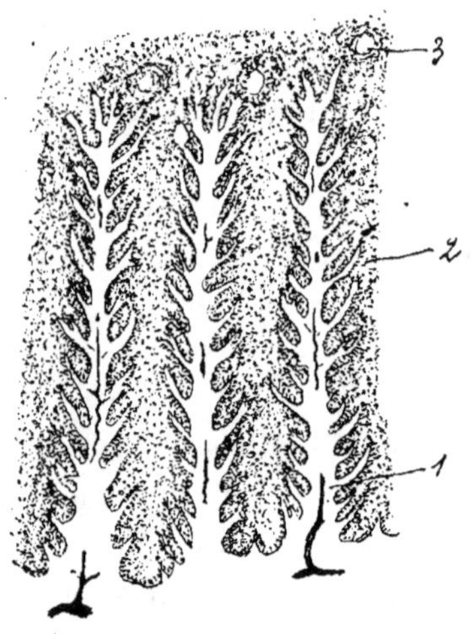
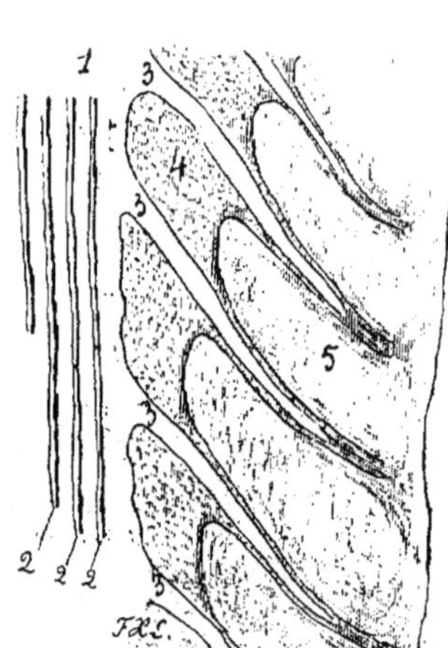

Fig. 61. — Coupe d'un faux quartier six jours après l'ablation de la paroi.

1, lames podophylleuses dont les divisions se sont hypertrophiées par suite de l'irritation.
2, épiderme en active kératinisation.
3, ébauche de tubes cornés.

Fig. 62, d'après Vergez. Développement d'un faux quartier.

1, lame podophylleuse vue en long.
2, crêtes de ses faces latérales.
3, papilles filiformes adventices développées sur le bord de la lame podophylleuse.
4, corps muqueux de Malpighi.
5, corne du faux quartier.

Supposons maintenant l'évulsion complète d'un lambeau de paroi. Cette évulsion s'obtient rarement par désengrènement pur et simple du podophylle et du kéraphylle ; le plus souvent il y a déchirure d'un certain nombre de lames podophylleuses et de lames kéraphylleuses, dont le bord libre se détache avec la paroi ou reste au fond des cannelures de chair. La couche superficielle de l'épiderme podophyllien est emportée avec la corne ; mais le corps muqueux reste en place de même que celui de la cutidure. Voici ce qui se passe (fig. ci-dessus) : La mise à découvert d'un tissu ultra-sensible comme le derme feuilleté, non moins que le traumatisme qu'il a subi, détermine un fluxus sanguin considérable; les lames podophylleuses se tuméfient, prennent une nuance rouge plus foncée, et développent des papilles filiformes tout le long de leur bord libre (1); en même temps le corps muqueux se met à proliférer activement et à édifier, comme à la hâte, une corne provisoire qu'on a appelée *faux quartier,* laquelle semble destinée à protéger le podophylle pendant que descend du bourrelet la corne normale. Comme celle-ci met des mois à combler la brèche, il est évident que le derme ne pouvait, pendant ce temps, rester à nu, exposé à toutes les injures extérieures ; le faux quartier est donc une formation podophyllienne hâtive, appelée à céder la place à la corne normale qui se développe lentement sur le bourrelet. Il est formé d'une corne rugueuse, peu résistante, lacunaire, jamais pigmentée, parcourue par des fibres cornées correspondant aux papilles filiformes du bord libre des lames dermiques, lesquelles sont dirigées en bas, à 45° sur l'horizontale comme le montre la figure 62. Plus ces papilles sont nombreuses et plus les lames qui les supportent sont réduites, comme si elles avaient subi une désagrégation papillaire.

Comment la corne descendant du bourrelet se substitue-t-elle au faux quartier ? — On la voit butter contre sa partie supérieure, s'insinuer en dessous comme un coin, et, par ce double effort dont témoigne l'inflexion de ses fibres, le chasser peu à peu vers le bord plantaire où il disparaît par usure ou par ablation. En même temps que se fait cette expulsion, les papilles du bord libre des lames podophylleuses disparaissent ; la propriété kératogène du corps muqueux podophyllien incarcéré sous la paroi

(1) Vergez. Thèse inaugurale de vétérinaire, Toulouse, 1870.

normale repasse à l'état latent ; et ainsi se reconstitue *ad integrum*, le sabot ébréché.

DERME SOUS-UNGUÉAL. — Grâce à son extrême vascularité, ce derme est doué d'une très grande vitalité et conséquemment d'une très grande puissance de réparation. Une solution de continuité pratiquée dans le bourrelet, le tissu podophylleux ou le tissu velouté, se comble et se cicatrise avec une surprenante rapidité. Les papilles ou les crêtes qui n'ont pas été complètement détruites, se reconstituent en entier ; d'après Vergez, elles seraient même susceptibles de se reformer de toutes pièces sur une surface restreinte (deux ou trois centimètres carrés) ; cela nous paraît douteux ; nous n'avons jamais vu ces élevures se régénérer lorsque leur substratum avait été détruit, quelle que soit l'étendue de la lésion. D'ailleurs, nous savons qu'elles se développent de très bonne heure et qu'elles restent ensuite invariables en nombre durant toute la vie ; il serait surprenant, en raison de cette différenciation précoce, qu'elles pussent ainsi se régénérer.

Avant même que la cicatrice sous-unguéale soit consolidée, elle est envahie à sa surface par le corps muqueux de Malpighi qui s'étend des régions saines circonvoisines et la recouvre bientôt de corne. Cette corne, formée sur un derme cicatriciel, moins vasculaire que le derme normal et dépourvu de papilles et de crêtes, ne présente ni la texture ni les qualités physiques de la corne normale : elle est dépourvue de fibres, sèche, cassante, plus ou moins irrégulière à la surface, et beaucoup moins adhérente ; souvent il suffit d'une simple contusion pour la désunir.

Voici une expérience, relevée dans II. Bouley, qui démontre l'importance de l'intégrité du podophylle sur les qualités de la corne qui descend à sa surface.

Arrachez un lambeau de paroi, depuis le bas jusqu'en haut ; séparez par une incision transverse le bourrelet du tissu podophylleux, et enlevez toute la couche de ce dernier jusqu'à l'os. Au bout de quelques jours, vous verrez exsuder, sur le bourrelet, la couche de corne concrète qui doit combler la brèche faite au sabot, pendant que simultanément s'opérera à la surface de l'os le travail de granulations à l'aide duquel doit se réparer la perte de substance du tissu podophylleux. Ce tissu, à peine réparé, se recouvrira d'une corne qui, peu à peu et insensiblement, sera chassée par celle qui descend du bourrelet suivant le mécanisme exposé plus haut. Quand, au bout de sept ou huit mois, la continuité du cylindre de la paroi sera rétablie dans toute son étendue, on constatera que le lambeau de corne qui occupe le lieu de la brèche diffère de la corne adjacente par sa plus grande saillie, par l'irrégularité de sa surface fendillée longitudinalement, sillonnée de cercles transversaux, rugueuse au toucher, sèche et dure comme une pierre, et enfin par l'absence de kéraphylle sur sa surface interne, entraînant un défaut de soudure avec la sole.

Les résultats de cette expérience se produisent souvent spontanément dans la pratique, lorsque, à la suite de blessures ou de maladies comme le crapaud, par exemple, le tissu podophylleux a été détruit, transformé dans sa texture ou modifié dans ses fonctions.

§ 4. — ROLE DU SYSTÈME NERVEUX DANS LA KÉRATOGENÈSE

On ne saurait douter aujourd'hui que la nutrition des tissus épidermiques ne soit sous la dépendance du système nerveux. En clinique humaine, les exemples foisonnent de troubles trophiques de ces tissus, déterminés par des altérations du système nerveux central ou périphérique(1). En clinique vétérinaire, on a signalé assez souvent des cas de

(1) Voir Arloing, Poils et ongles (*Thèse d'agrégation*, 1880).

chute du sabot, chez le cheval, consécutifs à la névrotomie plantaire, surtout lorsqu'elle avait été pratiquée des deux côtés. Assurément, l'insensibilité résultant de cette opération peut bien contribuer à cet accident en exposant le pied à des percussions exagérées, susceptibles de le contusionner; mais il ne nous paraît pas douteux que la cause essentielle réside dans des troubles vaso-moteurs et trophiques, survenus après la section nerveuse. Cependant il faut dire que, en 1853, M. Chauveau pratiqua, sur des chevaux de dissection, la section de toutes les branches nerveuses se rendant à l'extrémité d'un membre, sans produire aucun changement dans la production de la corne du sabot. Les résultats n'auraient peut-être pas été les mêmes, si les animaux opérés eussent été mis en service.

ART. II. — TRANSPIRATION DU PIED.

Bien que la corne soit un tissu inerte, dénué de vie, elle est traversée incessamment de dedans en dehors par un liquide séreux, destiné à entretenir sa souplesse et à prévenir son resserrement; ce liquide, exhalé du derme sous-jacent, s'évapore à la surface extérieure de l'ongle par une sorte de transpiration que l'on peut rendre manifeste en enfermant le pied dans une enveloppe imperméable, car alors la vapeur de transpiration se sature en espace clos et se condense en une sorte de rosée.

Le fluide séreux qui s'exhale à travers l'ongle se répand par imbibition dans toute sa masse; les tubes cornés ne jouent dans cette perspiration qu'un rôle très secondaire, et même, dans la paroi, elle se fait perpendiculairement à leur direction, puisqu'elle a sa source principale sur le tissu podophylleux. Celui-ci est admirablement disposé pour remplir un rôle d'humectation, attendu qu'il est extrêmement vasculaire, très développé en surface, et que le liquide qu'il épanche est presque tout entier employé à cet office, le corps muqueux étant ici très mince et très peu proliférant.

Nous pensons, avec H. Bouley, que les tubes cornés reçoivent une matière grasse destinée à oindre la corne jusque dans son intimité, matière décelée par l'analyse chimique, et résultant de la dégénérescence des cellules qui occupent le sommet des papilles.

En conséquence, le sabot doit sa souplesse et son élasticité à une double imbibition : imbibition grasse par les tubes cornés, imbibition séreuse, avec perspiration, par toute sa substance. Ces propriétés si importantes ne sont complètes qu'autant que le derme sous-jacent est dans son intégrité anatomique et physiologique ; nous en avons déjà donné la preuve.

Le degré d'hydratation diminue au fur et à mesure qu'on s'éloigne de la membrane kératogène ; il varie aussi, toutes choses étant égales d'ailleurs, suivant les individus et suivant l'activité de la circulation dans le pied. Lorsque celui-ci s'allonge par suite d'une insuffisance d'usure, la partie de corne excédente devient de plus en plus sèche, dure et cassante, car l'action desséchante de l'air n'est plus contre-balancée par les exhalations des tissus vivants, qui sont trop éloignés pour faire sentir leur influence.

Au niveau de la fourchette, l'exhalation se complique d'une véritable sécrétion opérée par un certain nombre de glandes du type sudoripare dont nous avons déjà signalé l'existence au sein du coussinet plantaire. Cette sécrétion, de nature probablement graisseuse, exerce une action qui n'est pas encore bien connue.

ART. III. — SENSIBILITÉ DU PIED.

« Le pied est le siège d'une sensibilité tactile exquise, grâce à laquelle l'animal a conscience des qualités du terrain

sur lequel il se meut, et conserve sa sûreté de locomotion
aux différentes allures, quels que soient la forme de ce
terrain, sa consistance, ses inégalités et les obstacles dont
il est hérissé... On peut en juger par la façon dont marche
le cheval aveugle : il lève haut les membres antérieurs à
chacun de ses pas, et semble ainsi sonder du pied l'espace
avant de s'y lancer, comme l'aveugle fait de son bâton, et,
quand il s'appuie sur le sol, il le fait avec la précaution que
nous apportons nous-mêmes lorsque nous marchons dans
une nuit obscure. » (H. Bouley.)

« On ne peut mettre en doute, dit d'autre part Percivall,
dans son *Traité des boiteries*, que le cheval ait la sensation
du terrain sur lequel il marche et que cette sensation soit
le principe régulateur de son action : principe en vertu
duquel il harmonise ses mouvements de manière à rendre
les percussions du sol moins dures et moins fatigantes
pour lui, et conséquemment aussi pour son cavalier. Après
la névrotomie plantaire, complète, les impressions recueillies par le pied faisant défaut, on voit les sujets lancer leurs
membres en avant, hardiment et sans crainte, et percuter
le sol avec leurs sabots comme avec un bloc inerte, ce qui
imprime à toute la machine un mouvement de saccade
fatigant également pour le cheval et pour le cavalier. »

Les passages que nous venons de rapporter de deux auteurs aussi éloquents que savants, nous paraissent contenir
quelque exagération : La sensibilité du pied, si délicate,
si importante qu'elle soit, n'est pas la condition essentielle
de l'équilibration, de l'harmonie des mouvements locomoteurs ; ce rôle appartient au *sens musculaire* et au *cervelet*,
ainsi qu'on le démontre en physiologie.

Est-il besoin de dire que le sabot lui-même est inerte,
et que son rôle se borne à transmettre intégralement au
derme sous-jacent les pressions qu'il éprouve ?... c'est ce
dernier qui est le siège de la sensibilité tactile du pied,

développée en proportion des nerfs qu'il reçoit et des processus qui le hérissent. Les papilles et les crêtes de la membrane kératogène ne servent pas seulement à modeler la
corne. à augmenter la surface d'épanchement du plasma
nutritif et la surface d'adhérence de l'ongle, elles accroissent
en outre, ici comme partout ailleurs, la surface sensible,
en se projetant au-devant des corps impressionnants de
manière à renforcer au maximum la faculté tactile, dans
une région où l'épaisseur de la corne risquait de la rendre
insuffisante.

Il serait irrationnel de nier que le lit de l'ongle ne soit une
surface tactile, sous prétexte qu'on n'y trouve pas de corpuscules nerveux terminaux, attendu que le groin du porc.
la petite trompe de la taupe, la cornée de l'œil, etc., etc..
n'en renferment pas non plus, bien que leur faculté
tactile soit indéniable. Au surplus, il existe plusieurs
sortes de sensibilité, et l'on ne connaît pas encore
les terminaisons nerveuses afférentes à chacune d'elles.
Pour ne parler que du pied du cheval, il nous paraît
évident que la présence de corpuscules de Pacini dans le
coussinet plantaire est corrélative à une sensibilité particulière dont jouit cet organe, probablement à une sensibilité aux pressions; quoique le tissu podophylleux ne
contienne aucun de ces corpuscules, il est certainement
beaucoup plus sensible aux simples contacts.

ART. IV. — ÉLASTICITÉ DU PIED.

L'élasticité du pied, c'est-à-dire « la propriété d'amortir
et d'éteindre les commotions causées par les percussions
du sol » est indéniable ; la structure de l'organe en témoigne suffisamment. En effet :

1° Le sabot isolé est élastique dans chacune de ses trois
parties : l'arc pariétal s'ouvre en talons sous un effort ex-

centrique et revient ensuite à sa forme première ; la voûte solaire se laisse déprimer par la pression et reprend sa convexité aussitôt que cette dernière cesse ; la fourchette est élastique et adhésive comme du caoutchouc. Ni la paroi ni la sole ne sont élastiques dans la direction de leurs fibres, c'est-à-dire susceptibles de varier en épaisseur ; elles jouent seulement comme des ressorts.

2° Le contenu du sabot est élastique : les cartilages scutiformes sont admirablement disposés pour faire ressort en haut et en arrière de la phalangette ; la membrane kératogène, le tissu podophylleux principalement, est chargée de fines fibres élastiques, de manière à pouvoir jouer dans une certaine mesure sur les parties sous-jacentes sans rompre ses adhérences ; le coussinet plantaire est une sorte d'éponge fibreuse dont les mailles sont remplies de tissu élastique, et dont le rôle justifie parfaitement le nom ; la phalange elle-même est élastique, quoique imperceptiblement déformable.

Comment le tout, c'est-à-dire le pied entier, ne serait-il pas élastique, alors que toutes les parties le sont individuellement ?

Grâce à son élasticité, cet organe peut, non seulement anéantir et éteindre les commotions causées par les percussions du sol, mais encore restituer par réaction une certaine quantité de mouvement qui contribue à l'impulsion de tout le corps. Cette propriété ne se traduirait-elle à nos sens par aucune déformation de l'organe qui en est le siège, qu'elle ne serait pas niable pour cela ; la bille d'ivoire n'est-elle pas élastique, et même parfaitement élastique, malgré que ses déformations échappent à l'investigation ? Ce n'est donc pas l'élasticité du pied qui est discutable, ce sont les mouvements intrinsèques qui en résultent. Ces derniers ont été l'objet de controverses qu'il n'est pas sans intérêt de faire connaître, car elles ont eu une grande influence sur les pratiques de la ferrure.

Lafosse père (1) n'admettait d'autre mouvement du pied, pendant l'appui, qu'un léger abaissement des talons et un écrasement de la fourchette contre le sol. « La fourchette, dit-il, doit porter à terre, autant pour la facilité que pour la sûreté du cheval dans sa marche... elle est le point d'appui naturel du tendon perforant ; grâce à sa flexibilité, elle prend pour ainsi dire l'empreinte du sol, multiplie les contacts et donne à l'animal plus d'adhérence au plan sur lequel il marche ; aussitôt le pied levé, elle se remet dans sa forme... »

En conséquence Lafosse préconisait un fer tronqué en éponges « faisant marcher le cheval sur la fourchette et en partie sur les talons ». Il recommandait aussi de conserver dans leur entier, lorsqu'on pare le pied, la sole de corne, les arcs-boutants et la fourchette : préceptes excellents, trop longtemps méconnus.

Bracy Clarck (2) définit l'élasticité du pied « cette propriété précieuse qui permet au pied de s'adapter *en cédant* aux différents degrés de pression et d'efforts qu'il doit supporter ; qui le garantit contre la violence du choc et préserve le corps des réactions, des commotions et de toutes les injures qui seraient résultées d'une trop grande solidité du membre. Probablement aussi elle favorise le mouvement impulsif de l'animal par le retour du pied à sa forme première après la distension. »

Au moment de l'appui, la paroi, fonctionnant comme un arc, se dilaterait en talons; les barres s'inclineraient davantage dans le sens de la hauteur; la voûte de la sole

---

(1) *Nouvelle pratique de ferrer les chevaux*. Paris, 1754.

(2) *Hippodonomia or the true structure, laws and economy of the horse foot* Londres, 1829). (*Ouvrage qui a été traduit en français.*)

s'affaisserait et ainsi ferait effort à sa périphérie pour ouvrir davantage le bord plantaire de la muraille. La sole et la fourchette ne devraient pas prendre contact du sol : « La fourchette, dit Bracy Clark, est une clef de voûte au sommet d'une arche élastique ; elle n'arrive à l'appui que dans les sols mous ou fangeux ; d'ailleurs elle n'est pas de niveau avec les talons sur les pieds non ferrés ; elle n'arrive à terre que lorsque les côtés du pied sont épanouis jusqu'à la dernière limite. Un animal du poids du cheval ne pouvait dépendre, pour effectuer son appui, de parties molles comme la fourchette ; il fallait évidemment des points de support plus solides. L'idée de Lafosse (que la fourchette doit porter sur le sol) est un vrai non-sens français et les pratiques de ferrure qui en sont résultées sont abominables. »

Ainsi donc, d'après Bracy Clark, l'appui ne devrait se faire que sur le contour plantaire de la muraille, et les mouvements d'élasticité du sabot consisteraient exclusivement en deux mouvements de ressort combinés et solidaires, exécutés l'un par la sole l'autre par la paroi, mouvements particulièrement accusés dans les parties postérieures de l'ongle, sur lesquelles le poids du corps est rejeté en vertu de l'inclinaison articulaire de la troisième phalange et de l'affaissement qu'éprouve le pâturon au moment de l'appui. D'ailleurs c'est là que se trouvent concentrés les organes d'élasticité tels que les cartilages scutiformes et le coussinet plantaire.

« On peut admettre sans trop d'invraisemblance, poursuit Bracy Clark, que, lorsque le jeune animal est dans une très forte action, et qu'il s'élance en avant avec une vélocité presque égale à celle de l'oiseau qui vole, ces parties postérieures de la muraille cèdent sous l'impression de son poids aussi librement que les faibles branches de l'osier fléchissent sous le vent ; et que, par leur retour soudain à leur première position, elles contribuent à ajouter à la rapidité du mouvement qui l'anime. »

Bracy Clark s'élève avec force contre « l'usage d'abattre la fourchette » qu'il considère comme « un des abus les plus funestes de la ferrure » (page 66 de son ouvrage). Il tenait surtout à prouver que la ferrure est très nuisible à l'élasticité du pied, et, pour atténuer cet inconvénient, on a été conduit à penser qu'il fallait amincir la sole et les barres, empêcher le contact de la fourchette sur le terrain par un fer à éponges épaisses, etc., ce qui peut déterminer le resserrement des talons et maintes claudications.

La doctrine de Bracy Clark, qui fut longtemps classique. a cependant été contestée dès 1835 par **Perrier,** vétérinaire au 2ᵉ carabiniers, qui émit la théorie suivante (1) : Pendant l'appui, le sabot jouirait de la double propriété de se dilater et de se resserrer ; il se dilaterait depuis la pince jusqu'au centre des quartiers et se resserrerait depuis le centre des quartiers jusqu'à l'extrémité des talons. Le resserrement des talons par en bas résulterait de leur inclinaison de dehors en dedans, inverse de celle des autres régions du pourtour de l'ongle, attendu que la pression excentrique s'exerçant à leur partie supérieure « doit nécessairement les concentrer à leur partie inférieure, de même qu'en exerçant un effort dilatateur sur le bord supérieur d'un vase cylindrique on tend à rétrécir son fond dans le même sens ». Grâce à ce mouvement de contention, combiné au mouvement de dilatation et dû à la même cause, le désengrènement du sabot avec les parties vives se trouverait prévenu, désengrènement qui, d'après l'auteur, se produirait inévitablement, dans les actions violentes, si le pied n'était soumis qu'à une force dilatatrice.

Perrier n'a pas songé que le mouvement imaginé par

____

(1) *Sur les moyens d'avoir les meilleurs chevaux.*

lui comporterait un risque non moins redoutable : la compression du tissu podophylleux sur les éminences rétrossales

Tout récemment (1), **M. Doumayren** arriva à la même conclusion que Perrier, mais en s'appuyant sur d'autres arguments, notamment sur les variations de forme du pied du bœuf, constatées pendant la marche sur une route poudreuse. « Sous l'influence de l'appui, dit-il, les onglons s'écartent par l'extrémité antérieure, tandis que les talons se rapprochent. » Pareil mouvement des talons se produit chez le cheval, pendant l'appui, et même, le principal rôle des arcs-boutants est de l'arrêter ; lorsque cette sorte d'étai, de contrefort, a été détruit, le pied devient bleimeux et à la longue s'encastelle. »

En 1849 (2), **John Gloag** fit connaître les résultats d'un certain nombre d'expériences sur les prétendus mouvements d'élasticité du sabot. Voici les principales, relevées par **H. Bouley**, dans son beau livre sur le *Pied du cheval :*

1° Il compara d'abord le contour du pied levé avec celui qu'il présente lorsqu'il pose à terre et qu'il supporte toute la pression du corps, et il ne trouva aucune différence.

2° Il appliqua sous le sabot un fer dont il réunit les branches, au niveau de la fourchette, par des traverses métalliques sur lesquelles il étala une couche de cire molle ; l'examen de cette cire, après un certain temps de trot, lui fit voir une empreinte produite par le corps de la fourchette, tandis qu'il n'y avait rien en regard de la pointe et des branches : il y avait donc eu un léger affaissement au centre du pied, dans la région correspondant à l'os naviculaire.

3° Une couche de cire molle fut appliquée sur la garniture extérieure d'un fer bien ajusté ; le cheval fut exercé au trot et la cire n'éprouva aucun déplacement de dedans en dehors.

(1) *Société centrale vétérinaire*, 1889.
(2) *The Veterinarian*, 1849, mai, juin, juillet.

4° Un pied désarticulé à la couronne fut placé entre les mors d'un étau, après arrachement d'un lambeau de paroi; le rapprochement des mors de l'étau ne fit éprouver à l'os aucun mouvement, et le tissu velouté n'éprouva aucune compression; il suffisait d'appliquer le doigt sur la sole pour faire jaillir des vaisseaux du pied, le sang que l'énormité de la pression de l'étau était impuissante à exprimer.

5° La même expérience, répétée sur des pieds entiers, ferrés à plat jusqu'aux talons, fit voir que la fourchette cédait peu à peu sous la pression, au niveau de son corps, tandis qu'on ne saisit aucun mouvement sur les autres régions du plancher du sabot; ce n'est qu'en portant la pression de l'étau jusqu'à la dernière limite que l'on put obtenir un élargissement de l'épaisseur d'une carte à jouer.

6° Avec un pied dessolé, soumis aux mêmes pressions, on ne put constater le moindre affaissement de la surface veloutée. Il n'y eut qu'un point, correspondant à l'os naviculaire, où le corps pyramidal fléchit sensiblement, au maximum d'un quart de pouce.

7° On fit appliquer, sous le pied d'un cheval de charrette, un fer à éponges fortement rabattues en dessous, portant une traverse sur leur face inférieure. Dès que l'animal eut la liberté de reposer sur son pied, on constata très visiblement la descente du sabot en bas et en arrière. Après avoir enduit la fourchette et les talons de cire préparée, et avoir huilé la face supérieure de la traverse du fer, on put constater que, pendant l'exercice, les talons descendaient presque sur les éponges du fer, et que la fourchette venait en contact avec la traverse. Sur le pied levé, les talons reprenaient leur position naturelle, et il y avait alors, entre la cire et la barre, un espace de presque un quart de pouce.

En introduisant à frottement un coin de fer dans l'espace compris entre l'éponge et le talon, on mettait obstacle à la descente du talon de ce côté; le talon libre seul effectuait la sienne, mais dans une moins grande étendue.

De toutes ces expériences, Gloag conclut que « l'action naturelle du sabot est de céder légèrement en bas et en arrière, dans la direction de ses fibres ». La sole n'éprou-

verait aucun affaissement. La paroi serait susceptible de
se dilater légèrement à la couronne ; mais elle serait invariable à son contour inférieur ; si les talons éprouvaient,
lors de l'appui, un mouvement de latéralité en même
temps que d'abaissement, ce mouvement latéral serait
plutôt un resserrement qu'une expansion, vu le gonflement des parties supérieures ; d'ailleurs la surface brillante
que la face supérieure des vieux fers porte en talon procède toujours du dehors vers le dedans. « Les praticiens,
dit Gloag, savent tous qu'on obtient un grand soulagement
des boiteries, dans beaucoup de circonstances, en abattant
simplement les talons ; témoin l'usage si répandu du fer à
planche qui, ne pressant pas sur les talons, leur permet un
plus grand degré de liberté. Combien y a-t-il de chevaux
qui, sensibles sur leurs pieds, après une ferrure nouvelle,
marchent franchement au bout de quelques jours ? Cela
n'est-il pas dû à ce que le fer porte d'abord trop exactement
sur les talons, ce qui met obstacle au mouvement de ces
derniers ; mais bientôt l'usure du talon et de la partie postérieure du quartier, par le frottement, restitue à l'animal
son action naturelle et sa liberté de mouvement, et la
boiterie disparaît.

« Combien encore de chevaux sont soulagés par l'inter-
position d'une plaque de cuir souple entre le fer et le pied,
ou seulement entre les éponges et les talons ! Je crois que
les praticiens demeureront d'accord avec moi sur ce point
qu'un fer qui porte fortement en talons est préjudiciable
dans l'usage général, bien qu'ils puissent différer sur
l'explication.

« Combien de fois n'arrive-t-on pas à soulager les animaux, au début de la maladie naviculaire, en appliquant
sous le pied un fer en croissant, restituant au sabot sa
faculté de céder un peu en arrière et en bas ! Quels sur-
prenants changements s'établissent dans les sabots des

chevaux qui portent des fers en croissant! Au bout de
quelques mois, des pieds secs, durs, cassants, deviennent
mous, élastiques et comme huileux lorsqu'on entame la
corne. L'échauffement de la fourchette disparaît en même
temps.

« Comment comprendre encore que le sabot devienne
plus large à sa partie postérieure par l'usage de certaines
ferrures, si ce n'est par la liberté d'action laissée aux
parties qui étaient avant condamnées à l'immobilité? De
même que le bras d'un homme, maintenu immobile dans
une écharpe, s'atrophie et ne reprend son volume primitif
que lorsque la liberté d'action est rendue aux muscles,
de même le sabot peut augmenter de largeur par l'usage
du fer en croissant, de la ferrure unilatérale, par l'abatage
des talons, le fer à planche et les matériaux élastiques
interposés entre le pied et le fer. »

Gloag exagère l'importance du jeu vertical des talons et
lui attribue des effets qui résultent purement et simplement de l'appui sur la fourchette. Ainsi, les bons résultats
que donne le fer à croissant, dans maintes circonstances,
ne tiennent pas à ce qu'il donne aux talons toute liberté
pour céder de haut en bas, mais bien à ce qu'il assure
l'appui de la fourchette, indispensable pour conserver le
volume du coussinet plantaire et l'écartement des talons,
comme nous le prouverons dans un chapitre suivant.
D'ailleurs l'affaissement des talons n'est sensible que dans
les cas où la fourchette n'arrive pas d'emblée à l'appui,
car alors elle les entraîne dans son mouvement de descente;
si elle appuie d'emblée, elle s'étale sur le sol au lieu de
descendre vers lui, et les talons restent immobiles, ou à peu
près, dans le sens de leur hauteur.

Reeve, autre vétérinaire anglais, entreprit à son tour
un certain nombre d'expériences ingénieuses dans le but de

constater si réellement il y avait descente de la sole et expansion latérale de la paroi pendant l'appui (1).

1° Sous un pied convenablement paré, il appliqua solidement un fer qui se juxtaposait au bord inférieur de la muraille sans le moindre intervalle, et entre les rives duquel il souda trois barres de fer, l'une transversale en avant de la pointe de la fourchette, les deux autres obliques couvrant les branches de la sole. A l'aide de trous taraudés, il vissa, à travers ces barres, de fortes chevilles métalliques, très acérées, dont les pointes affleuraient la surface de la sole sans la toucher. Ce dispositif était comparable à une herse renversée, fixée sous le sabot d'une manière si immuable que, si la plus légère descente de la sole s'effectuait, les pointes devaient la perforer et démontrer ainsi non seulement que la sole s'abaissait, mais encore dans quelle limite.

Après un certain temps de petit pas, l'examen du pied ne laissa voir aucune trace de descente de la sole. Mais, après quelques instants de trot ou de galop, on constata que chaque cheville avait fait son trou, tout en étant, au moment de l'examen, à la même distance qu'avant l'expérience. Donc la sole s'était affaissée et était revenue à sa position première. Le fer ayant été retiré, on reconnut que les pointes, situées de chaque côté du corps et de la pointe de la fourchette, indiquaient une descente de presque un huitième de pouce, tandis que les chevilles situées en arrière de la pince ou près des angles des talons n'indiquaient pas une pénétration de plus d'un seizième de pouce.

2° Dans une deuxième expérience, Reeve s'ingénia à fixer une sorte de herse latérale sur le quartier externe d'un sabot de manière à juger de son expansion : Sur un fer

____

(1) *The Veterinarian*, 1850.

aussi exactement appliqué que possible, présentant une
forte garniture en dehors, il souda sur le bord de cette
garniture une plaque métallique inflexible occupant toute
la longueur de la branche du fer parallèlement à la paroi,
et percée de six trous taraudés ; six chevilles semblables
à celles de l'expérience précédente furent vissées à travers
ces trous et vinrent affleurer par leurs pointes la surface
de la muraille. L'animal ayant été mis en action, on
constata que chaque cheville avait fait sa piqûre, celles
des quartiers et des talons plus profondément que celles
des parties antérieures ; l'étendue de pénétration des premières était d'environ un seizième de pouce. La cheville
supérieure des talons ne paraissait pas être entrée aussi
profondément que celle qui lui correspondait plus inférieurement.

Reeve conclut, naturellement, qu'il y a, pendant l'appui,
une descente mesurable de la sole et une expansion latérale
des quartiers et des talons au niveau de la circonférence
plantaire. Mais il nia la flexion des talons en arrière et en
bas admise par Gloag, prétendant que ce mouvement
résulte des circonstances exceptionnelles et anormales
dans lesquelles celui-ci plaçait les pieds sur lesquels il
expérimentait.

Gloag répéta les expériences de Reeve en les modifiant
un peu, « de manière à rendre leurs résultats plus incon-
testables ». Les résultats furent moins démonstratifs que
ceux de Reeve : il vit bien un certain nombre de fois la
herse latérale érafler la paroi en quartiers et en talons,
sans doute par suite de ses mouvements propres ; mais
jamais la herse inférieure ne s'imprima sur la sole ; une
fois cependant, chez une forte jument à pieds plats, on
put apercevoir une piqûre dont la profondeur parut égale
à l'épaisseur d'une feuille de papier. « Je fus surpris, dit
l'auteur, de ne pas voir un abaissement plus considérable

de la sole, dans le seul point (centre du pied) où je m'attendais à le rencontrer d'après mes expériences, et je dois avouer que, quelque profondes que fussent mes convictions sur la nullité de tout mouvement d'abaissement de la sole, cependant je n'étais pas sans inquiétude sur les résultats en voyant un cheval si lourd peser de tout son poids sur une herse de piquants aigus. »

Reeve répliqua et prétendit que si Gloag n'avait pas obtenu les mêmes résultats que lui, cela tenait à ce qu'il avait interposé des lames d'étain entre les pointes des chevilles et la corne, se faisant une idée exagérée de la dilatation qu'il se proposait de constater. D'après des calculs géométriques, Reeve arriva à conclure que l'expansion latérale causée par une descente de la sole évaluée à un dixième de pouce ne dépasse guère un vingt-cinquième de pouce.

Voilà donc, s'écrie **H. Bouley**, à quoi se réduirait cette propriété d'expansibilité du sabot sur laquelle nos voisins ont tant discuté depuis cinquante ans. Moins d'une demi-ligne pour le diamètre transversal à la partie postérieure ! Un quart de ligne pour chaque côté ! Mais, si restreinte qu'elle soit, cette propriété n'en a pas moins, aux yeux de notre ancien inspecteur général, une importance fondamentale au point de vue des règles de la ferrure. Voici les preuves qu'il invoque, tirées de l'observation et du raisonnement :

Et d'abord l'organisation même du pied, avec la paroi interrompue en arrière, avec les cartilages prolongeant la phalangette comme deux ailes souples et dépressibles, avec le coussinet plantaire matelassant la terminaison du perforant, etc., paraît indiquer un double jeu de ressort par côté et par dessous.

Notre auteur admet que, dans les conditions normales

de forme et de structure, le sabot ne pose sur le sol, au premier temps de l'appui, que par le bord inférieur de la paroi, jusqu'aux arcs-boutants inclusivement, et par la marge périphérique de la sole; la fourchette, les barres et le centre de la sole resteraient élevés au-dessus du terrain de près d'un centimètre dans la partie centrale de l'ongle et d'un demi-centimètre environ en arrière. « N'y a-t-il pas lieu de conjecturer, dit-il, que le vide laissé sous la région centrale du pied a pour but d'en permettre l'abaissement lorsque l'effort de la pression augmente dans l'intérieur du sabot? » Hâtons-nous de dire que cet argument n'est pas exact, attendu que, dans le beau pied, la fourchette n'est pas en enfoncement par rapport au bord plantaire, mais arrive en même temps que lui au contact du sol, au moins par sa partie postérieure.

H. Bouley répéta les expériences de Gloag en serrant des pieds isolés entre les mors d'un étau; il vit, à mesure que les mors de l'étau se rapprochaient, le bord supérieur de l'ongle se gonfler sur toute la périphérie mais surtout au niveau des glomes; puis la lacune médiane et les lacunes latérales s'élargir d'une manière sensible à l'œil et au toucher; puis enfin le sabot revenir sur lui-même, en vertu de sa propre élasticité, lorsque l'effort de la pression cessait. Il constata, par des mensurations, que le sabot se dilatait en même temps par son bord supérieur et par son bord inférieur, que la dilatation supérieure était plus considérable que l'inférieure lorsque, sous l'influence de la pression, les phalanges se renversaient en arrière et comprimaient la masse des bulbes du coussinet plantaire; mais que la dilatation inférieure l'emportait sur la supérieure lorsque la deuxième phalange restait en position perpendiculaire sur la troisième. Dans tous les cas cette dilatation était très peu sensible et ne se mesurait que par des millimètres, sous une pression approximativement égale à celle que supportent les pieds dans les conditions normales de l'appui.

H. Bouley ne manque pas de faire valoir, en faveur de l'expansion latérale des talons, ce qui se passe dans le cas de seime, où l'on voit la fissure cornée se fermer à chaque appui et s'ouvrir à chaque soutien. « N'est-ce pas là un phénomène identique à celui que présenterait un arc dont les fibres superficielles, brisées au centre de leur convexité, s'écarteraient dans le temps de la flexion, et se rapprocheraient exactement lorsque l'arc se redresse? »

Quant à l'empreinte polie et luisante que porte toujours sur sa face supérieure le vieux fer, au moment où on le détache du pied, empreinte si souvent invoquée comme preuve de l'oscillation latérale des talons, H. Bouley pense qu'elle est simplement la conséquence d'une sorte d'écrouissage qui s'effectue toujours entre la corne et le fer à chaque pression du pied sur le sol; d'ailleurs, en comparant les diamètres transverses du sabot à ceux de la figure ovalaire que son empreinte a laissée sur le vieux fer, on voit qu'il y a entre eux la plus parfaite égalité dans tous les points correspondants, et que le bord externe de cette empreinte coïncide exactement avec la marge extérieure de la paroi, ce qui prouve que le jeu d'élasticité du pied, « si imperceptible dans l'état naturel, est à peu près annulé dans les conditions ordinaires de la ferrure ».

Les pressions exercées par l'os de la couronne se divisent en deux parts : l'une qui tend à enfoncer davantage la troisième phalange à l'intérieur du sabot et qui est bientôt neutralisée par l'extrême adhérence de la paroi; elle détermine seulement un léger gonflement coronaire ; l'autre qui se déverse en arrière, par l'intermédiaire du petit sésamoïde et du tendon perforant, sur le coussinet plantaire et la fourchette, provoquant leur épanouissement latéral et consécutivement une certaine dilatation des fibro-cartilages et des parties postérieures de l'ongle. Il est clair que cette dernière augmente beaucoup dans les allures les plus rapides, lorsque les phalanges, couchées en arrière et presque horizontales, refoulent les bulbes du coussinet plantaire entre les deux plaques cartilagineuses et pèsent de tout le poids dont elles sont chargées sur la face supérieure de la fourchette.

La sole et les barres fonctionnent, dans ce mécanisme, comme des ressorts très tendus, dans lesquels la solidité prédomine sur l'élasticité, et dont les mouvements sont par conséquent très limités.

Quant au jeu vertical des talons, H. Bouley croit que Gloag l'a un peu exagéré.

En somme, cet auteur, auquel on a si souvent reproché d'avoir partagé les exagérations de Bracy Clark en ce qui concerne les mouvements d'élasticité du sabot, est très éclectique dans ses conclusions. Nous n'y voyons, quant à nous, pas beaucoup à reprendre.

Depuis la publication du *Traité de l'organisation du pied du cheval*, la question de l'élasticité du pied n'a cessé de préoccuper les vétérinaires, tant en France qu'à l'étranger; elle a figuré plusieurs fois à l'ordre du jour de la Société centrale de Paris, notamment en 1889, et, aujourd'hui encore, les uns sont restés fidèles à la théorie de Bracy Clark en la dépouillant de ce qu'elle a d'exagéré, les autres proclament l'immuabilité de la forme du pied. Parmi les partisans, il faut signaler, en France, Goyau (1), Trasbot, Laquerrière, Nocard, Barrier, Cadiot... (2), à l'étranger, Fogliata, Dominik (3), Leisering et Hartmann (4), Wood (5).

(1) *Traité de maréchalerie.*
(2) *Société centrale*, 1889.
(3) *Ferrure rationnelle* (Berlin).
(4) *Le pied du cheval* (Dresde).
(5) *Horse and man.*

Parmi les adversaires, on compte Sanson, Lavalard, Weber, Cagny, Delpérier, etc.

Goyau base ses conclusions sur les expériences suivantes :

1° Il mesure, au compas d'épaisseur, l'écartement de deux repères marqués en talons, sur le pied levé et sur le pied posé, plus ou moins surchargé.

2° Il répète les expériences de Reeve avec les fers à herse, et il constate :

Que le pied s'élargit en talons pendant l'appui d'un, deux, ou trois millimètres, et que la dilatation s'étend sur le tiers postérieur des quartiers, *quand la fourchette porte sur le sol.*

Que ce mouvement est peu accusé ou même nul quand la fourchette est soustraite à l'appui.

Que l'écartement des talons s'accompagne d'un gonflement du bourrelet et d'un affaissement des glomes.

Que la descente du plancher du sabot est beaucoup plus accusée lorsque la fourchette ne porte pas à terre, cette descente atteignant deux ou trois millimètres aux glomes, un millimètre à un millimètre et demi à la pointe de la fourchette et au bord concentrique de la sole, et diminuant progressivement à la périphérie.

Que cette descente est à peu près nulle si la fourchette participe à l'appui.

En résumé, Goyau conclut que les deux mouvements d'expansion latérale et d'affaissement du plancher s'excluent l'un l'autre, ou du moins se produisent en proportion inverse : le premier serait une conséquence de l'appui de la fourchette, le second une conséquence de son défaut d'appui. Bracy Clark admettait, au contraire, que c'est l'abaissement de la sole qui provoque la dilatation de la paroi.

Lagriffoul (1) arrive à peu près aux mêmes conclusions

(1) *Société centrale*, Paris, 1892.

en se basant sur des expériences différentes dans le détail desquelles nous ne pouvons entrer. Comme Goyau, il pense que les conditions d'élasticité du pied sont modifiées du tout ou tout par l'appui ou le non-appui de la fourchette.

« Dans le beau pied, la fourchette volumineuse arrivant d'emblée à l'appui, les mouvements d'élasticité consistent principalement en une expansion latérale des talons.

« Dans le pied à fourchette enfoncée par mauvaise conformation ou par suite de la ferrure, ce sont surtout des mouvements d'affaissement du plancher.

« Dans le pied plat, la dilatation des talons n'est pas progressive de bas en haut comme dans le beau pied ; elle est la même au bord plantaire et au bord coronaire. Il faut se bien garder des fers à éponges trop nourries ou à crampons ; ils ne peuvent qu'exagérer la défectuosité en soustrayant la fourchette à l'appui et en provoquant l'affaissement déjà excessif du sabot.

« Dans le pied à talons serrés ou encastelé, on ne constate plus qu'un léger affaissement de la fourchette ; la voûte solaire paraît s'être immobilisée par exagération de sa concavité ; les talons sont à peu près immuables. »

Trasbot a toujours tenu pour probantes les expériences de Reeve ; il en a d'ailleurs vérifié les résultats :

« Un fer ordinaire, de moyenne couverture, également large et épais dans tout son contour, muni sur le bord de sa branche externe, à un centimètre en avant de l'éponge, d'une tige verticale d'un centimètre et demi de hauteur, taraudée dans son milieu pour loger une vis d'acier à pointe conique, fut fixé très solidement à un beau pied de devant par huit clous répartis sur le contour antérieur, cinq en dedans et trois en dehors. La vis fut placée de façon à laisser entre sa pointe et la paroi du sabot l'épaisseur d'une lame de bistouri, c'est-à-dire un espace de deux millimètres et demi. Dans cet espace, on mit une feuille de papier mince, repliée seize fois sur elle-même. Puis on mit l'animal en mouvement. Au bout d'une minute de pas, on constata que la première feuille de papier avait été traversée par la pointe affleurant sa surface ; une dépression appréciable se reconnaissait sur les autres jusqu'à la cinquième. Après une minute d'un trot modéré, les deux feuilles de papier les plus superficielles étaient perforées et l'empreinte de la pointe se reconnaissait jusqu'à la douzième. On mit ensuite l'animal au galop ; les feuilles de papier se perdirent ; mais la pointe avait marqué son empreinte sur le sabot d'une façon bien accusée ; cependant l'espace qui l'en séparait était toujours le même, à peu près deux millimètres et demi, ce qui prouve bien que la paroi n'avait pu être touchée qu'en se portant en dehors, au-devant de la pointe immobile. »

L'expérience répétée en remplaçant les feuilles de papier par des pains à cacheter donna des résultats plus nets encore.

M. Trasbot conclut :

1° Que les talons d'un pied normal, fonctionnant d'une façon absolument physiologique, s'écartent dans une certaine mesure au moment de l'appui sur le sol ;

2° Que cet écartement, extrêmement limité à l'allure du pas, est plus étendu à celle du trot, et plus encore au galop ; en d'autres termes, qu'il est proportionnel à l'intensité des pressions accumulées sur le sabot.

En Allemagne et en Autriche, plusieurs vétérinaires, notamment **Foringer** d'Augsbourg, **Bayer** de Vienne, **Lungwitz** de Dresde, eurent l'idée ingénieuse d'employer une sonnerie électrique comme moyen révélateur des mouvements d'élasticité du sabot (1). Au moyen de dispositifs

(1) Voir le journal allemand *le Maréchal*, année 1890.

particuliers, ils doublaient d'une lame métallique, par exemple d'une feuille d'étain, la partie de l'ongle dont il s'agissait de constater le mouvement, et fixaient d'autre part, à une très petite distance, des pointes de fer. Feuilles d'étain et pointes de fer étaient en communication avec une sonnerie électrique portée par un cavalier, de telle manière que celle-ci sonnait à chaque fois que les contacts s'établissaient, c'est-à-dire à chaque appui. La sonnerie était d'autant plus intense que les contacts étaient plus intimes et plus prolongés, c'est-à-dire que les mouvements étaient plus étendus : par exemple, elle sonnait à peine à l'appui du repos ; sonnait un peu plus fort au pas, à chaque appui ; très fort enfin, pendant les allures vives. Elle variait en outre au gré du cavalier suivant qu'il augmentait ou allégeait la charge du pied en expérience.

Ces expériences, répétées dans des conditions variées, démontreraient, d'après leurs auteurs, que, pendant l'appui, il y a :

Élargissement latéral en talons ;

Léger resserrement du bord coronaire dans la moitié antérieure du sabot ;

Affaissement des talons ;

Abaissement de la sole ;

Mouvements qui ne s'exécuteraient que sur les pied sains dont la fourchette vient à l'appui. La ferrure les empêcherait souvent, en soustrayant celle-ci au contact du sol. Le fer qui entraverait le moins l'élasticité du pied serait le *fer Charlier à lunette*, désigné en Allemagne sous le nom de *fer du comte de Münster*.

Malgré la multitude et la variété des expériences tendant à prouver les mouvements de ressort du sabot, il se trouve encore un certain nombre de personnes qui les nient en faisant valoir notamment les arguments suivants :

1° Dans le pied dessolé, la troisième phalange reste suspendue, par son extrême adhérence, dans le cylindre de la paroi sans éprouver de descente.

2° « A supposer que la voûte solaire subisse une pression sur sa face supérieure, cette pression, se répartissant également sur tous les points, ne saurait produire un affaissement, quelle que soit son intensité. Au surplus, la sole ne pourrait s'aplanir qu'à la condition de se disjoindre d'avec la phalange, puisque celle-ci ne change pas de forme » (Sanson) (1).

3° Toutes les expériences invoquées en faveur des mouvements de la paroi ou de la sole sont entachées d'erreur ; les contacts qu'elles démontrent au moment de l'appui résultent, non pas d'un jeu de la corne, mais d'un jeu de l'appareil employé. Chevilles pointues, lames de fer et autres dispositifs ne peuvent être fixés d'une manière invariable ; ils vibrent sous le choc violent du pied et ce sont leurs propres déplacements que l'on impute au sabot.

4° On peut bien constater un resserrement des talons lorsque le pied s'atrophie, puis un écartement qui lui rende son volume primitif ; mais ce resserrement ou cet écartement s'effectuent lentement, progressivement, et non pas d'une manière intermittente et rythmée, suivant le lever et le poser.

5° Un jeu de ressort de la paroi produirait inévitablement des désengrènements ou des compressions du podophylle.

6° Il n'y a pas à se préoccuper, en maréchalerie, de cette prétendue élasticité ; « ce qu'il faut avant tout, dit Lavalard, c'est assurer l'appui de la fourchette ».

Le lecteur possède maintenant toutes les pièces du procès. Où se trouve la vérité dans le dédale de toutes ces opinions,

(1) Art. Sabot du *Dictionnaire de médecine et de chirurgie vétérinaires.*

s'appuyant chacune sur des arguments ou des expériences prétendus irréfutables ? — Comme toujours, dans le juste milieu.

Nous pensons que la preuve est suffisamment faite de l'expansibilité du sabot; ce n'est pas une boîte purement et simplement contentive pour les organes élastiques qu'elle renferme ; elle cède à chaque appui à la pression excentrique et revient ensuite à ses dimensions premières ; mais ces mouvements sont très restreints et se chiffrent, au maximum, dans l'état normal, par deux ou trois millimètres. M. Lavalard, adversaire déclaré de la théorie de Bracy Clark, a constaté lui-même, sur le pied d'un cheval d'omnibus au repos, une différence de diamètre en talons d'un millimètre à un millimètre et demi entre l'appui et le soutien, différence qui aurait pu doubler pendant les allures vives et qu'il a tort de déclarer insignifiante. D'ailleurs, si l'on en excepte Bracy Clark, qui avait déduit les mouvements d'élasticité du pied de son organisation et qui les décrit en des termes empreints d'une exagération manifeste, tous les auteurs admettant ces mouvements après constatation expérimentale, depuis Reeve jusqu'à M. Trasbot, s'accordent pour leur attribuer une limite de deux ou trois millimètres au maximum, à l'état normal. Dès lors, il est vraiment excessif de dire, avec Bracy Clark, que le pied *s'épanouit*, que les talons et les barres *fléchissent comme les faibles branches de l'osier*, ou, avec Bouley et Fogliata, que le pied éprouve des mouvements alternatifs de *diastole et de systole*.

Mais la grande erreur de Bracy Clark, c'est d'avoir méconnu le rôle de la fourchette comme organe d'appui et d'avoir cru que la dilatation de la paroi était une simple conséquence de l'affaissement de la sole. L'appui d'emblée de la fourchette est la condition *sine quâ non* des mouvements normaux d'élasticité du pied ; c'est l'épanouissement latéral du coussinet plantaire, comprimé entre la fourchette et le perforant, qui fait effort excentrique sur les fibro-cartilages et ouvre légèrement les talons, avec d'autant plus de force que la pression exercée sur la face supé-rieure du coussinet est plus considérable. Il est clair que cette pression est à son maximum dans les grandes allures, alors que le poids du corps est rejeté sur les parties posté-rieures de l'ongle par l'extrême flexion du paturon sur le pied.

Si la fourchette est soustraite à l'appui, les pressions transmises de haut en bas au coussinet plantaire ne peuvent avoir d'autre effet que de lui faire éprouver un mouve-ment de descente; les talons restent immobiles. Ce fait important, constaté expérimentalement par MM. Goyau et Lagriffoul, a pour conséquence la distension de l'aponé-vrose de renforcement du perforant, l'épaississement de ses deux brides d'attache sur la première phalange, et même la production d'exostoses à leurs lieux d'insertion, lésions que nous avons rencontrées souvent sur des chevaux de dissection. En effet, lorsque la fourchette ne porte pas sur le sol, le tendon perforant a perdu son point d'appui naturel, les pressions qu'il reçoit du petit sésamoïde pèsent tout entières sur sa soupente fibreuse et se transmettent à la première phalange par les brides d'attache de celle-ci, qui ne sont pas organisées pour recevoir de pareilles tractions et qui de ce chef sont exposées à des distensions.

Quant à la sole, nous sommes portés à croire que son jeu élastique est très faible, à cause de sa juxtaposition à une surface osseuse et de la minceur du tissu velouté à son niveau; seules, les parties voisines de la fourchette (dépendantes des barres), participent d'une manière mani-feste au mouvement de descente de celle-ci.

En somme, les mouvements d'élasticité du sabot se produisent surtout là où il repose sur des parties souples et dépressibles, c'est-à-dire en regard du coussinet plantaire et des fibro-cartilages. Conséquemment, ils sont plus accentués au bord coronaire qu'au bord plantaire ; ce dernier suit exactement le bord inférieur de la phalange, dont l'apophyse rétrossale arrive, à quelques millimètres près, jusqu'au fond de l'angle d'inflexion du talon ; il ne peut guère s'écarter que dans la mesure de l'élasticité du podophylle, sous peine de désengrènement. Le jeu des talons se fait surtout en haut, en regard des bulbes cartilagineux, non seulement dans le sens latéral, mais encore dans le sens antéro-postérieur.

Sur tous les points de son pourtour, la paroi est, en outre, susceptible d'éprouver, au moment de la percussion de l'appui, un imperceptible mouvement d'ascension qui fait gonfler le bourrelet et *contient* l'expansion des cartilages, mouvement n'impliquant, bien entendu, aucun glissement des feuillets de corne sur les feuillets de chair, mais s'effectuant dans la limite restreinte de l'élasticité du substratum podophyllien.

Quant aux arcs-boutants, il y a tout lieu de croire qu'ils agissent comme des étais plantaires, agrafant les talons, les tenant à distance convenable, et s'opposant à leurs mouvements excessifs. Rien n'est plus important que de les ménager lorsqu'on pare le pied.

ART. V. — APLOMB DU PIED.

L'aplomb du pied consiste dans son mode d'appui sur le sol.

Les conditions de l'appui plantaire normal sont :

1° *La participation de la fourchette ;*

2° *La répartition égale des pressions sur le pourtour de la muraille, de sorte que le centre de pression coïncide avec le centre de figure.*

A. — Le bord inférieur de la paroi et la face inférieure de la fourchette sont disposés pour recevoir en premier lieu les pressions et percussions de l'appui. La sole n'y arrive que secondairement, lorsque le pied s'enfonce dans un sol meuble ; son excavation, sa juxtaposition à la face inférieure de la phalangette sans aucun coussin intermédiaire, enfin les accidents fréquents de foulure, prouvent suffisamment qu'elle n'est pas faite pour recevoir des percussions.

Nous avons dit déjà combien le rôle de la fourchette comme organe d'appui avait été méconnu et quelles conséquences déplorables en étaient résultées au point de vue de la ferrure. Bracy Clark, par exemple, proclame qu'elle ne doit pas subir la pression du terrain : « Comment, dit-il, un animal du poids du cheval eût-il pu dépendre de parties molles pour effectuer son appui; il fallait évidemment des points de support plus solides. La fourchette est une clef de voûte au sommet d'une arche élastique ; elle n'arrive à l'appui que dans les sols mous et fangeux, lorsque les côtés du pied sont épanouis jusqu'à la dernière limite. » Erreur grave qu'on ne saurait trop combattre et que des connaissances en anatomie plus sérieuses eussent permis d'éviter. Qu'est-ce en effet que la fourchette, sinon l'épiderme corné du coussinet plantaire ? Qu'est-ce qu'un coussinet plantaire? — Le nom l'indique assez : c'est un tampon élastique, amortissant, développé sur les points de l'extrémité digitée subissant la pression du sol. Voyez les coussinets plantaires du chien, du chat, du porc, du bœuf, du dromadaire, etc. on ne saurait leur attribuer un autre rôle. D'ailleurs, ce ne sont pas des organes spéciaux, surajoutés ; il semble qu'ils résultent d'une hypertrophie de la couche réticulo-adipeuse du derme, produite par les pressions mêmes dont ils sont appelés à conjurer les effets; on dirait des callosités, telles qu'il s'en développe sur la paume des mains des manou-

vriers ou sur la plante des pieds des gens sans chaussures ;
les callosités, en effet, ne consistent pas seulement en un
épaississement et une kératinisation insolites de l'épiderme,
mais encore en une modification importante du derme, dont
les papilles se sont énormément développées, et dont la
couche profonde, réticulo-adipeuse, s'est considérablement
épaissie. Or, les coussinets plantaires, en général, ne présentent pas une autre structure : des lobules adipeux logés

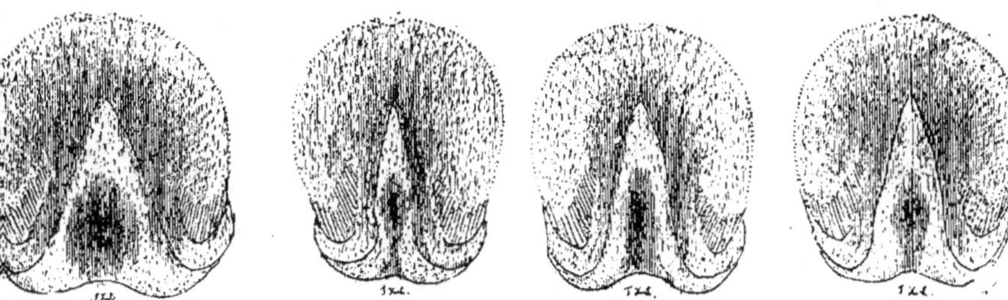

Fig. 63. — Quelques variétés de développement du coussinet plantaire.

dans des aréoles fibreuses, une couche papillaire, et, par-
dessus le tout, un épiderme très épais, surtout de sa couche
cornée. n'est-ce pas là, avec des vaisseaux, des nerfs, des
glandes sudoripares, tous les éléments de l'organisation
des coussinets des carnivores, du porc, des ruminants?...

Par conséquent, il est vraisemblable que ces coussinets
se soient développés dans l'espèce, comme les callosités
dans l'individu, c'est-à-dire sous l'influence des pressions
extérieures et pour les amortir ; c'est là leur cause et leur
raison d'être. Lorsque les pressions viennent à cesser,
callosités ou coussinets tendent à disparaître ; c'est ainsi
que, par défaut d'appui de la fourchette, le coussinet
plantaire du cheval s'atrophie jusqu'à perdre les deux tiers
ou même les trois quarts de son volume ; les fibro-cartilages qui l'encadrent et font corps avec lui suivent son
retrait et le pied tout entier se resserre en talons, *s'encastelle.* — Cette atrophie peut être générale ou partielle ; dans

9

le dernier cas, elle peut intéresser exclusivement la pointe de l'organe, ses branches ou ses bulbes, suivant les points de la fourchette plus spécialement soustraits à l'appui. Assez souvent, dans le pied plat, on constate une hypertrophie du corps pyramidal en même temps qu'une atrophie des bulbes. La figure 63 montre quelques variétés de développement du coussinet plantaire.

Le coussinet du cheval est mieux adapté encore aux fortes pressions que ceux des carnivores, des ruminants et du porc, attendu que les lobules adipeux y sont remplacés par des amas de tissu élastique extrêmement déformables, agissant comme autant de petites masses de caoutchouc qui seraient contenues dans les mailles d'une éponge fibreuse. Soutenir qu'un pareil organe, avec la couche de corne souple qui le recouvre, ne doit pas recevoir les pressions et percussions de l'appui, serait tout aussi absurde que d'affirmer que le ligament cervical ou la tunique abdominale ne contribuent en rien au soutien de la tête ou des viscères du ventre.

La fourchette, dit-on depuis longtemps, est la *gardienne de l'écartement des talons*. Rien n'est plus vrai ; mais ce n'est pas en tant que coin de corne enclavé entre les arcs-boutants qu'elle remplit ce rôle ; elle est si molle que ce serait, suivant l'expression pittoresque de Bracy Clark, un coin de pâte employé à fendre un bloc de bois ; c'est en tant qu'organe d'appui dont le jeu est indispensable à la conservation de son volume et de celui du coussinet plantaire. Il y a quelque temps (1), M. Lavalard présentait, à la Société centrale vétérinaire, les moulages des deux pieds antérieurs d'un même cheval, dont l'un avait été ferré à la manière ordinaire, et l'autre conformément à la méthode de Lafosse ; celui-ci appuyant sur la fourchette,

____

(1) *Société centrale vétérinaire*, 1889.

celui-là n'y appuyant pas. Au bout de six mois, ils ne se ressemblaient plus : le premier s'était resserré dans ses parties postérieures et avait une fourchette réduite ; le second, au contraire, s'était élargi en talons et présentait une fourchette très développée. Ce savant praticien signalait en outre les résultats avantageux que lui a donnés la ferrure Poret, imitée de celle de Lafosse, sur 13000 chevaux de la Compagnie des omnibus de Paris, et démontrait ainsi, par les faits, que la condition essentielle d'une bonne ferrure est de ne pas mettre obstacle à l'appui de la fourchette, appui indispensable à la conservation de l'intégrité du pied, à l'exécution normale de son jeu d'élasticité, enfin à la fixité de l'assiette plantaire.

En s'épanouissant sur le sol, la fourchette en prend l'empreinte et augmente singulièrement l'adhérence du pied, comme le fait, pour la canne des boiteux, le bout de caoutchouc qu'on fixe à l'extrémité : c'est le meilleur des crampons.

L'importance de la fourchette comme organe d'appui a été proclamée déjà par nombre d'auteurs, anciens ou modernes, parmi lesquels il faut citer Lafosse, Coleman, Charlier, Alasonière, Fogliata, Chénier, Lavalard (1), etc. ; elle a inspiré divers systèmes de ferrure incontestablement avantageux dans certains cas, tels que le fer à planche, le fer en croissant, le fer Charlier, le fer à frog-stay, etc. Malheureusement, les maréchaux continuent leurs errements, c'est-à-dire à parer et à ferrer de manière à empêcher la fourchette de remplir son rôle.

B. — L'égalité de répartition des pressions sur le bord plantaire de la muraille s'observe lorsque ce bord est dans

(1) Alasonière, *Nouvelle méthode de ferrer les chevaux pour prévenir l'encastelure*, 1865.

P. Charlier, *Principes de la ferrure périplantaire*, 1868.

Chénier, *De l'atrophie du coussinet plantaire, de ses causes, de ses conséquences et de son traitement*, 1877.

un plan parallèle à celui du bord inférieur de la phalangette et perpendiculaire à l'axe vertical du membre. Alors le centre du pied est situé verticalement au-dessous du centre de suspension du membre (fig. 64); la troisième

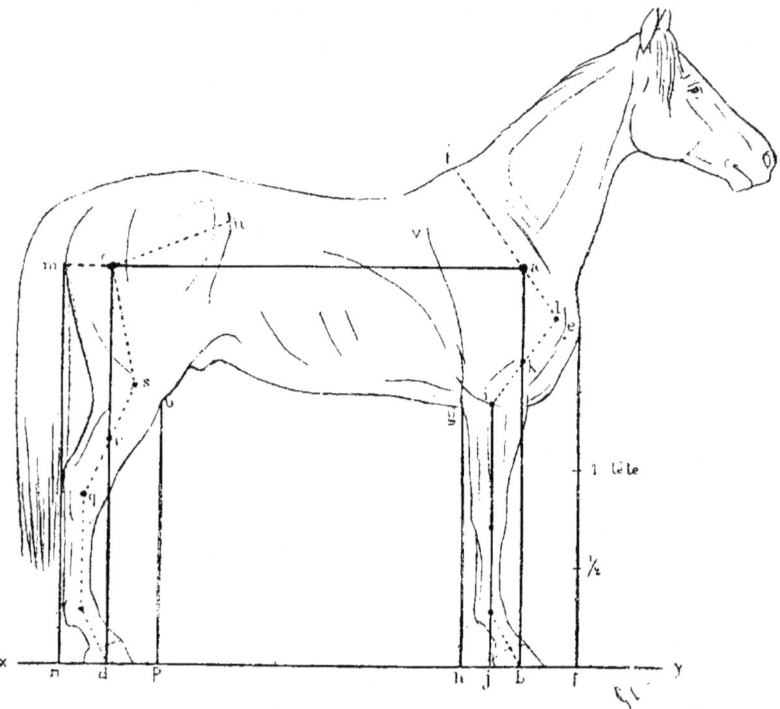

Fig. 64 (empruntée au *Traité d'extérieur* de Goubaux et Barrier).
Les lignes d'aplomb du cheval vu de profil.

phalange est sur le prolongement des deux autres, dans une position intermédiaire entre l'extension et la flexion; la verticale descendant du centre de la surface inférieure de la deuxième phalange tombe approximativement au centre de la face d'appui du pied (fig. 65).

Rien n'est plus important, dans l'acte de parer le pied, que de conserver le parallélisme plantaire de la phalange et du sabot; s'il vient à être rompu, en avant ou en arrière, d'un côté ou de l'autre, l'aplomb se trouve faussé et les pressions plantaires deviennent excessives du côté dénivelé. Par exemple, si on allonge la pince ou qu'on abatte les talons outre mesure, ce qui revient au même, il se forme, par extension de la phalangette, un *angle du pied* ouvert en avant, et le poids du corps se déverse en plus forte

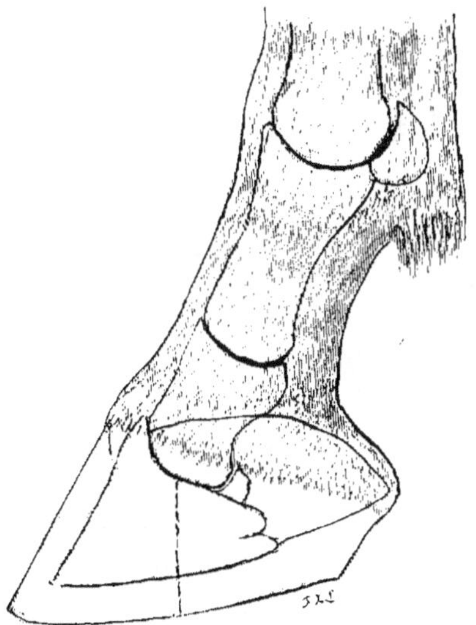

Fig. 65. — Topographie de la région digitée montrant le profil des os et du cartilage scutiforme.

La verticale du centre articulaire tombe au milieu de la face plantaire.

part sur les régions postérieures; simultanément, le paturon se redresse pour rétablir l'équilibre de tension entre le tendon extenseur et le tendon fléchisseur (fig. 67). Si, au contraire, ce sont les talons qui sont exhaussés, le pied se met en état de flexion sur le paturon et effectue son appui principalement sur la pince; le paturon s'abaisse pour rétablir l'équilibre des tendons. — Ce sont là des faits démontrés depuis longtemps déjà, ainsi qu'en témoigne la figure 66, extraite du livre de Fogliata.

Quant au dénivellement latéral, il ne porte guère

atteinte à l'alignement des phalanges, leurs surfaces articulaires s'opposant à la formation d'un angle latéral bien prononcé, mais il fait pencher l'extrémité du membre du côté le plus bas, de manière à produire le pied de travers.

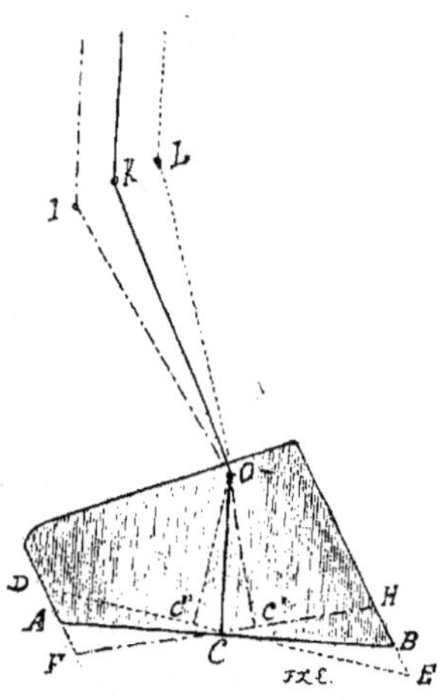

Fig. 66. — Schéma démontrant l'influence du dénivellement plantaire dans le sens antéro-postérieur, sur la direction du paturon.

O, centre articulaire.

AB, ligne plantaire dans l'aplomb normal.

OC, perpendiculaire à cette ligne passant par le centre articulaire et tombant juste au milieu de AB. Le centre des pressions plantaires coïncide donc avec le centre de figure.

KO, axe du paturon.

FH, ligne plantaire dans le cas de pied à talons hauts. La perpendiculaire tombant du centre articulaire aboutit à C', c'est-à-dire plus près de la pince que du talon ; les régions antérieures sont donc surchargées et le cheval plus ou moins pinçard.

D'autre part, l'angle du pied devant rester le même pour assurer l'équilibre des tendons, le paturon IO s'est abaissé d'un degré juste correspondant au degré de transfert antérieur de la ligne de pression du pied.

DE, ligne plantaire dans le cas de pied à talons bas. La perpendiculaire tombant du centre articulaire aboutit à C'', c'est-à-dire plus près du talon que de la pince ; les régions postérieures sont donc surchargées. D'autre part le paturon LO s'est redressé pour compenser la déviation de la ligne des pressions plantaires.

Dans tous les cas, la verticale tombant du centre de la surface articulaire phalanginienne se rapproche de la région dénivelée, qui supporte ainsi un excès de pression. Il est de connaissance vulgaire que les pieds à talons bas sont exposés aux foulures des parties postérieures ; tandis que les pieds à talons hauts sont plus ou moins pinçards. Nous aurons lieu de revenir sur ces faits importants dans le chapitre consacré aux défectuosités du pied.

On le voit, l'aplomb plantaire du pied commande son aplomb articulaire, et celui-ci réagit sur la direction de tout le rayon digité, voire même sur l'aplomb du membre entier. Réciproquement, l'aplomb du membre réagit sur l'aplomb du pied.

Lorsque la direction du plan articulaire de la troisième phalange a été modifiée par un dénivellement plantaire,

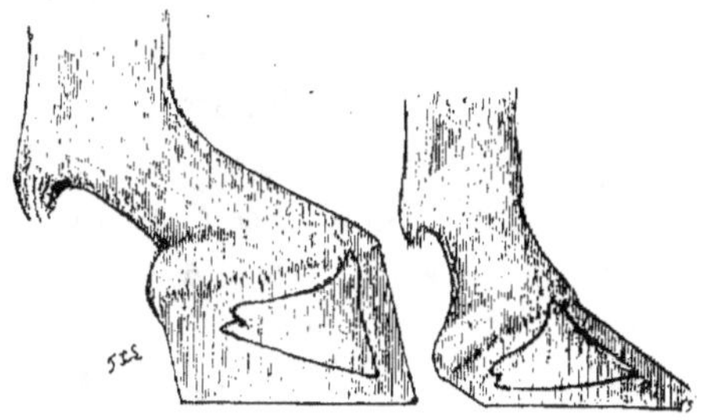

Fig. 67. — Pied à talons hauts. Pied à pince longue. — Le parallélisme plantaire de la phalangette et de la muraille est rompu dans l'un et dans l'autre, mais en sens inverse. Dans le premier la phalangette est en flexion, ce qui a déterminé le relâchement du perforant et l'abaissement du paturon. Dans le second la phalangette est en extension, ce qui a déterminé le redressement du paturon.

cette modification devient à la longue irredressable, par suite d'une adaptation des ligaments et des tendons ; ce serait en vain alors qu'on chercherait à rétablir d'emblée le *niveau plantaire;* on ne ferait qu'exagérer le défaut auquel on veut porter remède, la conformation étant devenue en quelque sorte naturelle. Par exemple, en voulant ramener un pied à talons hauts à la forme normale, on arriverait tout simplement à supprimer l'appui des talons, déjà insuffisant, et à rendre ce pied pinçard à l'excès ; on ne pourrait obtenir un résultat positif que sur un jeune animal, et encore à la longue, en abattant, à chaque ferrure, quelques millimètres de plus en talons qu'en pince, sans jamais faire perdre le contact du sol, de telle sorte que les ligaments et les tendons puissent reprendre peu à peu leur longueur primitive et l'articulation son degré normal d'extension.

Nous en avons assez dit pour faire pressentir l'importance de cette opération préliminaire de la ferrure qu'on appelle *parer le pied*. Non seulement l'aplomb du pied et de tout le membre en dépend, mais encore la forme et les proportions du pied.

Usure naturelle du sabot. — Le mode d'usure est évidemment lié au mode d'appui, lequel varie suivant l'aplomb, comme nous venons de le dire, et aussi suivant les allures, ainsi que nous allons l'expliquer.

Au pas, le poser a lieu sur la pince et les mamelles ; les quartiers et les talons n'arrivent à l'appui que secondairement ; il s'ensuit que la détrition de la corne est le plus considérable dans les régions antérieures ; elle atteindrait bien vite les parties vives si l'animal était attelé à quelque fardeau, surtout en montée, obligé qu'il serait à se cramponner sur la pince pendant les efforts de tirage.

Dans les grandes allures, au contraire, les membres, arrivant au sol après des enjambées maximum, effectuent leur poser sur les parties postérieures du sabot et terminent l'appui sur la pince, qui sert ensuite de pivot au moment de l'impulsion précédant le lever ; l'usure est maximum sur les talons et la fourchette.

Dans les allures moyennes, le poser se fait à plat, à peu près également sur toute la face plantaire ; seule la pince use davantage à cause de l'oscillation impulsive du pied.

Il y a donc, comme dit Goyau, trois espèces d'usure : l'usure du poser, de l'appui, de l'impulsion (1).

Nous reviendrons sur cette question dans la 2ᵉ partie de cet ouvrage.

(1) *Traité pratique de maréchalerie*, 3ᶜ édition, p. 27.

ART. VI. — RÔLE DU PIED ET DE L'EXTRÉMITÉ DIGITÉE DANS LA LOCOMOTION.

« Le pied, dit H. Bouley, remplit dans la locomotion un rôle essentiel, puisque c'est par lui que toute la machine se met en rapport avec le sol, et que le lieu où il pose peut être considéré comme le point d'appui des leviers sur lesquels agissent les ressorts locomoteurs. »

Ce rôle ne peut être bien compris qu'à la condition de connaître l'action générale des membres.

Les membres sont des colonnes articulées, destinées à supporter le corps et à le transporter pendant la marche. Les antérieurs, plus voisins de la ligne de gravitation, sont principalement *sustentateurs ;* les postérieurs sont surtout *propulseurs.* Tout, dans leur structure, indique cette adaptation différente : Le membre antérieur est moins brisé que le postérieur ; il est droit et à peu près vertical de l'articulation du coude à celle du boulet, et, pour maintenir l'angularité des rayons restants, les muscles sont puissamment aidés par diverses brides fibreuses, telles que la bride que le biceps brachial envoie à l'extenseur antérieur du métacarpe, celles qui renforcent les tendons perforant et perforé, enfin, le ligament suspenseur du boulet. Le membre postérieur ne présente pas deux rayons sur le prolongement l'un de l'autre ; ses angles articulaires, ouverts alternativement en avant et en arrière, peuvent être fléchis ou étendus par des muscles volumineux, amoncelés dans les régions supérieures et donnant à ce membre, lorsqu'il est à l'appui, le jeu d'un ressort puissant, arc-bouté contre le tronc et lui communiquant l'effet de sa détente.

L'étendue de la détente d'un membre quelconque est mesurée par la différence de longueur de ce membre dans les deux états successifs de flexion et d'extension maximum ; sa puissance est en rapport avec le volume des muscles susceptibles de le redresser. Or, sous ce double rapport, il est évident que l'avantage est au membre pelvien. Cela ne veut pas dire que le rôle impulsif du membre antérieur soit négligeable; il suffit, pour se convaincre du contraire, de voir un cheval, pendant un effort de tirage, redresser ce membre, préalablement fléchi et oblique sous le tronc, en se cramponnant solidement sur la pince du pied.

On distingue dans le jeu de chaque membre, à une allure quelconque, une phase d'appui et une phase de soutien, qui se décomposent chacune en trois temps, ainsi qu'il suit :

Appui { Commencement ou poser. / Milieu. / Fin. | Soutien { Commencement ou lever. / Milieu. / Fin.

Au moyen de photographies instantanées, prises à de très courts intervalles sur des animaux en marche, plusieurs auteurs, et en particulier MM. Marey et Pagès, ont pu saisir et fixer sur le papier les positions successives de chacun des rayons des membres pendant l'appui et pendant le soutien, dans les diverses allures, positions dont la plupart échappent à l'œil à cause de leur rapide succession. Les figures suivantes, très instructives, indiquent, d'après Marey et Pagès, le jeu des membres, à l'appui et au soutien, dans chacune des trois allures naturelles du cheval (1).

On voit que, *à l'appui,* les membres oscillent sur le sabot, tout en passant par les deux états successifs de raccourcissement et d'allongement. Ils se raccourcissent par flexion passive de leurs rayons pour amortir les réactions verticales ; puis, lorsqu'ils ont dépassé la verticale, ils

(1) En ce qui concerne la locomotion, consulter :
Marey, *La machine animale (Bibliothèque scientifique internationale). — Le mouvement,* 1894.
Goubaux et Barrier, *Extérieur du cheval.*
Colin, *Traité de physiologie comparée.*

s'allongent et se redressent pour donner l'impulsion. Tel

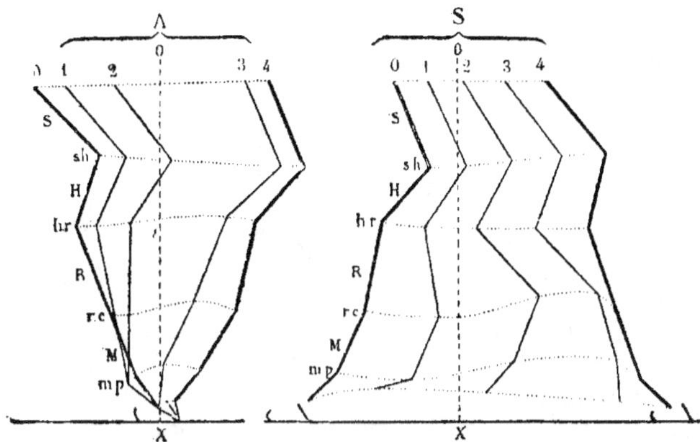

Fig. 68. — Analyse cinématique du jeu du membre antérieur dans le pas.
(D'après MM. Marey et Pagès.)
A, phase d'appui. | S, phase de soutien.

serait bien le jeu d'un ressort qui se tendrait sous le

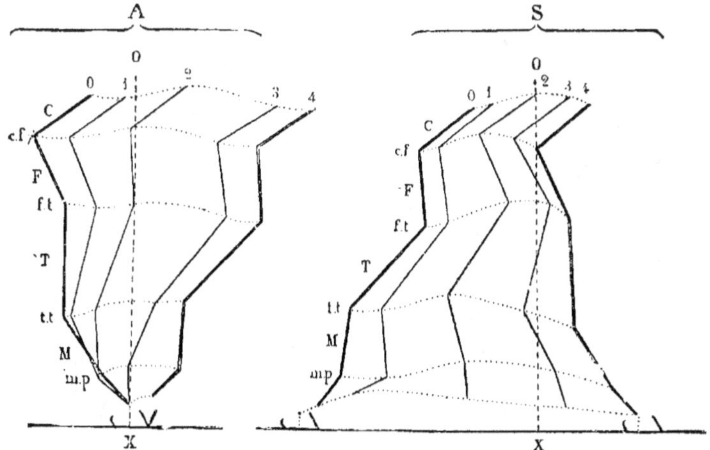

Fig. 69. — Analyse cinématique du jeu du membre postérieur dans le pas.
(D'après MM. Marey et Pagès.)
A, phase d'appui. | S, phase de soutien.

poids du corps, et se détendrait ensuite, tout en oscillant en avant sur son point fixe.

Pendant le soutien, les membres ne sont fixes ni à

l'une ni à l'autre extrémité, car, tout en effectuant leur oscillation inférieure, ils sont entraînés par la translation

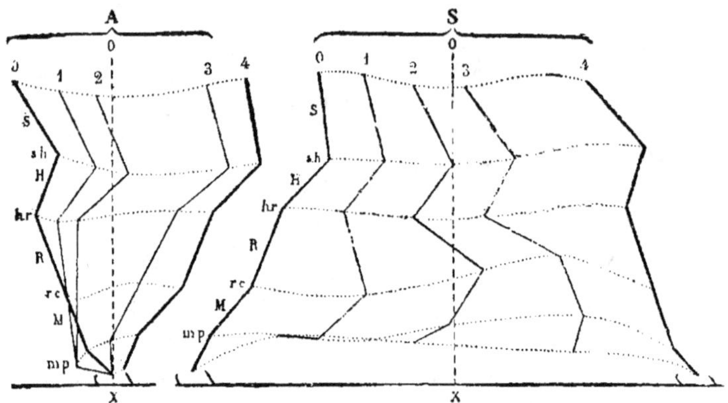

Fig. 70. — Analyse cinématique du jeu du membre antérieur dans le trot ordinaire. (D'après MM. Marey et Pagès.)

A, phase d'appui. | S, phase de soutien.

du corps. Ils présentent, ainsi que dans l'appui, une période

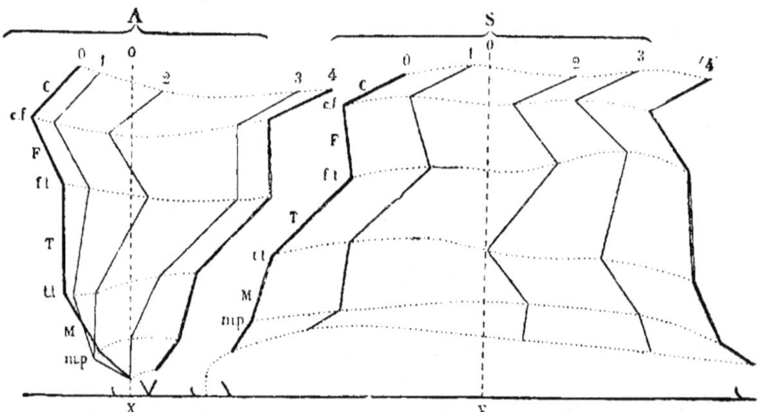

Fig. 71. — Analyse cinématique du jeu du membre postérieur dans le trot ordinaire. (D'après MM. Marey et Pagès.)

A, phase d'appui. | S, phase de soutien.

de raccourcissement, et une période d'allongement, celle-ci plus longue que celle-là.

Le paturon, d'abord fléchi de manière à tourner la face
plantaire du sabot en arrière ou même en haut, s'étend

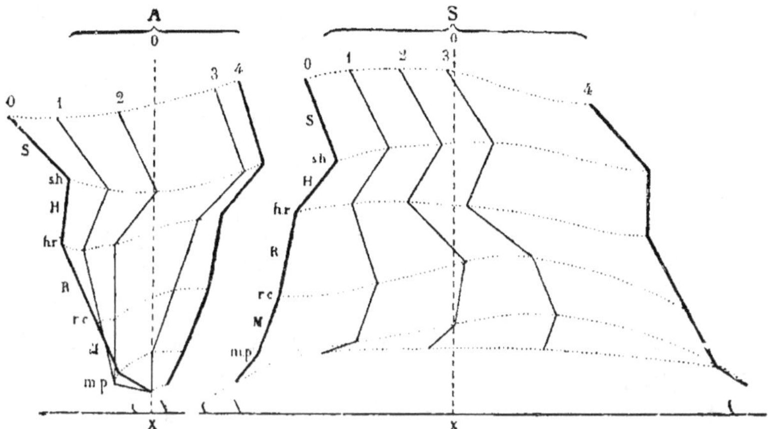

Fig. 72. — Analyse cinématique du jeu du membre antérieur dans le galop.
(D'après MM. Marey et Pagès.)
A, phase d'appui. | S, phase de soutien.

plus ou moins à la fin du soutien et le sabot arrive à l'appui,

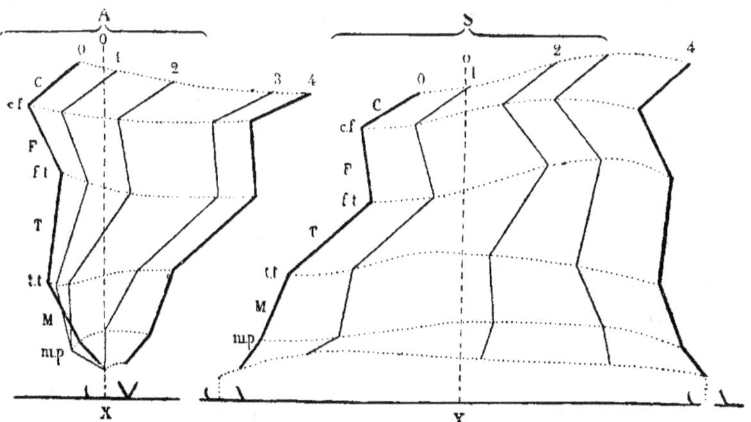

Fig. 73. — Analyse cinématique du jeu du membre postérieur dans le galop.
(D'après MM. Marey et Pagès.)
A, phase d'appui. | S, phase de soutien.

tantôt en basculant sur la pince, tantôt d'emblée par toute
sa surface plantaire, tantôt enfin en basculant sur les talons

suivant le degré d'obliquité du membre. Dans les allures très rapides, comme le galop de course, la vitesse de l'oscillation du pied peut atteindre cinquante mètres par seconde, la rapidité d'une flèche! Bien que cette vitesse se ralentisse vers la fin du soutien, elle serait encore capable de produire une violente et dangereuse secousse, au moment de l'appui, si les membres n'étaient doués d'une admirable élasticité d'amortissement.

M. Pagès a établi que, dans aucune allure, la trajectoire du pied n'a la forme d'un arc de cercle régulier dont la corde serait représentée par la ligne de terre (1). Les figures ci-dessus, obtenues par la chronophotographie, montrent que cette trajectoire est assez semblable dans le pas et le trot, mais un peu différente pour le membre antérieur et le postérieur, et qu'elle consiste en une courbe irrégulière, atteignant rapidement son maximum d'élévation, et s'abaissant insensiblement jusqu'au poser. Dans le galop, elle se rapproche davantage d'un arc de cercle.

La trajectoire du boulet et celle du pied diffèrent notablement; elles se rapprochent l'une de l'autre au commencement du soutien, au point de devenir tangentes dans le pas rapide et même de se croiser en deux points dans les allures rapides, par suite de la flexion extrême du paturon.

On s'accorde généralement à admettre que le cheval bien conformé meut ses membres sur deux plans parallèles au plan médian du corps et, par conséquent, parallèles entre eux. Mais M. Delpérier (2) affirme qu'il n'en est jamais ainsi, et que le pied, notamment, exécute une série de mouvements qui le rapprochent et l'éloignent successivement du plan médian. « Dans la marche, dit-il, le sabot en action obéit à une série de mouvements adduc-

(1) *Analyse cinématique de la locomotion du cheval* (C. R. A. S., 1885).
(2) *Société centrale vétérinaire*, 1894.

teurs et abducteurs qui le rapprochent ou l'éloignent de
son congénère, mouvements qui s'exagèrent beaucoup
dans le cas de mauvais aplomb et qui peuvent atteindre
le membre à l'appui. Toutefois, il peut arriver que l'adduction, si exagérée qu'elle soit, croise le plan du membre à

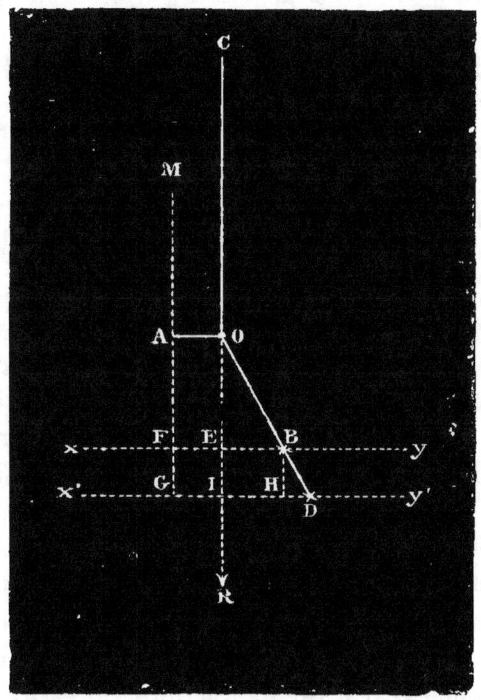

Fig. 74.

(Empruntée au *Traité d'extérieur* G. et B.)

l'appui, en avant ou en arrière, sans l'atteindre : on dit
alors que le cheval *tricote.* »

Levier du paturon. — Pendant l'appui, le paturon,
constitué par les deux premières phalanges presque immobiles l'une sur l'autre, oscille amplement sur le pied,
s'abaissant d'abord, se relevant ensuite, formant ainsi un

puissant ressort amortissant et impulsif. Il y a là un levier
dont la longueur et la direction, à l'état de repos, exercent
la plus grande influence sur la solidité et la souplesse de
toute l'extrémité digitée. En effet, au niveau du boulet,
le poids du corps, transmis verticalement ou à peu près
par le canon, se divise en deux parts, l'une qui suit le
rayon osseux phalangien, l'autre qui se déverse sur le ligament suspenseur et les tendons fléchisseurs; cette dernière
est d'autant plus grande que le paturon est plus long et plus
incliné.

Soit (fig. 74) le paturon OB, avec les grands sésamoïdes
OA se projetant en arrière du centre articulaire du boulet;
le poids du corps transmis par le canon CO constitue une
résistance que doit vaincre le tendon MA; le levier mis en
œuvre AOB prend son point d'appui sur la surface articulaire de la troisième phalange complétée du petit sésamoïde;
il est, comme on voit, interrésistant ou du deuxième
genre. Si on en fait la projection sur une horizontale
passant par le point d'appui, on constate que les bras de la
puissance et de la résistance sont entre eux comme BF : BE,
soit par exemple comme 6 : 4. — En allongeant le paturon
de la quantité BD, le levier projeté devient GD et les deux
bras sont entre eux comme DG : DI, soit comme 7 : 5,
c'est-à-dire dans un rapport indiquant un amoindrissement
de la puissance, car les deux fractions 7/5 et 6/4, réduites
au même dénominateur, donnent 28/20 et 30/20. Conséquemment, les organes de soutien et de redressement du
boulet auront d'autant plus à faire que l'animal sera plus
long-jointé.

La direction exerce la même influence que la longueur
sur le jeu du levier phalangien (fig. 75).

Soient, par exemple AOB ce levier dans le cas de
paturon peu incliné, et AOD ce même levier dans le cas

de pâturon très incliné ; si nous en faisons la projection et
si nous donnons aux distances une valeur chiffrée, nous
serons conduits, de la même manière que tout à l'heure,
à démontrer que, dans le second cas, la puissance est
considérablement surchargée. Au surplus, cette conclu-

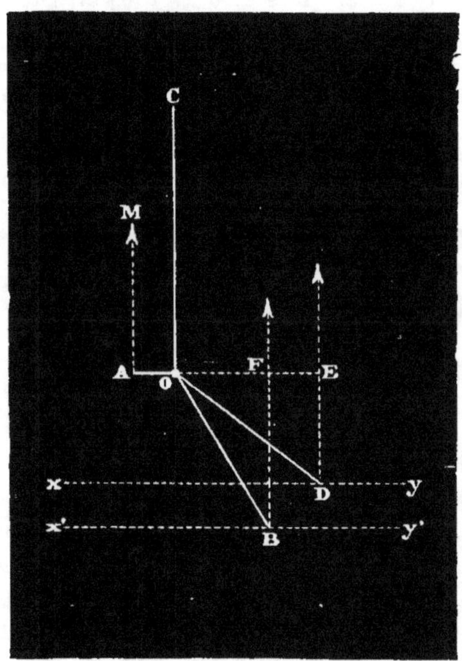

Fig. 75.
(Empruntée au traité d'Extérieur G. et B.)

sion s'impose d'elle-même, car, si le pâturon était sur la
verticale du canon, les cordes de soutien du boulet
n'auraient plus de raison d'être, tandis que, du moment
où il s'incline en avant, il déverse sur ces cordes une partie
du poids du corps proportionnelle à son obliquité.

La condition d'une bonne construction de l'extrémité
digitée réside dans une souplesse convenable du boulet
alliée à une suffisante solidité du tendon et à un bon aplomb

10

du pied ; c'est la souplesse qui doit dominer dans le cheval rapide, la solidité dans le cheval de trait, mais sans excès dans un cas comme dans l'autre. Un cheval de vitesse peut, sans inconvénient, être un peu *long et bas jointé* ; tandis qu'un cheval de trait trouve avantage à être un peu *court et droit jointé*. Mais il faut toujours tenir compte de l'aplomb du pied, car il réagit, ainsi que nous l'avons

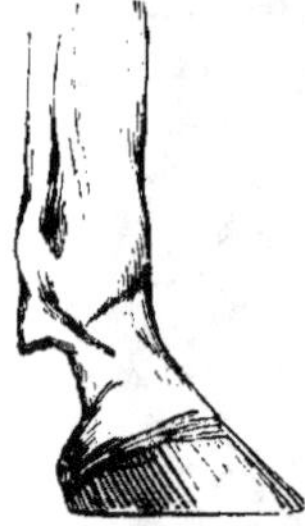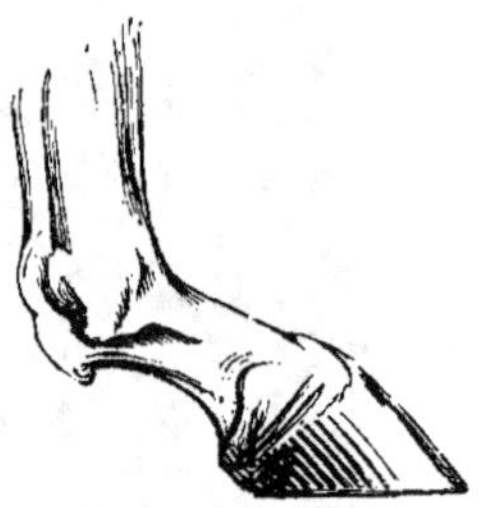

Fig. 76. — Court et droit jointé.   Long et bas jointé.

(D'après F. Lecoq.)

dit plus haut, sur la direction du pâturon ; beaucoup de chevaux, ânes ou mulets, ne sont bas-jointés que parce que leur pied, à talons exhaussés, est en état de demi-flexion, ce qui relâche le tendon perforant et provoque l'abaissement du pâturon.

Examinons maintenant de plus près l'action spéciale de chacune des cordes de l'appareil suspenseur du boulet, en nous inspirant des travaux de M. le professeur G. Barrier sur la nerf-férure (1), et de M. Siedamgrotzki (2).

Le ligament suspenseur du boulet est une corde à traction directe, cédant légèrement aux moments où le rayon phalangien s'affaisse, reprenant sa longueur première quand il s'élève. Cette élasticité est due aux faisceaux

(1) Voir *Bulletin de la société centrale vétérinaire*, 1891, 1892, 1893.
(2) Einiges über Sehnenerkrankungen der Pferde (*Archiv. f. wisseus. und prakt. Thierhr*, 1er mars 1891).

musculaires incorporés au tissu fibreux de l'organe, qui
n'est en effet qu'un muscle interosseux transformé. **Au**
surplus, l'allongement est beaucoup moindre qu'on pourrait le croire à priori, attendu que ledit ligament, en s'insérant sur les côtés excentriques de la masse sésamoïdienne
à la manière d'une chape de poulie, laisse à cette masse la
liberté de se mouvoir entre ses deux branches ; il s'agit
bien là d'une corde qui suspend la poulie sésamoïdienne
par son axe, et qui se tend en proportion de l'affaissement
du pâturon, car la poulie suspendue suit nécessairement
la première phalange dans son mouvement de rotation
autour du métacarpien principal. Conséquemment, c'est
au moment de l'extrême affaissement du rayon phalangien,
c'est-à-dire au premier temps de l'appui, que le ligament
suspenseur du boulet est exposé à distension.

Quant aux deux brides qu'il fournit au tendon de l'extenseur antérieur des phalanges, on les voit se tendre proportionnellement à l'abaissement du boulet « de manière à
maintenir les phalanges dans la plus grande extension
possible et à donner au bras de levier qu'elles constituent
une rigidité croissante avec l'intensité des efforts qu'elles
subissent » (H. Bouley). D'autre part, le système ligamenteux des articulations interphalangiennes est remarquablement disposé pour limiter et brider l'extension : les ligaments croisent l'axe des phalanges de manière à se tendre
proportionnellement au degré d'extension, et, parmi eux, il
en est qui fonctionnent comme de véritables ligaments suspenseurs : tels le ligament sésamoïdien inférieur superficiel
à l'égard de la deuxième phalange, le ligament latéral
postérieur de l'articulation du pied à l'égard du petit
sésamoïde.

Le perforant agit, dans le soutien du boulet, comme la
corde mobile de la poulie sésamoïdienne, glissant dans
un sens ou dans l'autre, toujours bandée pendant l'appui.

Au premier temps de l'appui, lorsque l'extrémité digitée fléchit, le levier du pâturon, constitué par les deux premières phalanges presque immobiles l'une sur l'autre, oscille en avant sur le métacarpien, en arrière sur la phalangette et l'os naviculaire, de sorte que l'angle du boulet et l'angle du pied se ferment à la fois ; or, le tendon perforant franchit le premier sur son sommet, tandis qu'il franchit le second du côté de son ouverture ; il y a donc tension d'un côté, relâchement de l'autre, d'où résulte un mouvement de glissement de bas en haut sur les sésamoïdes, qui allonge la section métacarpienne du tendon de la quantité dont la section phalangienne se raccourcit, et qui prévient les distensions de la première.

Ce n'est pas, en effet, au premier temps de l'appui et sous l'influence de la flexion extrême du rayon digité, que se produit d'ordinaire la nerf-férure du perforant ; M. Barrier a parfaitement démontré que cet accident survient plutôt à la fin de l'appui, ou bien chez des chevaux dont le pâturon est plus ou moins immobilisé par diverses lésions, par des formes notamment.

Toutefois, il est bien évident que ce n'est pas la petite quantité dont le tendon perforant se relâche au niveau de l'angle du pied qui pourrait permettre à l'angle du boulet de se fermer jusqu'à 90°, comme on l'observe dans les grandes allures ; ce tendon n'étant pas élastique, il est certain que le corps charnu épitrochléen doit participer dans une large mesure à l'allongement total ; il est d'ailleurs constitué pour éprouver de fortes tractions, grâce aux lames fibreuses qui l'entrecoupent et à la disposition oblique de ses faisceaux musculaires. Ce n'est qu'après un certain degré d'allongement du corps charnu, que la bride carpienne de renforcement intervient pour dériver une partie de l'effort sur l'axe osseux du membre ; les fibres de cette bride sont d'ordinaire relâchées et comme ondulées, elles ne se tendent qu'en dernier lieu, après allongement du corps charnu épitrochléen.

Lorsque l'affaissement du pâturon est terminé, une réaction élastique se produit dont les fibres musculaires sont le siège, réaction suivie d'une contraction des muscles fléchisseurs des phalanges : le pâturon s'élève

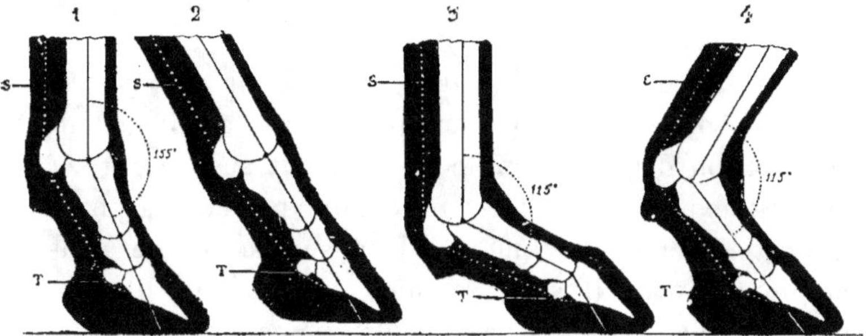

Fig. 77 (d'après M. le professeur G. Barrier). — Valeurs respectives des angles articulaires du boulet et du pied pendant la station et les diverses phases de la période d'appui sur le cheval en mouvement. (D'après les photographies instantanées.)

S, ligament suspenseur du boulet.
T. tendon perforant, depuis la crête semi-lunaire jusqu'à la poulie sésamoïdienne.
1, station... { angle du boulet 155°. / angle du pied 0°.

2, poser angles précédents effacés.
3, milieu de l'appui. { angle du boulet 115°. / angle du pied 147°.
4, fin de l'appui. { angle du boulet 115°. / angle du pied effacé.

en même temps que le membre tout entier se redresse et se porte en avant en oscillant sur le pied. C'est au moment où l'effort général de détente presse fortement sur le pied et le tient en extension extrême, où le canon est à son maximum d'obliquité sur le rayon phalangien, que le perforant, immobilisé sur ses poulies sésamoïdiennes, est le plus exposé aux distensions, par exemple dans l'attitude 4 de la figure 77. Il y a tout lieu de croire que le relâchement qui suit la contraction du corps charnu est le moment précis où la bride carpienne se déchire, comme si un poids énorme tombait tout à coup à son extrémité inférieure. Cette nerf-férure-là se produit donc dans la période d'impulsion plutôt que dans la période d'amortissement de l'appui ; ainsi s'explique ce fait qu'elle est tout aussi fréquente, plus fréquente peut-être, chez les chevaux de trait que chez les chevaux de grande vitesse ; tandis que la nerf-férure du ligament suspenseur se produit surtout par excès de flexion d'amortissement, et est beaucoup plus commune chez les chevaux rapides que chez les autres.

Reste à faire connaître le rôle spécial du *perforé*. Nous pensons, avec M. Barrier, que ce muscle agit surtout par traction directe, comme le ligament suspenseur, et qu'il est exposé aux efforts maximum pendant la phase d'amortissement. Il s'infléchit bien sur la poulie sésamoïdienne, mais il ne glisse que fort peu sur elle, du moins pendant l'appui, car la deuxième phalange sur laquelle il se termine, n'exécute que des mouvements très restreints de flexion. La nerf-férure du tendon perforé est cependant beaucoup moins fréquente que celle du ligament suspenseur, ce qui tient sans doute à ce que le corps charnu du muscle suffit à son allongement, aidé qu'il est par la bride radiale de renforcement (sur laquelle on n'a jamais constaté de distension).

La nerf-férure, en général, est beaucoup plus fréquente au membre antérieur qu'au membre postérieur, ce qui tient sans doute à la surcharge et à la plus grande intensité des réactions qui incombent au premier ; aussi accorde-t-on beaucoup plus d'attention à l'examen des tendons de devant qu'à celui des tendons de derrière.

D'après une statistique de M. Poy (1), sur 230 observations de nerf-férure du membre antérieur, il y en avait 116 intéressant le ligament suspenseur isolément, 34 le

(1) *Société centrale vétérinaire*, 1892.

perforé, 30 les tendons ensemble, 17 le suspenseur et l'un
des tendons, 16 la bride carpienne, 10 la bride carpienne
et un tendon, 7 le tendon perforant.

Ce serait donc la nerf-férure du suspenseur qui de beaucoup serait la plus commune ; il est fort heureux qu'elle
soit la moins grave. M. Barrier l'a constatée 5 fois sur
11 chevaux examinés, M. Jacoulet 13 fois sur 18. Il faut
dire toutefois que les statistiques ci-dessus s'appliquent
surtout à des chevaux de vitesse, prédisposés aux nerf-
férures d'amortissement ; elles seraient certainement différentes pour les chevaux de trait, principalement exposés
aux nerf-férures d'impulsion. Nos observations sur les
chevaux de dissection tendraient à prouver que la bride
carpienne et le tendon perforant sont plus souvent atteints
que le ligament suspenseur.

Levier du pied. — Après avoir fourni point d'appui au
levier du pâturon, le pied à son tour bascule sur la pince
à la fin de l'appui et prend part à l'impulsion. Il y a donc
deux leviers phalangiens entrant successivement en jeu :
le levier du pâturon oscillant sur le pied, le levier du pied
oscillant sur le sol ; c'est là un fait qui a été mis en parfaite
évidence par MM. Marey et Pagès, au moyen de la chronophotographie.

Les deux leviers sont du deuxième genre. Dans celui
du pied, le point d'appui est au contact de la pince avec le
sol ; la résistance pèse sur le centre articulaire par l'intermédiaire de la deuxième phalange ; enfin la puissance est
représentée par le perforant agissant sur la poulie de renvoi
du petit sésamoïde. On comprend sans peine que ce levier
soit d'autant moins favorable à la force qui le soulève, que
la pince est plus longue ou plus inclinée, et l'on s'explique
ainsi que les pieds de derrière, essentiellement propulsifs,
soient moins obliques de muraille que les pieds de devant.

Dans les grands efforts de tirage, alors que l'animal lourdement chargé doit démarrer ou gravir une forte pente, on le voit s'arc-bouter avec force sur la pince pendant que les membres effectuent leur détente, comme pour concentrer l'appui en un point, afin de le rendre plus efficace. Cette attitude augmente l'inclinaison du pâturon et conséquemment l'étendue de sa détente ; mais elle expose la pince à d'énormes pressions, susceptibles de faire éclater la corne de haut en bas et de déterminer une seime instantanément.

DEUXIÈME PARTIE

FERRURE

PRÉLIMINAIRES

Définition. — La ferrure est une opération qui consiste à appliquer méthodiquement et à fixer au moyen de clous, sous le sabot des Solipèdes et sous les onglons des grands Ruminants, une semelle métallique appelée *fer*.

Division. — L'étude rationnelle de la ferrure comporte deux parties principales suivant le but à atteindre : d'une part, la *ferrure normale* et, d'autre part, la *ferrure patho-logique*.

But. — Par la ferrure normale, on se propose d'empê-cher l'usure du bord plantaire du sabot, sans détériorer cet organe, ni fausser l'aplomb ; c'est donc une opération qui doit être essentiellement conservatrice du pied et du membre ; aussi est-elle qualifiée d'*hygiénique*.

Par la ferrure pathologique, on a pour but de remédier : 1° aux défectuosités du pied, aux vices d'aplomb, aux accidents de la marche et à certaines habitudes vicieuses d'écurie ; 2° aux maladies proprement dites de la boîte cornée et des parties qu'elle renferme. En troisième lieu, cette ferrure est employée comme moyen complémentaire pour faciliter l'application des pansements sur le pied à la suite d'opérations chirurgicales. Aussi l'appelle-t-on encore ferrure *chirurgicale*, ferrure *thérapeutique*, ferrure *orthopédique*, pour indiquer le rôle varié qu'elle remplit en médecine vétérinaire.

Importance. — Sans la ferrure, nos grands animaux domestiques ne pourraient être employés comme moteurs, au moins d'une manière régulière et continue, sur nos routes macadamisées et sur le pavé de nos villes, attendu que la corne de leurs ongles ne tarderait pas à s'user jusqu'au vif et qu'ils seraient ainsi dans l'impossibilité de se tenir sur leurs membres et de déployer leurs forces.

Ce simple énoncé rapproché du but varié de la ferrure, indique l'importance considérable de cette opération sous l'une et l'autre de ces deux formes générales, c'est-à-dire de ferrure normale et de ferrure pathologique. Car chacun connaît les services multiples que les moteurs animés, le cheval notamment, rendent dans l'industrie, l'agriculture et l'armée.

SECTION I. — HISTORIQUE DE LA FERRURE.

Afin d'étudier l'historique de la ferrure d'une manière méthodique, il convient de l'examiner successivement dans l'antiquité, le moyen âge et les temps modernes.

ART. I. — FERRURE DANS L'ANTIQUITÉ.

L'origine de la ferrure à clous a été vivement controversée et, malgré les nombreux travaux dont cette question intéressante a été l'objet, elle n'est point encore résolue, comme le lecteur va en juger.

Ainsi, en 1865, Mégnin, alors vétérinaire militaire, déclarait que, jusqu'à cette époque, l'origine de la ferrure était restée « tellement obscure qu'on avait pu la croire à jamais impénétrable, mais qu'une science toute nouvelle l'*archéologie ethnologique*, est venue l'éclairer d'un jour tout nouveau ». Et il concluait qu'il résulte des recherches ethnologiques, « que c'est aux *Gallo-Kymris*, branche de la grande famille *Aryane* qui s'établit en Gaule *dix-huit cents ans* avant les Francs, ou plutôt à leurs prêtres qui s'en réservaient la pratique et le secret, que nous sommes redevables de la métallurgie du fer et des arts d'application de ce métal : les druides, dit M. d'Eckstein, forgeaient une double espèce d'épée et de lance, les armes religieuses — le glaive de la parole — et les armes meurtrières — l'épée et la lance de combat. — Les forgerons sacrés de la Gaule, comme Weyland, dit M. Castan, non seulement fabriquaient des armes, mais aussi ferraient les chevaux des héros » (1). Finalement Mégnin estime que l'invention de la ferrure du cheval date du ve ou du vi^e siècle avant J.-C., « c'est-à-dire à l'époque où le druidisme était le plus florissant ». Cette opinion a été adoptée par les auteurs de maréchalerie qui ont traité de l'historique de la ferrure. Cependant elle a été combattue par un vétérinaire militaire, Duplessis, dont aucun de nos auteurs ne parle, bien que son argumentation témoigne de connaissances étendues en archéologie. Au surplus, Duplessis a publié dans le *Recueil de médecine vétérinaire*, en 1869, une *Étude sur l'origine de la ferrure à clous chez les Gaulois* (2), dans laquelle il expose nettement l'état de la question.

« Les belles recherches de Beeckmann au xviiie siècle et de Bracy-Clark au commencement du xixe siècle ont prouvé d'une manière irréfutable que les Grecs et les Romains avaient entièrement ignoré la ferrure à clous, et, depuis leurs écrits, on considérait jusqu'à ces derniers temps le fragment de fer à cheval trouvé dans le tombeau du roi Childéric à Tournay, si bien décrit et dessiné par

(1) *Journal de médecine vétérinaire militaire*, t. III, p. 608.
(2) Cette étude a été communiquée le 5 avril 1866 aux sociétés savantes de France réunies à la Sorbonne (section d'archéologie).

Chifflet dans son ouvrage : *Anastasis Childerici I, Francorum regis, sive thesaurus sepulcralis* (Tournai 1655), comme étant le plus antique monument de la maréchalerie française. Et l'on admettait généralement, en archéologie, que puisqu'il fallait remonter à Léon VI, dit le Philosophe, empereur de Constantinople en 890, pour trouver le premier texte indiquant clairement l'usage de la ferrure à clous, c'est que probablement cette industrie avait pris naissance à l'époque de l'invasion des Barbares dans l'empire d'Occident ; et tout portait à croire que quelques peuples de race germanique en étaient les inventeurs. »

Mais, en 1858, Castan, archiviste paléographe à Besançon, annonça avoir trouvé dans un des tumuli du plateau d'Amancey, près Alaise en Franche-Comté, *deux fragments de fers à cheval*, lesquels étaient encore munis d'un clou à tête plate, oblongue. Cette découverte fut le point de départ, dit Duplessis, d'une théorie historique et archéologique nouvelle, d'après laquelle la ferrure à clous serait d'origine celtique et remonterait, en Gaule, à plusieurs siècles avant la conquête de César. Cette opinion fut émise et soutenue par Quicherat, directeur de l'École des chartes et professeur d'archéologie, qui invoqua encore comme preuves de l'origine celtique de la maréchalerie, le culte des cabires, les légendes, les étymologies et les médailles en Gaule avant César.

L'abbé Cochet estimait, en 1866, que, « vu l'absence de documents assez nombreux et authentiques, on ne pouvait encore assigner à l'origine de la ferrure à clous l'époque celtique, et que, jusqu'à ce jour, l'époque de la chute de l'empire romain était la plus vraisemblable ». Et Duplessis, après avoir réfuté les motifs invoqués en faveur de l'origine celtique de la maréchalerie, concluait : « que rien n'est moins certain en archéologie que cette proposition :

La ferrure du cheval à l'aide de clous a été inventée ou pratiquée par les Gaulois avant la conquête de César ». Par conséquent, il pensait que cette industrie est plutôt d'origine germanique (1).

Puis Mégnin publia dans le tome XVI des *Mémoires et observations sur l'hygiène et la médecine vétérinaires militaires*, une étude détaillée sur l'origine de la maréchalerie française. Cette étude, qui repose sur la découverte archéologique de Castan signalée ci-dessus, et sur celles de Troyon et de Quiquerez dont il est parlé ci-après, tend à établir « que la ferrure du cheval a été imaginée par des peuples essentiellement cavaliers et dans les premiers temps de ce que les archéologues appellent l'âge de fer. Ces peuples ne sont autres que nos valeureux ancêtres, les Gaulois » — Et Mégnin étudie ainsi la maréchalerie pendant les périodes celtique, grecque, romaine, gallo-romaine, franque, le moyen âge et les temps modernes.

L'existence de la maréchalerie pendant la période celtique ou mieux *gauloise*, — puisque cette dernière correspond à l'âge de fer, tandis que l'époque celtique proprement dite remonte à l'âge de la pierre polie, — est démontrée, suivant Mégnin, par les fonctions de forgerons que les druides exerçaient, par l'état des chemins empierrés, qui existaient en Gaule, avant la conquête romaine, et finalement par les découvertes archéologiques, notamment par celles de Quiquerez. Cet archéologue a même eu la bonne fortune, dit Mégnin, de découvrir un fer à cheval qui porte avec lui une date assez certaine : « Il gisait avec une partie des ossements d'un cheval, dans une tourbière voisine de l'ancienne abbaye de Belleley, dans le Jura, à 3 mètres 60 centimètres de profondeur,

---

(1) *Recueil de méd. vétér.*, 1866, p. 413 et suiv.

reposant sur le sol primitif. Il y a donc toute apparence que ce cheval n'avait pas été enfoui dans la tourbe, mais qu'au contraire il avait péri en ce lieu avant la formation de la tourbière, puisque ses os dispersés annonçaient l'œuvre des carnassiers qui s'étaient emparés de cette proie.

« Cette même tourbière a restitué des rouleaux de monnaies de la première moitié du xv° siècle jusqu'à l'année 1480. Ils n'étaient recouverts que par 60 centimètres de tourbe encore spongieuse, qui n'avait pas mis cependant moins de quatre siècles à se former. Or, au cas particulier, en prenant cette donnée de 15 centimètres par siècle — et elle est beaucoup trop faible, en raison de la densité que prend la tourbe à mesure qu'elle vieillit, ou qu'on descend dans ses couches inférieures — ce fer devait être là depuis plus de 2400 ans. Cela correspond bien au vi° siècle avant Jésus-Christ, c'est-à-dire à l'époque de l'arrivée des Kymris dans les Gaules et des Helvètes en Suisse (1). »

Mais il est facile de montrer, dit Piétrement, vétérinaire militaire, que les conclusions de Quiquerez sont purement hypothétiques, même en lui concédant que la tourbe soit toujours restée compacte et que son accroissement ait toujours été parfaitement régulier.

C'est, en effet, en admettant que les objets denses n'ont jamais pu s'enfoncer dans cette tourbe, et que sa crue a toujours été de 60 centimètres par quatre cents ans, c'est-à-dire de 15 centimètres par siècle, que M. Quiquerez a attribué une antiquité de vingt-quatre siècles à son fer de cheval trouvé à 360 centimètres de profondeur, puisque 15 : 1 : : 360 : 24. Mais, pour qu'en 1866 les 60 centimètres de tourbe recouvrant les monnaies de l'an 1478 eussent mis quatre cents ans à se former, il faudrait que ces monnaies eussent été déposées ou perdues dans la tourbière en

____

(1) Quiquerez, *Les anciens fers de chevaux dans le Jura*. Besançon, 1864.

1466, c'est-à-dire douze ans avant l'année où elles ont été frappées.
Par conséquent, ces monnaies ayant été découvertes au plus tard
en 1866, les 60 centimètres de tourbe ont mis tout au plus trois
cent quatre-vingt-huit ans à se former, et l'accroissement de cette
tourbe a été un peu plus rapide que M. Quiquerez ne l'admet :
ce qui dénote déjà un peu d'exagération dans le calcul qui l'a
conduit à attribuer vingt-quatre siècles d'antiquité à son fer de
cheval.

On dira qu'en pareille matière M. Quiquerez pouvait se contenter
d'une évaluation approximative, donnée en nombre rond, et je me
plais à reconnaitre la justesse de cette observation. Aussi ma
remarque a-t-elle eu pour but principal de montrer que le nombre
approximatif de vingt-quatre siècles a été obtenu en supposant que
les monnaies ont été perdues dans la tourbière immédiatement après
leur fabrication. Or, ce fait est purement hypothétique et, par conséquent, le calcul de M. Quiquerez pèche par la base.

Si, par exemple, ces monnaies étaient restées seulement soixante-
dix ans en circulation avant d'arriver dans la tourbière, c'est-à-dire
si elles n'y avaient été perdues qu'en 1548 au lieu de 1478 comme
le suppose M. Quiquerez, les 60 centimètres de tourbe n'auraient
mis que trois cent dix-huit ans à se former, et le fer de cheval,
trouvé à 360 centimètres de profondeur, ne serait que de mille neuf
cent huit ans antérieur à l'an 1866. Dans cette supposition, qui est
aussi admissible que celle de M. Quiquerez, ce fer ne remonterait
qu'à l'an 42 avant notre ère, il serait postérieur de dix ans à la
prise d'Alésia par César, et il appartiendrait par conséquent à
l'époque gallo-romaine.

Je ferai même une autre supposition pour montrer à quels
singuliers résultats pourrait conduire la méthode de calcul adoptée
par M. Quiquerez.

Continuons d'admettre avec lui que sa tourbière s'est constamment accrue de 15 centimètres par siècle et que la tourbe est
toujours restée assez compacte pour empêcher les objets déposés à
sa surface de s'y enfoncer, ce qui est possible. Supposons, en outre,
qu'en 1766 un numismate, ou même un simple particulier, ait perdu
dans cette tourbière une monnaie de Valentinien Ier qui régna dans
les Gaules, à Paris et à Trèves, de l'an 364 à l'an 375 de notre ère.
Dans ce cas, un archéologue aurait pu retrouver en 1866 cette
monnaie couverte de 15 centimètres de tourbe ; en raisonnant comme
M. Quiquerez, il aurait pu dire : cette monnaie date de quinze siècles,
donc cette tourbe croit de 15 centimètres en quinze siècles, ou de
1 centimètre par siècle ; et s'il avait rencontré dans cette tourbière
le fer de cheval qui y gisait à 360 centimètres de profondeur, il se
serait cru logiquement autorisé à donner une antiquité de trois

cent soixante siècles ou de trente-six mille ans à ce fer, dont cependant l'antiquité ne serait que de vingt-quatre siècles.

L'invraisemblance des trente-six mille ans attribués à un fer de cheval trouvé dans une tourbière aurait assez attiré l'attention pour faire découvrir à tout le monde la fausseté des données admises par le calculateur ; et si quelques personnes ont accepté sans contrôle la date indiquée par M. Quiquerez, c'est parce qu'elle est plus vraisemblable, bien que sa détermination ne repose pas sur une base plus solide.

Des considérations précédentes, je conclus que le fer de Belleley est réellement antique, mais qu'il peut tout aussi bien avoir quinze cents ans que deux mille cinq cents ans d'antiquité, et qu'on n'a aucun moyen de déterminer son âge, même approximativement (1). »

D'autre part, Piétrement estime que, jusqu'au commencement de notre ère, la ferrure est restée inconnue, aussi bien en Perse, en Assyrie et en Égypte que dans le monde gréco-latin ; qu'elle n'a été introduite dans ces régions que par suite de l'invasion des Barbares de l'ancienne Germanie, dont les hordes ont commencé à entrer comme auxiliaires dans les armées romaines, plusieurs siècles avant d'entreprendre la conquête de l'empire romain ; et tout semble indiquer que ce sont ces anciennes populations gothiques ou tudesques qui ont inventé la ferrure à une époque qu'il est impossible de déterminer dans l'état actuel de l'archéologie.

Il est vrai que, conformément à leur habitude d'exagérer l'influence de la civilisation gauloise sur la civilisation du monde antique, certains celtomanes ont avancé que la ferrure est une invention gauloise, et cela, en s'appuyant sur l'antiquité des fers trouvés dans certaines localités de la France. Les fers trouvés dans les ruines de l'ancienne Alésia semblent, en effet, remonter à l'époque de Jules César, puisqu'ils paraissent avoir été trouvés en place, c'est-à-dire dans un sol non remanié, et ils peuvent être considérés comme les plus anciens des fers connus, dont l'antiquité ait été authentiquement démontrée.

Mais avant d'en conclure que l'invention de la ferrure doit être attribuée aux Gaulois, il eût été prudent d'attendre que les recherches archéologiques relatives à cette question fussent aussi avancées dans le reste de l'Europe centrale et orientale qu'en France.

On conçoit d'ailleurs que, si la ferrure a vraiment été inventée par les peuples gothiques, les Gaulois aient dû l'adopter avant les Romains, puisqu'ils ont eu, plus anciennement que ces derniers, des rapports intimes avec les peuples de l'ancienne Germanie.

J'ajoute que, s'il venait à être démontré que la ferrure est au

____

(1) *Recueil de méd. vétér.*, 1877, p. 176.

contraire une invention gauloise, on pourrait de suite en inférer
que c'est une invention relativement récente, postérieure au vi⁰ siècle
avant notre ère, puisque les Gaulois n'ont pas introduit son usage
dans la partie septentrionale de l'Italie qui reçut d'eux le nom de
Gaule cisalpine après qu'ils s'y furent définitivement établis dans
le courant de ce siècle. Il y a même tout lieu de croire que la
ferrure n'était pas encore d'un usage habituel chez les Gaulois du
iii⁰ siècle avant notre ère, puisqu'ils ne paraissent pas non plus
l'avoir introduite à cette époque ni dans la partie de l'Asie mineure
où ils se sont établis, ni à Carthage, ni en Epire où ils ont servi
comme auxiliaires (1).

On voit donc, par ces citations, que l'origine précise de
la ferrure à clous n'est pas connue ou tout au moins
qu'elle est controversée : les uns l'attribuant aux peuples
de l'ancienne Germanie, les au-
tres, aux Gaulois. Nous pensons
que la première opinion est la
plus vraisemblable en raison des
motifs invoqués par Duplessis et
Piétrement.

Les fers antiques, considérés
comme gaulois par Castan, Quiquerez, Mégnin, présentent,
d'après ce dernier auteur, les
caractères suivants :

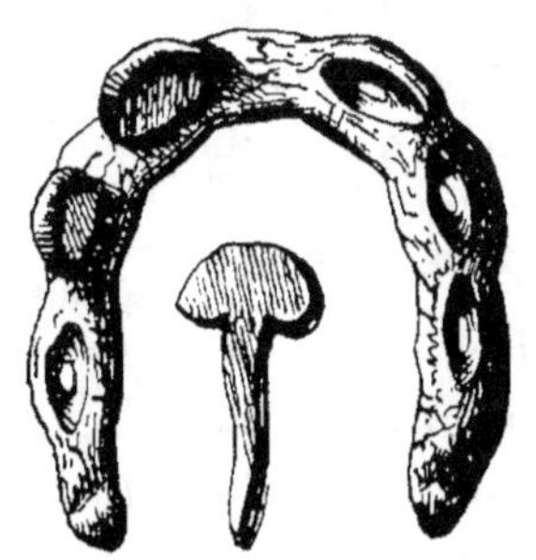

Fig. 78. — Fer et clous antiques, d'origine gauloise
d'après Castan, Quique-
rez, Mégnin.

« Ces fers sont petits, étroits et
faibles de métal, constamment percés de six trous dont
l'ouverture extérieure est fortement étampée en forme
longitudinale pour loger la base de la tête du clou (fig. 78).
Cette tête se termine en T conique, ou en clef de violon,
pour servir de crampon auxiliaire à ceux des talons, qui
toutefois ne sont pas constants. Le peu d'épaisseur et
surtout de largeur du fer, a toujours fait distendre celui-
ci à chaque étampure de manière à festonner le bord

(1) Pietrement, *Recueil de méd. vétér.*, 1876, p. 1050.

externe du fer. L'épaisseur de celui-ci est de trois à quatre millimètres, et sa largeur de quinze à seize entre chaque trou, ce qui indique la dimension du métal ou de la barre avant l'étampage. Le poids de ces fers ne dépasse pas 90 à 120 grammes, et nous les verrons augmenter progressivement de grandeur et de poids à mesure que nous les examinerons dans les âges suivants » (1).

D'après Mathieu de Sèvres, « les fers des chevaux gaulois étaient petits, couverts, étampés gras, pourvus de six étampures et parfois de crampons ; ils étaient ajustés. Les clous avaient la tête cuboïde, le collet fort et la lame aplatie. Ces fers étaient certainement l'expression d'un art très ancien, très avancé. » Je n'oserais affirmer, disait Mathieu, en 1877, que la ferrure moderne soit plus rationnelle que la ferrure gauloise d'il y a bientôt vingt siècles (2).

Déjà d'ailleurs, en 1865, en terminant son premier travail sur l'origine de la ferrure, Mégnin déclarait qu'on est émerveillé de la perfection à laquelle les forgerons sacrés de la Gaule étaient arrivés « et on est presque à se demander si la ferrure du cheval a fait de réels progrès depuis 2000 ans » (3).

La ferrure à clous n'était pas employée chez les Grecs et les Romains, pendant la période classique, c'est-à-dire pendant cette période qui commence à l'époque d'Hésiode et d'Homère et qui se termine sous le règne des empereurs romains. Car, d'une part, aucun des auteurs de cette période, poètes, historiens, n'a parlé de cette ferrure ; et, d'autre part, il est bien établi que les anciens se sont ingéniés à trouver des moyens de conserver et de fortifier le sabot. C'est ainsi que Xénophon recommandait dans

---

(1) Mégnin, *La maréchalerie française*, p. 25.
(2) *Recueil de méd. vétér.*, 1877, p. 173.
(3) *Journal de méd. vét. milit.*, 1864-1865, p. 702.

son traité de l'*Équitation* de recouvrir le sol d'une partie de l'écurie et de la place où le cheval doit être attaché en dehors de l'écurie d'une couche de pierres rondes maintenues par un cercle de fer. « Ce lit de pierres produira, dit-il, sur les pieds des chevaux, le même effet qu'un exercice de chaque jour sur une route pavée, car leur frottement arrondit les bords du sabot et fortifie la fourchette » (1). Le même auteur parle aussi des εμϐάτϰι (*embatai*) sorte de bottes en cuir que l'on appliquait sous les pieds des chevaux de guerre. De plus, divers historiens, Diodore de Sicile, Cinnamus, Appien, citent des faits qui démontrent que « faute de garnitures à leurs sabots et par l'usure de leur corne », les chevaux devenaient inutiles et qu'ainsi les opérations militaires étaient entravées ou suspendues. Aussi les anciens écrivains, Columelle, Théomneste, Végèce, recommandent-ils l'emploi d'appareils protecteurs fabriqués avec des branches de genêt tressées. Ces appareils que les Grecs appelaient σπάρτον et les Romains *solea spartea* servaient plutôt pour maintenir des matières de pansement que pour empêcher l'usure de la corne. Toutefois, les Romains de même que les Grecs, protégeaient les pieds des grands animaux domestiques au moyen d'épaisses semelles de cuir que l'on garnissait parfois, pour les rendre plus durables, de plaques de fer ou d'airain, ou même, par luxe, d'or et d'argent, comme Suétone et Pline le rapportent. Cette chaussure était appelée *solea ferrea* et elle se fixait au moyen de courroies autour des phalanges et du canon. On l'appliquait au cheval, au mulet et au bœuf, après avoir paré l'ongle au moyen d'un instrument ressemblant au boutoir actuel (2) et dont deux

---

(1) *Dictionnaire de méd. et de chirurgie vétérinaire*, art. FERRURE, par H. Bouley.

(2) Mathieu de Sèvres. Les boutoirs dans l'antiquité, *Recueil de méd. vét.*, 1891, n° du 30 juin, p. 303.

beaux spécimens en bronze ont été retrouvés l'un à Pompéi (fig. 79) et l'autre (fig. 80), à Pont-sur-Meuse.

« Les *solea* ou sandales en fer des Romains affectent

Fig. 79. — Boutoir du musée de Naples (trouvé à Pompéi.)

différents modèles ; les plus nombreuses ont la forme suivante (fig. 81) : une semelle arrondie avec une sorte d'éperon à l'arrière ; deux oreilles relevées sur les côtés

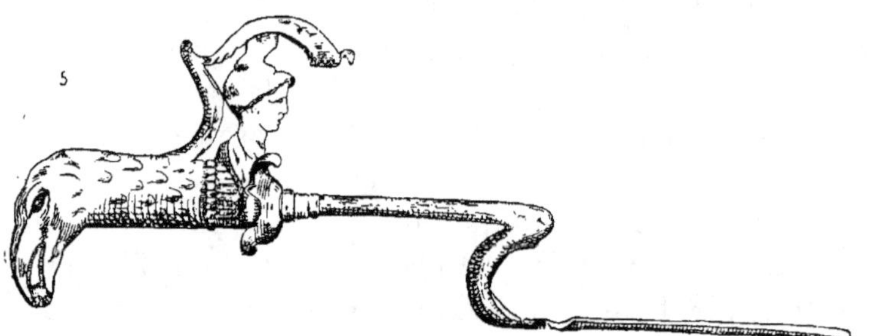

Fig. 80. — Boutoir du musée de Bar-le-Duc (trouvé à Pont-sur-Meuse).

destinées à s'appuyer sur la muraille du pied, et terminées chacune par un anneau qui se meut dans son point d'attache. Un trou ovale est pratiqué au centre de la semelle, tant pour l'aération de la sole que pour l'écoulement des eaux qui se seraient logées entre le pied et le fer ; des stries sont quelquefois tracées en dessous pour prévenir la glissade.

« Un deuxième modèle de *solea* (fig. 82) qui se trouve concurremment avec le premier, est une semelle plus

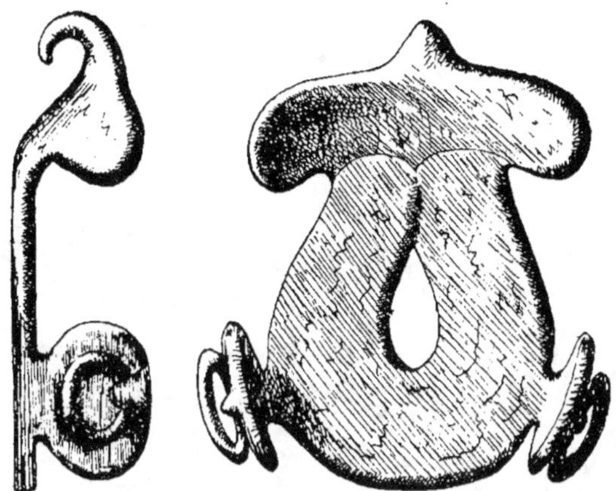

Fig. 81. — Solea romaine (Mégnin).

étroite, ayant un éperon à l'arrière plus relevé et plus large qu'au précédent, avec un éperon plus élevé encore à la pince et représentant presque une proue de galère antique ; des oreilles flanquent également les côtés ; elles sont plus hautes, plus en arrière et ne semblent pas avoir eu d'anneau, la semelle n'a pas de trou au milieu » (Mégnin). Ces sandales métalliques ont été trouvées en France, en Angleterre, en Allemagne, partout où les Romains avaient établi

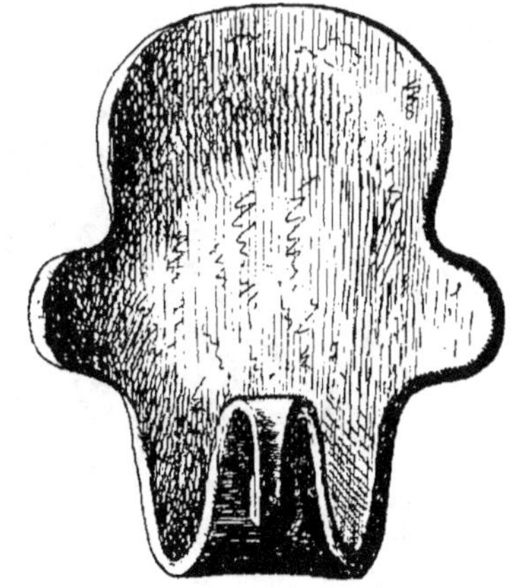

Fig. 82. — Solea romaine (Mégnin)

leur domination. Les fouilles archéologiques ont découvert parfois des fers gaulois ou gallo-romains, en même temps que ces *solea* auxquelles on a donné les noms d'*hip-*

po-sandales, de *mulo-sandales*, de *bo-sandales* suivant les animaux auxquels on les croyait destinés.

Les figures 83 et 84 montrent un autre modèle d'*hip-po-sandales*, et la figure 85, l'hippo-sandale supposée du cheval de Jules César.

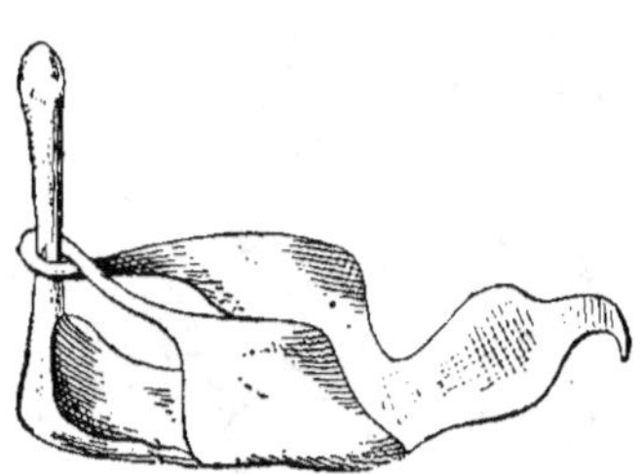

Fig. 83. — Hippo-sandale (Lombard-Dumas).

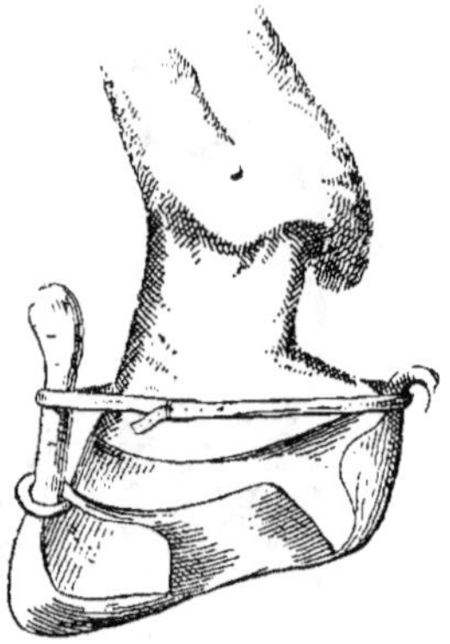

Fig. 84. — Hippo-sandale adaptée (Lombard-Dumas).

Il est à remarquer cependant que les hippo-sandales sont figurées et désignées sous le nom de porte-lampes

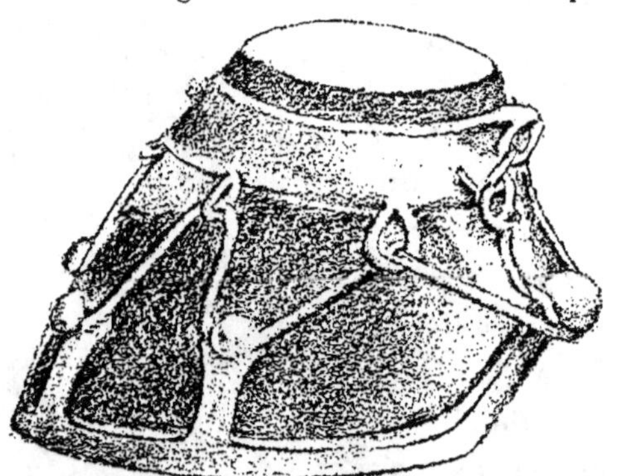

Fig. 85. — Hippo-sandale supposée du cheval de Jules César (collection Delpérier, n° 32).

dans un ouvrage dû à l'abbé de Tersan (1). Et Mathieu de Sèvres, qui a examiné « avec attention toutes les

(1) Préliminaire de la découverte d'un grand nombre d'antiquités, faite en 1774 sur la montagne du Châtelet.

hippo-sandales » qu'il lui a été possible d'étudier, tant en France qu'à l'étranger — notamment au musée archéologique de Mayence — déclare qu'il a acquis « la conviction que ces objets étaient de véritables appareils de suspension. » En d'autres termes que l'appareil appelé hippo-sandale avait « une tout autre destination : il servait à suspendre, au foyer de nos aïeux gaulois, ces petites lampes primitives en terre cuite que nos collections publiques possèdent toutes. » Et il conclut « que les objets désignés sous le nom d'hippo-sandales dans les collections publiques de France et de l'étranger ont toujours été impropres à protéger le pied du cheval pendant le travail ; qu'il n'est pas impossible que la ferrure à clous ait été précédée d'une époque d'essais successifs pendant laquelle une hippo-sandale a pu être adaptée au pied du cheval ; mais qu'aucun spécimen de cette hippo-chaussure primitive n'est arrivé jusqu'à nous (1) ».

Il n'est pas à notre connaissance que ces conclusions aient été réfutées ou seulement modifiées par des recherches ultérieures : elles méritent donc d'être prises en sérieuse considération. D'autre part, il est évident que les objets appelés, d'une manière générale, hippo-sandales ne pouvaient être employés que pour des animaux à allures lentes. C'est ainsi que des essais ont été tentés à Paris notamment pour remplacer la ferrure à clous par les hippo-sandales ; mais « ils n'ont pas réussi et ils ont coûté beaucoup d'argent » (2).

Dans ces derniers temps, une nouvelle hypothèse a été émise sur le rôle de l'hippo-sandale : Lombard-Dumas estime que cet appareil avait pour but de prévenir les blessures du pied du cheval par les *stimulus*, et les *chausse-trapes* (3).

---

(1) *Recueil de méd. vétér.*, 1877, p. 173.
(2) H. Bouley, *Recueil de méd. vétér.*, 1877, p. 111.
(3) Lombard-Dumas, *Mémoires de l'Académie de Nîmes*, 1892.

Quoi qu'il en soit, il faut arriver à la *période gallo-romaine* pour acquérir la certitude que la ferrure à clous était pratiquée d'une manière assez suivie. Car on trouve dans les ruines des établissements remontant à cette époque, des fers conjointement avec des armes, des monnaies et des hippo-sandales ou tout au moins des objets considérés comme tels par la plupart des auteurs. — Les fers gallo-romains ressemblent aux fers gaulois toutefois, ils ont généralement de plus grandes dimensions et il en est dont les étampures sont pratiquées au fond d'une rainure. On en a même trouvé dont les éponges étaient épaisses ou bien repliées en dessous de manière à former crampon.

ART. II. — FERRURE PENDANT LE MOYEN AGE.

Pendant le *moyen âge*, la ferrure à clous se répandit de plus en plus. Toutefois, on est porté à penser que les Francs ne l'ont employée qu'à la suite de leurs rapports avec les Gallo-Romains et les fers dont ils se sont servis étaient semblables à ceux des Gaulois. On admet généralement que le plus ancien spécimen de ces fers a été trouvé dans le tombeau de Childéric Ier, roi de France, mort en 481 dont il est parlé ci-dessus.

« Chevrier a trouvé dans une sépulture de la même époque deux fers à cheval : l'un festonné, à étampures et sans crampons ; l'autre bigorné, à étampures percées dans une rainure, et muni de crampons. D'après Quiquerez, ces deux variétés de fers se rencontrent surtout dans les tombeaux du ve siècle, dans les ruines des viie et viiie siècles, comme aussi dans les habitations du moyen âge » (Goyau).

Au temps de la féodalité les fers étaient larges, pesants, car les chevaux étaient de grande taille et de forte corpu-

lence ; ils servaient de montures à des cavaliers bardés de
fer, couverts de lourdes armures et il fallait nécessairement que la ferrure fût en rapport avec le poids et la
charge du cheval. En outre ces fers étaient parfois prolongés en pointe et relevés en pince, munis de crampons
hauts et forts, comme le montrent les figures (86 et 87).

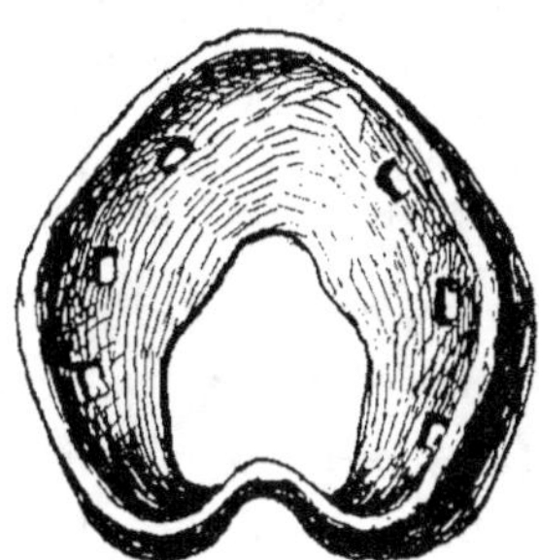

Fig. 86. — Fer de 1300.

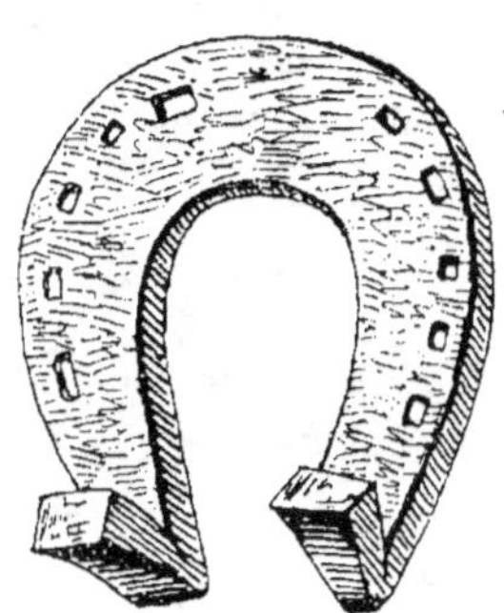

Fig. 87. — Fer de 1473.

Sous le régime féodal, la ferrure se répandit de plus en
plus en France, car sans elle, le mode d'armement adopté
par la chevalerie militaire eût été impossible. A ce sujet,
H. Bouley s'exprime de la manière suivante :

Quand on réfléchit au rôle si prépondérant qu'a rempli cette
chevalerie dans la société féodale, et que l'on considère l'immense
supériorité que lui donnaient, dans ses luttes contre la plèbe et
les vilains, ces murailles de fer portatives dont les hommes de
guerre étaient revêtus et qui les rendaient presque invulnérables aux
atteintes des projectiles lancés par des arcs ou des frondes, on est
conduit à cette conclusion singulière tout d'abord, mais qui, tout
osée qu'elle peut paraître, n'en est pas moins juste, ce nous semble,
que l'art de ferrer dont les peuples barbares sont les inventeurs,
a contribué, dans une large mesure, à leur fournir les moyens de
maintenir leur domination sur les races conquises. — Ce qui
prouve, du reste, que ces conjectures de notre part n'ont rien de
forcé et que l'art de ferrer, à l'époque de la chevalerie militaire,
était prisé comme un art de première importance par les hommes
de guerre, c'est que les chevaliers étaient exercés au maniement

des instruments du maréchal et qu'ils apprenaient à fixer eux-mêmes un fer sous le pied d'un cheval, afin de n'être pas pris au dépourvu et de pouvoir, sans l'intermédiaire d'un ouvrier qu'ils n'avaient pas toujours sous la main, prévenir immédiatement les conséquences d'un déferrement subit; l'expérience ayant appris, sans aucun doute, que faute d'un fer, un cheval chargé du poids énorme de son cavalier, se trouvait réduit, en peu d'heures, à une incapacité absolue de service. — Cet usage s'est conservé, paraît-il, jusqu'au siècle dernier, car Solleysel rapporte que « de son temps, on a vu des rois sçavoir forger un fer et qu'il est peu de personnes de qualité qui ne sçachent brocher des clous, pour s'en servir dans la nécessité. » (*Parfait mareschal.* — 1664)

ART. III. — TEMPS MODERNES.

Nous arrivons ainsi à la *période moderne* de la maréchalerie, c'est-à-dire à cette époque qui commence au xvie siècle et se continue jusqu'à nos jours. — A partir de cette époque, nous trouvons les premières données écrites de l'enseignement de la ferrure en Europe. Nous allons les examiner très sommairement suivant l'ordre chronologique.

Au **xvie siècle**, nous signalerons d'abord l'ouvrage de Laurent Rusé, *Hippiatrica sive marescallia*, qui parut d'abord à Paris, en 1531, et dont une première traduction française, plusieurs fois rééditée ensuite, fut publiée en 1560, sous le titre de *Mareschallerie*. Cet auteur dit qu'il faut « ferrer le cheval de fers ronds comme la corne : davantage que l'extrémité du tour du fer soit étroite et légère, car plus facilement il lèvera les pieds... »

Vient ensuite le *Traité* de César Fiaschi publié en 1554 (1) où se trouvent décrits et figurés des fers très variés comme le lecteur peut en juger en examinant les figures 88 à 107 que nous relevons dans l'ouvrage de Mégnin (2). Il est

(1) *Traité de la manière de bien emboucher, manier et ferrer les chevaux* avec les figures de mors de bride, tours et maniements et fers qui y sont propres ; dédié au roi Henri II.

(2) *La maréchalerie française*, etc. Paris, 1867.

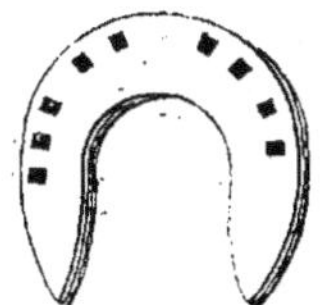

Fig. 88. — Fer de devant, uni, sans crampons.

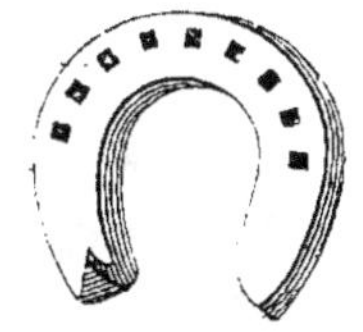

Fig. 89. — Fer avec crampon à l'aragonaise par dessous et l'autre côté renforcé.

Fig. 90. — Fer à lunette.

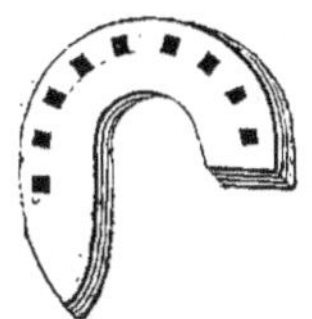

Fig. 91. — Fer avec un quart en moins.

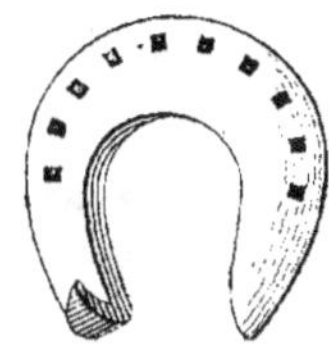

Fig. 92. — Fer bordé (couvert et ajusté avec crampon à l'aragonaise et renforcé sur l'autre quart).

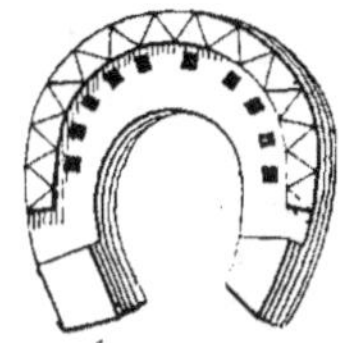

Fig. 93. — Fer avec sciettes (bordure proéminente dentelée) ou bordé, denté et renforcé à chaque quart.

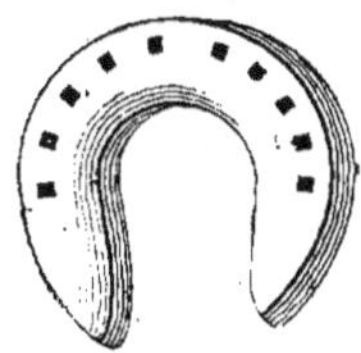

Fig. 94. — Fer rengrossi par le côté, subtil et ténu par le milieu plus que de l'ordinaire (ajusture anglaise).

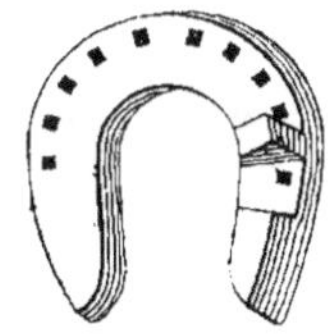

Fig. 95. — Fer avec boutons du côté du dedans et rengrossi sur le quart du même côté.

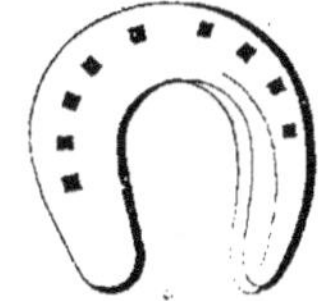

Fig. 96. — Fer ayant le quart du côté du dedans plus gros et plus étroit que l'ordinaire (fer à la turque moderne).

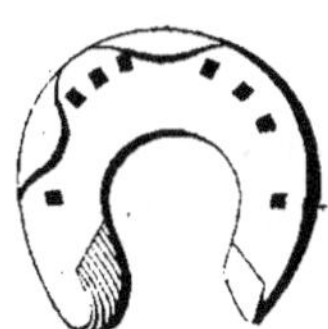

Fig. 97. — Fer à creste tant à la pointe comme aux côtés e avec barbettes.

Fig. 98. — Fer avec crampons pliés et annelets en iceux.

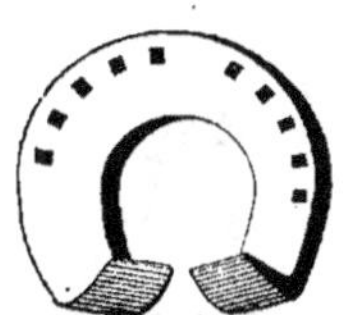

Fig. 99. — Fer renversé en sus avec les deux bouts de derrière.

à remarquer que César Fiaschi fait une critique très judicieuse des fers à charnières, à tous pieds, des fers sans clous et autres inventions qui avaient déjà cours.

Au XVIIe siècle, on trouve un assez grand nombre d'ou-

Fig. 100. — Fer avec deux crampons.

Fig. 101. — Fer bordez avec les verges de derrière plus approchantes que d'ordinaire (fer à planche moderne).

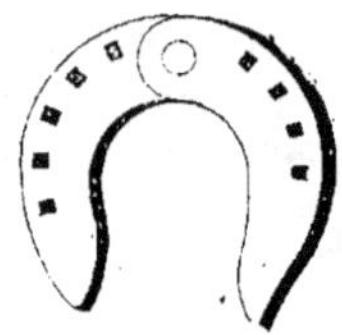

Fig. 102. — Disferres (fer à tous pieds, à charnière).

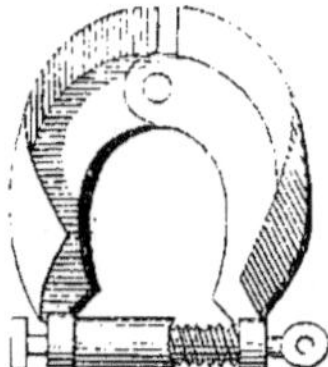

Fig. 103. — Fer sans clous.

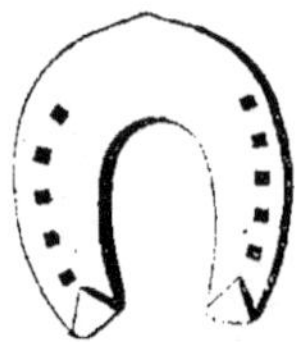

Fig. 104. — Fer de derrière avec deux crampons.

Fig. 105. — Fer de derrière.

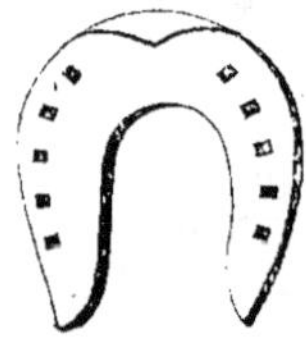

Fig. 106. — Fer de derrière.

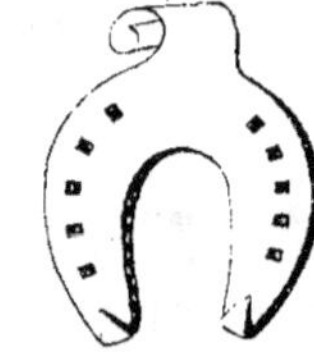

Fig. 107. — Fer de derrière avec renvers à la pointe.

vrages traitant, sous des titres divers, de la ferrure du cheval. Nous en avons compté dix-huit, tant en Italie, qu'en Espagne, en Angleterre et en France.

Nous en signalerons deux :

1° L'*Anatomie du cheval, ses maladies et ses remèdes*, par Ch. Ruini, sénateur de Bologne, 2 vol. in-folio. Venise, 1598, traduit en français, en 1607, moins l'Anatomie, sous le nom d'*hippiatrique*, par Horace de Francini, neveu et élève de l'auteur.

2° Le *Parfait Mareschal* de Solleysel, publié d'abord à Paris, en 1664, réédité ensuite une multitude de fois.

Ruini est le premier auteur qui essaie de baser la médecine vétérinaire sur l'anatomie. Il décrit les défectuosités ou *infirmités* du pied du cheval et il recommande pour combattre l'*encastellure* l'emploi de « demi-fer émoussés » (fer à lunette) permettant l'appui des talons afin de les fortifier et de les élargir. Si ce moyen est insuffisant, il recommande d'écarter les talons après avoir préalablement appliqué « un fer léger, mince de branches, ayant dans sa partie interne deux oreilles arrangées de telle manière qu'elles prennent à la face interne de la corne ou coque du pied sans pouvoir en aucune façon endommager le vif et l'os du pied ». On verra, à propos de l'encastelure, qu'un fer semblable est employé dans les méthodes Defays et Jarrier que l'on a considérées comme tout à fait originales et autour desquelles on a fait grand bruit, il y a quelques années.

Le *Parfait Mareschal* de Solleysel est un exposé assez exact de la science hippiatrique de son temps. On y trouve l'exposé des quatre maximes ou règles principales qu'il faut nécessairement savoir pour bien ferrer toutes sortes de pieds :

La première comprend ce précepte général : pince devant et talon derrière. Pince devant, c'est-à-dire que quoique la pince des pieds de devant soit bonne et forte, capable de supporter les clous qu'on y veut brocher, le talon a moins d'épaisseur de corne : ainsi on n'y doit point brocher, sous peine d'enclouer un cheval. Talon derrière signifie que le cheval a les talons des pieds de derrière forts, c'est-à-dire que la corne est capable de supporter les clous.

La seconde maxime est de n'ouvrir jamais les talons, c'est le plus grand de tous les abus et qui ruine le plus de pieds : On appelle ouvrir les talons lorsque le maréchal en parant le pied coupe le talon près de la fourchette et l'emporte jusqu'au haut à un doigt de la couronne, en sorte qu'il sépare les quartiers du talon et par ce moyen, il affame le pied et le fait serrer; ce qu'ils appellent ouvrir un talon, est proprement le faire serrer.

La troisième maxime est d'employer les clous les plus déliés de lame....

La quatrième maxime est de faire les fers plus légers qu'on peut selon le pied et la taille du cheval....

Solleysel parle de l'emploi du *fer à pantoufle* et du fer à *demi-pantoufle*, ainsi que du *fer à lunette* pour l'encastelure.

Mais, à côté de ces judicieux conseils on trouve des préceptes absurdes, comme dans tous les ouvrages d'hippiatrique de l'époque. Ainsi, pour la ferrure du pied plat et du pied comble, on recommande de « barrer les veines dans les paturons » afin « de couper chemin à la nourriture superflue qui fait pousser la sole et même le petit pied, ce qui par le temps le fait devenir comble »... On le voit, Solleysel, que toutes les biographies représentent comme un homme de talent et de bon sens, est un écrivain parlant médecine vétérinaire sans avoir étudié ni l'anatomie, ni la physiologie. « La science vétérinaire était dans une impasse; elle ne pouvait en sortir que par une réforme radicale : ce sera l'éternel honneur des Lafosse et de Bourgelat de l'avoir accomplie. » (Gourdon.)

XVIIIe siècle. — La ferrure entre dans une voie nouvelle, grâce aux travaux des Lafosse père et fils. En 1754, Lafosse père, maréchal des petites écuries du Roi, adresse à l'Académie royale des sciences de Paris, plusieurs mémoires qui furent ensuite réunis dans un volume intitulé : *Observations et découvertes faites sur les chevaux.* Le premier de ces mémoires traite de l'anatomie et de quelques maladies du pied du cheval ; il contient de plus dix-neuf observations sur différentes causes de claudications... ; le quatrième contient une nouvelle pratique de ferrer les chevaux de selle et de carrosse.

Lafosse énumère d'abord les inconvénients de la ferrure telle qu'on la pratiquait de son temps, et ce qu'il en dit étant toujours exact, mérite d'être reproduit :

Les fers longs et forts d'éponge sont sujets à ne point tenir fermement par leur poids et font péter les rivets.

Il faut de gros clous à proportion des fers pour les tenir, ce qui fait éclater la corne ; ou souvent ces grosses lames pressent la chair cannelée et la sole charnue et font boiter le cheval.

Les chevaux sont sujets à se déferrer par la longueur des fers ; savoir, lorsque le pied de derrière attrape l'éponge du pied de devant, soit en marchant, soit en restant en place et mettant le pied l'un sur l'autre, ou bien entre deux pavés. Ils marchent lourdement par la pesanteur du poids qui les fatigue.

Les fers longs et forts d'éponge éloignent la fourchette de terre et empêchent le cheval de marcher sur elle. Ils font glisser et tomber les chevaux parce qu'ils font l'effet d'un patin sur le pavé sec tant en hiver qu'en été.

Les crampons sont à supprimer sur le pavé et ils ne sont bons que sur la glace ou sur la terre grasse. — Les crampons en dedans sont sujets à estropier le cheval en croisant ses pieds sur la couronne, ce qui fait les atteintes encornées.

Si le cheval a le pied paré et qu'il vienne à se déferrer, il ne peut pas marcher qu'il ne s'écrase et ne s'éclate la muraille, et qu'il ne se foule la sole charnue, attendu que la corne est trop mince pour la protéger.

Si les fers sont longs et les talons creusés, les pierres et les cailloux se logent entre le fer et la sole, et font boiter le cheval.

Les pieds plats deviennent combles en voûtant les fers pour soulager les talons et la fourchette, parce que, plus les fers sont voûtés, plus la muraille s'écrase et se renverse, principalement le quartier de dedans, comme étant le plus faible ; pour lors cela fait bomber la sole charnue ; c'est ce qu'on appelle oignon, et qui met presque toujours le cheval hors de service.

Si la muraille est mince et qu'on voûte les fers, ces sortes de fers pressent tellement les quartiers, comme quand nous avons des souliers justes, qu'ils font boiter.

Les pieds parés sont exposés à être plus considérablement blessés par les clous de rue, tessons, chicots, etc.

La sole parée prend plus facilement la terre ou le sable qui forme une espèce de mastic entre le fer et cette sole, ce qui foule le pied et fait boiter le cheval.

Le pied paré est principalement cause que le quartier de dedans se resserre, ce qu'on appelle quartier faible ou quartier serré, ce qui fait boiter le cheval.

Il arrive aussi que les deux quartiers se resserrent et quelque fois la totalité du sabot. Pour lors le sabot devient plus petit et gêne toutes les parties intérieures du pied.

Après avoir énuméré ces inconvénients et d'autres encore, Lafosse examine quelles sont les bases d'une ferrure rationnelle. A ce sujet, il fait remarquer très judicieusement que, dans l'état naturel, l'appui plantaire a lieu par la fourchette, les talons, la muraille, une partie de la sole ; que la fourchette et les talons ne sont jamais endommagés par l'usure, que la muraille seule est usée par la marche sur les terrains durs, et que c'est exclusivement cette partie du sabot qu'il faut protéger, tout en laissant aux autres la liberté entière de leurs fonctions lors de l'appui. Tel est, en effet, dans toute sa simplicité, le principe physiologique qui domine cette matière, la règle essentielle que l'on doit observer dans toute ferrure normale.

Partant de cette donnée, qui témoigne d'un très judicieux esprit d'observation, Lafosse a décrit de la manière suivante, les ferrures qu'il a inventées pour remédier aux inconvénients signalés ci-dessus :

Pour empêcher les chevaux de glisser sur le pavé sec et plombé il faut mettre un *fer en croissant*, c'est-à-dire un fer qui n'occupe que le pourtour de la pince et dont les éponges viennent en s'amincissant se terminer au milieu des quartiers (fig. 108); en sorte que la fourchette et le talon portent d'aplomb sur le terrain, tant du devant que du derrière, mais surtout du devant, parce que le poids du corps du cheval y est plus porté, et plus le fer est court et moins le cheval glisse, la fourchette faisant pour lors le même effet que ferait sur la glace du vieux chapeau que nous aurions mis sous nos souliers.

Il faut cependant faire attention qu'aux pieds faibles de muraille les fers doivent être un peu plus longs, de manière que l'éponge vienne en s'amincissant sur les talons, pour que le bout de l'éponge, ne porte point sur la muraille, parce qu'elle s'écraserait vu sa faiblesse, et que l'éponge vienne se terminer sur le talon où commence l'arc-boutant, parce que le talon n'éclate jamais.

Pour ce qui est des pieds combles, il leur faut également des fers un peu longs et qui d'ailleurs couvrent davantage la pince pour

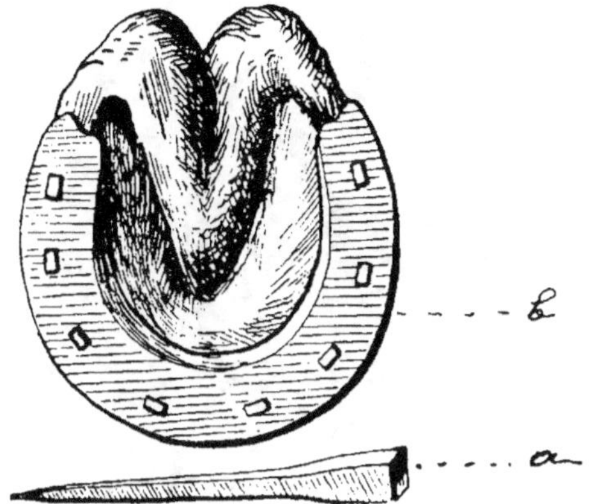

Fig. 108. — Ferrure en croissant de Lafosse.

a, Clou Lafosse. — *b*, Pied ferré avec le fer en croissant.

empêcher que la sole ou oignon, s'il y en a, ne portent à terre ; il faut que le fer soit ajusté de telle façon qu'il ne porte point sur la sole, mais toujours que les talons et la fourchette portent à terre : c'est le seul et véritable moyen, non seulement de conserver le pied, mais de le rétablir.

Un cheval qui aura les talons faibles et sensibles doit être ferré le plus court possible, et avec de minces éponges, de manière que la fourchette porte à terre, parce que les talons n'ayant rien dessous eux, profiteront et seront soulagés.

La ferrure en croissant sera d'autant plus nécessaire à un cheval qui aura un quartier faible et renversé, que, non seulement elle le soulagera, mais encore rétablira le quartier dans son état naturel.

Il ne faut jamais parer la sole, ni la fourchette ; on doit se contenter d'abattre seulement la muraille si on la juge trop longue.

Pour que le fer tienne longtemps il faut se servir du clou que j'ai imaginé (fig. 108), dont la tête est en forme de cône et l'étampure proportionnée au clou qui remplit exactement l'étampure et la contre-perçure.

Lafosse reconnaît que cette ferrure ne plaît pas au premier coup d'œil et que, « n'ayant pu encore détruire le préjugé », il est obligé de ferrer un peu plus long, mais il a le soin de ne pas « parer les pieds ». Nous dirons en passant, que ce préjugé existe encore de nos jours, attendu que la ferrure des chevaux, et surtout celle des

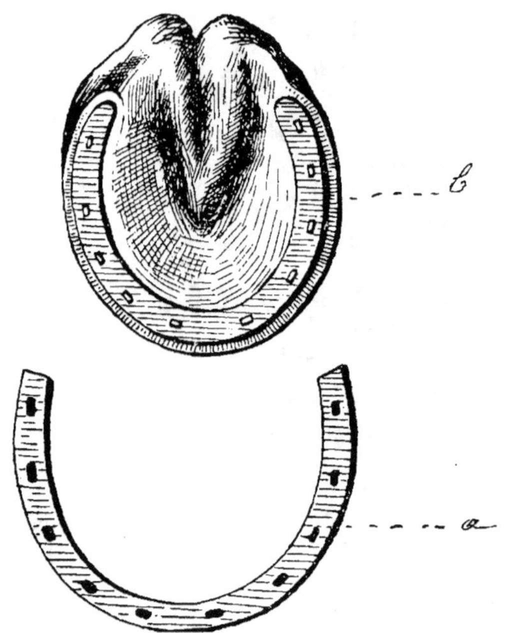

Fig. 109. — Ferrure à demi-cercle (Lafosse).

a, Demi-cercle. — b, Pied ferré avec le demi-cercle.

chevaux de luxe, est souvent une affaire de caprice, de fantaisie ou de mode, sans nul souci de la conservation réelle du sabot, qui implique des connaissances exactes sur l'anatomie et la physiologie de cet organe.

Indépendamment de la ferrure à croissant, Lafosse avait imaginé une ferrure *à demi-cercle enclavé* dans une rainure pratiquée dans la muraille (fig. 109), d'une profondeur égale à l'épaisseur du fer. Celui-ci présente « deux à trois lignes de largeur sur une et demie d'épaisseur » ; il est percé de dix étampures en forme de petits trous rectangulaires et construit en fer doux. Cette ferrure ne convient « qu'aux chevaux qui ont les pieds forts », et, comme le demi-cercle qui la constitue permet l'appui de la fourchette et des talons tout en ne présentant qu'une surface de frottement très étroite, il s'ensuit qu'elle répond bien au but que s'était proposé Lafosse en imaginant la « *ferrure à demi-cercle pour la sûreté du cavalier, sur le pavé sec et plombé, tant l'hiver que l'été, soit en montant les montagnes, soit en les descendant au galop sans glisser en aucune façon* ».

Lafosse fils continua dignement l'œuvre de son père en publiant son *Guide du Maréchal* (Paris, 1766), puis en professant dans une École gratuite de maréchalerie établie par lui à Paris. Mais la routine est si puissante qu'il a fallu plus d'un siècle pour reconnaître la justesse des idées de Lafosse sur la ferrure ! Il est vrai que Bourgelat s'est abstenu systématiquement de parler des travaux de Lafosse en raison de la rivalité qui existait entre cet auteur célèbre et lui.

Bourgelat a consacré, dans son *Essai théorique et pratique sur la ferrure* (Paris, 1771), les errements des maréchaux de Paris, qui étaient hostiles à la *nouvelle pratique de ferrer*. Il a assigné au fer normal des proportions, car, dit-il, « c'est de l'exacte régularité de l'ouvrage que dépendent absolument la justesse de l'assiette du fer sur le sol, celle de l'assiette du pied sur le fer, ainsi que celle de l'aplomb et de la direction des membres de l'animal, et tous les autres avantages, enfin, qu'on doit et qu'on peut attendre de la ferrure.

> Le premier principe, dans cette opération, est de forger le fer pour l'ongle, et non d'ajuster et de couper l'ongle pour le fer.
> Le *fer ordinaire pour les pieds antérieurs* doit être tel, que sa

longueur totale soit quatre fois la longueur de la pince, mesurée de sa rive antérieure, entre les deux premières étampures, à sa rive postérieure ou à la voûte.

La distance de la rive externe de l'une et de l'autre branche, cette mesure prise entre les deux premières étampures en talons, sera trois fois et demie cette longueur, et la moitié de cette longueur donnera la juste dimension de la couverture des éponges à leur extrémité la plus reculée....

Eu égard à l'ajusture, la pince doit se relever en bateau dès les secondes étampures en talons, de deux fois l'épaisseur du fer,

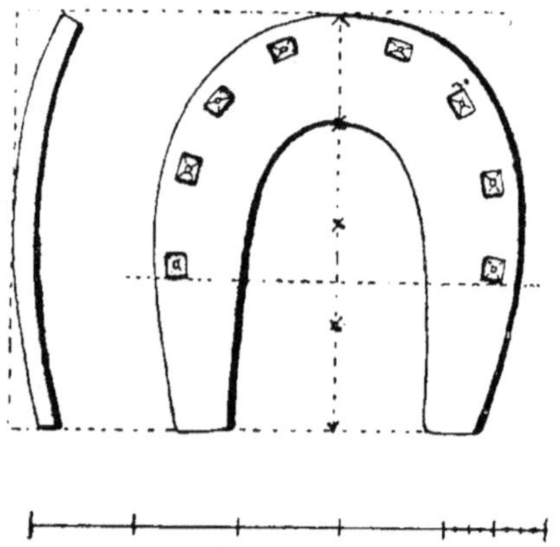

Fig. 110. — Fer d'après les proportions de Bourgelat.

à compter du sol à sa rive supérieure en cet endroit ; il faut donc que, de ce même lieu les éponges perdent terre, du côté des talons, de la moitié de son épaisseur réelle, et dès lors la convexité de la partie inférieure du fer sera d'une fois et demie son épaisseur. (Fig. 110.)

Il est bien clair cependant que cette ajusture en bateau rend l'appui instable et que la solidité « de l'assiette du fer sur le sol » se trouve compromise ; en d'autres termes, il n'y a pas concordance entre les principes posés par Bourgelat et la pratique qu'il enseigne. Mais l'autorité du maître était telle, que sa doctrine a été adoptée par la plupart des auteurs, Chabert, Gohier, Girard, Jauze, etc., et son influence a nui aux progrès de la ferrure, en France tout au moins. Car cette doctrine ne reposait pas, comme celle de Lafosse, sur les conditions physiologiques de l'appui plantaire, et, en assignant aux fers des proportions rigoureuses, elle mettait l'ouvrier dans la nécessité de faire le pied pour le fer, contrairement à la règle dominante et élémentaire de toute ferrure. Si elle fut adoptée en France, il n'en a pas été de même en Angleterre.

W. Osmer, qui est le premier auteur anglais traitant de la ferrure d'une manière rationnelle, a publié à Londres, en 1766, un ouvrage (1) dans lequel il fait de larges emprunts à Lafosse. Ainsi, il déclare que ni la fourchette ni la sole ne doivent être parées, que la muraille seule doit être taillée, ce qui ne peut se faire « sans enlever un peu de la sole adjacente. Cette parure de la sole est également nécessaire pour obtenir une surface unie partout où porte le fer, mais pas plus loin. Quand la fourchette se sépare par parcelles, on enlève ces parcelles avec un couteau pour empêcher les cailloux et les graviers de se loger dans les interstices, mais si on laisse au maréchal le soin de cette opération, on peut être sûr qu'il en enlèvera plus en une fois qu'il n'en poussera en beaucoup de semaines.... » W. Osmer expose, de la manière suivante, les avantages du fer à croissant de Lafosse :

Avec un tel fer, les talons du cheval reposent sur le sol, reçoivent une part de pressions et se conservent ouverts ou s'élargissent; au moyen de cette expansion des talons la compression exercée sur les parties internes des sabots contractés cesse, et tel cheval qui était boiteux se guérit progressivement. Avec cette ferrure, quand les talons sont bas et faibles, ils s'améliorent par degrés et deviennent plus hauts; pourtant un maréchal anglais ne comprendra jamais que des talons bas et faibles, puissent devenir plus forts en restant en contact avec des objets durs. On doit s'attendre à ce que des chevaux à pieds faibles et malades, qui ont été accoutumés à porter

____

(1) Osmer, *A treatise on the diseases and lameness of horses*, etc. Londres, 1766, in-8.

des fers longs et larges, souffrent d'abord en portant des fers à la fois courts et étroits. Mais, beaucoup qui sont boiteux avec des affections variées de leurs pieds, guériraient par des fers Lafosse, si la fourchette, la sole et les barres n'étaient pas parées; mais quand ces choses que le Divin artiste a destinées à servir de défense naturelle aux parties internes sont parées, de par la haute sagesse de nos artistes d'ici-bas, alors, sans aucun doute, les fers Lafosse ne réussissent pas, parce que le cheval a besoin d'une défense artificielle pour remplacer celle qu'on lui a si malencontreusement enlevée (1).

Vient ensuite l'ouvrage de James Clark (2). Cet auteur fait remarquer que « les maréchaux en général sont trop désireux de faire ce qu'on appelle un *ouvrage propre*, en parant la sole jusqu'à ce qu'elle cède *sous la pression du pouce*. On doit observer que, lorsque la sole est ainsi parée, sa résistance est surmontée par la forte corne de la muraille qui se contracte (encastelure) ».

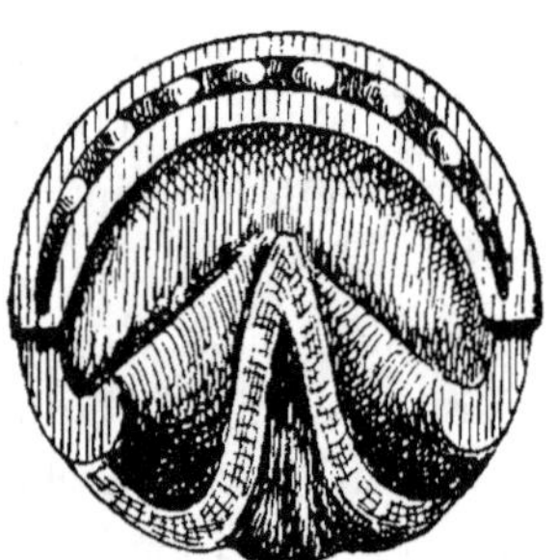

Fig. 111. — Ferrure Coleman.

Coleman (1798) préconise un système de ferrure analogue à celui de Lafosse. Il estime que l'application de la ferrure comporte deux règles principales : « Respecter les barres et la fourchette, amincir la sole qui ne doit jamais être en contact avec le fer. Appliquer un fer trois fois plus épais en pince qu'en éponge, parce que l'usure est trois fois plus forte dans la première de ces régions que dans la seconde ; les branches vont en s'amincissant et s'arrêtent sous le pied, avant les angles formés par la paroi » (fig. 111) (Goyau). — Cette ferrure est inférieure à celle de Lafosse, attendu qu'en parant la sole, on l'affaiblit

(1) Goyau, *Traité de maréchalerie* (passage traduit par Lagriffoul), p. 188.

(2) *Observations on the Shoeing of Horses*, 1782. Extrait de l'ouvrage de Fleming, traduit par Lagriffoul, dans le *Traité de maréchalerie* de Goyau, p. 190.

et qu'en appliquant un fer à pince épaisse, on fausse
l'aplomb.

xixe siècle. — En 1800, un auteur anglais, William
Moorcroft, dans un mémoire intitulé *Examen rapide des
différentes méthodes de ferrure mises en usage jusqu'aujourd'hui, avec quelques observations à leur sujet*, dédié au
très honorable Francis-Auguste Lord Heathfield, recommande :

1° Que la muraille soit abattue exactement au niveau de la sole
souple et vivante, et parée parfaitement à plat, afin qu'elle puisse
se mettre en contact dans toute son étendue avec la surface plate
du fer à siège;

2° Que la sole soit exactement polie par l'enlèvement de la corne
sèche et fendillée qui rend sa surface irrégulière, mais qu'aucune
partie de sa substance souple et solide ne soit enlevée, car on doit
être bien convaincu qu'il est préférable de laisser sous le pied un
peu plus de corne en excès que d'enlever la plus petite partie de
celle qui est nécessaire pour l'exécution de ses fonctions ;

3° Que les barres soient parées à plat, de telle façon que leur
surface soit mise sur le même niveau que la sole; mais il ne faut
jamais qu'elles soient amincies à l'excès, soit vers la fourchette, soit
au niveau de la sole ;

4° Que les lambeaux de la fourchette soient enlevés à sa surface
mais sans intéresser sa substance souple et vivante (1).

Suivant Moorcroft, un fer doit réunir les qualités suivantes :

1° Il doit être assez fort pour pouvoir durer un temps raisonnable ;
2° Il doit offrir à la muraille toute la surface d'appui nécessaire;
3° Il ne doit pas altérer la forme naturelle du sabot;
4° Enfin il ne doit pas presser sur la sole, et ne doit, en rien,
mettre obstacle aux fonctions naturelles du pied.

Le fer qui remplit toutes ces conditions, serait suivant
Moorcroft le *fer à siège* (*the seated shoe*) déjà fortement
recommandé par Osmer et James Clark.

____

(1) Bibliothèque vétérinaire, t. I. Paris, 1849, p. 444.

La surface supérieure de ce fer présente deux parties : une externe qui est parfaitement plane en dedans de la rive externe du fer et correspond en largeur à l'épaisseur de la muraille ; c'est celle que l'on appelle le *siège* (the seat) ; l'autre interne s'inclinant du bord

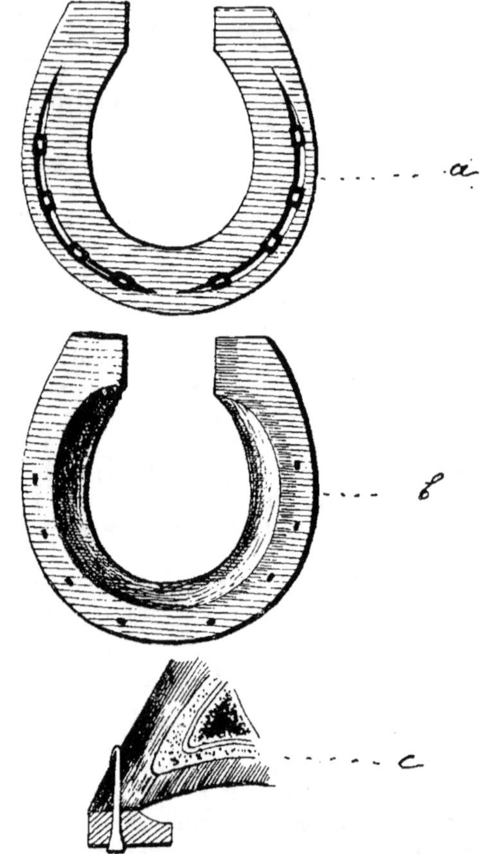

Fig. 112. — Ferrure Moorcroft.

a, Face inférieure du fer à siège, fabriqué à la machine. — *b*, Face supérieure.
c, Coupe du pied ferré.

interne du siège vers la rive interne du fer, et qu'on désigne sous le nom de *biseau* (fig. 112).

Le siège est destiné à servir d'appui à la muraille dans toute son étendue ; le biseau, à prévenir toute compression sur la sole ; et cette dernière partie étant faite plus ou moins large, suivant l'espèce

de service auquel le cheval est destiné, doit donner au fer toute
la force nécessaire.

Tout le bord plantaire de la muraille reposant à plat sur le siège,
la corne court moins de chances d'être brisée sous les pressions que
lorsque l'appui du sabot sur le fer s'effectue par une surface étroite.
Une autre conséquence de l'appui du pied sur le fer par une large
surface, c'est que le poids du corps a plutôt de la tendance à élargir
le pied dans toutes les directions qu'à le resserrer comme cela arrive avec le fer usuellement employé....

Par le biseau du fer, une cavité est ménagée entre la face supérieure et la sole, suffisante pour permettre de nettoyer le pied et
pour prévenir la compression de la sole, sans qu'il soit nécessaire
que cette partie du sabot soit creusée et conséquemment amincie.

Car, si la sole de corne a pour fonction de protéger les parties
sensibles qu'elle revêt, ce qui ressort évidemment et du siège qu'elle
occupe et de la nature de la substance qui la forme, il est évident
que plus elle sera conservée épaisse et résistante mieux elle sera
dans les conditions voulues pour remplir son important usage.

Moorcroft a imaginé une machine pour fabriquer le fer
à siège, et, dans l'introduction de son *Traité*, il expose les
motifs de son invention dans les termes suivants :

En portant mes investigations sur la ferrure du cheval, j'ai acquis la conviction qu'il ne suffisait pas de déterminer quelle était
la forme du fer qui convenait le mieux pour l'usage général, mais
qu'il était encore nécessaire, pour que cette forme fût facilement
introduite dans la pratique, qu'il fût au pouvoir de l'ouvrier le plus
ordinaire de le forger avec autant de facilité que le fer le plus simple;
car s'il fallait beaucoup d'habileté pour la fabrication d'un tel fer,
les bons ouvriers seuls pourraient l'entreprendre, et il faudrait nécessairement qu'il fût vendu à un prix plus élevé que celui qui
exigerait moins de travail et d'habileté. Or, il est naturel que
l'ouvrier recommande et adopte la pratique de ferrure qui lui rapporte le plus de profit et lui demande moins de peine ; et qu'il décrie,
au contraire, celle qui est au-dessus de ses forces, ou qui ne le récompense pas de son travail par un profit suffisant. C'est justement
ce qui est malheureusement arrivé dans ce pays pour le fer qui
semblait devoir, par sa forme, rendre les services les plus étendus
à la pratique. La grande difficulté de sa fabrication a fait qu'il s'est
peu répandu, en raison des motifs que je viens d'exposer.

Il m'a semblé essentiel d'essayer de concilier sur ce point les
intérêts du public avec ceux du maréchal, et j'ai cru que ce but ne

pourrait être atteint qu'en perfectionnant l'art de fabriquer les fers. Le grand avantage qu'a produit dans beaucoup d'arts mécaniques la substitution des machines à la main de l'homme, m'a naturellement conduit à porter mon attention sur ce point.

Quelques peines et quelques dépenses que m'aient coûtées le grand nombre d'expériences que j'ai dû entreprendre pour arriver à ce but, c'est déjà pour moi une récompense que d'avoir poursuivi de tout mon pouvoir un dessein qui peut être utile à ma profession, et qui doit rendre à la société un grand service. J'ai la confiance que d'ici à peu de temps, il me sera possible de mettre à la disposition du public de meilleurs fers que ceux qui sont usuellement employés, et à un prix raisonnable. Les maréchaux trouveront à cela un vrai bénéfice. Comme fabricant de fers à cheval, je crois devoir recommander celui qui est construit d'après les principes que mon expérience m'a démontré les meilleurs, et je décline tout autre titre que celui d'avoir confectionné, à un prix modéré, par le moyen d'une machine, un article de commerce dont le prix, autrefois trop élevé, empêchait l'usage général.

Nous ne passerons pas à un autre ouvrage sans faire remarquer que celui de Moorcroft constitue certainement l'un des meilleurs travaux sur la ferrure et que l'on peut le consulter avec fruit, même de nos jours (1).

Bracy-Clark (2) dont il est déjà parlé dans ce livre à propos de l'élasticité du pied (p. 106), avait une idée tellement exagérée de cette propriété qu'il a été conduit à conseiller des fers et des ferrures très nuisibles à la conservation du pied. Ainsi il recommande d'amincir les barres et d'appliquer un fer à éponges épaisses afin d'éloigner la fourchette du sol ; ou mieux encore, le fer à une ou deux charnières pour faciliter les mouvements du sabot. « Dans ce même but, il recommande une espèce d'hipposandale de son invention consistant en une garniture métallique en forme de fer, qui se fixe à la muraille par des languettes ascendantes et une petite chaîne ou un

<hr>

(1) Voir Bibliothèque vétérinaire. Paris 1849, p. 419.

(2) Recherches sur la construction du pied du cheval. Londres, 1810 ; trad. franç., Paris, 1817.

ressort d'acier. » (Goyau.) Il n'était vraiment pas besoin de dépenser tant de travail et d'érudition, dit fort judicieusement Goyau, pour arriver à un pareil résultat.

Goodwin (1) critique toutes les ferrures de son temps : ferrure à siège ; ferrure à éponges minces et courtes ; ferrure à charnière et ferrure française.

Cependant cette dernière lui paraît de beaucoup préférable aux autres : il approuve surtout l'étampure et la forme relevée de la pince qui permet au pied de basculer facilement lors du lever. Il lui reproche la convexité de sa face inférieure qui, d'après lui, enlève toute stabilité à l'appui et toute sûreté à la marche.

Cet auteur a le tort de recommander un fer plus défectueux que ceux qu'il critique : fer dans lequel l'ajusture française est renversée, c'est-à-dire dont la face supérieure est convexe et la face supérieure concave.

Afin de lui donner cette forme, dit-il, on amincit en biseau la face inférieure du fer du bord externe au bord interne, jusqu'à un demi-pouce

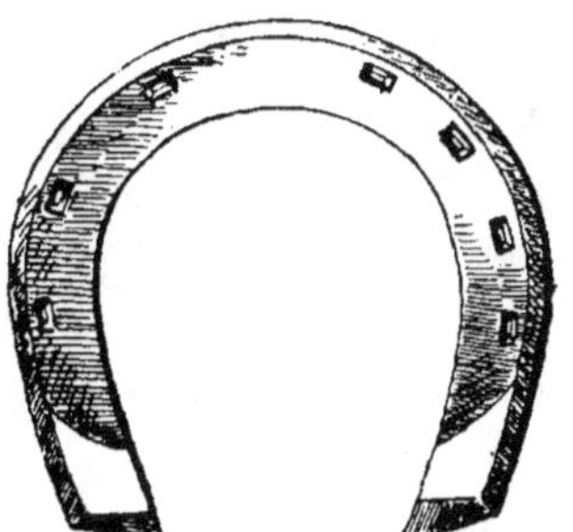

Fig. 113. — Fer Goodwin.

de l'extrémité de chaque éponge. Pour façonner un plan incliné de la face supérieure des éponges on donne une plus grande épaisseur au bord interne (fig. 113).

Goodwin ne conserve du fer français que la forme relevée de la pince, et l'étampure qu'il rendait plus étroite dans le sens de la largeur de ses branches. (Goyau.)

Cet auteur prescrit de parer la sole, car en lui laissant trop d'épaisseur, « elle perd ses propriétés élastiques et la sole sensible souffre proportionnellement à cet accroissement d'épaisseur et à ce besoin d'élasticité ». On voit que Goodwin est bien inférieur à ses devanciers, Osmer, Clark, Moorcroft et surtout à Lafosse.

En 1835, Périer, vétérinaire militaire, émit une théorie diamétralement opposée à celle de Bracy-Clark sur l'élas-

(1) *Un nouveau système de ferrer les chevaux.* Londres, 1820.

ticité du pied et il en déduisit la ferrure qui consiste à parer le pied à fond en pince en ne touchant pas aux talons, puis à appliquer un fer à éponges très nourries. En 1840, Riquet préconise la *ferrure podométrique*, c'est-à-dire une ferrure à froid dans laquelle on prend le contour plantaire du sabot avec un instrument appelé *podomètre*. Celui de Riquet consiste en une chaîne métallique (fig. 114) dont on applique une extrémité sur l'un des talons en suivant le contour de la paroi jusqu'à l'autre talon de telle sorte que la courbure de l'instrument soit exactement appliquée contre le bord plantaire. Arrivé au talon opposé,

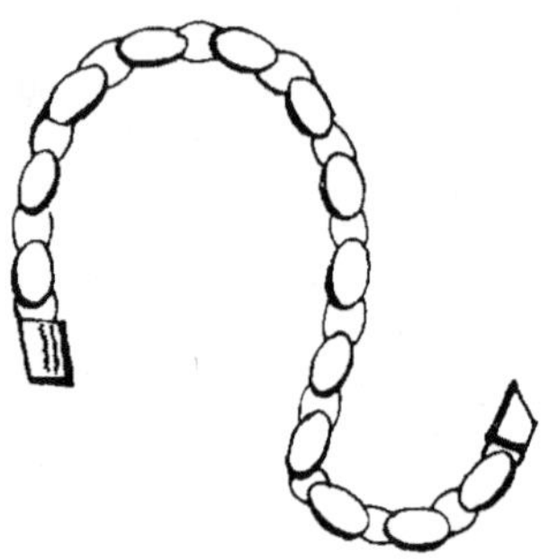

Fig. 114. — Podomètre Riquet.

l'opérateur replie en dehors l'excédent de longueur du podomètre et obtient ainsi une ligne courbe qui représente le contour plantaire. On confectionne le fer d'après ce patron et on l'applique *froid* sur le pied. Pour motiver cette ferrure, Riquet s'exprimait ainsi :

Les observations recueillies pendant plusieurs années, les expériences raisonnées ayant prouvé que la ferrure par tâtonnement pouvait être remplacée par un procédé imité de celui employé par l'ouvrier qui chausse l'homme, l'art vétérinaire a doté la maréchalerie d'un instrument ingénieux et simple, à l'aide duquel l'ouvrier obtient sur nature le patron du pied du cheval qu'il doit ferrer, compare avec le patron le fer qu'il façonne, et se dispense d'apposer le fer brûlant sur l'ongle. Cette découverte proscrit la ferrure à chaud, perfectionne la ferrure à froid, abrège les opérations et assure ainsi l'infaillibilité de l'ouvrier, dont le coup d'œil trop souvent imparfait exposait auparavant le cheval à des conséquences trop graves.

Ces raisons ont paru d'abord décisives puisqu'une décision ministérielle du 30 juillet 1845 a prescrit la *ferrure à froid* pour les chevaux de l'armée française, à l'exclusion de toute autre.

Mais le temps a fait justice de ces exagérations et de ces complications : une circulaire ministérielle du 22 mars 1854 a rapporté la décision précédente et rendu la ferrure à chaud réglementaire dans l'armée, attendu qu'elle ne présente pas les inconvénients qu'on lui a attribués et qu'elle est bien plus solide et plus durable, comme en témoignent des expériences faites à l'École de cavalerie de Saumur, de 1841 à 1844.

Le vrai podomètre du maréchal, dirons-nous à notre tour, est encore — et sera toujours — le coup d'œil de l'ouvrier.

Pour terminer cette étude abrégée de l'histoire de la ferrure, il nous reste à mentionner divers travaux sur lesquels nous aurons à revenir dans le cours de cet ouvrage. En première ligne vient le *Traité de l'organisation du pied de cheval*, publié en 1851, par H. Bouley. Cette œuvre magistrale, dont il est déjà parlé dans la première partie de notre livre, réalise un progrès très important dans nos connaissances sur l'anatomie et la physiologie du pied des Équidés. C'est, comme on l'a dit, « un véritable monument élevé à la science de l'organisation et des fonctions du pied du cheval, science qui est la base de toute maréchalerie » (Mégnin). Cet ouvrage a été complété par l'article FERRURE, publié en 1860, dans le tome VI du *Dictionnaire pratique de médecine, chirurgie et hygiène vétérinaires*.

Mentionnons également les travaux de Merche (*Principaux systèmes de ferrure*, 1860), ceux de Watrin ; le *Traité de maréchalerie vétérinaire* de notre maître, le professeur Rey (2ᵉ édition, 1865) ; la Monographie de Delpérier sur les *Ferrures à glace* (1881) ; la partie consacrée à la *Maréchalerie* dans le livre de Lavalard, intitulé *le Cheval*. (Paris, 1888) ; le *Cours de maréchalerie* professé à l'École de Saumur par Dangel ; le *Traité pratique de maréchalerie* (3ᵉ édition, 1890) de Goyau, qui contient entre autres documents intéressants des extraits de l'important ouvrage de Fleming, *Fers* et *Ferrures* ; les *Ferrures à glace*, françaises et étrangères, par Aureggio (1890) ; le *Précis théorique et pratique de maréchalerie* de Pader (1892) ; le *Traité d'hippologie* de Jacoulet et Chomel (1895); enfin les nombreux travaux dont la ferrure a été l'objet à la *Société centrale de médecine vétérinaire* de Paris, depuis 1844 jusqu'à la publication de notre livre.

C'est en nous inspirant de ces nombreux documents et de notre expérience que nous étudions, dans les sections suivantes, la ferrure normale et la ferrure pathologique.

SECTION II. — FERRURE NORMALE.

Définition. — On appelle *ferrure normale* celle que l'on applique à un sabot bien conformé, exempt de défectuosités ou de maladies et dont l'aplomb ne laisse rien à désirer.

Conditions d'une bonne ferrure. — Elles sont au nombre de quatre :

1° Protéger le sabot contre l'usure sans le détériorer ;

2° Répartir régulièrement le poids du corps sur le pied afin de ne pas fausser l'aplomb, attendu que l'aplomb du pied est corrélatif de celui du membre ;

3° Donner de la solidité à l'appui en mettant en jeu l'élasticité du pied par l'appui de la fourchette ;

4° Être durable et économique.

Procédés de ferrure. — Deux procédés principaux sont employés pour que la ferrure réalise les conditions exposées ci-dessus : le procédé français et le procédé anglais, et, suivant que la ferrure est pratiquée par l'un ou par l'autre, elle est dite *française* ou *anglaise*.

CHAPITRE PREMIER

FERRURE FRANÇAISE.

Nous avons d'abord à étudier le fer à cheval, les clous
à ferrer et le manuel de la ferrure ; nous exposerons
ensuite diverses particularités relatives au fer, à ses étampures, à son poids, à sa garniture, etc.

ART. Ier. — FER A CHEVAL FRANÇAIS.

En premier lieu, nous décrirons le fer, puis sa fabrication.

§ 1er. — DESCRIPTION DU FER.

Le fer à cheval est une bande métallique contournée
sur elle-même dans le sens de son épaisseur et dont la
forme répète celle du bord plantaire du sabot.

Le métal qui le constitue est le fer, l'acier, la fonte ou
le bronze d'aluminium.

Le fer à cheval, de même que le sabot, se divise en *pince*,
mamelles, *quartiers* et *éponges* (fig. 115).

La *pince* est la partie la plus antérieure du fer ; elle
correspond à la région du sabot qui porte le même nom.
Les *mamelles* sont situées de chaque côté de la pince,
comme dans le sabot ; les *quartiers*, en arrière des mamelles ; et enfin les *éponges* sont les extrémités des
branches du fer correspondant aux talons. Sous le nom
de *branches*, nous désignerons, avec H. Bouley, chaque
moitié du fer que l'on distingue en *externe* et en *interne*
suivant la position qu'elles occupent sous le pied.

En outre, le fer à cheval présente à considérer : deux faces, deux bords, sa tournure, son épaisseur, sa largeur ou couverture, ses étampures, ses contre-perçures, sa garniture, ses crampons, son pinçon et son ajusture.

Les *faces* sont distinguées en *supérieure* et en *inférieure* :

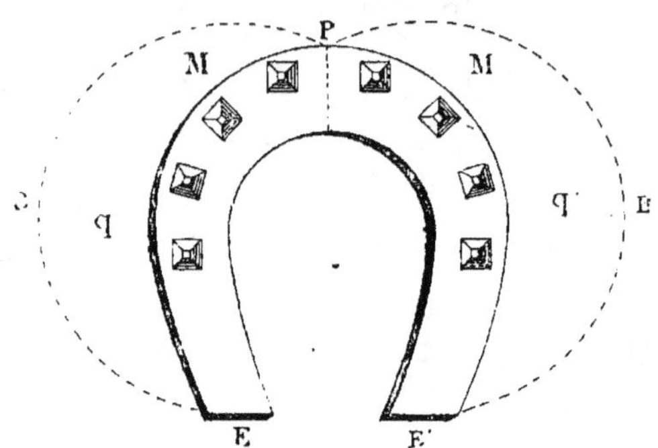

Fig. 115. — Fer à cheval français (pied antérieur droit).

P, Pince. — MM', Mamelles. — qq', Quartiers. — EE', Éponges. — BB', Branches.

la première (fig. 116 (A), présente les contre-perçures et se trouve en contact intime avec le bord plantaire du sabot;

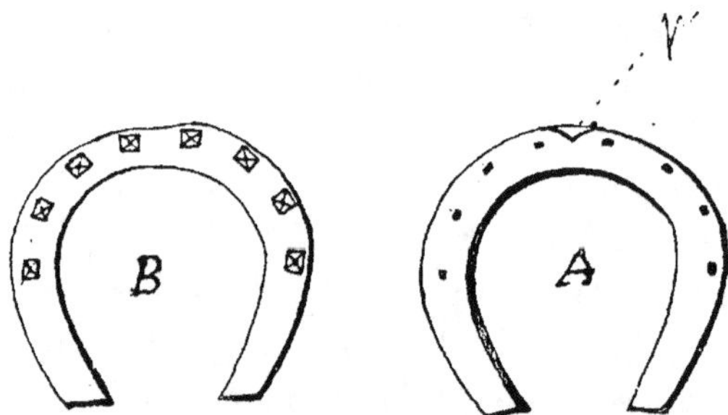

Fig. 116. — Fer pour le pied antérieur droit.

A, Face supérieure montrant les contre-perçures. — p, Pinçon. — B, Face inférieure montrant les étampures.

la seconde (fig. 116, B), offre les étampures et frotte sur le sol, elle doit être par cela même plus ou moins rugueuse afin de prévenir les glissades.

Les *bords* ou *rives* sont au nombre de deux : la *rive*

externe forme le contour extérieur du fer ; la *rive interne*, le contour intérieur dont la partie centrale, qui correspond à la pince, s'appelle *voûte*.

La *tournure*, c'est la forme donnée au fer reproduisant le contour plantaire.

L'*épaisseur* est constituée par la distance qui existe entre les deux faces.

La *couverture*, c'est la largeur d'un bord à l'autre.

Les *étampures* sont des ouvertures de forme pyramidale creusées à travers l'épaisseur du fer, de sa face inférieure à la supérieure ; elles sont destinées à donner passage aux clous et à loger en partie leurs têtes dans leur excavation. Elles sont, en général, au nombre de huit.

La *contre-perçure* est l'orifice supérieur de l'étampure ; elle affecte une forme quadrangulaire comme la lame du clou qui la traverse (fig. 116).

On dit qu'un fer est *étampé à gras*, lorsque les étampures sont éloignées de la rive externe ; qu'il est *étampé à maigre*, quand elles en sont très rapprochées. En général, les fers sont étampés plus à gras sur la branche externe et plus à maigre sur la branche opposée. Cette disposition permet de donner au fer ce que l'on appelle de la *garniture*, c'est-à-dire de lui faire déborder un peu en dehors la circonférence du pied.

Les *crampons* sont des saillies prismatiques résultant d'un prolongement et d'une flexion à angle droit des éponges, ordinairement. Ils élèvent les talons, empêchent le cheval de glisser en lui permettant de se *cramponner* sur le sol.

Les *pinçons* sont de petites languettes triangulaires, à sommet supérieur, tirées par le martèlement de la substance même du fer. Ils sont le plus souvent *levés* en pince (fig. 116, *p*) ou en mamelles, de la rive externe à la face supérieure du fer ; ils consolident la ferrure, d'où le dicton : *Un pinçon vaut deux clous.*

L'*ajusture*, c'est une certaine incurvation que l'on donne à la face supérieure du fer suivant sa largeur, en pince et en mamelles pour éviter le contact avec la sole et surtout pour que les pressions se répartissent régulièrement sur toute la surface plantaire et qu'ainsi l'usure du fer soit égale dans toutes ses parties ou tout au moins assez uniforme.

Les fers à cheval sont distingués, suivant les *pieds* et suivant le *côté*, en fers de *devant*, c'est-à-dire destinés aux sabots antérieurs, fers de *derrière* pour les sabots postérieurs, fers *droits* et fers *gauches*.

Le fer de devant (fig. 115 et 116) a une forme assez régulièrement arrondie; toutefois sa branche externe est un peu plus incurvée que l'interne. Les étampures sont équidistantes sur chacune des branches et réparties en pince, en mamelles et sur la moitié antérieure des quartiers. Son épaisseur est uniforme et sa couverture également. Toutefois, il est encore d'usage, en maréchalerie, de donner un peu plus de couverture à la branche interne qu'à la branche opposée, en la diminuant graduellement jusqu'aux éponges.

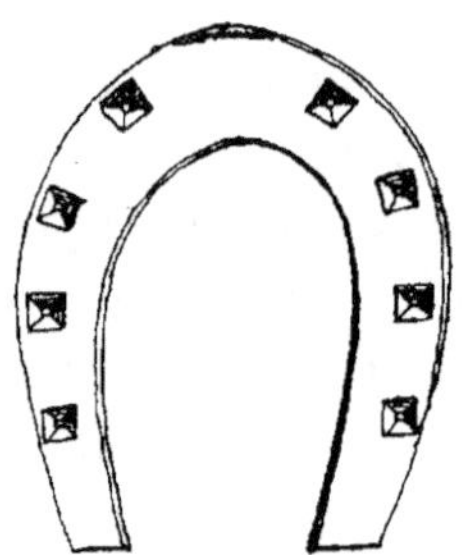

Fig. 117. — Fer pour le pied postérieur gauche.

Le fer de derrière (fig. 117) diffère du précédent par sa forme moins circulaire, se rapprochant de l'ovale; l'épaisseur est généralement un peu plus forte en pince et sur la branche externe; la couverture est également plus prononcée dans ces parties du fer. Les deux étampures de pince sont beaucoup plus éloignées l'une de l'autre que dans le fer de devant. Goyau dit même que ce fer ne porte pas d'étampures en pince, sans doute parce que cet auteur donne à la pince du fer une étendue moindre que celle que nous lui attribuons avec H. Bouley. Cette disposition des étampures est ménagée afin de pouvoir lever un fort pinçon. L'éponge externe du fer de derrière se termine assez souvent par un crampon et l'éponge interne par une *mouche*, c'est-à-dire un petit crampon quadrifacié comme la tête d'un clou à cheval.

Les fers *droits* de devant ou de derrière se distinguent facilement des fers *gauches* par la branche interne qui est sensiblement moins incurvée et étampée plus à maigre que la branche externe.

Tels sont les caractères généraux des fers à cheval employés pour la ferrure normale.

§ 2. — FABRICATION DU FER A CHEVAL.

Cette fabrication se fait dans l'atelier du maréchal ou bien dans des usines aménagées à cet effet. Dans le premier cas, le fer est entièrement confectionné par l'ouvrier maréchal; dans le second cas, il est fabriqué à l'aide de machines spéciales et on le désigne sous le nom de *fer à la mécanique* ou simplement *fer mécanique*.

1° Fabrication du fer à cheval dans l'atelier du maréchal. — Cette fabrication implique la connaissance des outils et des matières premières mises en œuvre dans l'action de forger le fer. Nous énumérerons simplement les outils et les matières premières en donnant cependant quelques détails sur celles-ci. Quant à l'action de forger le fer, le plan de cet ouvrage n'en comporte pas la description, attendu qu'elle exige un apprentissage qui ne peut se faire que dans les ateliers.

La forge comprend un matériel fixe qui se compose de l'*âtre*, du *foyer*, du *soufflet*, de l'*enclume*, de *tables* ou *établis*, de *casiers* pour fers et de *trous* ou *fosses* à charbon.

L'*âtre* doit être construit en fonte plutôt qu'en maçonnerie; il se conserve mieux et garde un meilleur aspect.

Le *foyer* c'est l'excavation dans laquelle se produit la combustion, il est circonscrit par une plaque de fonte appelée *garde-feu*. Sur l'un des côtés du foyer se trouve la *tuyère*, qui est reliée au soufflet par un tuyau.

Autrefois la tuyère était tout simplement un massif de fonte dans lequel était percé le trou qui livrait passage au vent et qui n'avait pour but que de résister plus ou moins longtemps à l'action du feu. Aujourd'hui la tuyère a surtout pour objet de diriger et de régler le vent dans les conditions les plus favorables au chauffage et à l'économie du combustible. De là, les tuyères *à vent central, à un ou plusieurs trous, à papillon et à registre régulateur, à entraînement d'air*, etc., qui constituent autant de progrès dans le perfectionnement. Mais la modification la plus importante est certainement celle qui remplace l'ancien système de tuyères à vent latéral par les tuyères à vent central qui font aboutir le jet d'air au centre même du foyer. Ce système de tuyère assure un chauffage plus rapide et plus régulier. (Pader.)

Le *soufflet* tend à être remplacé par des souffleries en fer ayant pour principe soit un ventilateur à ailettes, soit un corps de pompe à piston, comme il en existe à l'École de Lyon.

L'*enclume* comprend la *table*, qui doit être aciérée, parfaitement plane et lisse, la *bigorne*, le *trou* d'enclume. Elle est placée sur un billot en bois ou en fonte.

Le bois employé comme billot est élastique, et rend malheureusement un son éclatant, qui, surtout dans les villes, gène les personnes habitant au voisinage des forges, et qui empêche même toute explication dans la forge.

Il paraîtrait que les billots en fonte n'ont pas ces inconvénients ; nous ne les avons pas encore employés, mais ils seraient en usage à l'École de ferrure de Berlin et donneraient de bons résultats.

Ces billots en fonte de fer ont une durée extraordinaire, ils sont propres et occupent moins d'espace que les autres matériaux. Ils sont évidés intérieurement et représentent une cloche dont les parois ont 30 millimètres d'épaisseur au haut, et 55 millimètres au bas. D'après la description, que nous avons empruntée à M. Lungwik, professeur de maréchalerie à Dresde, le billot mesure 45 centimètres de hauteur ; deux ouvertures sont percées à sa partie supérieure, qui mesure 66 centimètres de longueur et 55 à 56 centimètres de largeur. Les parois longitudinales sont droites et perpendiculaires, afin que les ouvriers puissent s'approcher de l'enclume, les deux autres sont arrondies et s'évasent vers le sol.

On peut ajuster des œillets ou des crochets à l'un ou aux deux petits côtés, pour suspendre les pinces et autres outils.

Il est convenable de placer ces billots sur des bases de béton et de les remplir de la même matière ou de chaux par l'ouverture qu'ils portent.

L'enclume est placée entre deux talons de 5 centimètres de hauteur fixés aux deux extrémités du billot, et assujettie par deux coins de fer.

Ce billot pèse 365 kilogrammes et coûte 100 francs. (Lavalard.)

Le mobilier de la forge comprend : 1° les objets qui doivent être placés près du foyer : les *tisonniers*, droit et crochu, la *pelle*, l'*écouvette*, les *tenailles à mettre au feu* ou *lopinières*, les *tenailles à main* ; 2° les outils disposés autour de l'enclume : *marteaux à frapper devant*, *marteaux à main*, parmi lesquels on distingue le *marteau à panne*, le *ferretier*, le *refouloir*. Puis les *tranches* pour couper le fer à chaud ou à froid ; les *étampes* pour pratiquer les étampures ; les *poinçons* et leur billot pour contre-percer les fers.

Les MATIÈRES PREMIÈRES sont principalement la *houille* et le *fer*. — On se sert aussi d'*acier*. On a essayé la *fonte*, le *bronze d'aluminium*, le *cuivre d'aluminium*.

Le fer servant à fabriquer les fers à cheval est connu dans le commerce sous les noms de *fer Guildain*, *fer maréchal*, fer *mi-plat*, attendu que la largeur des barres est double de leur épaisseur. — Sa qualité est d'autant meilleure que sa cassure à froid présente un grain plus fin, une disposition comme lamellaire.

Le mauvais fer se casse facilement, son grain est gros.

Dans l'atelier du maréchal, le fer se présente tantôt sous forme de *lopin simple* ou en *barre*, c'est-à-dire de morceau de fer coupé à la longueur voulue dans une barre de fer *mi-plat* ; tantôt de *lopin composé* ou *bourru* : assemblage de morceaux de vieux fer et parfois d'acier, appelés *quartiers*, maintenus ensemble par la *déferre* ou vieux fer à cheval plié en deux et servant ainsi d'enveloppe aux quartiers.

On vient de voir que l'acier entre parfois dans la composition des lopins bourrus, c'est sous forme de quartiers constitués par des débris de faux ou de limes et de râpes usées qu'on l'emploie, principalement pour la confection des fers de derrière destinés aux chevaux de gros trait, qui usent beaucoup en pince. Les fers, forgés avec de semblables lopins, résistent mieux à l'usure.

Depuis longtemps, on a essayé l'acier pour la ferrure du cheval et nous avons été témoin, il y a trente ans, d'essais infructueux faits à Lyon : l'acier employé était trop cassant et trop glissant. Mais les progrès de la métallurgie ont permis d'obtenir un acier suffisamment malléable pour être employé, avec avantage, à la confection du fer à cheval : tel est l'acier Bessemer. Ce produit est employé pour la ferrure Charlier notamment, et nous reviendrons sur son usage en traitant de la ferrure suivant les services. Toutefois nous dirons ici que l'on fabrique aujourd'hui des fers avec de l'acier très doux, malléable à froid. Tel est, par exemple, le fer du baron Luchaire.

La *fonte* est trop cassante pour remplacer le fer dans la matière dont nous traitons.

L'*aluminium* et ses alliages coûtent trop cher et ne peuvent être essayés que pour la ferrure des chevaux de luxe. Voici d'ailleurs les résultats d'expériences faites à l'École militaire de maréchalerie de Berlin pour étudier le côté pratique de l'emploi des fers en *aluminium pur*, en *bronze d'aluminium* (6 à 10 p. 100 de cuivre) et en *cuivre d'aluminium* (5 p. 100 d'aluminium) :

1° L'aluminium pur peut être forgé à froid, mais il est bien plus difficile à travailler que le fer rouge. Ce métal, naturellement mou, durcit considérablement si on le martèle de coups petits et nombreux. Quand on l'étampe ou qu'on fait la rainure de la face inférieure dans la ferrure anglaise, le fer se déforme et il en résulte une grande perte de temps dans la fabrication. La durée d'une ferrure en aluminium pur, pour un cheval qui ne fait qu'un service modéré, est d'environ trois semaines, il faut de temps en temps enlever avec la lime les bavures qui se forment au bord inférieur des deux rives du fer. En raison de la faible dureté du métal, comparée à celle du fer, l'adhérence et, par suite, la sécurité sont plus grandes sur le pavé et sur l'asphalte.

L'aluminium pur est environ trois fois plus léger que le fer. Tandis qu'un fer à cheval ordinaire et de moyenne grandeur pèse 350 grammes, celui qui est fait en aluminium pur et comprimé par le marteau n'en pèse que 210. L'aluminium en barre coûte 10 francs le kilogramme et 840 francs le quintal. La quantité nécessaire pour deux fers ordinaires coûte environ 3 fr. 75 au lieu de 0 fr. 50 si on les fait en fer. Les fers en aluminium, en raison de leur faible poids (100 à 120 grammes au lieu de 250), sont préférables pour les chevaux de course; ils conviennent aussi pour la ferrure semi-lunaire; un fer ne pèse alors que 50 à 80 grammes.

2° Le bronze d'aluminium est moins ductile et plus dur que l'aluminium pur. Chauffé au rouge, il ne peut être forgé ; à froid, il se casse souvent sous le marteau. Les morceaux et les déferres ne sont plus utilisables, parce que la fusion rend durs et peu ductiles l'aluminium et le bronze d'aluminium.

Si on ajoute de l'aluminium, on rend ce bronze propre à être forgé. Le bronze d'aluminium en barre coûte 655 francs le quintal.

3° Le cuivre d'aluminium peut être forgé au rouge, mais plus difficilement que le fer. Il a, d'ailleurs, à peu près la même ductilité que ce dernier (1).

Nous avons fait ferrer les pieds antérieurs de deux chevaux de luxe avec des fers en bronze d'aluminium à 6 p. 100 de cuivre. Ces chevaux ont fait pendant plusieurs mois un service assez actif — environ 20 kilomètres par jour — soit sur le pavé de Lyon, soit sur une route empierrée. L'un d'eux usait ses fers en 14 jours et l'autre en 22 jours environ. Nous avons également appliqué cette ferrure, sous forme semi-lunaire, à une jument de selle dont les pieds antérieurs étaient encastelés et bleimeux, et nous en avons obtenu d'excellents résultats.

Le combustible que l'on préfère pour l'usage de la forge, est la houille *grasse* ou *collante*, encore appelée *charbon*

(1) *Revue vétérinaire.* Décembre 1892.

maréchal, charbon de forge. Ce combustible est de couleur très noire et très brillante, il dégage beaucoup de chaleur et forme croûte, ce qui permet de retirer le fer sans déranger le foyer incandescent.

2° Fabrication du fer à cheval à la mécanique. — On sait que, depuis le commencement de ce siècle, on a cherché à fabriquer des fers avec des machines spéciales. Moorcroft avait imaginé une machine de ce genre et les raisons qu'il a données pour motiver son invention, peuvent encore être invoquées aujourd'hui (voy. *Historique de la ferrure*, p. 185). Car chacun sait qu'en industrie, comme en agriculture, il devient de plus en plus nécessaire de remplacer la main-d'œuvre par le travail des machines qui permet de diminuer le prix de revient et de lutter contre la concurrence.

En outre, « il peut y avoir un avantage capital à ce que l'armée ne soit pas absolument tributaire d'une catégorie d'ouvriers qui, dans la dernière guerre, par exemple, se sont trouvés insuffisants, au point de vue de la production, pour faire face à toutes les éventualités ». (Pader.)

On comprend donc que l'on se soit appliqué à fabriquer, économiquement et sûrement, le fer à cheval par le moyen d'une machine.

Il est présumable que les premiers essais n'ont pas donné de bons résultats. Ainsi la collection de fers et ferrures de l'École de Lyon renferme un fer portant la date de 1840, fabriqué à la mécanique par Noiraud, inventeur breveté. La tournure de ce fer et son étampage laissent à désirer, et si on le compare aux fers fabriqués aujourd'hui, on constate que de grands progrès ont été réalisés dans la fabrication mécanique des fers à cheval. Ainsi les forges d'*Onzion* près Saint-Chamond (Loire), à MM. Neyrand et Cⁱᵉ, fabriquent des fers bien étampés et d'une tournure irréprochable. D'ailleurs, en France et à l'étranger, en

Angleterre, en Allemagne, en Autriche, en Danemark, en
Suède et en Norwège, en Amérique, etc., la fabrication du
fer à cheval au moyen de machines se répand de plus en
plus. Lavalard a fait connaître l'outillage perfectionné
de quelques-unes de ces fabriques, puis il réfute de la
manière suivante les objections contre les fers mécaniques :

Sans nous arrêter à la forme des fers fabriqués, nous devons
maintenant étudier la question de savoir si les fers fabriqués mécaniquement sont aussi bons que les fers forgés par la main de
l'homme, et nous allons nous attacher à combattre les arguments
présentés contre l'emploi des premiers. La question a été très
discutée, et les ouvriers surtout se sont montrés très hostiles à cette
innovation. On a prétendu que ces fers n'avaient pas les confor-
mations voulues, qu'ils s'usaient plus vite, que l'ouvrier forgeait
toujours un fer spécial pour chaque pied de l'animal ; enfin que
l'ouvrier pouvait à loisir forger tous les modèles nécessaires pour
la ferrure courante.

D'abord, il faut reconnaître que le jour où on a pu fabriquer des
fers au moyen d'appareils mécaniques, on a soulagé beaucoup
l'ouvrier en lui rendant le travail plus facile et moins fatigant.
Tout le monde a vu des maréchaux soudant et forgeant des fers
représentant souvent un poids de deux kilogrammes et même plus.
L'état de surexcitation et de fatigue que ce travail amène leur
donne un tremblement tel qu'il leur est matériellement impossible
d'écrire ou de faire quoi que ce soit qui demande un peu de soin.
Et certes on peut se demander comment, après avoir forgé un
certain nombre de fers, ils peuvent se livrer à cette tâche si délicate
de ferrer un cheval, c'est-à-dire d'implanter des clous dans la paroi
qui n'a que quelques millimètres d'épaisseur.

Quant à cette objection que le maréchal qui va ferrer un cheval
trouvera un grand avantage à forger immédiatement les fers
nécessaires, elle ne peut être prise en considération. Le fait peut se
produire pour quelques exceptions très rares ; mais, en général,
lorsque le maréchal veut ferrer un cheval qu'on lui amène, il commence par chercher dans son approvisionnement de fers, qu'ils
soient forgés à la main ou mécaniquement, ceux qui pourront convenir aux pieds de ce cheval. Il les remettra au feu et leur donnera
alors la tournure, l'ajusture nécessaires. La fabrication mécanique
des fers est donc un progrès, et certainement l'ouvrier maréchal
doit être le premier à en tirer profit. Aujourd'hui surtout, on est
arrivé à un grand perfectionnement, et les machines fournissent

des fers bien faits et qui sont supérieurs à ceux forgés à la main.

On a prétendu qu'ils s'usaient plus vite et par suite nécessitaient un renouvellement plus fréquent de la ferrure. Cela dépend absolument de la qualité de la matière employée, et les études comparatives auxquelles nous nous sommes livré pendant longtemps nous ont démontré qu'il n'y avait pas lieu de tenir compte de cette objection. Les fers, forgés mécaniquement en bonne qualité, durent assez longtemps, et comme le sabot du cheval doit à un certain moment être raccourci, nous avons dû faire souvent relever les fers mécaniques avant leur usure complète.

En dehors du côté économique qui a une grande valeur, la ferrure sera plus régulière, et on évitera les bosses énormes que les maréchaux placent aux différentes parties du fer sous prétexte d'usure (1).

Un vétérinaire militaire, Esclauze, a également étudié, d'une manière approfondie, la fabrication mécanique des fers et il a fait ressortir, avec beaucoup de netteté, les avantages économiques qu'elle présente. Ces avantages résultent des perfectionnements de la fabrication permettant d'obtenir des fers d'égale épaisseur, de même couverture, très régulièrement étampés et bigornés. En outre, ces fers peuvent être confectionnés en acier malléable de telle sorte qu'il est possible de les agrandir ou de les resserrer *à froid*, en un mot, de les modeler exactement sur le pied. Et ces fers en acier sont plus légers et plus durables que les fers ordinaires. Esclauze estime que la fabrication mécanique des fers est appelée à rendre d'importants services pour la ferrure des chevaux de l'armée en raison des qualités que ces fers présentent.

Ainsi les fers fabriqués à la mécanique, avec de l'acier doux ou du fer à nerf de première qualité, peuvent être déformés à froid. Les déformations, certes, ne sauraient être excessives, mais elles sont suffisantes pour permettre d'ajuster un fer à un pied quelconque. L'ouvrier peut les fermer, les ouvrir, les monter à cheval, leur donner la tournure voulue sans les casser. Cette grande malléabilité n'empêche pas la grande résistance à l'usure. On peut donc les appliquer *sans*

(1) *Le cheval*, par E. Lavalard, p. 125.

le secours d'une forge. Il est bien évident que, en temps ordinaire, il sera plus simple, plus facile de laisser les choses dans l'état où elles sont actuellement; mais il est certain que, pendant les manœuvres, durant une campagne, nos maréchaux pourraient utiliser les fers mécaniques sans les chauffer, sans les bigorner, sans les ajuster à chaud sur leurs enclumes. Il suffira de les habituer à ce mode de faire; que si cette ferrure est moins bien faite, moins soignée, elle résistera quand même et le cheval continuera sa route sans que ses pieds aient beaucoup à souffrir. (Esclauze.)

Nous partageons entièrement l'opinion de notre confrère militaire et nous pensons avec lui que la fabrication mécanique des fers doit être encouragée, car la ferrure des chevaux de l'armée nous paraît appelée à bénéficier largement des progrès de cette industrie.

ART. II. — CLOU A CHEVAL FRANÇAIS.

Nous décrirons d'abord le clou, puis sa fabrication.

§ 1er. — **DESCRIPTION DU CLOU**.

Le fer est fixé au sabot par des clous particuliers, nommés *clous à ferrer*, *clou à cheval*, *clou maréchal*. On distingue dans ce clou (fig. 118) : la *tête*, le *collet*, la *lame* ou *tige* et la *pointe*. Toutefois les auteurs ne s'entendent pas sur l'étendue occupée par le collet. Ainsi Jauze, puis Rey appellent *collet* (fig. 118 c), la partie intermédiaire entre la tête et la lame, c'est de cette partie « que dépend la solidité du clou ». H. Bouley ne définit pas le collet, mais, en parlant des étampures, il dit qu'elles sont destinées à donner passage aux clous et à loger *en partie* leurs têtes dans leur excavation, ce qui indique que cet auteur considérait la tête du clou comme formée de deux

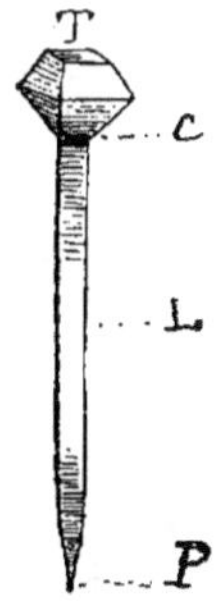

Fig. 118. — Ancien clou français.
T. Tête.
C. Collet.
L. Lame.
P. Pointe.

moitiés : l'une s'enchâssant exactement dans l'étampure et l'autre faisant saillie à la face inférieure du fer, comme le disent Jauze (1) et Rey. Ce dernier auteur fait remarquer que « la tête du clou a la forme de deux pyramides quadrangulaires, adaptées base à base, dont l'inférieure se continue par le collet, tandis que la supérieure est tronquée (2). Une moitié de la tête entre dans l'étampure du fer, l'autre fait saillie à la face inférieure (3) ». Mais les auteurs d'ouvrages récents, Goyau, Lavalard, Pader, considèrent la partie inférieure de la tête du clou comme le *collet* (fig. 119). Et Lavalard dit que « le collet du clou doit se fondre avec la lame et la séparation de l'un et de l'autre ne doit pas être trop prononcée dans le clou dit à *long collet*. Cette manière de voir n'est pas aussi rigoureusement exacte que celle qui limite le collet à la partie rétrécie ou mieux à la ligne qui unit la tête à la tige du clou. Quoi qu'il en soit, il est essentiel — pour la solidité de la ferrure — que la partie inférieure de la tête du clou, appelée *collet* par nos auteurs, soit exactement enchâssée et comme moulée dans l'étampure, et que la partie supérieure de la tête déborde légèrement le plan du fer, sans former une saillie trop forte, surtout en pince, ce qui exposerait le cheval à buter et à se déferrer en brisant la tête du clou vers le collet.

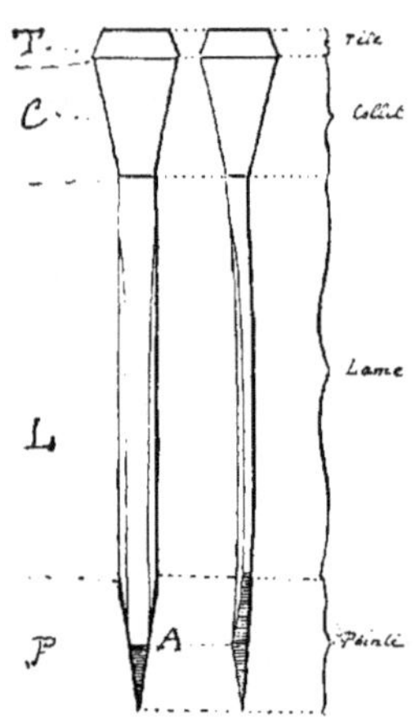

Fig. 119. — Clous français.

T. Tête.
C. Collet.
A. Grain d'orge et affilure.
L. Lame.
P. Pointe.

En résumé, la *tête du clou* comprend deux parties : l'une *enchâssée* et l'autre *saillante*. Dans les clous à ferrer

(1) Jauze, *Maréchalerie vétérinaire*, 1818, p. 453.

(2) Rey, *Traité de maréchalerie vétérinaire*, 2e édition, 1865, p. 161.

(3) Certaines personnes appellent la partie supérieure de la tête du clou, sa *frappe;* mais ce terme technique n'est pas employé avec cette signification dans notre langue (voy. LITTRÉ, *Dictionnaire de la langue française*).

dont on se sert actuellement, la partie enchâssée est plus longue que la partie saillante, tandis que dans les clous dont on se servait autrefois, elle était à peu près égale à celle-ci, et comme la forme de cette partie enchâssée commande celle de l'étampure, il s'ensuit qu'autrefois l'étampure du fer était plus carrée qu'aujourd'hui où elle tend à devenir rectangulaire : disposition avantageuse pour la solidité de la ferrure.

La *lame* ou *tige* fait suite à la tête par « une légère transition » qu'il nous paraît exact d'appeler collet, à l'exemple des anciens auteurs. Sa longueur est de 4 à 5 centimètres environ ; sa largeur est sensiblement la même du collet à la pointe, tandis que son épaisseur diminue légèrement. A 4 ou 5 millimètres de la pointe se trouve une proéminence appelée *grain d'orge*, d'où la pointe s'amincit en un biseau constituant l'*affilure*.

§ 2. — **FABRICATION DU CLOU**.

Autrefois, les clous étaient fabriqués *à la main*, par les maréchaux eux-mêmes ; plus tard, ils le furent par des ouvriers spéciaux appelés *cloutiers*.

Ces ouvriers étaient pour la plupart assez misérables, attisant leur feu, manœuvrant leur soufflet et forgeant à peine un clou par minute. Les moins malheureux, comme le dit Lavalard, avaient chez eux une petite installation et le soufflet était mis en mouvement par un chien qui tournait continuellement dans un tour en bois. Les maréchaux affilaient ensuite ces clous et il était rare de voir, dans le même atelier, deux ouvriers affiler leurs clous de la même façon ; par suite chaque ouvrier ne pouvait utiliser que les clous ayant *son affilure* afin de ne pas piquer le cheval en se servant de clous affilés par un autre. Ajoutons que ce travail de l'affilure était assez long et bruyant.

Aujourd'hui tout ce travail est supprimé et les clous

sont de bien meilleure qualité qu'autrefois, car ils sont fabriqués à la mécanique et cette fabrication constitue un progrès important dans la ferrure, attendu que la solidité du clou est corrélative de celle de la ferrure. A ce titre, il nous paraît intéressant de faire connaître l'origine de cette fabrication telle qu'elle a été exposée par Lavalard :

Avant 1878, on avait bien commencé à fabriquer mécaniquement quelques clous, mais en France comme en Angleterre les machines ne donnaient pas de bons résultats. Et si on pouvait en faire de grandes quantités rapidement, les prix de revient étaient très élevés.

En 1877, lorsque Goodenough apporta sa ferrure en France, notre attention fut surtout attirée par les clous qu'il nous fournissait pour les essais.

Ils provenaient de la *Compagnie du Clou du Globe de* Boston, en Amérique, qui en envoya sur notre demande à l'Exposition universelle de 1878.

Ces clous de couleur blanche avaient la tête oblongue comme les clous anglais destinés à s'incruster dans la rainure du fer, ils étaient tous affilés à l'avance et prêts à être placés. Leur ténacité et leur ductilité étaient remarquables ; ils pénétraient facilement dans la corne et ne pliaient pas aussi souvent que les autres.

L'apparition de ces clous a amené une révolution complète dans l'industrie du clou à cheval, et aujourd'hui tous les clous fabriqués en Europe le sont d'après les procédés américains qui ont été plus ou moins modifiés, suivant les formes qu'on voulait donner aux clous.

La maison Bouchacourt, à Paris, est l'une des premières en France qui ait traité avec la Compagnie du Globe, de Boston.

Depuis cette époque (1878), les fabriques de clous se sont multipliées tant en France qu'à l'étranger, en Suède, en Allemagne, surtout en Angleterre. Partout le clou mécanique remplace le clou fait à la main. Ce clou est blanc, sa forme est très régulière et bien meilleure que celle de l'ancien clou ; en outre, il est assez résistant pour pénétrer dans la corne sans plier et assez ductile pour supporter le rivet le plus fin, à la condition toutefois d'être fabriqué avec du fer de Suède de première qualité.

ART. III. — MANUEL DE LA FERRURE.

Le manuel de la ferrure comprend :

1° L'examen des aplombs, de la nature du pied et du vieux fer ;

2° La contention du cheval pour la ferrure ;

3° Les instruments de ferrure ;

4° Le déferrement ;

5° L'action de parer le pied ;

6° Le choix, la préparation du fer et son essai ;

7° La fixation du fer sur le sabot au moyen de clous ;

8° La ferrure à froid ;

9° Les caractères d'un pied bien ferré.

§ 1er. — EXAMEN DES APLOMBS, DE LA NATURE DU PIED ET DU VIEUX FER.

Il est clair que l'on ne peut appliquer une ferrure rationnelle au pied du cheval et vraiment conservatrice de l'aplomb du membre et de la forme naturelle du sabot qu'en s'inspirant de l'anatomie et de la physiologie de cet organe. Le vétérinaire sera donc le guide et pour ainsi dire l'initiateur de l'ouvrier dans ce premier acte de la ferrure. Car il faut savoir si le cheval qu'il s'agit de ferrer a de bons ou de mauvais aplombs ; en d'autres termes, si l'aplomb est normal ou défectueux ; dans ce dernier cas, voir si le cheval est sous lui du devant ou du derrière, campé du devant ou du derrière, pinçard, panard ou cagneux ; rechercher s'il a des plaies, des cicatrices, des traces de frottement en dedans, à la couronne, au boulet, au canon.

Après avoir examiné l'animal en repos, il faut le faire marcher et voir s'il trotte en ligne ou bien s'il se touche, s'il se coupe, s'il forge, s'il butte.

L'examen du sabot est surtout essentiel ; il faut être à même de reconnaître si le cheval a de bons pieds ou s'ils sont défectueux, de quelle nature est le défaut qu'ils présentent. On verra, au chapitre des défectuosités du pied, combien elles sont variées ainsi que les ferrures qui leur conviennent.

Enfin l'usure du vieux fer donne des indications dont on doit tenir compte, attendu qu'une usure régulière témoigne d'un aplomb irréprochable et d'une ferrure parfaite. Remarquons toutefois que le genre de service exerce une certaine influence sur l'usure alors même que l'aplomb est normal et la ferrure bien faite. C'est ainsi, par exemple, que le cheval de gros trait use ses fers de devant surtout en pince et en mamelle externe. Mais cette inégalité d'usure ne doit jamais être bien prononcée, s'il en est autrement la ferrure est défectueuse.

Dans le présent article, le manuel de la ferrure est étudié en admettant que l'aplomb est normal et le sabot régulièrement conformé.

§ 2. — **CONTENTION DU CHEVAL POUR LA FERRURE.**

Deux cas principaux sont à considérer suivant le caractère du cheval.

Premier cas. — Lorsque le cheval qu'il s'agit de ferrer n'est point méchant ou difficile au ferrage, on lui lève les pieds de la manière suivante :

Pour lever un pied antérieur, il suffit, sur beaucoup de chevaux, de saisir le canon avec la main correspondant au côté du corps où l'on se trouve, et de le fléchir sur l'avant-bras en relevant la région digitée. Une fois le pied levé, l'aide appuie le genou sur sa cuisse droite s'il s'agit de tenir le pied antérieur droit et *vice versâ*, puis il réunit ses deux mains dans le pâturon.

Pour lever un pied postérieur, on engage le bras qui

correspond au côté du corps où l'on se trouve en dedans de la jambe de l'animal ; puis on saisit le canon, et l'on soulève le membre en se redressant.

Dans beaucoup d'ateliers de maréchalerie, les teneurs de pieds sont munis d'une sorte de baudrier en cuir terminé par une courroie que l'on enroule autour du paturon et dont l'extrémité est solidement tenue par une de leurs mains ; cet appareil transmet sur les épaules une grande partie du poids qu'ils devraient supporter à bras tendus et augmente ainsi leur force de résistance.

Pour tenir levé un membre postérieur, on fixe parfois à la base de la queue une longe en corde ou en cuir que l'on passe sous le paturon du membre fléchi.

Deuxième cas. — Quand le cheval n'a pas été dressé ou habitué au ferrage, comme c'est le cas pour le poulain, ou les chevaux difficiles à ferrer, il faut prendre certaines précautions afin d'éviter des accidents très graves et même mortels. Et d'abord, comme le dit Goyau, le maréchal doit savoir se rappeler à propos :

1° Que pour calmer un cheval, souvent il suffit de le placer contre un mur, de le faire tenir en main, la tête haute, par un homme qui caresse les yeux et le chanfrein, ou joue avec le mors du bridon ;

2° Que certains chevaux demandent à ne pas être attachés, laissés libres, les rênes sur le cou, ils se tiennent tranquilles ;

3° Que bon nombre de chevaux ne bougent plus, quand les yeux sont couverts à l'aide de lunettes ou d'une couverture ;

4° Qu'il est des chevaux voulant être ferrés en compagnie d'un camarade d'écurie ;

5° Que, l'été, les chevaux doivent être ferrés le matin ou le soir pour éviter les mouches ;

6° Que certains chevaux, intraitables à la forge, sont parfois très dociles à l'écurie.

Enfin, il en est qui, ferrés à la française, résistent. La présence de deux hommes les inquiète. Et puis, le teneur de pieds agit bien souvent avec trop de force, en étreignant le paturon, en écartant et pliant par trop le membre, il fait naître des défenses, faciles à expliquer par l'horreur du cheval pour toute contrainte, et, aussi,

14

par la gène et la douleur qui résultent de positions contre nature.

Si le maréchal a essayé inutilement tous ces moyens, il lui reste encore deux procédés à employer :

Le dressage du cheval au ferrage ;

Les moyens de contrainte.

1° **Dressage du cheval au ferrage.** — Étant donné un cheval à ferrer qui mord, frappe du pied ou rue :

Trois hommes sont nécessaires : le maitre maréchal, deux aides.

Le cheval est conduit, en caveçon, contre un mur, pour l'empêcher de se dérober ; dans un coin, s'il a tendance à reculer.

Si le cheval frappe du devant et mord, un long bâton est attaché à l'anneau du caveçon et tenu vigoureusement par l'aide, qui maintient ainsi l'animal, sans aucun danger pour lui et pour le maitre maréchal.

Si le cheval ne fait que ruer, l'aide est inutile.

C'est au maitre maréchal à dresser le cheval. Il se tient à la tête un peu par côté, la longe du caveçon dans une main, à 30 centimètres de l'anneau.

De l'autre main, avec un long manche de chambrière, il exerce sur le corps du cheval des attouchements, sous forme de pressions successives, légères et prolongées.

Ce massage commence à l'encolure et se continue sur le corps, sur les membres et sur les deux côtés du cheval.

Pendant cette opération, le maitre maréchal parle au cheval ; sa voix est caressante, impérative ou menaçante, suivant qu'il s'agit de prévenir, de réprimer ou de punir.

Il fixe sans cesse les yeux sur la région soumise aux attouchements, et arrête net tout mouvement d'impatience ou de révolte, par une saccade très légère du caveçon.

Il faut avertir et non punir. Un coup violent compromet tout, en faisant perdre la tète au cheval.

Le cheval est ainsi placé dans l'impossibilité de nuire et de se dérober aux attouchements ; il est intimidé par la gaule ; il comprend rapidement que son indocilité, seule, lui attire les avertissements du caveçon, et... il se tient tranquille.

Alors le maitre maréchal se débarrasse de la chambrière, conserve seulement la longe du caveçon, caresse l'animal sur les yeux, avec l'autre main, et appelle le teneur de pieds.

Celui-ci exerce un massage à la main, dans le sens du poil, en commençant au garrot et descendant le long du membre de devant.

A chaque mouvement d'impatience, réprimé par le maitre maréchal, à l'aide de la voix et d'une légère saccade du caveçon, le teneur de pieds recommence imperturbablement les attouchements et toujours à partir du garrot.

Pour le pied de derrière, l'aide doit appuyer une main à la hanche, et caresser de l'autre, en descendant jusqu'au pied, qu'il essaye de lever.

Si l'animal retire brusquement son pied, l'aide recommence le massage et fait une nouvelle tentative.

En cas de franche réussite, sans ombre de résistance, le pied levé est doucement balancé sous le cheval, dans le sens des articulations.

Il ne faut pas employer la force, ne pas engager de lutte : le massage et la patience triomphent de toutes les résistances.

Quand le cheval se laisse docilement lever les pieds, le ferreur est appelé et simule l'opération du ferrage ; puis enfin ferre le cheval.

Ordinairement, en quatre ou cinq séances d'une demi-heure, le cheval le plus rebelle peut être dompté et à tout jamais dressé au ferrage.

Seules les juments pisseuses résistent à ce procédé.

2° **Moyens de contrainte.** — Un cheval est à la forge ; il résiste ; les moyens ordinaires échouent ; le temps presse ; divers moyens peuvent être employés ; un fort teneur de pieds, la plate-longe, le tord-nez, mettre le cheval en cercle, serrer les oreilles, le travail et enfin l'abatage (1).

Un fort teneur de pieds. — Mettre un caveçon ; requérir un aide très vigoureux ; chercher à triompher du cheval par le regard, de légères corrections du caveçon, les sévérités de la voix, les gestes menaçants de la main et surtout par la force du teneur de pieds.

Si le teneur de pieds tient un pied de derrière et que le cheval se défende, il doit d'abord résister, puis se jeter vivement de côté ; renverser d'une main la pince sur le paturon et, de l'autre, saisir la queue en serrant le bras contre le jarret du cheval ; ne pas lâcher et se remettre en position quand les défenses cessent.

Si le teneur de pieds tient un pied de devant et que le cheval se défende, il doit résister d'abord, puis quitter vivement sa position ; saisir d'une main le pied par la pince et prendre la crinière de l'autre main ; ne pas lâcher et se remettre en position quand les défenses cessent.

Plate-longe. — Attacher une plate-longe ou simplement une corde à la queue du cheval ; la passer dans l'anneau d'un entravon fixé au paturon.

L'extrémité de la plate-longe est tenue à distance par un aide.

Quand le cheval se défend, le teneur de pieds se dégage vivement et s'appuie à la hanche, pendant que l'aide tend la plate-longe. Le cheval s'épuise ainsi en défenses et coups de pieds, sans danger pour personne.

---

(1) Tout cheval de luxe qui se défend au ferrage doit avoir des genouillères.

Placer le tord-nez. — Le tord-nez est un bâton muni, à son extré-mité, d'une anse de corde, avec laquelle le nez du cheval est plus ou moins énergiquement serré.

Le tord-nez peut aussi être placé à la bouche et serrer la mâchoire inférieure, à la lèvre inférieure, à l'oreille.

Cet instrument de torture a souvent raison des résistances ; parfois, aussi, il exaspère le cheval et le rend méchant.

Un maréchal, qui connaît son métier, doit rarement s'en servir.

Le tord-nez devrait exclusivement être réservé pour la pratique des opérations chirurgicales et le pansement des plaies.

Mettre le cheval en cercle. — C'est faire rapidement tourner le cheval sur lui-même, pour l'étourdir et le rendre calme ; ce moyen n'est pas sans danger : il peut déterminer des chutes graves.

Serrer les oreilles. — Deux hommes vigoureux se placent de chaque côté de la tête, saisissent d'une main un montant du bridon et, de l'autre, étreignent l'oreille à sa base.

Le cheval abruti reste souvent tranquille, il convient alors de diminuer l'emploi de la force.

Travail et abatage. — Enfin le cheval vicieux peut être enfermé dans une machine en bois, appelée *travail*, ou être abattu : c'est-à-dire garrotté des quatre membres et couché sur un lit de paille.

Tous ces moyens ne doivent être que très exceptionnellement employés. Par leur usage, un cheval peureux, impatient, irritable, devient bien souvent dangereux.

On ne saurait trop le répéter : *Le meilleur moyen de contention est la douceur* (1).

Dans ces dernières années on a recommandé l'em-ploi du *mors électrique* (fig. 120), inventé par le capi-taine de Place (2) pour ferrer les chevaux rétifs.

C'est un appareil volta-faradique (fig. 121) composé des objets suivants, contenus dans une boîte : pile au sel ammoniac, bobine d'induction à graduateur et trembleur, fils conducteurs faisant communiquer l'induit de la bo-bine avec le mors.

(1) Goyau, *Traité pratique de maréchalerie*, 3ᵉ édition, 1890, p. 325 à 329, et *Manuel de maréchalerie*, à l'usage des maréchaux ferrants de l'armée, rédigé par la commission d'hygiène hippique, édition de 1885, p. 93 à 100.

(2) Colonel Gun, *Électricité appliquée à l'art militaire*. Paris, 1888.

La pile est attelée par un commutateur *D* (fig. 121) au fil de la bobine, dont l'induit est relié au mors par l'intermédiaire de deux prises de courant A et B. La bobine donne donc des courants d'induction qui se répètent autant de fois à la minute que le trembleur I oscille dans le même temps. Un dispositif spécial consistant en un bouton commutateur E et une troisième prise de courant C, permet à l'opérateur de varier le nombre des secousses dont l'intensité est réglée dans les deux cas au moyen d'un graduateur tubulaire F qui laisse d'autant plus de force au courant induit qu'il est plus retiré hors de la bobine. Il suffit pour mettre l'appareil en marche de faire pivoter sur son axe vertical le commutateur D, de manière que son extrémité métallique vienne appuyer sur le bouton II. Si le trembleur n'entrait pas de suite en fonction, il suffirait de le faire vibrer légèrement avec le doigt pour voir ses vibrations continuer.

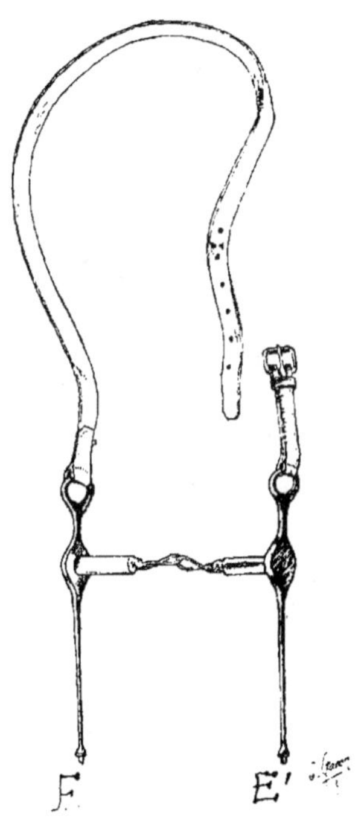

Fig. 120. — *Mors électrique* (modèle du capitaine de Place).

EE', Extrémités du mors auxquelles on fixe les aiguillettes qui terminent les fils conducteurs reliés, d'autre part, avec l'induit de la bobine.

Le mode d'emploi de l'appareil est le suivant : garnir le cheval d'un caveçon, dont la longe doit être tenue par un homme vigoureux, placer le mors, et à chacune de ses extrémités E, E', fixer les aiguillettes qui terminent les fils, les aiguillettes que portent les fils à l'autre bout se placent dans les trous A et B des prises de courant; tourner le commutateur D et, tenant la boîte dans le bras gauche replié, fixer les yeux de l'animal pour le suivre dans ses mouvements s'il y a lieu. Lancer la première secousse en appuyant sur le bouton E. L'animal se cabre et recule, le suivre dans son mouvement, l'aide tirant fortement mais sans secousses sur le caveçon. A la moindre velléité de résistance ou d'attaque, lancer une seconde et une troisième secousse suivant le cas.

Il arrive souvent que l'animal, acculé, stupéfié par le courant, se laisse faire. S'il se défend, on place les aiguillettes des fils dans les prises de courant B et C et l'on tire plus ou moins le graduateur F. Le courant continu peut être arrêté ou lancé par la manœuvre du commutateur D (1).

Nous avons employé plusieurs fois le mors électrique de Place pour ferrer des chevaux difficiles, ou pratiquer des pansements de pied, dans le cas de crapaud notamment. Nous avons vu des sujets immobilisés par le courant, tandis que d'autres se défendaient avec vigueur ; néanmoins

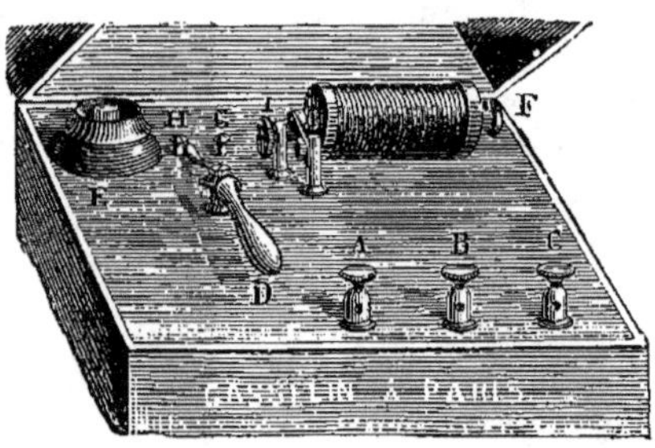

Fig. 121. — Appareil volta-faradique de Place.

il est indiqué d'essayer cet appareil quand il s'agit de ferrer un cheval vicieux plutôt que de l'assujettir d'emblée dans un travail ou bien en position couchée.

§ 3. — INSTRUMENTS DE FERRURE.

Les instruments employés pour la ferrure française sont :

1° Le *brochoir* (fig. 122 *Br*) ou la *mailloche*, sorte de petit marteau qui sert principalement à implanter les clous dans la corne et à les river.

2° Le *rogne-pied* (fig. 122 *Ro*), sorte de couteau en forme de lame de sabre dont le tranchant est très affilé à l'un des bouts et conservé obtus à l'autre. On se sert du bout affilé pour *rogner* l'excédent de la paroi et de l'autre pour *dériver* les clous.

3° Les *tricoises* (fig. 122 *T*), qui servent à déferrer, à faire porter le fer, à couper et à river les clous.

(1) Cadiot et Almy, *Traité de thérapeutique chirurgicale des animaux domestiques*, t. I, p. 8.

4° Le *boutoir* (fig. 122 *Bo*), instrument tranchant servant à parer le sabot et dont il faut se servir avec ménagement.

5° La *râpe* (fig. 122 *Ra*), sorte de lime à gros grains pour niveler le sabot et arrondir son contour.

Tous ces instruments, ainsi que les clous, doivent être

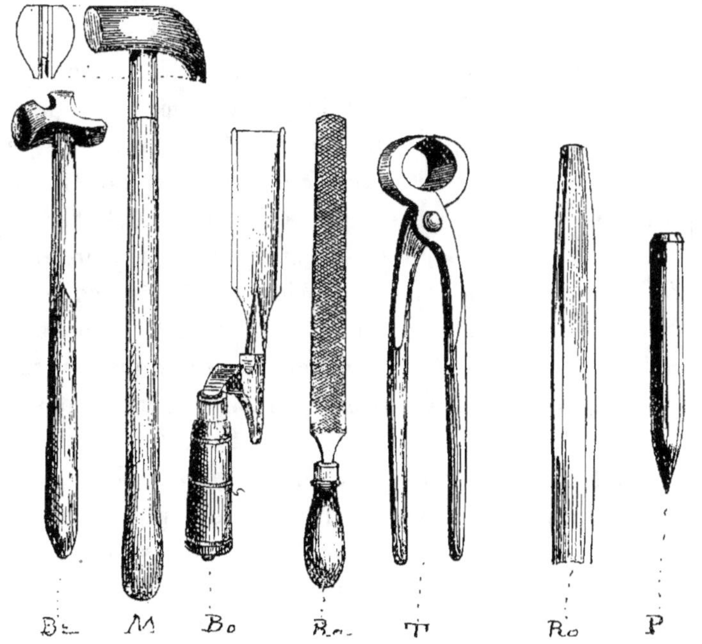

Fig. 122. — Instruments pour la ferrure française.

Br, Brochoir. — M, mailloche. — Bo, Boutoir. — Ra, Râpe. — T, Tricoises. — Ro, Rogne-pied. — P, Repoussoir.

placés dans la *boîte à ferrer* ou dans le *tablier à ferrer*, qui est une sorte de large ceinture en cuir ayant des poches latérales. Mentionnons enfin le *chevalet* ou *billot*, espèce de trépied en bois sur lequel on place le pied du cheval pour râper légèrement et régulièrement la paroi.

§ 4. — DÉFERREMENT DU PIED.

« Pour déferrer le pied, l'ouvrier s'arme du brochoir et du rogne-pied, et il redresse, avec le tranchant obtus de ce dernier instrument, les lames des clous que l'on avait rabattues sur la paroi pour les river ; en d'autres termes, il dérive le fer. Saisissant alors ses tricoises, il introduit l'un de leurs mors sous la face supérieure de l'une des branches du fer, et par le seul fait de l'introduction de ce mors entre la sole et le fer, il opère déjà un soulèvement qu'il rend plus complet, en faisant exécuter aux manches de son instrument un mouvement de bascule. Ils agissent alors à la manière d'un levier du premier genre, et déterminent l'extraction des clous. En frappant ensuite avec ses tricoises sur le bout de la branche soulevée, l'opérateur rapproche le fer de la sole et, par ce mouvement, fait saillir les têtes des clous en dehors des étampures ; il peut alors les saisir l'une après l'autre avec les mors des tricoises et les extraire complètement. Il manœuvre de la même manière pour détacher l'autre branche, et lorsqu'il ne reste plus à extraire que les clous de la pince, il doit introduire l'un des mors des tricoises sous la voûte du fer, et s'efforcer de la soulever par un mouvement de bascule, d'avant en arrière, analogue à celui qu'il a employé pour détacher les branches. Si cette manœuvre ne réussissait pas, il vaudrait mieux faire sortir les clous, en les chassant, de dessus en dessous, à l'aide du repoussoir appliqué par sa pointe à l'extrémité de leur rivet. De cette manière, on ne court pas la chance de faire éclater la paroi par un arrachement violent du fer qui peut être facilement suivi d'un déchirement avec grande perte de substance, du bord plantaire du sabot : accident sans inconvénient, il est vrai, quand la corne a une longueur considérable, mais qui peut être dommageable si déjà elle est courte, car alors il est possible que le sabot ainsi altéré ne puisse plus servir actuellement de support au fer qui doit y être adapté.

« Quand il s'agit de détacher du pied un fer récemment appliqué et dont les clous ne sont pas encore nivelés par l'usure, on peut, pour extraire ces derniers, soit les repousser avec le repoussoir, soit les renverser de leurs étampures, en plaçant le tranchant mousse du rogne-pied sur un des côtés de leur tête, et en percutant sur le dos de cet instrument avec le brochoir. De cette manière, on n'a pas besoin de recourir à l'usage des tricoises pour soulever le fer, et l'on évite ainsi de comprimer la sole : chose importante, si elle est amincie, comme c'est le cas après une ferrure récente, et surtout si le pied est souffrant.

« C'est une précaution indispensable, lorsqu'on dégarnit un pied de son fer, de recueillir les vieux clous, désignés sous le nom de *caboches*, de peur qu'en les laissant sur le sol, ils ne pénètrent dans les pieds des animaux et n'occasionnent des blessures souvent très graves.

« Le fer une fois détaché, l'opérateur extirpe toutes les *souches* qui pourraient rester dans la corne, soit en les saisissant entre les mors des tricoises, si elles font assez saillie pour leur donner prise ; soit, si elles sont trop profondément engagées, en comprimant dans les mors de cet instrument la tige du clou et une certaine épaisseur de la corne qui l'enveloppe. Que si, enfin, on ne pouvait obtenir l'extraction par ce moyen, sans faire une trop grande brèche à la paroi, il faudrait alors, à l'aide du repoussoir, chasser la souche de sa place et en débarrasser le sabot. Cette précaution est des plus nécessaires ; et en effet, les souches laissées dans le sabot peuvent émousser et ébrécher les instruments dont on fait usage pour raccourcir et niveler la corne ; et, en outre, considération plus importante, elles peuvent, par leur résistance, mettre obstacle à la pénétration des clous nouveaux que l'on implante dans la corne, les détourner de la direction qu'ils devraient suivre, et les diriger vers les parties vives : d'où peuvent résulter ces accidents souvent graves que l'on désigne sous les noms d'*enclouure*, de *piqûre* et de *retraite* » (H. BOULEY) (1).

Dans les ateliers de maréchalerie, qui ont un hangar et dont le sol est doux, et lorsque le cheval qu'il s'agit de ferrer a de bons sabots dont la corne est épaisse et dure, on déferre les quatre pieds afin de chauffer les quatre fers en une fois pour les *ajuster* et les *faire porter*. Par ce moyen, on gagne du temps.

Si le sol est pavé, on déferre seulement les deux pieds antérieurs et ce n'est qu'après les avoir ferrés que l'on déferre les pieds postérieurs.

Quand le sabot est déferré, on voit si la corne de la muraille est bonne, si elle est épaisse ou mince, si elle forme une enveloppe continue ou non ; en d'autres termes, si le pied est bon ou mauvais, c'est-à-dire gras, maigre, à talons faibles, à paroi séparée de la sole, dérobé, etc.

§ 5. — ACTION DE PARER LE PIED.

Parer le pied, c'est, selon nous, retrancher l'excédent de corne de la paroi, sans fausser l'aplomb ; c'est, en d'autres termes, le ramener à sa longueur normale tout en lui conservant son appui physiologique. Et par *excédent de corne*, il faut entendre la pousse de la paroi dans l'intervalle de deux ferrures et par suite de laquelle le sabot s'accroît sans s'user puisque le fer l'en empêche.

Cette opération, qui se pratique au moyen du rogne-pied et du boutoir, ou simplement de la râpe, présente une importance capitale : *bien exécutée* elle conserve le parfait fonctionnement du membre en assurant la normalité de l'appui plantaire ; *mal faite* elle détériore le sabot, détermine d'abord de la gêne dans les mouvements du membre, puis des claudications dont le siège est souvent méconnu et finalement une incapacité de travail, qui fait perdre à

(1) *Nouveau dictionnaire pratique de méd. vétér.*, art. FERRURE, p. 623.

l'animal la plus grande partie de sa valeur. Il faut donc l'étudier d'une manière approfondie. Pour cela, nous en exposons d'abord les *principes* ou la *théorie*, puis la *technique*.

1° Principes de l'action de parer le pied.

Cette opération doit être pratiquée *méthodiquement*, c'est-à-dire de manière à imiter l'usure naturelle et à donner ainsi au sabot la forme qu'il aurait prise de lui-même, si naturellement il avait frotté et s'était usé sur le sol. Or, cette forme quelle est-elle?

Pour la connaître, dit H. Bouley, on n'a qu'à observer l'état des sabots sur les chevaux qui marchent pieds nus dans les pâtures. Sur ces pieds, l'usure se caractérise par des effets toujours plus sensibles sur la partie antérieure de l'ongle que sur les talons; et, sur sa partie antérieure, elle est toujours plus manifeste depuis la pince jusqu'au delà de la moitié antérieure du quartier externe, que sur la mamelle et le quartier internes; en sorte que cette dernière mamelle est plus saillante que l'autre; que le quartier du dedans conserve plus de hauteur que celui du dehors; que les talons enfin s'abaissent moins sous l'influence des frottements que la partie antérieure du sabot. Tels sont les effets de l'usure naturelle, le cheval appuie davantage sur la pince que sur les talons, sur le côté externe des sabots que sur l'interne et tend davantage à les user.

Eh bien, ce pied ainsi usé par le frottement naturel doit servir de modèle au maréchal; c'est sa forme qu'il doit imiter; en d'autres termes, le sabot qui sort de ses mains et qu'il vient de réduire à sa longueur normale par l'action de ses instruments tranchants, doit avoir absolument la même configuration que s'il s'était usé naturellement. Donc il faut que le maréchal ait le soin, en raccourcissant et en parant le pied, de ménager plus de hauteur au quartier et à la mamelle internes qu'à la mamelle et au quartier externes (1), et d'abattre plus la pince que les talons, car lorsque le pied use naturellement il se raccourcit bien plus en avant qu'en arrière et plus aussi en dehors qu'en dedans.

Maintenant une autre question se présente à examiner : celle de savoir si, pour faciliter le jeu plus libre du sabot dans ses parties postérieures, il est avantageux d'amincir les barres et de rompre la continuité établie par les glomes de la fourchette entre les bran-

---

(1) On verra ci-après que cette règle est erronée.

ches de cet organe et le sommet des arcs-boutants ; ou si mieux, il n'est pas préférable de respecter les unes et les autres de ces parties et de conserver intégralement la structure naturelle de la boite cornée. Sur ce point les opinions sont singulièrement partagées : tandis que les uns prétendent qu'il faut toujours rompre avec le boutoir ou le couteau la continuité de la fourchette avec les arcs-boutants, les autres soutiennent, au contraire, qu'en agissant ainsi, on contrecarre, les vues de la nature, puisque la pratique *d'ouvrir les talons* a pour effet d'annuler, dans le sabot, une disposition de structure, dont l'existence implique évidemment la nécessité.

De quel côté est la vérité entre ces deux manières de voir ? Sans doute que l'argument qu'invoquent ceux qui adoptent la dernière a une grande valeur, et il n'y aurait aucune objection à lui opposer si le cheval marchait pieds nus. Dans ce cas, en effet, l'usure des différentes parties de la région plantaire s'effectuant d'une manière régulière, proportionnellement aux frottements, aucune n'acquiert des dimensions excessives par rapport aux autres, et ne peut mettre obstacle, par ce fait, au fonctionnement régulier de l'appareil auquel elle appartient. Les barres, alors, comme les arcs-boutants, conservent leurs proportions normales, et il n'y a pas à craindre que, faute de s'user, elles deviennent trop longues, trop épaisses et par conséquent trop rigides. Mais lorsque le sabot est ferré, il n'en est plus ainsi ; toutes les parties de sa région plantaire se trouvant, par ce fait, soustraites à l'action des frottements, il en résulte que, fatalement, toutes augmentent, dans ces conditions, de longueur ou d'épaisseur, puisque la sécrétion cornée étant indiscontinue de nouvelles couches de corne s'ajoutent incessamment à celles qui sont déjà formées et qui ne perdent rien par l'usure. Et comme plus la corne s'allonge ou s'épaissit, plus elle devient dure, résistante et inflexible du côté de sa couche corticale, son accroissement indiscontinu a nécessairement cette autre conséquence de rendre le sabot moins apte à remplir la fonction, quelle qu'elle soit, qu'implique la disposition de ses parties postérieures.

En cet état de cause, il semble indiqué de suppléer, par l'action des instruments tranchants, à l'usure empêchée et d'aménager les barres et les arcs-boutants de telle sorte que, non seulement on les dépouille de l'excédent de corne qu'ils ont acquis dans l'intervalle de deux ferrures, mais encore on prévienne, par une usure artificielle pour ainsi dire anticipée, les conséquences que peut entrainer l'excès de leurs dimensions. Et effectivement, l'expérience journalière démontre qu'il suffit souvent d'amincir les barres, dans le fond des lacunes latérales de la fourchette et de diminuer, en arrière, l'épaisseur des arcs-boutants, pour faire disparaitre des claudications, consécutives à la trop grande épaisseur de ces parties, et à l'inflexibilité de la corne qui, devenue trop rigide, ne se prête pas, dans les limites voulues, aux efforts des tissus contenus dans la boîte cornée et refoulés, au moment de l'appui, contre ses parois intérieures. En pareil cas, l'amincissement des barres et des arcs-boutants restitue à ces parties la souplesse qui leur faisait défaut, et le libre jeu du sabot se trouve rétabli.

Il faut considérer, cependant, que ce ne doit pas être là une pratique générale, mais seulement un moyen réservé pour les cas particuliers où l'indication de son emploi résulte de l'état de souffrance *actuelle* des tissus intra-cornés. Mais, dans les conditions normales, quand le sabot est régulièrement conformé et que la marche s'effectue sans empêchement et sans gêne, ce qui implique que les tissus du pied sont exempts de toute pression et que conséquemment la boîte qui les enferme est bien proportionnée à leur volume et fonctionne avec régularité, alors il faut ménager la force des barres et des arcs-boutants et n'enlever de ces parties, quand on pare le sabot, que l'excédent de leur longueur. Que si, en effet, on les affaiblissait par un amincissement qui serait intempestif, puisque rien ne l'indique et ne le réclame, il y aurait à craindre que le sabot, destitué de ces espèces de contreforts que constituent véritablement les barres, en dedans de sa muraille, ne revînt sur lui-même et n'opérât, dans son mouvement de retrait, une pression douloureuse sur les parties qu'il contient. Et, de fait, c'est ce qui, trop souvent, arrive lorsque, pour une cause ou pour une autre, les barres ont été trop affaiblies par l'enlèvement de leurs couches extérieures, que la continuité des branches de la fourchette avec les arcs-boutants a été rompue complètement et qu'enfin, par l'action de l'instrument tranchant ou de la râpe, on a diminué, en arrière, l'épaisseur de ces arcs eux-mêmes. Que cette opération ait été faite par routine, comme c'est si souvent le cas, ou que ce soit un acte réfléchi, accompli en vue de remédier à un état maladif actuel, ses effets sont les mêmes ; elle aboutit très souvent au rétrécissement de l'ongle, et par suite à la compression douloureuse des parties qu'il renferme. (H. BOULEY.)

Nous avons reproduit entièrement ce passage de l'article FERRURE du *Dictionnaire vétérinaire*, publié en 1860, d'abord parce qu'il a servi de modèle aux ouvrages de ferrure parus après cette date, bien que la plupart des auteurs n'aient pas indiqué la source à laquelle ils ont puisé ; et, en second lieu, parce que nous ne partageons pas entièrement les idées exposées par H. Bouley sur la manière de parer le pied.

Ainsi en recommandant de ménager plus de hauteur au quartier et à la mamelle internes, qu'aux parties similaires du côté externe, afin d'imiter l'usure naturelle, ce qui aurait pour conséquence de mettre le pied de travers, H. Bouley a émis une règle erronée. Car elle est basée sur un mode d'usure du sabot que l'on observe seulement sur le cheval qui est souvent à l'allure du pas, comme c'est le cas quand il pâture. Mais lorsqu'il travaille au trot, l'usure s'exerce principalement sur les régions postérieures du sabot et l'alternance des allures établit ainsi une compensation entre l'usure des parties antérieures de l'ongle et celle des parties postérieures : compensation qui rend la surface plantaire horizontale. Par conséquent, les deux parties latérales du sabot doivent être parées à la même hauteur ; en d'autres termes, la surface plantaire doit être taillée de manière à former un plan parfaitement horizontal.

D'autre part, nous ne pensons pas qu'il soit nécessaire, dans la ferrure normale, de parer les barres, car en agissant ainsi on détermine peu à peu le resserrement du sabot. Et s'il est vrai, comme le dit H. Bouley, que l'amincissement des barres « dans le fond des lacunes latérales de la fourchette » fait disparaître, au moins d'une manière momentanée, certaines claudications, ce résultat n'indique pas que ces claudications procèdent de l'épaisseur des barres. Car, dans les cas de ce genre, la boiterie est, selon nous, la conséquence de ferrures antérieures dans lesquelles le pied a été paré d'une manière irrégulière : tantôt avec excès par un ouvrier, tantôt d'une manière inégale par un autre. Dans ces conditions, si l'animal est employé à un service exigeant des allures rapides surtout sur le pavé, l'amincissement des barres peut remédier à la claudication qui prend naissance et dont il nous parait rationnel de placer le siège dans la synoviale podo-sésamoïdienne.

D'ailleurs, cette épaisseur des barres dont le Maître semble, comme il le dit, craindre les conséquences, constitue leur force, et dans l'action de parer le pied normal, il faut, comme il le dit, ménager la force des barres.

Il faut également, et cela est essentiel, ne pas toucher à la fourchette afin de lui conserver toute son épaisseur, et toutes les qualités que sa corne présente avant d'avoir subi les atteintes du rogne-pied et du boutoir, maniés par l'ouvrier réputé habile, exclusivement préoccupé de faire ce qu'on appelle dans le langage technique, surtout dans les ateliers des villes, de la besogne propre.

Voici comment s'exprime à cet égard, le *Manuel de maréchalerie* à l'usage des maréchaux ferrants de l'armée :

Faire la toilette de la fourchette et se borner à lui restituer sa forme première ; un léger nettoyage donne de l'air aux lacunes et évite les atteintes de la pourriture.

Et plus loin : Ouvrir légèrement les lacunes latérales de la fourchette en arrière ; en faire sauter la pointe avec le rogne-pied, si elle est dure (1).

Prendre le boutoir, nettoyer la fourchette, régulariser les branches, mettre la pointe au centre de la sole, ouvrir légèrement la lacune médiane ; enlever à fond toutes les parties décollées ; traiter la fourchette malade par la liqueur de Villate ou de la suie délayée dans le vinaigre, etc.

On comprend que la *fourchette malade* soit traitée comme il est dit, mais on ne s'explique pas comment le *Manuel de maréchalerie*, après avoir posé en principe que le maréchal doit imiter l'usure naturelle, respecter ce qu'elle

____

(1) Cette manœuvre a pour but, dit-on, de prévenir des *foulures de la sole* par la pointe de la fourchette réputée trop dure. — Ces foulures seraient accusées par une auréole rougeâtre autour de la pointe furcale. Nous pensons que cette lésion n'est pas à craindre quand la sole n'a pas été parée.

épargne, recommande de parer les barres et la fourchette de fouiller celle-ci et de la façonner comme on vient de le voir. Car l'ouvrier ne manquera pas de tailler la fourchette à facettes, d'en réduire le volume sous prétexte de mettre sa pointe « au centre de la sole » et finalement pour faire de l'*ouvrage propre* ou réputé tel dans l'atelier du maréchal et parmi les personnes chargées de donner des soins aux chevaux ou de les conduire. Et l'on peut bien dire, aujourd'hui comme autrefois, que le maréchal, armé de son boutoir, enlèvera, en une fois, plus de corne à la fourchette « qu'il n'en poussera en beaucoup de semaines ».

Par conséquent, dans l'action de parer le pied, le maréchal doit s'abstenir de toucher à la fourchette, qui est l'organe essentiel assurant la solidité de l'appui plantaire et la conservation de la forme normale du sabot, comme cela est nettement établi dans la première partie de cet ouvrage (*Voy.* p. 130).

De même nous estimons que l'étude attentive de l'anatomie et de la physiologie du pied, conduit à cette conclusion : que l'on ne doit point toucher non seulement à la fourchette, mais encore aux barres et à la sole, et qu'il suffit d'exciser l'excédent de corne de la paroi ou autrement dit de retrancher de cette partie du sabot, la quantité de corne qui a poussé depuis la précédente ferrure. Il est clair que cette opération doit être faite méthodiquement, c'est-à-dire de manière à ne pas mettre le pied de travers et à conserver son aplomb physiologique. Nous avons établi déjà, dans la première partie de ce livre (*Voy.* p. 131), que rien n'est plus important, dans l'acte de parer le pied, que de conserver le parallélisme plantaire de la phalange unguéale et du sabot, comme le fait l'usure naturelle, sinon l'aplomb est faussé et les pressions plantaires deviennent excessives du côté dénivelé.

D'ailleurs l'influence considérable que l'aplomb des
membres exerce sur la régularité de la locomotion et même
sur la santé générale du cheval a été longuement étudiée
par Perrier, de Bergerac, ancien vétérinaire militaire, dans
un ouvrage publié en 1835, avec ce titre : *Des moyens d'avoir
les meilleurs chevaux ou de l'importance de la forme et de
l'aplomb naturels du sabot du cheval pour la conservation
de ses qualités.* Un autre vétérinaire militaire, Lainé, a fait
connaître, en 1850, les bons résultats qu'il avait obtenus
en observant les règles tracées par Perrier pour apprécier
l'aplomb du pied.

Supposons, dit-il, un pied quelconque à ferrer, le praticien fait
placer le cheval sur un sol plat, horizontal ; le poids du corps
réparti aussi naturellement que possible sur les quatre extrémités.
Il se place lui-même à sept ou huit pas en arrière de l'animal, saisit
d'un coup d'œil l'état actuel de l'aplomb du membre et du sabot,
juge du degré d'inégalité qui peut exister dans la hauteur relative
des deux quartiers, de l'altération, du resserrement existant dans
telle ou telle des parties postérieures de l'ongle, et du moyen de
nivellement à y apporter ; il passe ensuite à un examen de profil,
en se tenant à plusieurs pas de distance du membre, et complète
cette étude en s'assurant du degré d'obliquité de la paroi, du degré
de hauteur des talons, et de tout ce qui a trait aux aplombs du
membre et du sabot.

Si la nature du terrain où il se trouve ne lui permet pas d'user
de ce mode d'investigation, il y supplée en faisant appuyer la face
antérieure du boulet sur le plat de la main droite par exemple, s'il
s'agit du pied antérieur gauche, le membre demi-fléchi, abandonné
sans contrainte à son propre poids, et l'œil plongeant de haut en bas
sur les talons, la sole et une partie de la paroi. Si le pied à ferrer
appartient au bipède postérieur, et en supposant comme précédemment que ce soit le gauche, il lève le membre, le tient demi-fléchi,
la face antérieure du boulet appuyée sur la cuisse gauche, le pied
tombant naturellement, sa main gauche demi-fermée sur la partie
moyenne du tendon, le pli de son bras appuyé contre la face interne
du jarret, et la corde tendineuse de cette région au-dessous de son
aisselle. Dans cette attitude, il peut apprécier également les défectuosités d'aplomb ; tout cela est l'affaire de quelques secondes (1).

(1) *Recueil de méd. vétér.*, 1850, p. 113.

Tel est le moyen simple préconisé par Perrier et Lainé pour juger de l'aplomb du pied. On s'est ingénié à le perfectionner, c'est-à-dire qu'on a cherché à déterminer mathématiquement, en quelque sorte, l'aplomb du pied. Ainsi Watrin établit d'abord en principe que le pied doit être paré perpendiculairement à la direction prolongée des tendons. Et pour obtenir sûrement ce résultat il a inventé un instrument appelé *orthomètre* qui n'est autre chose

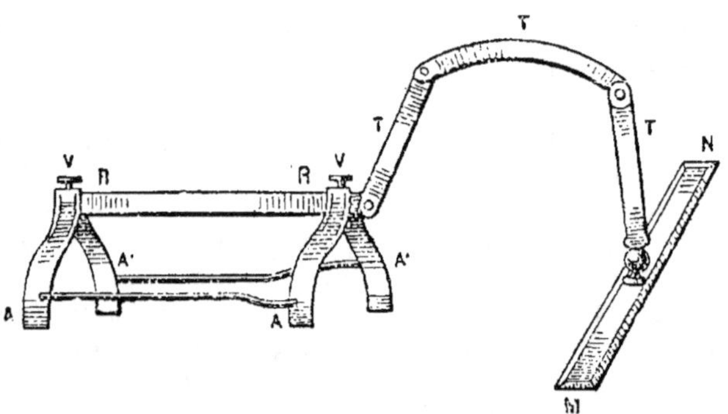

Fig. 123. — Orthomètre Watrin (Jacoulet et Chomel).

qu'une équerre, disent Jacoulet et Chomel auxquels nous en empruntons la description et le dessin (fig. 123).

« Une règle plate *RR* devant être placée le long des tendons, dans le plan médian du canon, des tendons et de la région digitée tenue dans l'extension libre, est munie d'arcs mobiles AA' pour emboîter la région métacarpienne ou métatarsienne et la fixer. Ces arcs sont commandés chacun par une vis spéciale VV' qui les ouvre ou les ferme également.

« La règle est prolongée par une tige TT', articulée dans le même plan et inflexible dans les autres sens ; enfin à l'extrémité de cette tige se trouve une autre règle MN qui lui est perpendiculaire. C'est cette dernière pièce que l'on rabat sous le sabot et qui doit s'y appliquer complètement quand il est paré d'aplomb (1). »

A l'école de Saint-Cyr, dit Goyau, un essai sérieux de ce système a été fait ; mais « la pratique a démontré que parer perpendiculairement à la direction prolongée des tendons, c'était abattre davantage le dehors du pied de devant et le dedans du pied de derrière : c'était conséquemment rendre le premier cagneux et l'autre panard. La raison en est que la ligne prolongée des tendons ne tombe pas au centre mais bien un peu sur le dehors du pied de devant et sur le dedans du pied de derrière (2). »

Suivant Goyau, l'aplomb transversal du pied doit être jugé sur le membre levé, plié au genou et que le teneur de pieds soutient, d'une main, par le milieu du canon.

A cet effet, le maréchal se place en face du pied tout contre le cheval, la tête penchée et les yeux fixés sur les talons. Il entoure le pied de ses deux mains, en plaçant le pouce sur chacun des talons, le fait lentement basculer et l'étend complètement sur le paturon, de manière que sa surface d'appui soit perpendiculaire au sol. Le pied se trouve ainsi dans l'extrème extension, comme s'il était à terre chargé du poids du corps. L'aplomb est parfait, quand une ligne droite, réunissant les deux talons par leur base, coupe à angle droit le grand axe du paturon et du pied. Toutes les fois, de plus, que de la pince aux talons, la surface d'appui du pourtour du pied est bien sur le même plan (Goyau) (fig. 124 et 125, empruntées à Jacoulet et Chomel).

Cette méthode pour apprécier l'aplomb du pied diffère au premier abord de celle de Watrin ; cependant elle n'est pas non plus irréprochable, attendu que, comme l'a fait remarquer un praticien des plus distingués, E. Percheron, la « déviation de la ligne

(1) Jacoulet et Chomel, *Traité d'hippologie*, t. II, 1895, p. 353.
(2) *Journal de méd. vétér. milit.*, 1867-68, p. 696.

des tendons se continue jusque dans le paturon » où elle est moins appréciable en raison de « la brièveté de cette région (1) ».

D'ailleurs, comme le disent très judicieusement Jacoulet et Chomel, « quel que soit le procédé employé et le pied examiné, le plan d'appui doit être perpendiculaire

Fig. 124. — Manière de juger l'aplomb (Jacoulet et Chomel).

au plan vertical imaginaire qui partagerait longitudinalement en leur milieu le canon, les tendons fléchisseurs et toute la région phalangienne (2). »

Lavalard indique un moyen fort simple de parer le pied d'aplomb :

Le maréchal, après avoir enlevé le vieux fer, place le fer neuf sous le pied, puis il applique le dos de son rogne-pied en travers des branches de la fourchette et coupe le bord plantaire de la paroi

(1) *Recueil de méd. vétér.*, 1869, p. 631.
(2) *Traité d'hippologie*, t. II, p. 352.

en talons, jusqu'à ce que les deux branches du fer soient exactement sur le même plan que la fourchette ; de cette façon, il est sûr
que le pied est d'aplomb transversalement. L'aplomb antéro-postérieur
est la conséquence forcée du précédent. En effet, après avoir paré
les talons, le maréchal peut se rendre compte de la quantité de
corne qu'il a à enlever en quartiers et en pince, il place à plusieurs
reprises le fer froid sous le pied, et abat la paroi jusqu'à ce que le

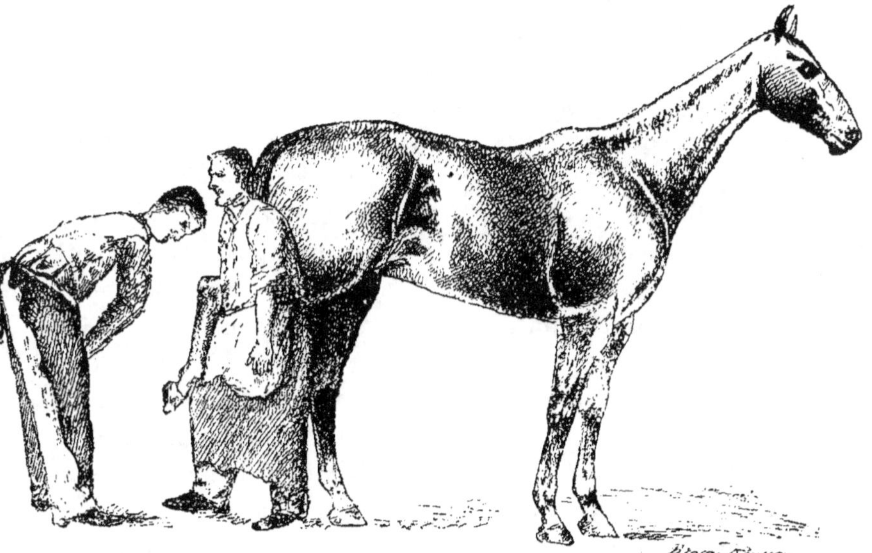

Fig. 125. — Vérification de l'aplomb du pied postérieur (Jacoulet et Chomel).

fer porte dans toute sa longueur, ce qui n'a lieu que lorsque la
pince a la longueur voulue, tant que cette partie est trop longue,
le fer ne porte pas en talons. Le maréchal promène une dernière
fois son rogne-pied sur la fourchette pour s'assurer que, jusqu'aux
mamelles pour les pieds de devant et en pince pour les pieds de
derrière, le fer est sur le même plan que la fourchette. La face
inférieure du pied est alors parfaitement horizontale et le membre
d'aplomb (1).

En résumé, dans l'action de parer le pied, le maréchal
doit, comme on l'a répété bien des fois, depuis les observations de Perrier (1835), de Lainé (1850), conserver
l'aplomb normal.

(1) *Le cheval*, 1888, p. 462.

On vient de voir quels sont les principes qui doivent le guider dans cette opération si importante; examinons maintenant comment le maréchal doit se servir de ses instruments pour réaliser les indications que comporte l'action de parer le pied :

2° **Technique de l'action de parer le pied.**

Pour parer le sabot, « on peut faire usage soit du rogne-pied et du brochoir, soit du boutoir exclusivement. Toutes les fois que le sabot a acquis une longueur très grande et que, conséquemment, son bord inférieur est devenu très dur, par le fait de sa dessiccation, l'emploi du boutoir serait difficile et pénible, et il doit être précédé de celui du rogne-pied, instrument plus puissant et, par cela même, plus propre à vaincre les résistances souvent considérables qu'il s'agit de surmonter. Armé de ce dernier instrument, le maréchal en applique le tranchant acéré sur la partie du sabot qu'il veut entamer, et percutant sur son dos avec le brochoir, il le fait pénétrer dans la corne, dont il détache un copeau plus ou moins épais, suivant que la longueur du sabot le permet. Quand cette longueur est considérable, il peut enlever, d'un seul jet, le cercle complet du bord plantaire de la paroi, qu'il taille alors en biseau, aux dépens de sa face externe de telle sorte que, toute sa couche corticale étant détachée, le boutoir n'a plus qu'à s'attaquer à des parties plus molles et que son maniement devient alors plus facile. Il faut prendre garde, quand on opère ainsi, d'empiéter sur la face externe de la paroi à une trop grande hauteur, au delà du niveau des parties vives, car alors son épaisseur, diminuée par l'action circulaire du rogne-pied, pourrait y rendre très difficile l'implantation des clous. Mieux vaut donc, pour peu qu'on ait des doutes sur la longueur réelle du sabot, faire marcher le rogne-pied parallèlement à la direction des surfaces de la région plantaire, et avoir la précaution de n'en détacher que la couche la plus extérieure, celle qui, par sa dessiccation, oppose le plus de résistance à l'action du boutoir.

« Cela fait, le pied peut être plus facilement attaqué par ce dernier instrument, qui fait l'office, entre les mains du maréchal, du rabot entre celles du menuisier, et sert, comme lui, à niveler les surfaces inégales. L'ouvrier, qui veut s'en servir, le saisit de la main droite, de façon que l'arc de sa tige soit compris entre les premières phalanges de l'index et du médius, et que la voûte de l'arc ait son point d'appui sur le second de ces doigts ; le manche est dans la paume de la main, et la queue protège le médius, l'annulaire et le petit doigt. Le maréchal, armé de son instrument, se place alors devant le sabot, porte le pied gauche en avant, et fléchit la jambe droite, sur laquelle il s'asseoit, absolument comme s'il faisait des armes de la main gauche. Dans cette position, il embrasse de sa main gauche la face antérieure de la paroi, et, donnant au manche de son instrument un point d'appui sur la partie supérieure de son ventre, au niveau de la ceinture, il fait mordre le tranchant dans la corne, et lui donne une impulsion qui résulte de l'action combinée de ses reins et de sa main droite. Cette manipulation du boutoir reçoit, en termes techniques, le nom de *bouter;* elle nécessite un mouvement continuel du corps de l'opérateur, car c'est une règle importante, dans la manœuvre du boutoir, de ne jamais faire perdre au manche le point d'appui sur le ventre. Sans cette précaution nécessaire, le boutoir ne peut être manié ni avec force, ni avec sûreté ; il faut, pour lui faire vaincre les résistances qui lui sont opposées, toute la puissante impulsion que lui communique l'opérateur, en appuyant sur le manche de toute la force de ses reins ; et le mouvement ainsi transmis, se trouvant très borné, il n'y a pas de danger que le boutoir *s'échappe* beaucoup au delà des limites des surfaces sur lesquelles il doit agir. Ce danger est très grand, au contraire, quand l'opérateur, faute d'une suffisante habitude, rompt la solidarité qu'il doit toujours conserver, pendant la manœuvre du boutoir, entre son corps et sa main, et que, une fois l'impulsion communiquée à l'instrument, par l'action des reins, il continue à agir sur lui, par la main seule, détachée du corps. Dans ce cas, ou bien cette action secondaire se trouve arrêtée par la résistance trop forte que la corne lui oppose ; ou bien, si cette résistance est faible, l'instrument, obéissant à l'impulsion relativement trop énergique, qui lui est transmise, dépasse, dans sa course en avant, les limites de la surface plantaire, et peut, avant que l'opérateur ait eu le temps de l'arrêter, blesser très grièvement, dans son *échappée*, soit le *teneur de pieds*, soit l'animal sur lequel on opère.

« Lorsqu'on manie le boutoir, on doit toujours faire marcher la lame parallèlement à la surface que l'on *pare*, de manière à n'enlever la corne que par lamelles. Si l'instrument pénètre trop profondément, il faut l'arrêter et lui donner la bonne direction. En parant les sabots antérieurs, l'opérateur doit toujours avoir la précaution d'imprimer au boutoir une telle impulsion que, immédiatement après que sa lame a détaché un copeau de corne, son tranchant soit détourné de la direction première, qui lui a été transmise, et porté brusquement du côté externe du sabot, par un mouvement, soit de flexion, soit de renversement de la main, suivant que l'on agit sur le pied gauche ou sur le pied droit ; sans cette précaution, on serait exposé à entamer l'épaule du cheval, qui est immédiatement au voisinage du pied levé, sur lequel agit le boutoir.

« Le maniement du boutoir n'est pas également facile dans chaque pied, sur toute l'étendue de la surface plantaire ; ainsi, comme l'a fait observer avec raison Bourgelat, on éprouve, en général, plus de difficultés à parer avec le boutoir, sur le pied antérieur droit, le quartier interne, et sur le pied antérieur gauche, le quartier externe, que les quartiers opposés. La pince, aussi, que le boutoir doit entamer la première, ne peut pas non plus être parée, avec autant de commodité que les talons, qui se trouvent à l'extrémité de la course de l'instrument, et soumis à son action, alors qu'il est animé d'une plus grande quantité de mouvement. Ce sont ces difficultés dans le maniement du boutoir qui font que trop souvent les pieds sont parés d'une manière irrégulière et irrationnelle; leurs quartiers étant inégaux de hauteur, et la pince se trouvant trop longue, tandis que les talons sont abattus trop bas.

« Le sabot est d'abord raccourci, par le rogne-pied et le boutoir, non pas jusqu'à la limite définitive de la longueur qu'il doit avoir, mais dans une certaine mesure au delà de cette longueur même, afin que l'excédent de corne qu'on lui conserve à dessein, puisse permettre d'y appliquer le fer chaud et d'essayer s'il s'adapte bien aux contours et à la disposition de la surface qu'il doit revêtir. »

Telle est, suivant H. Bouley, la technique de l'action de parer le pied. Nous estimons que, dans la plupart des cas, cette technique doit être réduite à l'emploi du rogne-pied et de la râpe pour diminuer la hauteur de la paroi et niveler la surface plantaire. Ce n'est que lorsque le sabot aura acquis un excès de longueur prononcé, par suite de négligence dans le renouvellement de la ferrure, que l'on emploiera successivement le rogne-pied et le boutoir, encore faudra-t-il se servir de ce dernier instrument avec ménagement, car les maréchaux ont beaucoup de tendance à en abuser pour parer la sole et surtout la fourchette.

Le pied étant paré, il s'agit de choisir et de préparer le fer de manière à ce qu'il s'y ajuste exactement.

§ 6. — CHOIX, PRÉPARATION ET ESSAI DU FER.

1° **Choix du fer.** — Il faut considérer ici, le *poids* du fer, son *épaisseur*, sa *couverture*, ses *étampures*.

La première condition à rechercher c'est la légèreté relative du fer unie à sa résistance à l'usure. Le fer en bronze d'aluminium remplit bien une partie de cette première condition, puisque ce métal est environ trois fois moins lourd que le fer ; mais ce fer s'use promptement et son prix est trop élevé.

Le fer en acier doux peut être léger et durable ; en outre, l'inconvénient attribué à l'acier d'être glissant est très atténué en employant de *l'acier doux* et surtout en faisant participer la fourchette à l'appui comme cela est essentiel.

D'autre part, on conçoit que le poids du fer varie selon le genre de service.

A cette question du poids du fer se rattache celle de son épaisseur, qui est elle-même subordonnée à la qualité du métal constituant le fer, à son degré de résistance à l'usure, au genre de service : toutes ces particularités sont corrélatives.

Dans la ferrure normale, l'épaisseur du fer doit être uniforme.

La couverture varie également suivant le genre de service.

La disposition des étampures est diversement indiquée dans les ouvrages les plus récents : Ainsi Goyau estime que, quand un fer de devant est bien étampé, une ligne réunissant les deux dernières étampures entre elles le coupe en deux parties égales. Suivant Pader, « les premières étampures du fer de devant doivent être percées vers le tiers postérieur de la longueur totale du fer ; la première de la branche externe peut être placée même un peu plus en arrière et les autres sont également réparties sur les régions antérieures ». Cette répartition des étampures, qui se remarque déjà dans le fer Lafosse et aussi, mais à un moindre degré, dans le fer Bourgelat, ne présente aucun danger d'enclouure, vu les dispositions anatomiques de la muraille, et elle ne nuit en rien à l'élasticité du sabot, qui est, comme l'on sait, limitée aux régions les plus postérieures des quartiers. En outre, l'éloignement des étampures les unes des autres assure la solidité de la ferrure et prévient la détérioration de la paroi, en permettant d'implanter les clous à une plus grande distance les uns des autres qu'on le fait habituellement.

Pour ces motifs, cette répartition des étampures nous paraît préférable à celle qui est ordinairement adoptée.

La forme des étampures est tantôt carrée, tantôt rectangulaire; dans ce dernier cas, l'étampure est dite *bâtarde* nous ne savons trop pourquoi. car cette seconde forme compromet moins la solidité du fer qui, à couverture égale, comme le dit Pader, subit une section moindre qu'avec l'étampure carrée.

Le nombre des étampures varie selon la grandeur du fer et la nature de la corne : six pour les petits fers, huit pour les moyens et les grands, exceptionnellement dix pour ces derniers.

2° **Préparation du fer**. — Après avoir choisi le fer qui convient au pied du cheval en raison de sa conformation et de son genre de service, le maréchal le *met au feu* pour lever des crampons s'il y a lieu, puis le pinçon, et finalement lui donner la tournure et l'ajusture.

Les *crampons* ne conviennent guère, dans la ferrure normale, que pour les fers de derrière chez les chevaux de gros trait. Il faut les proscrire dans tous les autres cas, car jusqu'à ce qu'ils soient usés, ils empêchent l'appui de la fourchette.

Le *pinçon* sera levé au milieu de la pince du fer de devant et un peu en dedans de la pince du fer de derrière. Cette disposition du pinçon dans le fer de derrière permet de tenir la branche interne droite et de ferrer très juste afin que le cheval soit moins exposé à se couper.

Donner la *tournure* au fer c'est en modeler exactement le contour sur celui du bord plantaire du sabot. Le maréchal aura soin en bigornant les branches du fer pour donner la tournure, d'incliner légèrement la main du côté des étampures, afin d'arrondir l'angle de la rive externe sans écraser les étampures.

En donnant la tournure, l'ouvrier ménage, s'il y a lieu, de la *garniture* en dehors et en arrière. En général, la garniture commence au milieu du quartier pour augmenter progressivement jusqu'en éponge où l'on admet qu'elle doit être égale à l'épaisseur du fer. Toutefois, la garniture varie avec le genre de service ; elle est plus prononcée dans la ferrure des chevaux de gros trait, qui usent rapidement leurs fers, que dans la ferrure des chevaux de trait ordinaire. Car, le principal avantage de la garniture consiste à augmenter la durée de la ferrure, en donnant plus de largeur à la surface de frottement du fer dans la partie où l'usure est la plus accusée.

Selon nous, la garniture n'exerce aucune influence sur l'élasticité du pied, attendu que cette propriété se manifeste exclusivement par l'appui de la fourchette, appui qui assure la stabilité du pied bien mieux que l'élargissement de la base de sustentation résultant de la garniture et que l'on considère comme un avantage.

Suivant Goyau, « donner de la garniture à une région, c'est alléger cette région et jeter une surcharge sur la région opposée : ainsi la garniture du dehors déverse du poids sur le dedans. » — Pader estime que la garniture sur un seul quartier peut déterminer des oscillations de la

résultante des pressions exercées sur le pied, de manière
à faire supporter davantage l'effet de ces pressions sur
le quartier qui en est dépourvu. Mais, dit-il, ce fait ne
se produit que dans certaines circonstances toutes for-
tuites et n'a jamais, d'ailleurs, une action bien étendue.

« Le vétérinaire militaire Dangel, ancien professeur de
maréchalerie à l'École de cavalerie de Saumur, donne à
ce sujet les démonstrations suivantes :

Soient AB (fig. 126) la largeur du pied, BC la garniture qu'on peut
lui adjoindre. Si le quartier A est soulevé par un obstacle AD, la

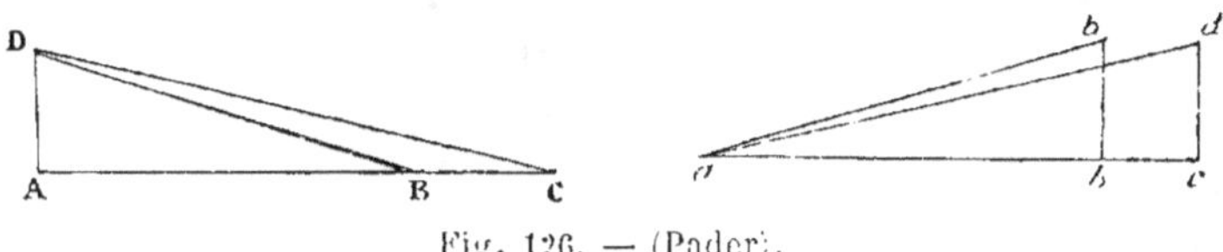

Fig. 126. — (Pader).

face plantaire du pied prendra la direction DB, s'il n'y a pas de
garniture sur le côté B, et la direction DC, si on lui adjoint la garniture BC.

Or, il est facile de voir que, dans le premier cas, l'inclinaison
DB est plus forte que l'inclinaison DC; par conséquent, le quartier B
supportera une pression plus grande que dans le second cas. En
cette circonstance, la garniture soulage le quartier sur lequel elle
est ménagée.

Supposons maintenant l'obstacle du côté de la garniture. Soient
cd l'obstacle, *ab* la face plantaire, et *bc* la garniture. Si l'irrégularité
du sol est assez éloignée pour ne pas arriver en *b*, le pied sans
garniture l'évite et ne s'incline pas selon *da;* mais si, au contraire,
cette irrégularité arrive au point *b*, ce point s'élève de toute la
hauteur de l'obstacle et le pied s'incline selon *b'a* exactement comme
si la garniture n'existait pas. On voit donc que, dans ce cas, la
garniture ne peut servir qu'à surcharger le côté opposé ferré juste (1).

A notre avis, la garniture unilatérale a l'inconvénient
de rompre l'exacte juxtaposition des centres de figure
du pied et du fer et de produire à la longue l'évasement
du quartier *garni* et le redressement du côté non garni,

<hr>

(1) Pader, *Précis théorique et pratique de maréchalerie*, 1892, p. 112.

c'est-à-dire le *pied de travers*. Par conséquent, la garniture ne doit être employée qu'avec beaucoup de réserve et seulement pour certaines défectuosités du pied.

En règle générale, on estime que la garniture est suffisante quand une verticale, abaissée du bourrelet du talon, tombe juste sur la rive externe du fer. Cette règle subit d'assez nombreuses exceptions suivant le genre de service de l'animal et la conformation du pied.

Ajusture. — Après avoir donné la tournure au fer, le maréchal l'ajuste, c'est-à-dire qu'il imprime à la face supérieure du fer, une incurvation ayant pour but d'éviter le contact du fer sur la sole ; toutefois, ce contact est peu à craindre lorsque le pied est normalement conformé et qu'il a été paré suivant les règles de la ferrure, c'est-à-dire en respectant la sole.

Pour donner l'ajusture, le maréchal prend le fer par l'éponge la plus rapprochée de lui ; lève les tenailles de manière à faire porter la pince à faux sur l'enclume ; relève la pince de 4 millimètres environ, en trois ou quatre coups de marteau ; continue ses coups sur la branche restée libre, en les donnant bien à la suite l'un de l'autre ; change aussitôt d'éponge et ajuste l'autre branche.

L'incurvation débutant par 4 millimètres doit progressivement diminuer et être nulle à la dernière étampure.

Si le maréchal est habile, chaque coup de marteau porte : il ne frappe jamais deux coups au même endroit.

Le maréchal retourne le fer en le tenant par la pince, le pose à plat sur l'enclume, les étampures en dessus ; fait rentrer l'ajusture, si elle lui paraît trop relevée, par une battue légère donnée sur la rive interne ; frappe les branches du fer de trois ou quatre coups de marteau à partir de la dernière étampure jusqu'à l'éponge pour les mettre bien à plat.

Le maréchal examine ensuite le fer de champ, en le tenant par la pince, pour s'assurer que les branches sont dans le même plan et que la pince est assez relevée.

L'ajusture du fer de derrière est moins prononcée ; 2 à 3 millimètres de relèvement en pince suffisent (1).

____

(1) *Manuel de maréchalerie à l'usage des maréchaux ferrants de l'armée*, 1885, p. 122.

Toutefois, Pader fait judicieusement remarquer que l'ajusture n'est pas nécessaire pour les pieds de derrière attendu que « le pied de derrière ne s'arrondit pas en pince par la marche et que l'usure se fait complètement à plat à toutes les allures ».

3° **Essai du fer**. — Le fer étant préparé, comme il vient d'être dit, le maréchal le *fait porter*, c'est-à-dire qu'il le présente chaud sur le sabot, le rectifie et nivelle le bord plantaire, s'il y a lieu, en se guidant sur l'empreinte de corne brûlée qui indique la régularité du contact du fer avec le sabot.

L'action de *faire porter le fer* a pour but de reconnaître si le fer a bien la tournure du pied, s'il est trop étroit ou trop large, s'il garnit convenablement, en supposant que la garniture ait été jugée nécessaire, s'il porte en plein sur la muraille, auquel cas son empreinte est régulière ; dans le cas contraire, on nivelle le bord plantaire du sabot avec le boutoir ou mieux avec la râpe ; on rectifie le fer de manière à ce que son contour répète fidèlement celui du pied et qu'il soit appliqué bien d'aplomb afin d'assurer l'intimité de son contact avec le bord plantaire du sabot.

Quand le fer a porté, on le plonge dans l'eau afin de le refroidir ; puis on en *débouche* les contre-perçures, au moyen d'un poinçon que l'on introduit dans les étampures et sur lequel on frappe au moyen d'un marteau. On refoule ainsi la petite couche de fer qui obstruait le fond de l'étampure et l'on assure le libre passage du clou. Cela fait, on donne un coup de lime au pinçon et sur le bord supérieur de la rive externe de la branche du dehors, ainsi que sur la rive externe et inférieure de la branche du dedans : c'est ce que l'on appelle *donner le fil d'argent*.

§ 7. — **FIXATION DU FER.**

La fixation du fer consiste à brocher et à river les clous, puis à rabattre le pinçon. A cet effet, le fer est placé sur le sabot, bien exactement dans son empreinte ; d'un coup de râpe, donné de court, le maréchal arrondit et régularise le bord inférieur de la paroi ; puis il *attache le fer* au moyen de clous enfoncés dans l'épaisseur de la paroi de manière à en faire ressortir les pointes à une même hauteur soit à 2 ou 3 centimètres environ du bord inférieur : cela s'appelle *brocher*. On commence par brocher les deux clous de pince, puis les deux clous opposés de chaque quartier et l'ouvrier s'assure que le fer ne s'est pas déplacé, qu'en un mot, il est bien resté dans la situation où il a porté ; s'il en est autrement, il le ramène dans cette situation, en le frappant à coups de brochoir par côté.

Dans certains ateliers de maréchalerie, l'ouvrier ferreur broche d'abord le clou de la pince de la branche du dehors, puis le clou correspondant de la branche du dedans et successivement les autres clous en terminant par ceux du dehors.

Quel que soit le mode adopté, le maréchal doit s'appliquer à brocher en *bonne corne*, c'est-à-dire au milieu de l'épaisseur de la muraille. Il juge de la direction du clou par la résistance et la sonorité de la corne traversée et il donne à la lame du clou une inclinaison plus ou moins prononcée suivant l'obliquité de la muraille. Car il faut prendre assez de corne avec le clou et brocher assez haut pour que la ferrure présente toute la solidité désirable, sans intéresser les parties vives.

Lorsque les clous sortent à des distances inégales du bord inférieur du sabot, ce qui nuit au coup d'œil et aussi à la solidité de la ferrure, on dit qu'ils sont brochés *en musique*.

Dès qu'un clou est broché, il faut aussitôt en replier sur la paroi la portion de lame qui apparaît au dehors afin que la pointe ne blesse le teneur de pieds si l'animal vient à retirer brusquement le membre.

Il est des chevaux qui retirent le pied à chaque coup de brochoir, on dit qu'ils *comptent;* il faut alors redoubler d'attention et de prudence pour ne les point piquer ou enclouer. Ordinairement le cheval ne *compte* que s'il est piqué ou serré par les clous.

Les clous étant brochés, il faut les *serrer* dans les étampures et les *river* sur la paroi.

Pour serrer les clous, le maréchal appuie les mors des tricoises sous la partie recourbée de la lame et frappe avec son brochoir sur la tête du clou de manière à bien l'enchâsser dans l'étampure. Cela étant fait pour chaque clou, on en coupe les lames, avec les tricoises, le plus près possible de la paroi et il ne reste plus qu'à les river.

A cet effet, *on dégage le rivet* en enlevant avec le rogne-pied la petite écaille de corne que la *lame* a repoussée; puis on place les tricoises sous chaque extrémité de la lame que l'on recourbe en frappant sur la tête du clou. Enfin le rivet est rabattu et incrusté dans la paroi en le frappant à petits coups de brochoir tout en appuyant sur la tête du clou avec les tricoises. On donne un dernier coup de râpe autour du pied, sans dépasser les rivets. Il ne reste plus qu'à *rabattre le pinçon* sur la paroi à petits coups de brochoir.

§ 8. — **FERRURE A FROID**.

Dans ce système de ferrure, on ne fait pas porter le fer chaud sur le pied, on le présente froid sur cet organe, en raison de circonstances exceptionnelles ou particulières. C'est ainsi que la ferrure à froid est employée pour certains chevaux qui se défendent avec violence lorsqu'ils sont à la forge et qui se laissent ferrer sans aucune résistance dans l'écurie. La ferrure à froid est appliquée assez souvent aux chevaux de pur sang soumis à l'entraînement et pour lesquels un déplacement peut présenter de sérieux inconvénients. Elle est aussi recommandée pour les pied à sole faible ou amincie par suite d'opérations chirurgicales, et sur lesquels la brûlure de la sole est à craindre.

Enfin, en campagne, les chevaux de troupe sont ferrés à froid lorsqu'il n'est pas possible de faire autrement. On a vu, en effet, dans l'historique de la ferrure que la ferrure à froid ou *podométrique*, qui fut obligatoire pour les chevaux de l'armée de 1845 à 1854, n'est plus, depuis cette dernière époque, qu'une ferrure d'exception.

Toutefois, une décision ministérielle du 22 mars 1854, toujours en vigueur, prescrit d'exercer les maréchaux militaires à la pratique de la ferrure à froid.

Les règles de cette ferrure sont les mêmes que celles de la ferrure à chaud. En d'autres termes, le pied doit être paré d'aplomb et nivelé aussi exactement que possible au moyen de la râpe. Puis l'ouvrier choisit et prépare le fer soit d'après la *déferre*, soit au moyen de *deux brins de paille*, de *deux brindilles de bois*. Ce dernier moyen, le plus pratique, dit Goyau, est employé dans les écuries d'entraînement ; chaque brindille de bois sert à prendre trois mesures sur un pied ferré, de devant ou de derrière :

« 1° De la pince à l'éponge du dehors (longueur de la brindille) ;

« 2° D'un côté à l'autre, au point où le pied présente la plus grande largeur ;

« 3° D'une éponge à l'autre.

« Ces deux dernières dimensions sont indiquées au moyen d'entailles pratiquées sur chaque brindille.

« Les deux brindilles de bois, l'une donnant les dimensions du fer de devant, l'autre celle du fer de derrière, ont une marque distinctive et sont enveloppées d'une bande de papier, portant le nom du cheval et les observations relatives à sa ferrure. »

Pour confectionner le fer, le maréchal peut encore se servir d'un patron en papier reproduisant le contour du sabot. Enfin on recommande encore l'emploi du podomètre. La forme de cet instrument a beaucoup varié suivant les inventeurs. Nous avons décrit et figuré (p. 188) le podomètre Riquet, qui est l'un des plus simples; nous nous bornerons à mentionner ici les podomètres de Dabrigeon, Belle, Havoux, Bousseteau, Everloff, Luchaire, etc. Car ces instruments ne sont pas pratiques et il est certainement préférable que l'ouvrier s'exerce à juger *de visu* des dimensions et de la tournure que le fer doit avoir; le coup d'œil de l'ouvrier habile remplacera toujours avantageusement le podomètre.

La ferrure à froid est plus difficile à pratiquer que la ferrure à chaud, car pour niveler le bord plantaire de la paroi, le maréchal n'a plus sous les yeux la couche de corne carbonisée représentant l'empreinte du fer. D'autre part, si le fer n'a pas les dimensions et la tournure du pied, il est rare que le maréchal le remette au feu pour le modifier, d'ailleurs cela n'est pas toujours possible, alors, « si le fer est trop long, les talons sont abattus pour allonger le pied : s'il est trop court, la pince tombe, les talons demeurent. Le fer trop large est rétréci à coups de brochoir, mais en faussant l'ajusture ; s'il est trop étroit, la râpe diminue la largeur du pied » (Goyau).

On voit donc que, dans ce système de ferrure, le maréchal a beaucoup de tendance à détériorer le sabot en modelant son contour sur celui du fer, contrairement à la règle élémentaire, mais essentielle, suivant laquelle le fer doit être fait pour le pied, et non le pied pour le fer.

En outre l'adhérence du fer sur le sabot est moins régulière, moins intime, le fer *porte moins bien* et par suite la ferrure à froid est moins solide que la ferrure à chaud comme le prouvent des expériences faites de 1841 à 1844, à l'École de Saumur et dont il a été parlé dans l'historique de la ferrure.

Enfin cette ferrure demande plus d'habileté, plus de temps, plus de soin que la ferrure à chaud ; pour ces motifs, elle constitue une ferrure exceptionnelle à laquelle, il est vrai, on ne saurait trop exercer les maréchaux de l'armée. On sait qu'aujourd'hui, on fabrique à la mécanique des fers malléables à froid présentant « toutes les conditions qu'on doit exiger d'une bonne ferrure pour l'armée » (Esclauze).

§ 9. — CARACTÈRES D'UN PIED BIEN FERRÉ.

Pour reconnaître si un cheval est bien ou mal ferré, en admettant que la ferrure vienne d'être pratiquée, il faut examiner les sabots au poser et au lever.

Au POSER, le pied *vu de face* présente les caractères suivants : quartiers de même hauteur ; pinçon bien au milieu au pied de devant et un peu en dedans au pied de derrière ; fer légèrement relevé en pince et en mamelles au pied antérieur, plat, c'est-à-dire sans relèvement au pied postérieur.

Lorsque le pied bien ferré est *vu de profil*, on remarque que les talons ont un peu plus que la moitié de la hauteur de la pince en raison de l'épaisseur du fer ; la pince est oblique de haut en bas et d'arrière en avant du bord coronaire à la ligne des rivets à partir de laquelle elle s'arrondit ; les rivets sont tous à la même distance du fer, soit à trois ou quatre centimètres environ de hauteur ; ils sont courts et épais, point trop lisses, tout en étant bien incrustés — ce que l'on reconnaît en passant les mains de chaque côté de la paroi ; — si la garniture a été jugée nécessaire, elle commence après la mamelle externe vers le centre du quartier et augmente progressivement jusqu'en éponges où elle est de cinq à sept millimètres en moyenne.

Le fil d'argent est tracé du pinçon à l'éponge, et la paroi est légèrement râpée, mais sans que l'on ait fait agir la râpe au-dessus de la ligne des rivets.

Au lever, on verra si les éponges sont à égale distance de la lacune médiane de la fourchette ; s'il en est ainsi, le fer est *posé droit;* dans le cas contraire, il est *de travers.* On appréciera ensuite : 1° l'épaisseur du fer, qui, en général, est la même partout au fer de devant et un peu plus forte en pince au pied de derrière ; 2° la couverture, qui doit être un peu plus prononcée en pince et en mamelles qu'en éponges ; 3° l'ajusture qui doit prévenir le contact du fer sur une sole faible et douloureuse ; 4° la disposition des clous dans les étampures, disposition telle que pour être jugée bonne, la moitié inférieure de la tête du clou soit exactement enchâssée dans l'étampure, la partie supérieure de la tête du clou faisant seule saillie au-dessus de l'étampure : cette condition est essentielle pour la solidité de la ferrure. Puis on jugera de l'aplomb du pied en examinant si les deux éponges sont sur une même ligne coupant à angle droit la direction d'ensemble du paturon, et en s'assurant que le fer porte bien par toute sa surface. Enfin le pied sera bien ferré, lorsque le corps de la fourchette se trouvera sur le plan des branches du fer, de manière à appuyer sur le terrain ; de même la sole et les barres devront avoir été respectées afin de leur conserver toute leur force. Ainsi ferré, le sabot ne présente pas tout d'abord un aspect aussi flatteur que quand la fourchette a été taillée à facettes et la sole creusée par l'action du boutoir ; mais il est dans de bien meilleures conditions pour remplir son rôle physiologique et conserver longtemps sa forme et sa structure normales.

CHAPITRE II

FERRURE ANGLAISE.

Dans ce chapitre, nous examinons successivement le fer à cheval anglais, le clou anglais, les instruments et le manuel de cette ferrure, ses avantages et ses inconvénients comparés à ceux de la ferrure française.

ART. 1er. — FER ET CLOU ANGLAIS.

§ 1er. — FER ANGLAIS.

Le fer anglais présente à sa face inférieure une rainure au fond de laquelle se trouvent percées les étampures

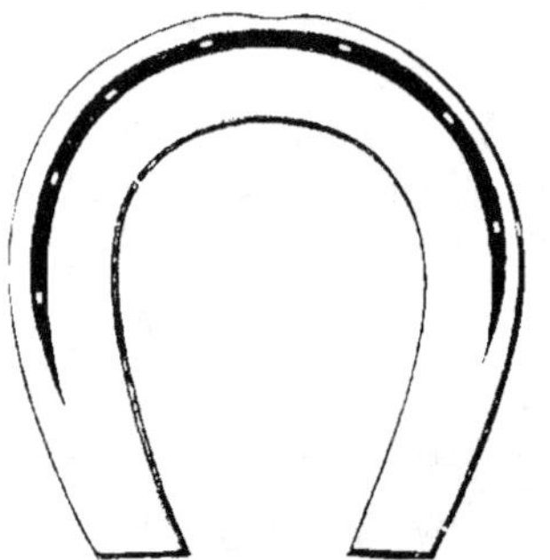

Fig. 127. — Fer anglais.
(Face inférieure montrant la rainure au fond de laquelle se trouvent percées les étampures.)

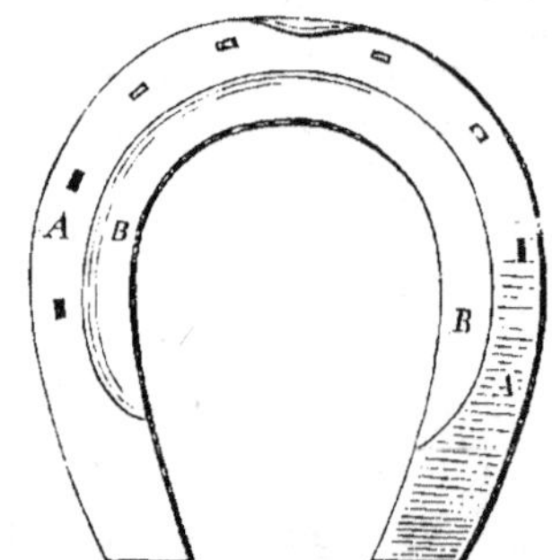

Fig. 128. — Fer anglais (face supérieure).

A, Siège. — B, ajusture.

(fig. 127). Celles-ci sont étroites, rectangulaires, pratiquées à l'aide d'un poinçon.

Dans le fer de devant, la rainure règne sur presque toute l'étendue de la face inférieure, tandis que dans le fer de derrière, elle est interrompue en pince.

L'ajusture existe seulement au fer de devant, le fer de derrière en est dépourvu. Elle consiste en un biseau taillé aux dépens de la face supérieure du fer (fig. 128) qui se trouve ainsi divisée en deux parties : 1° une surface, plane extérieure appelée *siège*, qui doit porter en plein sur le bord plantaire de la paroi et le limbe de la sole ; 2° le *biseau intérieur* ou l'ajusture proprement dite, qui cor-

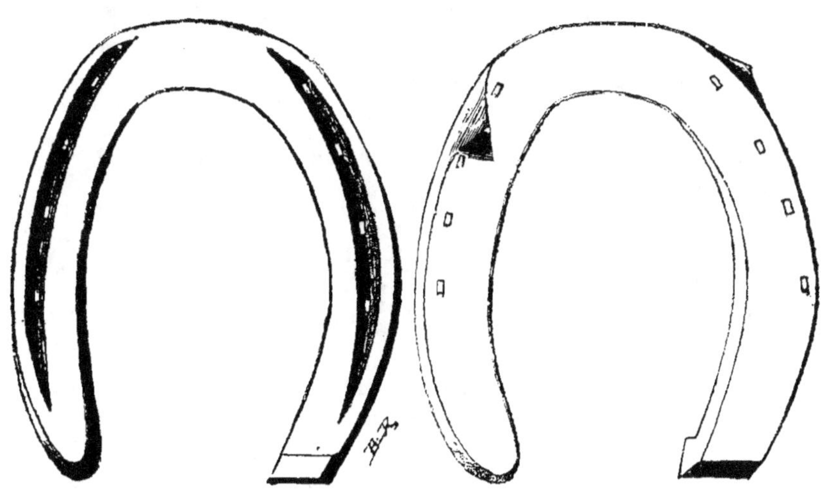

<table>
<tr><td>Face inférieure.</td><td>Face supérieure.</td></tr>
</table>

Fig. 129. — Fer anglais de derrière (Jacoulet et Chomel).

respond à la sole. Ce biseau règne en pince, mamelles et quartiers ; les éponges et même la partie postérieure des quartiers ne le présentent pas et par suite portent en plein.

Les éponges du fer de devant sont arrondies et ordinairement disposées en biseau de la face supérieure à la face inférieure ; celles du fer de derrière se terminent : l'externe par un crampon, l'interne, qui est étroite, par un renforcement tel qu'elle est plus épaisse que large et de même niveau que le crampon (fig. 129).

En général, le fer anglais ne présente pas de garniture et sa rainure se trouve creusée à peu près également à maigre aux deux branches; il en résulte que l'on peut appliquer indifféremment le même fer au pied droit ou au pied gauche de devant. Mais cette disposition n'est pas constante et parfois le fer anglais est rainé et étampé de telle sorte qu'il est possible de donner une certaine garniture. Un auteur anglais, William Miles, a critiqué cette dernière pratique qui semblait très générale dans tout le Royaume-Uni (1).

Il est encore à remarquer que, suivant Eug. Percheron, « les fers rainés se cassent moins facilement sous le pied du cheval que les fers étampés à la française ».

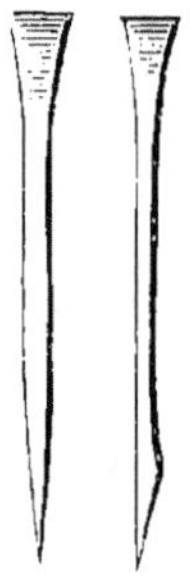

§ 2. — CLOU ANGLAIS.

Le clou anglais (fig. 130) encore appelé *clou droit* dans les pays du Nord où il est très employé, est plus simple que le clou français. Sa tête est aplatie en forme de coin et s'enchâsse exactement dans l'étampure.

Fig. 130.
Clou anglais.

Ce clou, qui est fabriqué en grand par les machines, peut être facilement confectionné par l'ouvrier, en raison de sa simplicité. Et nous noterons qu'en Angleterre les maréchaux militaires sont exercés à sa fabrication : parce qu'ils peuvent, dit Lavalard, se trouver, dans leur immense empire colonial, loin de toute fabrique.

(1) *Petit traité de la ferrure*, traduit de l'anglais par le Dr Guyton. Paris, 1865, chez P. Asselin.

ART. II. — INSTRUMENTS ET MANUEL
DE LA FERRURE ANGLAISE.

§ 1er. — INSTRUMENTS DE FERRURE.

Ce sont : le *brochoir*, un *petit rogne-pied dérivoir*, le *couteau anglais* et la *râpe*.

Le couteau anglais ou *drawing-knife* (fig. 131) mérite seul une mention spéciale. C'est une sorte de rénette à lame courbe sur plat, de largeur à peu près égale dans toute son étendue et qui remplace le boutoir.

§ 2. — MANUEL DE LA FERRURE ANGLAISE.

Le maréchal, qui ferre à l'anglaise, tient lui-même le pied du cheval et son attitude varie suivant qu'il s'agit de ferrer un pied de devant ou un pied de derrière.

Fig. 131. — Couteau anglais.

Pour tenir le pied de devant, le droit par exemple, le maréchal passe sa jambe droite, en dedans du membre du cheval, de manière à tenir le boulet et le canon entre ses cuisses, en faisant appuyer le pied sur ses genoux sans trop le tenir en dehors.

Pour tenir le pied de derrière, le droit par exemple, le maréchal place sa jambe gauche en arrière de la droite, sa cuisse droite dans une direction oblique et bien allongée, le genou fléchi pour servir d'appui au boulet ainsi qu'au pied. — Pour opérer sur le quartier du dedans, la jambe gauche est placée en avant de la jambe droite : la première sert d'appui au pied et l'autre au boulet. Le bras droit du maréchal doit être appuyé au tendon, afin de tenir plus facilement le pied et de parer avec plus d'aisance.

Pour déferrer, prenant le brochoir de la main droite et le rogne-pied de la main gauche, il casse les rivets du dehors, puis il change de main pour casser les rivets du dedans. — A l'aide des tricoises, il soulève le fer avec précaution et l'enlève.

Pour parer le pied, le maréchal enlève d'abord la corne dure avec la râpe. — Il pare ensuite le pied avec le couteau en forme de rénette, en commençant par le talon externe dans les pieds droits et par le talon interne dans les pieds gauches.

La rénette est tenue avec la main droite, les doigts en dessus, la lame bien parallèlement à la surface inférieure du pied, le tranchant tourné du côté droit de l'homme, les quatre doigts de la main gauche placés sur la paroi pour soutenir le pied; le pouce de la même main appuyé sur le dos de la rénette, pour le pousser toujours de gauche à droite du maréchal et lui servir de régulateur.

Le pied étant suffisamment paré est ensuite égalisé par la râpe.

Le maréchal prépare alors le fer et lui donne la tournure.

Il l'essaie, le lime avec un soin extrème et le fixe sous le pied à l'aide de clous. La tète des clous disparait assez complètement dans la rainure pour ne pas dépasser la surface du fer; le collet est forcé dans l'étampure, de telle manière que le clou fait en quelque sorte partie du fer.

Pour brocher et river sur le quartier du dehors du pied droit de devant, il place sa jambe droite en avant de la gauche; pour le quartier du dedans, c'est la jambe gauche qui doit ètre en avant.

La ferrure des pieds gauches s'exécute en inversant les positions de la même manière que celles des pieds droits (1).

§ 3. — AVANTAGES ET INCONVÉNIENTS DE LA FERRURE ANGLAISE ; COMPARAISON AVEC LA FERRURE FRANÇAISE.

La ferrure anglaise est réputée plus élégante que la ferrure française.

De fait, à la clinique de l'École de Lyon, nous ne voyons guère cette ferrure que sur les chevaux de luxe où son emploi est plutôt la conséquence d'une fantaisie du cocher ou du propriétaire que d'une supériorité réelle sur la ferrure française.

On tend cependant à admettre que le fer est plus solidement fixé dans la ferrure anglaise, en raison de l'enchâssement plus complet, plus intime, du clou dans l'étampure : enchâssement tel que le clou semble faire partie du fer. Voici à cet égard, comment s'exprimait, en 1869, un vétérinaire de Paris, Eug. Percheron, qui était générale-

(1) Goyau, *Traité pratique de maréchalerie*, p. 250 et *Manuel de maréchalerie à l'usage des maréchaux ferrants de l'armée*, p. 169 et suivantes.

ment considéré comme un praticien des plus habiles :
« Dans l'étampure à l'anglaise, que le fer soit rainé ou
tout simplement étampé, le clou fait corps, pour ainsi
parler, avec le fer; tous deux s'usent simultanément jusqu'aux dernières limites sans avoir éprouvé le moindre
ébranlement, à ce point qu'il n'est guère possible de rencontrer quelques déferres non munies de la plus grande
partie de leurs clous... Cette solidité, extrêmement avantageuse le plus ordinairement, devient un inconvénient à certains moments, en rendant plus difficile l'usage des clous à
glace, inconvénient auquel on obvie en Angleterre par l'emploi bien plus répandu qu'en France du crampon à vis. »
Enfin, selon E. Percheron, l'avantage « le plus précieux »
de l'étampure anglaise c'est « de moins exposer le fer à se
casser » (1).

D'autre part, Lavalard déclare que dans les expériences qu'il a faites, on a dû « abandonner l'étampure anglaise
parce que, lors de la visite de la ferrure, les maréchaux
ne pouvaient pas se rendre compte facilement de la présence du clou et surtout savoir s'il n'était pas rompu ». Et
cet auteur ajoute : « nous avons vu des chevaux sortir
pour le travail avec des fers ne tenant plus que par deux
ou trois clous, aussi ne tardaient-ils pas à les perdre. »

On a vu que le maréchal anglais ferre seul et l'observation montre que, par cette manière de faire, le cheval se
défend moins, se laisse plus facilement ferrer. Il est vrai
que rien n'empêche l'ouvrier français de se passer de teneur de pied, seulement le travail devient plus fatigant.

L'ajusture du fer anglais est, dit-on, « à la portée de
tous les ouvriers et ne peut entraîner aucun inconvénient
pour le fonctionnement du sabot » (Jacoulet et Chomel).

Cependant le « manque d'incurvation du fer en pince »

(1) *Recueil de méd. vétér.*, 1869, p. 558.

est considéré comme un défaut (Pader) et l'on a accusé l'ajusture anglaise de pouvoir causer la maladie naviculaire en rendant, au moins pendant les premiers jours qui suivent la ferrure, les réactions plus violentes. Il est encore à remarquer que l'ajusture anglaise oblige l'ouvrier à laisser la pince longue, tandis que l'ajusture française permet de la raccourcir au degré convenable tout en la relevant légèrement comme dans l'usure naturelle. Il y a, dit-on, « du moelleux dans les mouvements » du cheval ferré à la française « et les talons tombant de moins haut sur le sol, les réactions sont moins accusées » (Goyau).

Mais, suivant E. Percheron, l'ajusture anglaise « ne s'oppose aucunement à ce que la pince du fer soit un peu relevée ». En outre, « cette ajusture n'exclut pas la garniture » contrairement à ce que disent la plupart des auteurs.

On a dit encore que « le fer anglais est forcément très juste ; son siège étroit se refuse à tout contact étendu et ne tarde pas à être débordé par la corne. La fréquence de la ferrure, l'insuffisance et l'irrégularité de l'assiette du pied sur le fer entraînent la détérioration de la paroi : nulle part, il n'existe autant de pieds dérobés qu'en Angleterre » (Goyau).

Par contre, E. Percheron déclare que toutes les fois qu'il a eu affaire à des pieds dérobés, il a employé l'ajusture anglaise, « avec le plus entier succès ».

On a dit encore que l'ouvrier anglais « a toute facilité de parer la sole, la fourchette, les barres : il en abuse et détermine des resserrements, des bleimes, des boiteries ». On a ajouté qu'il « se sert trop de la râpe, pour enjoliver le pied et de la lime pour brillanter le fer » (Goyau).

Ces critiques ne sont fondées que lorsque la ferrure anglaise est pratiquée par un ouvrier inintelligent. Car nous estimons que le sabot est moins exposé à être détérioré par la seule action du couteau anglais que par l'emploi successif du rogne-pied et du boutoir, de ce dernier surtout.

Quant à l'action de la râpe sur la paroi, on ne voit pas pourquoi l'ouvrier intelligent, ferrant à l'anglaise, s'en servirait d'une manière plus abusive que celui qui ferre à la française.

Une seule chose est à retenir dans les critiques qui ont été formulées contre la ferrure anglaise, c'est que l'étroitesse de l'étampure ne permet pas de brocher les clous aussi facilement que dans l'étampure française et que l'on ne peut reconnaître si le clou n'est pas brisé au niveau de son collet.

Remarquons encore que « la rainure ne présente qu'un intérêt très secondaire. Les maréchaux n'y attachent, d'ailleurs, qu'une bien médiocre importance. Les sept huitièmes des chevaux sont ferrés avec des fers qui n'en sont pas pourvus. Suivant Ernes, Simonds, Broads-James et d'autres vétérinaires anglais, la rainure n'aurait point été imaginée pour empêcher le cheval de glisser : elle serait de tradition et plutôt comme un vestige du fer primitif ». (E. Percheron.)

D'autre part, les fers des chevaux de l'armée anglaise ne sont point rainés, car la rainure « nécessite beaucoup de travail, affaiblit le fer et ne rend aucun service ; les étampures sont préférables, on peut les rapprocher ou les éloigner du bord du fer » (Fleming).

En résumé, les deux procédés de ferrure que nous venons d'examiner, sont aussi bons l'un que l'autre, en admettant que l'ouvrier observe les règles de la ferrure et que la fourchette, la sole et les barres participent à l'appui plantaire. D'où il résulte, en définitive, qu'il n'existe réellement aucune raison de préférer la ferrure anglaise à la ferrure française, si ce n'est la fantaisie des propriétaires ou... des cochers.

CHAPITRE III

RENOUVELLEMENT ET INCONVÉNIENTS DE LA FERRURE.

§ 1ᵉʳ. — RENOUVELLEMENT DE LA FERRURE.

L'usure du fer, l'excès de longueur du pied, telles sont les causes qui nécessitent le renouvellement de la ferrure. Et ces causes sont elles-mêmes subordonnées au genre de service de l'animal. On conçoit que les chevaux qui font un service très actif sur le pavé des villes usent leurs fers beaucoup plus vite que ceux qui travaillent sur un sol meuble et que l'on emploie, par exemple, pour les travaux des champs. Chez ces derniers, la ferrure peut durer deux mois et plus, tandis que, chez les premiers, les fers, surtout ceux de derrière, sont usés, *coupés en pince*, comme l'on dit, au bout de douze à quinze jours. Indépendamment du genre de service et de la nature du sol, l'usure du fer, et par suite la durée de la ferrure, est encore corrélative de son application rationnelle ou défectueuse, et de la nature du métal dont le fer est formé. Il est clair que si la ferrure n'a pas faussé l'aplomb normal du pied, l'usure du fer sera aussi régulière que possible, tandis qu'elle sera très inégale si la ferrure a été mal faite. On conçoit encore qu'un fer en acier, même de faible épaisseur, résistera davantage à l'usure qu'un gros fer ordinaire. Lorsque le fer s'use lentement et que la ferrure n'est pas renouvelée, le pied s'allonge démesurément par suite de la pousse de la corne. Ainsi après deux mois de ferrure, la pince a acquis un excès de longueur tel que les tendons sont surchargés; le fer, entraîné en avant par la croissance de la corne, devient trop court, trop étroit, il est débordé par la corne et manque de solidité. Afin de prévenir ces inconvénients, il est indiqué de renouveler la ferrure au bout de trente-cinq à quarante jours environ. A ce moment, si le fer est encore bon, on le réapplique après avoir préalablement raccourci l'ongle au degré convenable : on fait ainsi un *relevé*. Si la ferrure est renouvelée plus tôt en raison de l'usure rapide du fer, tous les quinze ou vingt jours, comme cela n'est pas rare pour les chevaux qui travaillent activement sur le pavé, le sabot se détériore. la paroi se délabre, le pied devient *dérobé* par suite de l'implantation réitérée des clous et de l'application de fers très épais présentant dix étampures rapprochées les unes des autres. « Dans l'armée la durée de la ferrure a été fixée à trente jours » (*Manuel de Maréchalerie*).

Quand l'usure ou le bris du fer n'obligent pas à le remplacer sur-le-champ, on reconnaît qu'un cheval a besoin d'être referré à l'excès de longueur des sabots dont on juge par un coup d'œil, soit au poser, soit au lever. Ainsi, en levant le pied, on voit de combien la sole est éloignée du fer dans sa région antérieure et cette distance indique l'excédent de hauteur de la muraille. On remarque encore que la sole s'exfolie et que la fourchette n'est plus sur le même plan que les branches du fer, qui la débordent en quelque sorte.

§ 2. — INCONVÉNIENTS DE LA FERRURE. MOYENS D'Y REMÉDIER.

On a attribué à la ferrure la plupart des déformations que le sabot éprouve au fur et à mesure que les animaux avancent en âge et surtout qu'ils fournissent une somme de travail de plus en plus considérable.

Bracy-Clark a fait sur ce sujet des observations tendant à démontrer que la ferrure produit le resserrement des

quartiers et des talons et finalement la déformation totale
de l'ongle. On voit dans son ouvrage (1) des figures représentant les empreintes de la face plantaire d'un sabot
antérieur normal, puis progressivement déformé pendant
six années de ferrure. Et Bracy-Clark n'hésite pas à considérer le resserrement du sabot comme un effet constant,
inévitable de la ferrure par la gêne qu'elle oppose à l'élasticité du pied. A cet égard, voici comment il s'exprime :

Le premier et le plus apparent des inconvénients de la ferrure
est l'application et la pression constante du fer contre la face inférieure du pied, pression que l'on ne peut pas calculer et qui est
toujours plus ou moins nuisible selon la force avec laquelle les clous
sont serrés et selon la distance plus ou moins grande à laquelle le
fer se trouve de la sole, et fait ressentir ainsi sa pression avec plus
ou moins de violence à la surface inférieure de l'os du pied : le
second inconvénient vient des clous qui, fixés dans les trous du fer
et enfoncés dans la muraille, forment pour ainsi dire une barrière
de métal qui empêche l'expansion naturelle du pied, et s'oppose en
grande partie aux mouvements des parties postérieures, si elle ne les
empêche pas totalement. Le pied, ainsi privé pendant des mois
et même des années, de son mouvement naturel, nécessaire sans
aucun doute à sa nutrition et à son bon état, cesse de croître, devient
roide, sans élasticité, et enfin diminue de volume (2).

Cette théorie de Bracy-Clark sur les effets de la compression du fer et de la constriction des clous est évidemment
exagérée de même que celle qu'il a émise sur l'élasticité
du pied. D'autre part, suivant cet auteur, « la manière
dont on pare le pied et l'ajusture que l'on donne à la
surface supérieure du fer pour ne le laisser toujours
porter que sur la muraille, charge cette partie seule de
tout le poids ; comme elle ne peut pas s'étendre par en bas,
elle se resserre à son bord supérieur et prend la forme d'un
cône (*pied encastelé*) ». Et plus loin, Bracy-Clark dit

____

(1) *Recherches sur la construction du sabot du cheval et suite d'expériences sur les effets de la ferrure.* Paris, 1817.
(2) *Loc. cital.*, p. 86.

encore : « Quand le maréchal a paré la corne à son goût il fait en général le fer un peu plus petit que le pied, et après l'avoir attaché il râpe ou coupe la corne qui déborde ; il prétend que c'est pour empêcher le pied de devenir trop grand, ou pour que l'animal ne se coupe pas, ou enfin par propreté ; cette opération ne peut que faciliter le resserrement du pied, en ôtant de la force et de la résistance à la muraille. »

On voit donc que Bracy-Clark n'a pas méconnu l'influence pernicieuse de l'action de parer le pied selon le « goût » de l'ouvrier, c'est-à-dire suivant la routine le plus souvent. En outre, cet auteur s'élève avec force contre « l'usage d'abattre la fourchette », qu'il considère comme « un des abus les plus funestes de la ferrure », attendu que « l'enveloppe extérieure de la fourchette est aussi nécessaire que l'extérieur de toute autre partie du sabot ; elle l'est même peut-être encore plus à cause de sa situation qui l'expose à toucher souvent la terre ». Toutefois Bracy-Clark, après avoir défendu de couper la fourchette, déclare qu'il craint « que dans quelques cas particuliers, d'un pied plat par exemple, la fourchette trop grande ne vienne à recevoir trop de pression : c'est alors qu'il faudra épaissir le talon du fer ou mettre des crampons pour empêcher la fourchette de porter à terre ».

Notre auteur étudie ensuite les moyens recommandés pour remédier aux détériorations du pied par la ferrure : « tels sont l'emploi d'un fer à charnière en pince avec une vis en talon pour forcer ces parties à s'ouvrir ; l'usage de faire un trou dans l'écurie et de l'emplir d'argile détrempée d'eau pour y mettre les pieds du cheval ; l'envoi du cheval au vert et enfin l'opération d'*ouvrir les talons* ». Cette opération, qui consiste à rompre avec le boutoir la continuité des barres avec la muraille après avoir préalablement paré à fond la sole et la fourchette, est irrationnelle, comme Bracy-Clark le remarque lui-même, attendu qu'elle « n'attaque point la cause première du mal », c'est-à-dire la déformation de l'os du pied, son resserrement, qui est, suivant lui, la conséquence de la ferrure.

La doctrine de Bracy-Clark sur les effets pernicieux de la ferrure, avait déjà cours avant la publication de ses expériences (1817) ; toutefois celles-ci semblaient lui donner une base solide. Aussi fut-elle adoptée et enseignée. On en vint à considérer la ferrure comme « un *mal nécessaire* » attendu que, d'une part, on ne peut employer le cheval comme moteur, sans le ferrer, et que, d'autre part, les déformations du sabot attribuées à la ferrure sont incurables. Ces conclusions sont évidemment exagérées, car l'observation attentive des faits nous montre que la ferrure n'altère le sabot du cheval qu'autant qu'elle est mal pratiquée, c'est-à-dire d'après des procédés qui ne reposent pas sur l'anatomie du pied et sur la physiologie rationnelle de cet organe.

Aux inconvénients signalés par Bracy-Clark — resserrement du sabot, atrophie, déformation de l'os du pied — il faut ajouter l'excès de longueur du sabot, la détérioration de la muraille, diverses maladies du pied et les accidents de la ferrure.

L'atrophie du sabot et des tissus qu'il renferme est la conséquence d'une mauvaise ferrure et aussi du travail de l'animal. Ainsi cette lésion est surtout à craindre sur les chevaux employés à des services de vitesse sur le pavé des villes ou sur des routes macadamisées. Dans ces conditions, les réactions sont très violentes, leurs effets se font sentir sur l'articulation du pied et la synoviale petite sésamoïdienne, notamment ; alors apparaît la *maladie naviculaire* avec toutes ses conséquences : resserrement des parties postérieures de l'ongle, atrophie des tissus sous-ongulés, etc.

La ferrure intervient comme cause adjuvante quand elle est mal pratiquée, c'est-à-dire que la sole et la fourchette sont parées — et surtout parées à fond — les barres amincies, la fourchette taillée à facettes, l'épaisseur de la muraille diminuée par l'action intempestive de la râpe, voire même du rogne-pied. Il en est encore ainsi lorsque le plancher du sabot ayant été affaibli, on applique un fer à forte ajusture, à ajusture *entôlée*. Ces ferrures défectueuses plusieurs fois répétées finissent par produire des resserrements du pied, en même temps qu'elles ralentissent la pousse de la corne, et qu'un sillon se creuse entre la paroi et la sole devenue plate et mince. Remarquons encore que si le pied est inégalement paré, si le fer est d'inégale épaisseur, le pied devient de travers, panard, cagneux, pinçard, etc.

Si la ferrure n'est pas renouvelée à une époque convenable, le pied acquiert un excès de longueur très nuisible à son appareil tendineux.

Si, dans l'action de déferrer, le fer est arraché avec violence ; si les clous employés pour le fixer sont à forte lame, s'ils sont implantés en trop grand nombre ou trop souvent, la paroi se brise à son pourtour, elle présente des brèches et le sabot ainsi détérioré devient de plus en plus difficile à ferrer. Des effets semblables se produisent encore lorsque le fer est trop lourd, que le pied a été raccourci et râpé à l'excès.

A ces détériorations de l'ongle s'ajoutent des maladies du pied dont la mauvaise ferrure est la cause, telles que la *bleime*, la *seime quarte*, le *kéraphyllocèle* de pince, la *fourmilière*, la *fourchette échauffée*.

La bleime peut résulter d'un fer à éponges épaisses portant sur les talons surtout lorsqu'ils ont été abattus, en dedans notamment.

La seime quarte n'est pas rare sur des pieds antérieurs,

qui ont été parés à fond, à plusieurs reprises et dont la corne est devenue cassante.

Le kéraphyllocèle de pince et la fourmilière de cette région sont souvent la conséquence de coups de brochoir donnés avec trop de violence pour rabattre le pinçon.

La fourchette échauffée accompagne généralement le resserrement des talons ; on l'observe sur des sabots qui ont été parés à l'excès, et la fourchette fréquemment taillée sous prétexte d'enlever ses lambeaux et d'en faire la toilette.

Mentionnons encore, la *piqûre*, la *retraite*, l'*enclouure*, la *brûlure de la sole*, c'est-à-dire des accidents immédiats d'une mauvaise ferrure ; puis, et finalement, les tares des membres : *formes, molettes, engorgements tendineux*, qui peuvent résulter de mauvaises ferrures répétées, ayant vicié l'aplomb du membre.

Indiquer les causes de ces inconvénients ou accidents de la ferrure, c'est dire comment on peut les prévenir ; en d'autres termes, si la ferrure est pratiquée suivant les règles que nous avons exposées dans les chapitres précédents, les lésions que nous venons d'énumérer seront évitées.

On voit donc par là combien est grande l'influence du maréchal sur le pied du cheval et par suite sur l'emploi économique de ce moteur. Aussi ne saurait-on trop instruire l'ouvrier maréchal dans la connaissance des règles de la ferrure basées sur l'anatomie et la physiologie du pied. Et, pour le dire en passant, nous ferons remarquer qu'en Allemagne, « l'exercice de la maréchalerie ne peut se faire qu'avec la production d'un certificat d'examen. Les prescriptions pour la délivrance du certificat d'examen sont fixées par décret. » (*Loi du* 1ᵉʳ *mars* 1884 pour la Bavière ; du 16 *avril* 1884 pour la Saxe, du 18 *juin* 1884 pour la Prusse et du 5 *mai* 1890 pour l'Alsace-Lorraine.) L'examen comprend :

1° L'exécution d'un fer ordinaire (ferrure d'été ou d'hiver) ;

2° Exécution d'un fer d'après les données de la commission d'examen pour un sabot défectueux ou malade ou pour un cheval ayant une position et une marche défectueuses ;

3° Exécution complète de la ferrure d'un pied de cheval ;

4° Réponses orales aux questions sur la nature et l'entretien des sabots, sur les distinctions entre les différentes espèces de ferrure, ainsi que sur la ferrure des pieds défectueux et malades (1).

Après avoir exposé la loi et le décret qui réglementent l'exercice de la maréchalerie en Allemagne, Lavalard fait les réflexions suivantes, qui nous paraissent très judicieuses :

Nous ne sommes par partisan d'une loi, comme celle de l'Empire d'Allemagne, qui ne permet qu'aux maréchaux diplômés d'exercer leur art; c'est pousser un peu loin la réglementation. Les écoles de ferrure ne pourraient donner non plus de bons résultats, les hommes qui se vouent à cette carrière n'ayant pas en général les moyens de vivre sans le salaire de chaque jour. Pourquoi ne ferait-on pas des cours professionnels à des heures qui permettraient de ne pas interrompre le travail dans les ateliers? Cette manière de faire a donné d'excellents résultats pour les autres corps d'états. Cette initiative pourrait être prise par le gouvernement, les départements, les villes et même les Sociétés d'agriculture.

Les conditions d'admission seraient très simples, les cours pourraient être gratuits.

Pour donner une certaine consécration à ces cours, les personnes qui les auraient suivis passeraient, au bout d'un temps à déterminer, un examen oral et un examen pratique, et pourraient obtenir un certificat de capacité. Cette pièce leur faciliterait l'entrée dans les administrations et dans les ateliers, et pourrait même leur être utile pour le service militaire.

Si donc la France a toujours eu une certaine réputation bien méritée pour le soin apporté dans la ferrure des chevaux, si elle a donné son nom à une ferrure bien caractérisée, comme l'Angleterre a donné le sien à une autre ferrure, cela tient à l'enseignement donné par les Écoles vétérinaires, l'École de maréchalerie de Saumur, et surtout à la direction d'ateliers de maréchalerie par des vétérinaires qui avaient beaucoup étudié cette branche de leur art.

Ainsi on ne peut pas nier que Charlier, par sa ferrure, a eu

____

(1) *Le Cheval*, par E. Lavalard, p. 366.

une très grande influence sur la légèreté des fers actuels. Mais aujourd'hui il faut faire plus si nous ne voulons pas être devancés par nos voisins, qui ont rendu les examens obligatoires, et qui ont créé partout un enseignement spécial.

Il serait évidemment à désirer que cet enseignement professionnel dont parle Lavalard fût réalisé dans notre pays : ce serait le meilleur moyen de remédier aux inconvénients attribués à la ferrure, car aujourd'hui encore, de même qu'autrefois, l'ouvrier maréchal n'a souvent aucune connaissance des principes de l'art qu'il pra-

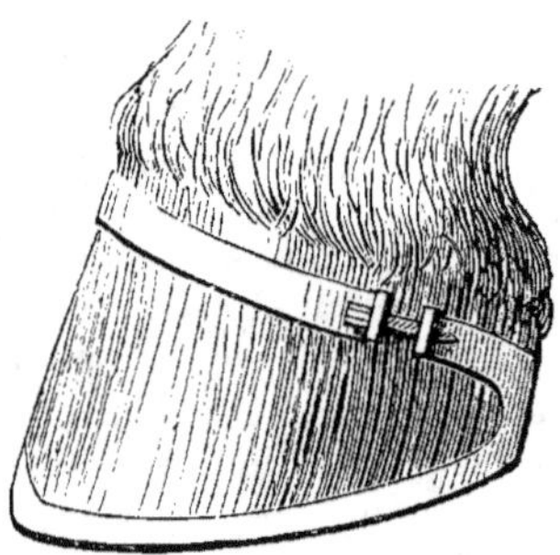

Fig. 132. — Fer sans clous.

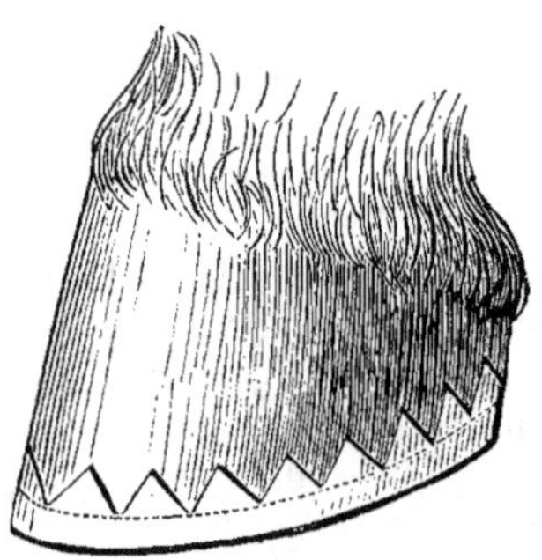

Fig. 133. — Fer sans clous.

tique ; par suite il travaille à l'instar d'un « maçon par exemple, qui peut mettre toute sa vie des pierres ou des briques les unes sur les autres, sans être au fait d'un seul principe d'architecture ». (Bracy-Clark.)

Nous ne quitterons pas ce sujet sans mentionner certaines inventions ayant pour but de laisser au pied ferré toute son élasticité en supprimant la coercition ou la gêne que l'on attribuait théoriquement au fer et aux clous.

Ainsi on a imaginé des fers sans clous (fig. 132 et 133), le fer articulé en pince (fig. 134), le fer composé de sept pièces articulées par charnières, le fer en cuir, le fer divisé en huit pièces fixées sur une lame de cuir, le fer

à étampures unilatérales (Turner, Miles) (1) le fer Mavor,
le fer Lebac à pinçon circulaire (2) le fer Tabourin, le fer
Peillard, le fer Alasonière, etc. Le cadre de cet ouvrage
ne nous permet pas de décrire ces fers dont la plupart
ne présentent d'ailleurs aucune
valeur. Nous dirons seulement
quelques mots de la ferrure sans
clous.

Ferrure sans clous. — De nombreuses tentatives ont été faites
pour fixer le fer sous le sabot,
sans se servir de clous. Déjà,
dans l'ouvrage de César Fiaschi,
publié en 1554, on voit une
figure représentant un fer sans
clous (voyez : *Historique de la ferrure*, fig. 103)

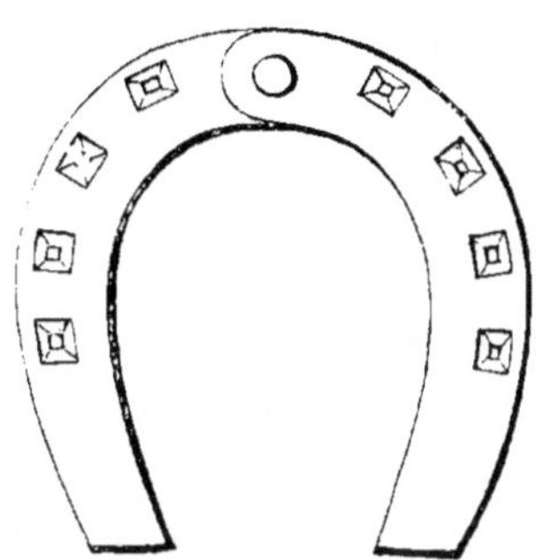

Fig. 134. — Fer à charnière.

Parmi ces tentatives, il en est une qui paraît avoir été
faite sur une grande échelle et dont Eug. Percheron, de
Paris, parle incidemment dans les termes suivants :

« Les fameux hippo-sandales imaginés par un avocat,
en 1840, pour lesquels d'immenses ateliers avaient été
installés quai Valmy où tous les chevaux de la capitale
devaient être ferrés, représentent bien un véritable type
particulier ou système de ferrure. » Mais l'application de
cette hippo-chaussure n'a pas réussi et les essais « ont
coûté beaucoup d'argent ».

En 1850, un « inventeur patenté », William Parry, a fait connaître
une *nouvelle ferrure* dans laquelle les clous sont remplacés par des
anses de fil de métal ; le trajet de ces fils dans le sabot est fait avec
un foret ; on pratique avec cet instrument deux canaux longitudinaux
dans la direction oblique de dessous en dessus et de dedans en
dehors que suit le clou ordinaire : ces deux trajets sont seulement
convergents par en bas, l'un vers l'autre ; lorsque la paroi est ainsi

(1) Voy. Rey, *Traité de maréchalerie*, 2e édition, p. 212.
(2) *Recueil de méd. vétér.*, 1869, p. 617.

traversée, on introduit un morceau de fil de fer par chacune de ses extrémités dans les orifices supérieurs des canaux creusés par le foret ; on les fait sortir par les orifices inférieurs, puis à travers les trous correspondants du fer ; à la face inférieure du fer, on les tord ensemble avec une pince comme fait le treillageur, et on rabat la torsade dans la rainure longitudinale dont le fer anglais est creusé.

Le nombre de ces boucles de fer peut être de trois ou quatre suivant les indications.

M. W. Parry n'hésite pas à dire que la ferrure à clous a fait son temps, et que c'est la sienne qui doit la remplacer définitivement ; douce illusion d'un inventeur (1) !

Il existe, dans la collection de ferrure de l'École vétérinaire de Lyon, plusieurs modèles de fers sans clous. Il en est un notamment qui présente trois pinçons à la partie supérieure desquels se trouve fixée une bande d'acier s'appliquant étroitement sur le sabot. Ce fer présente en outre, sur la face supérieure de chaque éponge, une pointe qui doit pénétrer dans la paroi, en talon, afin de consolider la ferrure.

En 1891, M. Laquerrière a présenté à la Société centrale de médecine vétérinaire un *nouveau système de ferrure sans clous* de l'invention de MM. Graux, vétérinaire en deuxième au 3e chasseurs, et Beulin, brigadier-maréchal au même régiment :

Le mode d'attache, excessivement simple, consiste en une mince bandelette métallique arrondie et taraudée à ses deux extrémités (fig. 135).

Cette bandelette, agrafée en haut du pinçon, contourne la face externe de la paroi et se fixe, pour maintenir le fer sous le pied, en dedans de chaque éponge du fer, au moyen d'un petit écrou ; elle peut s'adapter à toute espèce de fer.

Ce système d'attache solide — les fers ont résisté jusqu'à usure complète — est d'une application facile et ne présente jusqu'alors aucun inconvénient pour la conservation du pied « sabot » du cheval. Théoriquement, il doit plutôt faciliter la dilatation des talons.

Le fer Graux-Beulin se fait comme les fers ordinaires, soit en fonte malléable ou à la matrice en fer forgé.

(1) *Recueil de méd. vétér.*, 1850, p. 267.

Si la pratique continue à donner de bons résultats, ce système de ferrure supprimant les clous sera vraiment un idéal. (*Graux et Beulin.*)

Jacoulet et Chomel déclarent que l'usage qu'ils ont fait de ce fer leur a démontré qu'il tient suffisamment sous le pied pour permettre d'utiliser le cheval à toutes les allures. Nous avons quelquefois ajouté un ou deux clous de chaque côté, pour assurer la solidité du fer.

Un cheval de carrière de l'École de cavalerie a pu avec ce fer suffire à son service pendant la période la plus active du travail.

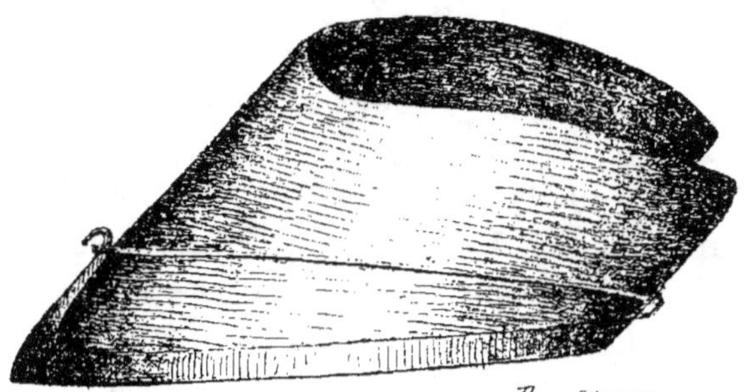

Fig. 135. — Ferrure sans clous de Graux et Beulin (Jacoulet et Chomel).

Cette ferrure est donc susceptible de rendre des services lorsque l'application des clous est très difficile ou nuisible, comme dans le cas de sabots dérobés, de fourbure, fourmilière étendue, etc. (1).

En 1892, la Compagnie des tramways de Paris a appliqué à ses chevaux, un fer en acier Bessemer qui se fixe à froid, en quelques minutes, sans un seul clou. La semelle est semblable à celle des fers ordinaires, mais elle possède à l'avant un levier coudé, qui s'applique jusqu'à mi-hauteur de la muraille antérieure du sabot sans le comprimer.

Une bride du même acier flexible vient ensuite entourer le sabot en partant des deux talons du fer et s'appuyer sur le haut du levier, lequel la supporte entièrement et l'empêche, par conséquent, de comprimer aucune partie de la muraille.

Le fer est muni en dedans de trois petits crampons qui pénètrent dans la corne du sabot et empêchent le fer de se déplacer sans que la bride ait été enlevée (2).

Nous ne connaissons pas les résultats de cette expérience et, sans rien préjuger, nous dirons qu'en général la

(1) *Traité d'hippologie*, t. II, p. 402.
(2) *Recueil de méd. vétér.*, 15 novembre 1892, p. 731.

ferrure sans clous manque de solidité et que la pression de la bande métallique sur la paroi n'est pas sans danger, du moins d'après ce que nous avons pu observer par l'application d'un fer sans clous à pinçon circulaire (fer Tabourin). Les chevaux ferrés de la sorte marchent avec une certaine raideur ou même boitent immédiatement. En second lieu, il nous paraît douteux que cette ferrure soit économique.

Pour ces motifs, nous ne pensons pas que, dans la pratique courante, elle remplace la ferrure à clous et nous estimons que le meilleur moyen de prévenir les inconvénients attribués à cette ferrure, c'est de la pratiquer suivant les règles exposées précédemment. Remarquons enfin que, parmi les innombrables inventions tendant à perfectionner la ferrure du cheval, il en est deux — la ferrure Charlier et la ferrure Lavalard et Poret — que nous considérons comme véritablement préventives des déformations du sabot. Ces ferrures méritent une étude détaillée, et comme elles sont particulièrement recommandées pour les chevaux de selle, de trait léger et d'omnibus ou de tramways, nous les décrivons dans le chapitre suivant.

CHAPITRE IV

FERRURES SELON LES SERVICES.

Nous étudions dans ce chapitre :

1° La ferrure des chevaux de l'armée française ;

2° La ferrure des chevaux de selle et d'attelage ;

3° La ferrure des chevaux de course et de chasse ;

4° La ferrure des chevaux de trait léger et de gros trait ;

5° La ferrure des chevaux à la prairie et des poulains.

ART. 1ᵉʳ. — FERRURE DES CHEVAUX DE L'ARMÉE
FRANÇAISE.

Dans l'armée française, la ferrure est réglementée par diverses décisions ministérielles (27 avril 1870, 7 novembre 1883, 17 juillet 1894).

On distingue : la *ferrure courante*, la *ferrure de rechange* et la *ferrure de réserve*.

§ 1ᵉʳ. — FERRURE COURANTE.

La ferrure courante est dite d'*été* ou d'*hiver*. Néanmoins, dans toutes les saisons, les fers de devant et ceux de derrière ne présentent point de crampons fixes (*Décision minist. du 7 nov. 1883*).

Les dimensions des fers en largeur et en épaisseur varient suivant les armes ; elles sont indiquées dans le tableau ci-après (*Décision minist. du 27 avril 1870*) :

DÉSIGNATION DES ARMES.	FERS DE DEVANT		FERS DE DERRIÈRE	
	largeur.	épaisseur.	largeur.	épaisseur.
Chevaux de cava- { Réserve...	0^m,022	0^m,012	0^m,025	0^m,0125
leric............ { Ligne.....	0 , 021	0 , 011	0 , 024	0 , 012
(Légère...	0 , 020	0 , 010	0 , 023	0 , 011
Chevaux de trait de l'artillerie et des différents trains......	0 , 0235	0 , 013	0 , 027	0 , 014
Chevaux arabes.............	0 , 018	0 , 009	0 , 021	0 , 010

Ces dimensions ne peuvent être dépassées ; elles sont contrôlées à l'aide de *calibres*, sortes de règles métalliques plates, pourvues d'entailles (fig. 136), dont chaque maréchal ferrant abonnataire doit être pourvu.

Il est à remarquer que, dans chaque arme, la couverture du fer réglementaire est la même de la pince aux éponges pour le fer de devant. Le fer de derrière est sensiblement plus couvert en pince qu'en éponges ; celles-ci sont généralement arrondies et biseautées.

Les étampures sont au nombre de six pour les chevaux de cavalerie légère, de sept pour la cavalerie de ligne, de huit pour les autres armes.

La ferrure est appliquée à chaud, toutefois les maréchaux sont exercés à ferrer à froid afin d'être à même de procéder ainsi en campagne notamment.

« On a encore conservé l'ajusture française, mais il existe une juste tendance à adopter l'ajusture anglaise.

« La *ferrure courante d'été* ne comporte pas de mortaise d'attente.

« La *ferrure d'hiver* comporte des mortaises d'attente en mamelles et en éponges. A cet effet chaque étampure de pince est suffisamment écartée de celle de la mamelle correspondante pour que le centre de la mortaise puisse être à 15 millimètres du centre de chaque étampure. Le centre de chaque mortaise des éponges est à 15 millimètres

du bout de l'éponge ; toutes les
mortaises sont au milieu de la
couverture du fer. Le crampon
adopté est la vis en acier à tête
carrée et à tenon tronconique
fileté » que nous décrirons dans le
chapitre v.

« Il va de soi qu'exceptionnellement tous les fers et toutes
les ferrures peuvent être utilisés
pour les chevaux de l'armée.

« On fera bien de déferrer le
plus grand nombre possible de
chevaux pendant la période d'ins-
truction des recrues, lorsque le
travail doit être exécuté exclusivement au manège ou sur des
pistes meubles ; de même ceux
devant séjourner longtemps à
l'infirmerie seront mieux d'être
déferrés, mais dans aucun cas on
n'abandonnera les pieds, qui
doivent au contraire être entre-
tenus dans leurs aplombs et leur
intégrité. »

§ 2. — FERRURES [DE RE-CHANGE ET FERRURES DE RÉSERVE.

« Tout cheval de l'armée doit
posséder à la forge, dans un
casier spécial, une ferrure complète, ajustée, immatriculée et
mortaisée (ferrure de rechange),

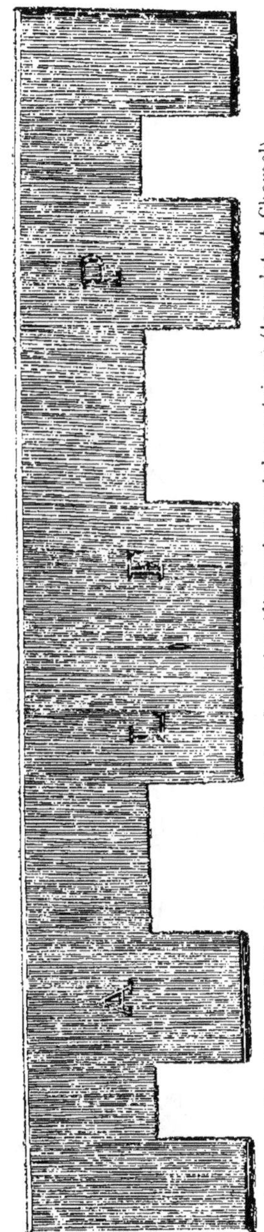

Fig. 136. — Calibre de cavalerie légère française (dimensions réglementaires) (Jacoulet et Chomel).

et au moins une ferrure non ajustée (ferrure courante).

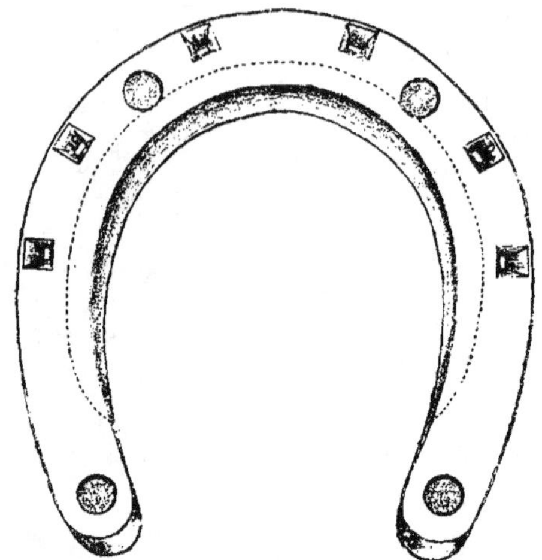

Fig. 137. — Fer de devant (Jacoulet et Chomel).

La première doit être souvent remplacée (tous les trois

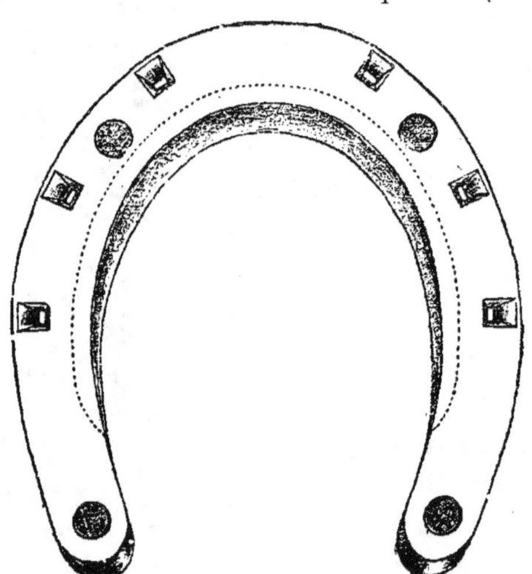

Fig. 138. — Fer de derrière (Jacoulet et Chomel).

mois environ) pour être sûr qu'elle répondra toujours aux pieds et ne sera pas détériorée par la rouille.

« Les ferrures d'approvisionnement de réserve sont en

magasin ; elles sont surtout destinées aux chevaux de réqui-
sition et doivent être confectionnées en s'inspirant des ressources en chevaux des localités. Ces approvisionnements
seront désormais en fers mécaniques, symétriques ou in-
terchangeables du modèle figuré et décrit ci-contre
(fig. 137 et 138).

Fer de devant.

Longueur : 123 millimètres. — Largeur 116 millimètres.

Couverture : 24 millim. en pince, 18 en éponge. Elle diminue
insensiblement de la pince vers les éponges.

Épaisseur : Partout 10 millimètres.

Étampures : Françaises carrées, au nombre de 6, pour clous n° 5,
percées bien d'aplomb, c'est-à-dire perpendiculairement aux branches du fer, symétriquement
placées sur chaque branche, le centre des deux
dernières à 64 millim. de l'éponge, face supérieure.

Contreperçures : Leur centre à 7 millim. de la rive externe.

Ajusture : Anglaise, se terminant avant les éponges laissant
un siège de 19 à 20 millim. de large.

Éponges : Arrondies et disposées en biseau incliné à 65°.

Talus ou chanfrein de la face inférieure : Partant en arrière de la
dernière étampure et prenant progressivement
le tiers de l'épaisseur du fer. Ce talus doit éviter
les atteintes, le forger, préserver du bottage dans
la neige et dans la terre glaise.

Mortaises : Celles des mamelles à égale distance de la pince,
au milieu de la partie plane de la face inférieure
du fer et au milieu de l'espace compris entre les
deux premières étampures ; celles des éponges à
15 millim. de l'extrémité, face supérieure et au
milieu de la largeur.

Pinçon : Triangulaire à angle un peu arrondi, large de
25 millim. et haut de 15.

Fer de derrière.

Longueur : 130 millimètres. — Largeur : 118 millimètres.

Couverture : 26 millimètres en pince, 18 en éponges ; elle diminue
de la pince vers les éponges.

Épaisseur : 11 millimètres en pince, 10 en éponges ; elle va en
diminuant progressivement depuis la pince.

Étampures :   Symétriquement placées sur chaque branche, le centre des deux dernières à 60 millimètres de l'éponge face inférieure, de même forme que dans les fers antérieurs. Clous n° 3.

Contreperçures : Leur centre à 17 millimètres de la rive externe.

Mortaises :   Comme dans le fer antérieur.

Ajusture :   Moins prononcée en branches que dans le fer antérieur, prenant en pince la moitié de la largeur, le tiers de l'épaisseur et diminuant progressivement jusque vers le milieu de l'espace compris entre la dernière étampure et l'extrémité de l'éponge.

Éponges :   Comme dans le fer antérieur.

Talus de la face inférieure : Comme dans le fer antérieur, de manière à laisser 19 millimètres de partie plane à la face inférieure. Tout le reste comme dans le fer antérieur.

Ces fers comporteraient six pointures pour la cavalerie, savoir :

N° 1	Antérieur	123 sur 116	Clou n° 3.
	Postérieur	130 — 118	
— 2	Antérieur	128 — 121	— 3.
	Postérieur	135 — 123	
— 3	Antérieur	133 — 126	— 3.
	Postérieur	140 — 128	
— 4	Antérieur	138 — 130	— 4.
	Postérieur	145 — 132	
— 5	Antérieur	143 — 135	— 4.
	Postérieur	150 — 137	
— 6	Antérieur	148 — 140	— 5.
	Postérieur	155 — 142	

Et neuf pointures pour les chevaux de trait de l'artillerie, du train et de la mobilisation, savoir :

N° 7	Antérieur	153 sur 145	Clou n° 6.
	Postérieur	158 — 145	
— 8	Antérieur	158 — 150	— 6.
	Postérieur	163 — 150	
— 9	Antérieur	163 — 155	— 6.
	Postérieur	168 — 155	
— 10	Antérieur	168 — 160	— 7.
	Postérieur	173 — 160	
— 11	Antérieur	173 — 165	— 7.
	Postérieur	178 — 165	

Nº 12.........	Antérieur........	178	—	170 } Clou nº 8.
	Postérieur......	183	—	170 }
— 13.........	Antérieur........	183	—	175 }
	Postérieur......	188	—	175 } — 8.
— 14.........	Antérieur........	188	—	180 }
	Postérieur......	193	—	180 } — 8.
— 15.........	Antérieur........	193	—	185 }
	Postérieur......	198	—	185 } — 8.

Les fers de réserve devant servir indifféremment en été ou en hiver seront mortaisés d'avance en éponges et en mamelles.

On les conserve dans des caisses de vingt-cinq ferrures d'un modèle portatif, les quatre fers de chaque ferrure sont réunis par un fil de fer recuit.

Par application d'une note ministérielle en date du 17 juillet 1894, les fers, crampons à glace et clous de réserve en magasin doivent être enduits d'huile de pétrole pour en assurer la conservation. Toutefois, l'opération ne s'applique aux clous blancs, « actuellement les seuls réglementaires, que dans le cas d'absolue nécessité par suite de leur état d'avarie ou de l'humidité des magasins ».

Fers, crampons et clous doivent être immergés dans le pétrole pendant une ou deux minutes, puis égouttés et séchés.

Annuellement les fers, crampons et clous qui présentent de la rouille, doivent être repassés au pétrole ou, si l'altération est trop importante, remplacés poids pour poids ou nombre pour nombre (1).

ART. II. — FERRURE DES CHEVAUX DE SELLE ET D'ATTELAGE.

§ 1er. — FERRURE DU CHEVAL DE SELLE.

Le cheval de selle use fort peu ses fers, du moins dans la plupart des cas ; d'autre part, il est employé à un service exigeant des allures rapides. Par conséquent les fers doivent être aussi légers que possible et disposés de telle sorte que l'appui plantaire soit très ferme afin de prévenir les glissades et les chutes. Pour atteindre ce but, le fer sera étroit, dégagé, fabriqué en acier ou en bronze d'aluminium suivant que le cheval sera employé à un service plus ou moins actif.

En parant le pied, on se contentera de raccourcir la

(1) Jacoulet et Chomel, *Traité d'hippologie*, t. II, p. 407.

pince, de ménager les talons, sans toucher à la fourchette, ainsi qu'aux barres et à la sole. L'ajusture anglaise sera employée de préférence, attendu que l'appui a lieu — au moins pendant les premiers jours de la ferrure — par une surface plus plane qu'avec l'ajusture française.

On applique souvent aux pieds de derrière des fers à pince tronquée, avec pinçons aux mamelles, mais cela n'est vraiment utile qu'autant que le cheval forge. Il peut être nécessaire de lever un crampon sur la branche externe et une mouche sur la branche interne, afin de prévenir les glissades. La *mouche* ou crampon interne, est avantageusement remplacée par l'*éponge anglaise*, c'est-à-dire un renflement allongé du bout de l'éponge faisant une saillie longitudinale égale à la hauteur du crampon, soit 2 centimètres environ : on évite ainsi les blessures de la couronne.

Une excellente ferrure pour le cheval de selle, c'est la ferrure Charlier, attendu qu'elle est à la fois légère et préventive des glissades : il nous paraît donc rationnel de la décrire ici.

Ferrure Charlier. — Ainsi appelée du nom de son inventeur Charlier, vétérinaire à Paris, qui la fit connaître en 1865, cette ferrure consiste dans l'application d'un fer très étroit et épais, reposant exclusivement dans une feuillure pratiquée dans le contour plantaire de la muraille, d'où le nom de ferrure *périplantaire* sous lequel on la désigne encore. Cette ferrure a une certaine analogie avec la *ferrure à demi-cercle* de Lafosse dont il est parlé dans l'historique de la ferrure (*Voy*. p. 178).

Elle a pour but de protéger le bord plantaire de la paroi contre l'usure et de laisser au pied ferré toute son élasticité en faisant participer à l'appui les barres, la sole et la fourchette comme dans l'état de nature. C'est donc une ferrure vraiment physiologique et par suite réellement conservatrice de l'ongle.

Le fer Charlier (fig. 139) présente exactement la tournure du contour plantaire. Il est très étroit, *très dégagé*.

Pour le forger on se sert de barres de fer de 18 millimètres de hauteur sur 15 ou 16 millimètres de largeur pour les plus grands et les plus forts pieds. Pour les fers destinés à des pieds plus petits on emploie des barres de 12 millimètres de hauteur sur 10 millimètres de largeur.

On peut forger seul.

A deux on ne contreforge pas. En bigornant, frapper davantage du côté du bord supérieur en pince et en mamelles pour donner au fer l'inclinaison naturelle du sabot. Étrécir quelque peu les extrémités des branches, qui doivent être un peu moins larges que le reste du fer; pour le fer de derrière, rendre la branche du dedans plus étroite et

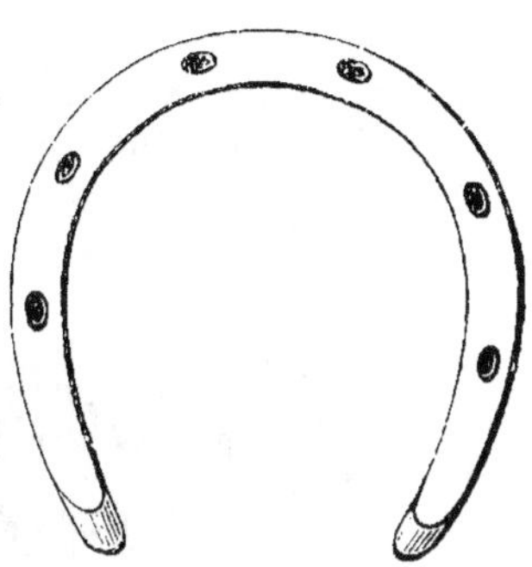

Fig. 139. — Fer Charlier.

moins forte que celle du dehors, qui s'use d'ordinaire davantage.

Les étampures, variant de quatre à huit, suivant la grandeur du fer, doivent être petites et rondes pour ne pas diminuer sa force; redresser à cet effet et effiler le poinçon dès qu'il est émoussé. Ce poinçon est en acier fondu non trempé, il est rond et effilé pour étamper; plus effilé encore et un peu aplati pour contrepercer. Les étampures sont percées à distance à peu près égale, obliquement de *maigre à gras* en pince et en mamelles pour donner plus facilement aux clous la direction voulue ; en talons, les rendre plus perpendiculaires.

Pour contrepercer, avec le poinçon effilé qui doit être trempé dans la graisse pour faciliter son entrée et sa sortie, si le trou de l'enclume est fort large, y adapter un morceau de fer, espèce de clou à tête large, percé en son milieu d'un trou plus petit, afin de ne point forcer le fer et même le casser. (Charlier.)

Le clou Charlier ressemble au clou anglais, mais il est un peu plus aplati ; il doit être délié de lame.

Le boutoir est plus étroit que le boutoir ordinaire, ses bords sont relevés à angle droit, d'une hauteur d'un centimètre environ, et la face inférieure de sa lame est pourvue d'un *guide régulateur* formé par le prolonge-

ment de la monture, qui donne de chaque côté une largeur
à peu près semblable à la largeur de la muraille (1).

Ce boutoir sert uniquement à pratiquer la feuillure ; on
peut le remplacer par une rénette à guide pour ferrer seul.

L'adaptation du fer comporte les manœuvres suivantes :

1° Après avoir dérivé les clous et déferré le pied, abattre à l'aide
d'une râpe ordinaire ou du rogne-pied, l'arête du bord inférieur de
la muraille dans tout son pourtour, pour former un biseau ou
chanfrein qui facilite l'emploi du boutoir ou de la rénette. Raccourcir

Fig. 140. — Ferrure Charlier.
(Sabot avec l'arête inférieure abattue
en chanfrein.)

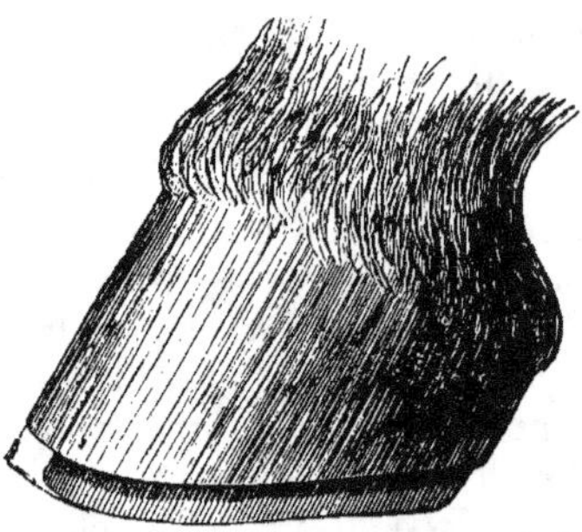

Fig. 141. — Ferrure Charlier.
(Sabot avec sa feuillure.)

le pied, s'il en est besoin, horizontalement, à plat, mais jamais aux
dépens de l'épaisseur de la muraille, ce qui rétrécirait le pied sans
le raccourcir (fig. 140).

2° Pratiquer sur ce biseau, à l'aide du boutoir à guide ou de la
rénette à guide, l'entaille en forme de feuillure qui doit recevoir le
fer, la faisant un peu moins profonde que la hauteur de la sole, et
un peu moins large que l'épaisseur de la muraille, se guidant sur
la *zone* ou *ligne blanche* qui sépare la sole de la muraille, sur
laquelle zone on peut aller, mais qu'il ne faut pas dépasser (fig. 141).

3° Donner au fer la tournure nécessaire, en commençant par la
pince et les mamelles, pour qu'il prenne bien le contour du sabot ;
suivre très exactement, sans déborder, le bord externe de la muraille sur laquelle il doit s'adapter face à face dans tout son pourtour

(1) Bien que toutes les murailles n'aient pas la même épaisseur, le
même boutoir peut servir pour presque tous les pieds, faisant agir le tranchant de la lame en plein, ou l'inclinant plus ou moins en dehors.

et s'asseoir solidement sans autre ajusture que la tournure du pied,
jusqu'à l'angle d'inflexion des arcs-boutants qu'il doit encadrer *sans
jamais les recouvrir;* laisser plutôt garnir légèrement, à partir de
la dernière étampure, le bord externe de la branche du fer en
dehors, si celle-ci est trop large pour la muraille, diminuée quelquefois d'épaisseur en cet endroit par l'atrophie, le renversement ou
le resserrement des talons;

4° Encastrer le fer à peu près entièrement dans la feuillure, si
la sole est forte, concave, et la muraille épaisse; mais, pour peu
que l'une ou l'autre laisse à désirer, comme il arrive le plus souvent
aux premières applications de la ferrure périplantaire, notamment
pour les pieds plats ou combles, ne pas *craindre* de laisser le fer
déborder en contre-bas, du côté des talons surtout.

On ferre à chaud ou à froid.

Dans le premier cas, ne jamais pousser vers la sole en imprimant le fer chaud dans sa feuillure, mais appuyer perpendiculairement sur la muraille, tenant le fer bien droit par le bout des tricoises
effilées et introduites dans les étampures; ne le laisser séjourner
que quelques secondes sur le pied, pour ne pas dessécher la corne,
ou chauffer les parties sensibles, peu éloignées dans les pieds faibles.

Couper les branches du fer, si elles sont trop longues, en biseau
allongé, les limer; limer également avec une demi-ronde l'angle
interne de la face supérieure du fer pour y former un chanfrein
qui l'empêche de comprimer l'angle de la feuillure pendant l'appui;
abattre l'arête inférieure de la branche interne, soit à la lime, soit
au marteau, pour empêcher les chevaux de se couper; enfin, l'attacher au pied avec les clous, les brochant comme on le fait dans la
ferrure ordinaire, ayant soin de ne râper que *jusqu'aux rivets et
le moins possible.*

Pour ferrer à froid, prendre le soin de faire poser les fers bien
à plat, dans toutes leurs parties, à l'aide de la râpe, et, pour plus
de facilité dans l'application, les disposer à l'avance sur d'autres
fers parfaitement ajustés.

Pour la première application du fer périplantaire, attendre que
le cheval soit vieux ferré afin que la sole ait repris à peu près son
épaisseur normale.

En pratiquant la feuillure, rester en deçà de la ligne blanche,
si l'on doit ferrer à chaud : le fer en s'imprimant achèvera de creuser
et d'élargir l'entaille suffisamment. Ne jamais toucher à la sole ni à
la fourchette, ni aux arcs-boutants qu'on ne doit *tailler en aucune
façon*, à moins que le pied soit trop long, qu'il faille le raccourcir,
ou qu'il n'existe à la surface de la sole des parties exubérantes
mortes et dures, faisant corps étrangers qu'il faut enlever *à plat*
avec précaution.

Pour certains pieds à sole mince, incapable de soutenir solidement le fer, il peut être avantageux de lever un pinçon, au fer de derrière surtout. Cette précaution est d'autant plus utile que le cheval travaille beaucoup, fait de violents efforts, et que les fers ont plus de hauteur.

Ne pas attendre, pour referrer les chevaux, que les fers soient complètement usés ; étant très étroits, lorsqu'ils deviennent trop minces, ils sont susceptibles de se casser et de provoquer, comme les fers ordinaires, des éclats de muraille. Ceci est surtout à craindre aux premières applications, quand la corne est peu épaisse, sèche et cassante (1).

Dès son origine (1865), la ferrure Charlier a été l'objet de vives discussions au sein de la Société centrale de médecine vétérinaire ; aujourd'hui il est reconnu que cette ferrure est rationnelle et qu'elle constitue bien un véritable perfectionnement de la ferrure ordinaire, quand elle est bien appliquée.

Ainsi cette ferrure a pour avantages :

1° De prévenir les glissades par l'étroitesse du fer et l'appui de la fourchette, des barres et de la sole ;

2° De mettre en jeu l'élasticité du pied par l'appui de la fourchette et de prévenir ainsi les déformations du sabot qui résultent de la ferrure pratiquée suivant les errements habituels ;

3° D'obliger l'ouvrier à donner exactement au fer la tournure du pied.

Il faut encore remarquer que la ferrure Charlier est non seulement conservatrice du sabot, mais qu'elle convient encore pour combattre diverses lésions de cet organe, le resserrement des talons, ainsi que nous l'établirons en étudiant les ferrures pathologiques.

On a reproché à la ferrure Charlier d'être d'une application difficile, d'exposer le cheval à des boiteries quand la feuillure est trop profonde, et l'on a fait remarquer que

(1) P. Charlier, *Principes de la ferrure périplantaire*. Paris, 1868.

si l'entaille de la paroi ne loge pas complètement le fer, la fourchette ne porte pas sur le terrain et que l'avantage principal de cette ferrure disparaît. On a dit encore que si le cheval vient à se déferrer et qu'il soit obligé de marcher ainsi pendant quelque temps, la muraille peut se détériorer à tel point qu'il faut le laisser en repos, pendant plusieurs jours, avant de pouvoir le ferrer même au système ordinaire. On a ajouté enfin qu'en raison de son étroitesse le fer s'use très vite.

Parmi ces critiques, il en est de fondées, notamment celle qui s'applique aux conséquences du déferrement accidentel. Quant aux autres, elles ont été exagérées, comme en témoigne l'observation impartiale. Ainsi il est bien établi que le système Charlier constitue une bonne ferrure pour les chevaux de selle et d'attelage, surtout pour les sabots antérieurs. Quant à la ferrure des sabots postérieurs par ce système, elle peut, chez certains chevaux qui usent rapidement leurs fers, n'être pas économique. Toutefois, en employant l'acier Bessemer pour la fabrication du fer Charlier, comme l'a recommandé le colonel Gillon d'Édimbourg, cet inconvénient disparaît, et les glissades résultant de l'emploi de l'acier ne sont pas à craindre, attendu que par cette ferrure la fourchette se développe et appuie fermement sur le sol en même temps qu'elle y adhère.

En résumé, la ferrure Charlier est essentiellement physiologique et son application témoigne péremptoirement des avantages que l'on obtient en respectant le plancher du sabot et en se bornant à protéger la muraille contre l'usure par un fer périplantaire.

§ 2. — FERRURE DES CHEVAUX D'ATTELAGE.

Par chevaux d'attelage, nous entendons ceux qui sont employés à un service de luxe. En général ces chevaux usent peu, mais leurs sabots sont plus grands que ceux des chevaux de selle. La ferrure Charlier leur convient parfaitement ; mais souvent le caprice des propriétaires ou des cochers lui fait préférer la ferrure anglaise : le fer anglais est artistement limé, poli ; le sabot est paré, creusé. la fourchette taillée à facettes, la paroi râpée à l'excès, de telle manière qu'en sortant de l'atelier du maréchal, le cheval semble avoir des sabots plus beaux.

Il est certain que cette ferrure plaît davantage, à quiconque ignore le fonctionnement du sabot, que la ferrure péri-plantaire.

Il en est de même de la ferrure française lorsque l'ouvrier pare le pied à l'excès afin de faire de *la besogne propre*. On a vu, dans le chapitre précédent, les effets funestes d'une semblable pratique.

Mais il nous paraît utile de signaler ici les causes et les conséquences de cette pratique routinière, telles qu'elles sont exposées par Goyau, attendu que nous en constatons souvent la parfaite justesse :

Tout conspire pour éterniser, répandre et glorifier la *besogne propre*. A travailler ainsi, le maréchal récolte bénéfice, tranquillité, satisfaction d'amcur-propre, approbation du propriétaire, contentement de l'homme d'écurie. Le pied n'est-il pas joli, bien chaussé, facile à curer?

Il y a bien une ombre au tableau : des milliers de chevaux boiteux gardent l'écurie, ou sillonnent péniblement les rues de nos villes.

A qui la faute? Le cheval est artistement ferré; il ne se coupe pas, ne forge pas, ne se déferre pas, et quitte la forge sans boiter. Le maréchal est donc hors de cause.

Quelques jours après, l'animal est sur la litière. Pourquoi? Aussitôt — s'il y a lieu — s'organise la conspiration du silence. Le cocher ne sait rien, ou a des raisons pour être discret; il opine pour un rhumatisme, ou se remémore à propos une glissade. C'est cela, dit l'ouvrier, il a pris un écart, il boite de l'épaule. — *Sainte Épaule* est la patronne secourable des maréchaux dans l'embarras. Plus souvent encore et d'un commun accord, une bleime est signalée : ce monstrueux pavé des rues n'en fait jamais d'autres ! C'est que le pied peut alors être traité par les bains et les cataplasmes, traitement indiqué pour tous les accidents de ferrure. En cas même

de flagrant délit, de vieux dictons prêchent l'indulgence : l'homme
n'est pas parfait; celui qui ne fait rien ne se trompe pas, etc.

Le propriétaire, généralement incompétent, a de bonnes raisons
pour se montrer plus crédule que saint Thomas ; il accepte les
explications et déplore le fait. Comment soupçonner celui dont il
admire la trompeuse habileté (1)?

Indépendamment de cet abus consistant à faire de l'*ouvrage propre*, il en est encore d'autres auxquels la ferrure
des chevaux d'attelage de luxe donne lieu dans certains
ateliers des grandes villes. Ainsi, on applique souvent aux
pieds de derrière des chevaux de luxe un fer à pince tronquée avec pinçons aux mamelles, sans que le cheval forge.
Dans d'autres ateliers, il est de mode de ferrer les pieds
de derrière en laissant la pince très longue et d'appliquer
un fer tantôt à pinçons latéraux, tantôt à pinçon médian
dont la branche interne est épaisse, étampée seulement
en mamelle comme dans le *fer à la turque*, de ferrer court
et juste en dedans ou même de rentrer sous le pied la
branche correspondante, par crainte, dit-on, de voir le
cheval *se couper*.

En résumé, la ferrure du cheval d'attelage de luxe est la
même que celle du cheval de selle en donnant seulement
au fer un peu plus d'épaisseur ou en employant un fer
étroit en acier si l'on ferre au système Charlier, et un peu
de largeur ou de couverture au fer si l'on ferre par le
procédé français ou par le procédé anglais. Dans tous les
cas, sacrifier le moins possible à la mode, faire une ferrure
légère et solide en se conformant aux données physiologiques, sans se préoccuper autrement de ce que l'on appelle
pompeusement l'élégance de la ferrure, attendu que cette
prétendue élégance, abstraction faite du limage du fer, du
pinçon bien triangulaire, des éponges biseautées, s'obtient
au détriment des parties constituantes du sabot.

(1) Goyau, *Traité pratique de maréchalerie*, 3ᵉ édition, 1890, p. 307.

ART. III. — FERRURE DE COURSE ET DE CHASSE.

§ 1er. — FERRURE DU CHEVAL DE COURSE.

Cette ferrure doit être avant tout légère et suffisamment résistante pour que le fer ne se brise ni ne se déforme point pendant la course. Ici la question du prix de revient de la ferrure est secondaire ; les conditions essentielles que le fer doit remplir c'est d'être à la fois léger et solide. Et pour ces motifs, la ferrure en bronze d'aluminium nous paraît bien indiquée dans ce cas.

La ferrure anglaise est généralement employée pour les chevaux de course.

Le fer *Tips* qui est très usité, dit-on, pour les chevaux de course, est un fer anglais fabriqué avec des barres rainées et calibrées.

Pendant l'entraînement, on applique le fer dit de *demi-course*, du poids de 250 grammes environ, et, peu de jours avant la course, ou même la veille de celle-ci, on place le *fer de course*. Ce fer est constitué par une bande métallique très étroite, plate en dessus, profondément cannelée en dessous. Il pèse moitié moins que le fer employé pendant l'entraînement, soit 125 grammes environ ; mais en le forgeant avec du bronze d'aluminium, son poids sera réduit au minimum.

Cette légèreté extrême est impérieusement exigée, dit Goyau, par la raison que le poids est une entrave apportée à la vitesse.

Un allègement de 500 grammes sur les quatre fers est chose à prendre en considération. Si, par exemple, un cheval de course parcourt 6ᵐ, 43 à chaque foulée de galop, il lui faut faire 155 foulées pour faire un kilomètre, c'est-à-dire enlever 155 fois ses 4 fers. Or, si les fers sont de demi-course, le cheval soulève en plus 155 fois 500 gr. dans le parcours d'un kilomètre ce qui représente un effort total de 77 kilogr. 500 gr. Et puis il faut considérer que cet effort s'accomplit dans des conditions désavantageuses : le fer occupant l'extrémité du membre et de ce fait étant en quelque sorte et bien souvent, porté à *bras tendu*. (Goyau.)

Le cheval de course doit être ferré juste et court, les éponges du fer de devant sont arrondies et biseautées ; celles du fer de derrière présentent assez souvent un petit crampon en dehors, mais jamais en dedans. Ce crampon arrête les glissades sur le sol meuble de la piste. Pour consolider la ferrure, on lève un pinçon au fer antérieur et deux au fer postérieur : un à chaque mamelle. On abat et on arrondit l'arête inférieure de la rive interne de telle sorte que le dessous du fer présente un biseau oblique de haut en bas et d'arrière en avant afin d'empêcher le cheval de forger et de tomber, la pince du pied de derrière pouvant s'introduire entre les branches du fer de devant lorsqu'elles ne présentent pas le talus dont nous parlons. Il faut aussi abattre et arrondir la rive externe de la branche du dedans, afin que le cheval ne puisse se couper.

Le fer de course porte à plat sur la muraille ; au pied de derrière, la corne déborde un peu la pince du fer qui est tronquée et biseautée, attendu que « le membre postérieur est un ressort ; plus le ressort est long, plus il possède d'étendue dans la détente ; et puis si la corne qui dépasse vient à heurter les membres de devant, elle ne fait jamais autant de mal que la pince du fer ». (Goyau.)

Le pied doit être paré, comme toujours, en ménageant la fourchette, la sole et les barres et parant la muraille sans fausser l'aplomb.

Or, suivant Goyau, non seulement les pieds des chevaux de course ne sont pas parés d'aplomb, mais encore l'opération est pratiquée d'une manière irrationnelle. Ainsi la fourchette est taillée à facettes, les barres et la sole sont amincies et le dessous du pied est ainsi creusé en cuvette. « Et si les resserrements, les bleimes, les seimes n'en sont pas moins assez rares, il faut l'attribuer aux soins extrêmes dont les pieds sont l'objet dans les écuries d'entraînement, aux applications fréquentes de bouse de vache, de graine de lin, d'onguents à base de goudron, et surtout au travail sur un terrain préparé. » En outre, Goyau a démontré qu'en creusant à fond le dessous du pied, on nuit à la vitesse quand la course a lieu sur la terre détrempée (1).

§ 2. — FERRURE DU CHEVAL DE CHASSE.

Indépendamment de la solidité, qui est une qualité commune à toutes les ferrures, il faut que la ferrure du cheval de chasse protège complètement la face plantaire du pied, afin d'en prévenir les blessures par les cailloux, les tacots, etc. On emploiera donc un fer couvert ajusté à l'anglaise attendu qu'avec cette ajusture l'appui est plus ferme à tous les moments de la ferrure ; l'usure de ce fer ainsi ajusté est seulement un peu plus rapide, mais cela n'a pas d'inconvénients ici, le cheval de chasse étant un animal de luxe. Il faudra, comme pour le cheval de course, ferrer juste et court, arrondir et biseauter les éponges, tronquer la pince du fer postérieur qui sera muni de pinçons latéraux. En parant le pied, laisser à la fourchette, aux barres et à la sole toute leur force, toute leur épaisseur, se contenter de raccourcir la muraille en ayant le soin de ne pas fausser l'aplomb : cette règle est d'ailleurs générale, elle doit être constamment observée.

Malgré l'épaisseur conservée au plancher du sabot, il peut être utile pour la chasse à courre, dans les pays à sol pierreux, dans les taillis, d'interposer entre le fer et le dessous du pied une plaque de cuir ou de métal.

(1) L. Goyau, *Traité pratique de maréchalerie*, 3ᵉ édition, 1890, p. 364.

Le fer étant préparé comme à l'ordinaire et prêt à clouer, la plaque faite en très bon cuir préalablement mouillé est découpée sur le pourtour du fer, échancrée en pince, amincie à ses bords à l'aide du marteau ; une légère étoupade goudronnée est appliquée dans les lacunes de la fourchette sans recouvrir cette dernière ; une petite mèche d'étoupes enduite de goudron est enfoncée dans la fente postérieure du pied. Puis le fer est fixé par les clous qui, du même coup, traversent et saisissent la plaque à son pourtour.

La plaque de tôle, très souvent employée, est découpée sur le fer ajusté, appliquée sur ce dernier, saisie avec lui dans les mors de l'étau et reçoit un coup de râpe à son pourtour. Puis le fer et la

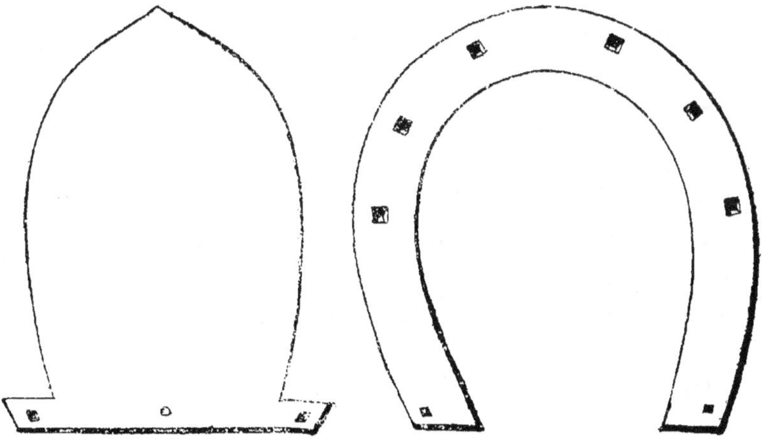

Fig. 142. — Plaque Chevass et fer *ad hoc* (Jacoulet et Chomel).

plaque, celle-ci en dessous, sont placés sur le billot et, par les étampures du fer, à l'aide d'un poinçon à long collet, des ouvertures sont pratiquées dans la plaque métallique, pour livrer passage aux clous.

Parfois la plaque de tôle est fixée au fer par trois rivets, un en pince et deux en éponges ; mais ce mode de fixation demande plus de temps et de travail que le précédent.

Comme la plaque de tôle est exposée à se casser, à se percer, et que ses vibrations enlèvent de la solidité au fer, on lui préfère parfois la plaque en cuivre rouge, qui est plus facile à découper, se moule sur le pied et ne vibre pas. (Goyau.)

En 1891, Chevass et Fontaine ont imaginé une plaque, enclavée à l'intérieur du fer, munie d'un appendice de pince qui s'introduit sous la voûte et de deux appendices de talons qui se fixent au moyen de clous-rivets (fig. 142).

Jacoulet et Chomel recommandent aux cavaliers qui chassent à courre ou sont exposés à aller dans les landes de bruyère et même simplement sur les routes empierrées, l'usage d'une plaque de cuir mobile ayant exactement la forme et les dimensions de l'espace circonscrit par le contour intérieur du fer et une épaisseur de 3 à 5 millimètres ; on rive sur cette plaque trois ailettes en tôle dont une en pince et une de chaque côté. Ces appendices sont introduits en pliant la plaque entre le fer et le sabot. On pose des plaques sous les quatre pieds en partant ; on peut les retirer au retour, les nettoyer, graisser et mettre en réserve pour la chasse ou l'exercice suivant.

ART. IV. — FERRURE DES CHEVAUX DE TRAIT.

Nous avons à examiner ici la ferrure des *chevaux de trait* et celle des *chevaux de gros trait*.

§ 1ᵉʳ. — FERRURE DES CHEVAUX DE TRAIT.

Les chevaux de trait font généralement, dans les villes, le transport des personnes et des marchandises à une vitesse plus ou moins considérable, parfois seulement à l'allure du pas.

On les emploie aussi à la campagne pour les travaux agricoles ; ils travaillent alors sur un terrain meuble et usent beaucoup moins leurs fers que sur le pavé des villes.

Le problème à résoudre pour les chevaux qui travaillent sur les différents pavés de grès, de porphyre, de bois ou l'asphalte qui composent les chaussées des villes, consiste à employer une ferrure économique empêchant les chevaux de glisser, tout en ayant une durée suffisante afin de ne pas détériorer le sabot par l'implantation trop réitérée des clous. Il va sans dire aussi que cette ferrure doit être hygiénique, c'est-à-dire conservatrice de l'aplomb et de la forme du pied, car elle ne saurait être vraiment économique qu'à cette condition.

Ceci posé, nous dirons que la ferrure de l'hippiâtre

Lafosse, modifiée par Poret et appliquée aux chevaux de
la Compagnie des Omnibus de Paris, atteint le but exposé
ci-dessus.

Nous allons donc décrire cette ferrure d'après E. Lavalard, vétérinaire et administrateur de la Compagnie des
Omnibus de Paris.

C'est, dit Lavalard, en nous inspirant de la ferrure Charlier et surtout des idées exposées il y a plus d'un siècle par Lafosse que nous
nous demandâmes si en laissant se développer assez la fourchette
pour lui permettre de porter sur le sol, il ne serait pas possible de

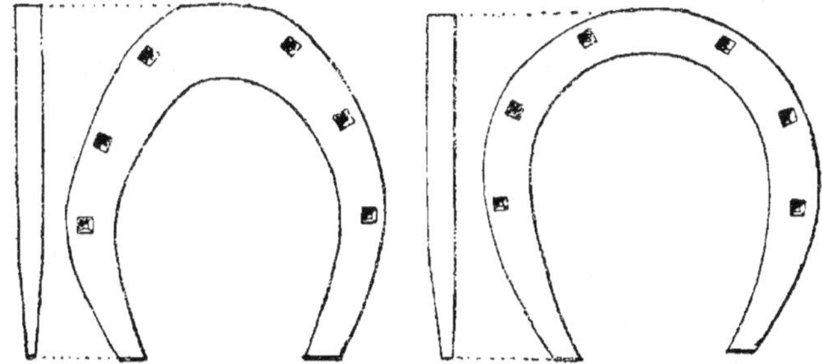

Fig. 143. — Fers usités à la Compagnie des Omnibus de Paris (Lavalard).

l'utiliser dans l'appui, et de donner ainsi au pied une certaine adhérence. Au bout d'un certain temps, nous avions obtenu quelques
résultats qui nous encourageaient à continuer, quand, par suite de
notre nomination d'administrateur, nous confiâmes à M. Poret la
direction du service de la maréchalerie de la Compagnie des Omnibus. M. Poret continua notre système, mais ayant remarqué que,
pour certains chevaux, par suite de l'épaisseur du fer ou parce que la
fourchette n'était pas assez développée, l'appui se faisait difficilement,
il eut l'heureuse idée d'employer le fer Lafosse à branches prolongées,
mais rétrécies et amincies depuis les mamelles jusqu'à l'extrémité
des éponges.

M. Poret réussit à merveille, et l'essai qu'il dirigea si habilement,
sur plusieurs dépôts, donna des résultats si satisfaisants que tous
les chevaux de la Compagnie, sans aucune exception, furent ferrés
ainsi.

Laissant de côté toutes les tentatives faites par notre ami, M. Poret,
nous décrirons seulement le fer qui résume toutes ses recherches
et qu'il a présenté à la Société centrale de médecine vétérinaire de

Paris, en décembre 1885, qui, sur un rapport favorable de M. Weber, lui accorda une médaille d'or.

Examinons d'abord rapidement le fer et ensuite la manière de l'appliquer sous le pied, laquelle diffère un peu de celle employée dans la ferrure ordinaire.

La figure 143 représentant les deux modèles de fers en usage à la Compagnie des Omnibus depuis quinze ans, nous dispense d'entrer dans de grands détails de description. Le fer mécanique à devant (modèle n° 3), a $0^m,023$ de largeur en pince et $0^m,015$ d'épaisseur. Ces deux dimensions vont en diminuant progressivement pour n'être plus en éponge que de $0^m,01$ en largeur et de $0^m,005$ en épaisseur, soit une différence de $0^m,013$ et de $0^m,01$. Il est important que le plan incliné formé par les branches commence en quartiers.

La longueur du fer, mesurée de l'éponge, varie entre $0^m,14$ et $0^m,17$.

Quelle que soit la dimension, le nouveau fer n'a que six étampures. Son poids varie entre 700 et 900 grammes.

Le fer de derrière a $0^m,03$ de largeur en pince et en mamelles et $0^m,015$ en talons; $0^m,018$ d'épaisseur en pince et $0^m,007$ en éponge.

Il pèse de 800 à 1000 grammes, a les mêmes dimensions en longueur que le fer à devant et 6 ou 7 étampures; 6 pour les petits fers et 7 pour les grands.

La garniture est supprimée aux pieds de devant et aux pieds de derrière, ce qui nous a permis de n'avoir plus qu'un seul modèle de fer pour les pieds de devant et un seul pour ceux de derrière.

Les étampures placées à la même distance de la rive externe, sont réparties également sur les deux branches exactement semblables. En un mot, nous avons supprimé, par cette uniformité, la distinction en fers du pied droit et fers du pied gauche : les deux fers s'appliquent indifféremment aux deux pieds. C'est une simplification dans la confection des fers mécaniques : il suffit de deux matrices au lieu de quatre. Cette diminution de matériel permet de réaliser une économie sur le prix de revient.

L'ajusture est faite à l'anglaise par l'ouvrier au moment de poser le fer. Cette ajusture, qui laisse la face inférieure du fer plane, ne fausse pas l'aplomb comme l'ajusture française, surtout l'ajusture exagérée que l'on pratique sur les fers un peu larges comme ceux que nous employons.

En résumé, nous nous sommes attachés à ramener la pratique de la ferrure à son véritable rôle: placer sous le pied une bande métallique qui s'adapte exactement au bord plantaire de la paroi, la protège contre l'usure, et permette au pied de conserver son aplomb régulier en donnant à cette bande des épaisseurs différentes en rapport avec le mode naturel d'user du cheval sauvage ou non ferré.

Nous arrivons maintenant à la manière de préparer le pied pour recevoir la « ferrure Lafosse » perfectionnée par Poret.

Le maréchal, après avoir enlevé le vieux fer suivant les règles ordinaires, place le fer neuf sous le pied, puis il applique le dos de son rogne-pied en travers des branches de la fourchette et coupe le bord plantaire de la paroi en talons, jusqu'à ce que les deux branches du fer soient exactement sur le même plan que la fourchette; de cette façon il est sûr que le pied est d'aplomb transversalement.

L'aplomb antéro-postérieur est la conséquence forcée du précédent. En effet, après avoir paré les talons, le maréchal peut se rendre compte de la quantité de corne qu'il a à enlever en quartiers et en pince, il place à plusieurs reprises le fer froid sous le pied, et abat la paroi jusqu'à ce que le fer porte dans toute sa longueur, ce qui n'a lieu que lorsque la pince a la longueur voulue; tant que cette partie est trop longue, le fer ne porte pas en talons. Le maréchal promène une dernière fois son rogne-pied sur la fourchette pour s'assurer que, jusqu'aux mamelles pour les pieds de devant et en pince pour les pieds de derrière, le fer est sur le même plan que la fourchette. La face inférieure du pied est alors parfaitement horizontale et le membre d'aplomb. Dans l'action de parer le pied, l'ouvrier ne doit jamais couper ni la sole, ni les arcs-boutants, ni la fourchette. Quelque primitif que soit ce moyen, il nous a paru, en raison même de sa simplicité, le meilleur et le plus à la portée de l'ouvrier maréchal qui n'emploie pas volontiers d'autres instruments que ceux dont il a l'habitude de se servir. Ce procédé donne toujours un résultat certain.

Une fois le pied paré, le maréchal met le fer au feu, lui donne exactement la forme du pied, lève le pinçon, et donne l'ajusture anglaise.

Le pied étant paré d'aplomb, le fer chaud ne doit être appliqué qu'une ou deux fois pour niveler le bord plantaire et former dans la corne la place du pinçon qui ne doit jamais être faite d'avance avec le rogne-pied. C'est là une des pratiques vicieuses des maréchaux, car avec le rogne-pied, l'entaille faite pour le pinçon est toujours plus grande qu'il ne convient et oblige l'ouvrier, une fois le fer posé, à couper la forme des mamelles qui débordent le fer ou à la râper outre mesure et, en faisant reculer le fer, à le rendre trop long.

Le maréchal attache ensuite son fer comme à l'habitude sans donner aucune garniture et avec six clous seulement.

Cette ferrure nous a permis d'atteindre le résultat que nous recherchions, c'est-à-dire à donner aux chevaux une adhérence plus grande sur les sols glissants.

Au point de vue hygiénique, nous avons constaté l'exactitude des avantages attribués par Lafosse à ce mode de ferrer. Au point de vue économique, nous verrons que le résultat a été excellent. Déjà nous avons reconnu que le fer ordinaire s'usant très rapidement en pince, devait être retiré alors qu'un tiers à peine du fer était usé et donnait une déferre représentant les deux tiers du poids du fer neuf.

Si nous consultons les tableaux statistiques de la maréchalerie des années qui précèdent les expériences, nous trouvons que la déferre réprésentait 60 à 65 p. 100 et que la quantité de fer utilisée n'était que de 35 à 40 p. 100. Aujourd'hui, grâce à la ferrure Lafosse, nous sommes parvenus à renverser cette proportion.

L'examen des déferres nous a conduit rapidement à cette conclusion que, depuis la mamelle jusqu'à l'éponge, l'épaisseur du fer usé ne dépassait guère 2 à 3 millimètres et, comme conséquence, que toute la partie des branches qui ne s'usait pas ne servait à rien et pouvait sans inconvénient être supprimée.

La preuve de ce fait est dans l'usure des déferres en acier ; celle-ci a été tellement régulière que la qualité du métal a permis de les laisser jusqu'à ce qu'elles soient réduites à une épaisseur moindre d'un millimètre.

M. Poret terminait sa note à la Société centrale de médecine vétérinaire en formulant les conclusions suivantes :

1° Cette ferrure est, comme la ferrure ordinaire, applicable à tous les pieds, aussi bien aux pieds étroits et creux qu'aux pieds larges, plats et à talons bas.

2° Par la conservation de la fourchette qui arrive à acquérir un développement considérable, elle fournit à l'ouvrier un point de repère qui lui fait totalement défaut avec la ferrure ordinaire, point de repère qui lui permet de s'assurer que les deux quartiers ont exactement la même hauteur, les deux éponges devant être sur le même plan que la fourchette.

3° Au point de vue hygiénique, elle prévient, en régularisant l'aplomb, le développement des seimes quartes et autres, des bleimes et de l'encastelure.

4° En augmentant la sûreté du point d'appui du cheval sur le sol, cette ferrure supprime les glissades, les écarts, et donne plus de confiance à l'animal et lui permet de déployer, utilement et avec moins de fatigue, la force nécessaire pour mettre en mouvement la charge plus ou moins lourde qu'il doit traîner.

5° Elle permet de réduire le poids du fer d'un cinquième à un quart, de ne mettre que six clous au lieu de huit, et de diminuer la dépense et les chances d'accidents de piqûres.

Toutes ces conclusions sont parfaitement justes, car depuis l'expérience a continué et tous les chevaux de la Compagnie sont restés ferrés d'après cette méthode. Les affections du pied sont rares, et sur un nombre d'indisponibles pour toutes affections internes ou externes, qui varie entre 2 et 2,80 p. 100 sur l'effectif moyen journalier, elles ne figurent guère que pour 0,50 à 0,60 p. 100. Les seimes, qui sont les plus fréquentes, apparaissent surtout sur les chevaux nouvellement achetés, mais ne tardent pas à disparaître au fur et à mesure que les parties postérieures du pied se développent et que la fourchette arrive à l'appui sur le sol.

La statistique des timons et brancards cassés, que M. Weber, rapporteur, a présentée à la Société centrale de médecine vétérinaire, permet de constater que les chutes continuent à diminuer dans des proportions que nous n'avions jamais osé espérer.

Un certain nombre d'objections ont été présentées lors de la discussion sur cette ferrure à ladite Société, mais notre savant ami, le rapporteur, s'est contenté, pour y répondre, de citer les réfutations de Lafosse, le père de cette ferrure, à toutes les objections qui avaient déjà été faites à son époque.

Nous reproduisons ici cette partie du rapport :

1re Objection. — Cette ferrure foulera les talons, causera des blessures.

Réponse. — Les talons dans l'appui ne supportent pas seuls le poids du cheval, puisque la fourchette en porte une grande part.

2e Objection. — Les talons s'usent trop.

Réponse. — Erreur, puisqu'il faut en abattre chaque fois qu'on ferre.

3e Objection. — En ne parant pas les talons, on occasionne des bleimes.

Réponse. — L'arc-boutant ayant été respecté, cela n'arrive pas.

4e Objection. — La fourchette doit être fatiguée parce que le cheval marche dessus.

Réponse. — Il suffit de s'en rapporter à l'expérience.

5e Objection. — La fourchette sera plus sujette à avoir des fics ou crapauds.

Réponse. — Comme la précédente.

6e Objection. — Les tendons se fatiguent.

Réponse. — C'est le contraire.

7e Objection. — La sole sera plus facilement blessée.

Réponse. — La sole augmente de force au contraire puisqu'elle n'est jamais amincie.

8e Objection. — Le cheval a de la peine à marcher, il doit boiter.

Réponse. — Il suffit de regarder pour constater que le cheval tient mieux le pavé.

9ᵉ Objection. — Le fer est mal attaché.

Réponse. — J'en appelle à l'expérience.

10ᵉ Objection. — Les chevaux n'ayant pas de crampons seront sujets à glisser.

Réponse. — C'est le contraire.

Nous n'insisterons pas après ces citations, et, du reste, il y a un moyen de se convaincre de la vérité des affirmations de Lafosse, c'est de voir circuler les douze mille chevaux de la Compagnie des omnibus qui depuis bientôt dix ans ne portent plus d'autres fers que ceux que nous avons décrits.

Les cochers eux-mêmes sont convaincus, ils ne cherchent plus à faire couper quand même les fourchettes de leurs chevaux.

Tous les propriétaires qui doivent utiliser des chevaux dans les villes où les chaussées sont glissantes, et qui sont parcourues par des rails, trouveront un avantage sérieux à employer la ferrure Lafosse modifiée par M. Poret. Cela ne veut pas dire que, même pour les chevaux utilisés en dehors des grands centres, il n'y a pas avantage à employer ce fer.

La fabrication mécanique se trouve aussi singulièrement facilitée par la suppression de la garniture, par le même étampage pour tous les fers, et par la disparition des différences d'épaisseur pour les deux branches. Le fer devient une sorte de médaille uniforme à frapper.

Dans l'usage de ce fer, on s'est plaint quelquefois de l'épaisseur qu'il fallait lui donner pour que l'usure n'en soit pas trop rapide, c'est pourquoi nous avons tenté quelques essais avec l'acier, surtout aujourd'hui que cette matière est très bon marché.

Nous avons reproduit ces passages de l'ouvrage de Lavalard sur la ferrure Lafosse perfectionnée par Poret, car elle mérite d'être propagée en raison de ses bons effets et de sa simplicité. Selon nous, cette ferrure est réellement conservatrice de l'aplomb du pied et de sa forme naturelle ; par suite, elle est essentiellement économique et hygiénique.

§ 2. — FERRURE DES CHEVAUX DE GROS TRAIT.

Les chevaux de gros trait ont un poids considérable (800-850 kilogr. et plus, à en juger par ceux que nous voyons à Lyon) et ils sont employés généralement sur le pavé des villes ou sur les routes macadamisées pour traîner des charges très lourdes.

Ils ont donc à faire des efforts de tirage extrêmement énergiques sur un terrain souvent glissant et toujours très dur ; aussi usent-ils leurs fers avec une très grande rapidité, en quinze ou vingt jours et quelquefois moins, ce qui augmente les chances de détérioration du sabot et d'accidents par le renouvellement trop fréquent de la ferrure. Par conséquent, aux qualités communes à toute bonne ferrure, celle du cheval de gros trait doit joindre la résistance à l'usure.

C'est principalement en pince et en mamelle externe que l'usure se fait sentir, car, pendant la marche, le cheval de gros trait pique pour ainsi dire le sol et tout son poids se déverse sur la pince à laquelle aboutissent également tous les efforts de traction.

Aussi applique-t-on souvent aux chevaux de gros trait des fers ayant deux centimètres et même deux centimètres et demi d'épaisseur en pince et en mamelle externe. En outre, pour augmenter la durée de la ferrure, on donne une forte ajusture en branches et une large garniture. Cela se voit principalement sur les chevaux ferrés à l'abonnement. Ces pratiques sont nuisibles à la conservation des aplombs, car l'excès de garniture rejette la charge sur le quartier interne et l'ajusture exagérée rend l'appui vacillant : ces causes, fréquemment répétées, contribuent au développement des formes, des périostoses phalangiennes, des engorgements tendineux et des dilatations synoviales, tendineuses ou articulaires, du boulet.

De même, il est très nuisible d'appliquer aux chevaux de gros trait des fers de derrière présentant un volumineux crampon à l'éponge externe, tandis que l'éponge interne en est entièrement dépourvue. Avec un tel fer, l'appui est très inégal et les chances de distensions tendineuses ou ligamenteuses sont considérablement augmentées ; une semblable ferrure constitue une cause prédisposante de périostoses phalangiennes et d'efforts de boulet, c'est-à-dire de boiteries souvent rebelles.

La ferrure rationnelle du cheval de gros trait doit consister dans l'application d'un fer couvert et renforcé en pince et en mamelles surtout pour le pied de derrière, sans toutefois que l'épaisseur atteigne deux centimètres et à plus forte raison deux centimètres et demi. C'est dans ce cas que le fer forgé avec un lopin contenant des *quartiers* d'acier (débris de vieilles faux, par exemple) est indiqué, attendu que, par son emploi, on augmente la durée de la ferrure sans donner au fer un excès d'épaisseur, ni un excès de couverture.

De même, pour augmenter la durée de la ferrure, il faut, en ajustant le fer de devant, relever la pince un peu plus que pour les chevaux de trait léger, soit de 8 à 9 millimètres environ. « Quand la pince est relevée, le cheval jette et maintient son poids dans le collier d'une manière continue, pendant tout le temps que dure l'oscillation de l'un et de l'autre pied ; ainsi est produite une impulsion lente, progressive et soutenue, favorable à la traction. » (Goyau.)

La couverture du fer sera plus prononcée en pince et en mamelles, c'est-à-dire dans les parties du fer qui usent le plus. Elle varie entre 40 et 50 millimètres, selon l'étendue du fer et son usure plus ou moins rapide.

Les étampures, dit Pader, devront être dispersées de manière à ne pas diminuer la résistance du fer. « C'est pour cela qu'il ne doit point en être pratiqué là où le fer est appelé à subir le plus fort frottement, vis-à-vis la pince et la mamelle externe, par exemple. »

Cette répartition des étampures est certainement préférable à celle qui consiste à les accumuler en pince, mamelles et partie antérieure des quartiers, souvent au nombre de dix et parfois même de douze, ce qui est excessif. Il vaut mieux espacer les étampures, en réduire le nombre le plus possible et consolider la ferrure par un pinçon sur la partie antérieure du quartier externe.

Le fer de derrière est un peu plus épais et plus couvert, en pince et en mamelles, que le fer de devant ; son éponge externe est munie d'un fort crampon levé carrément d'une hauteur de trois centimètres au plus et non de quatre, comme nous le voyons trop souvent à Lyon. L'éponge interne doit être également pourvue d'un crampon de même hauteur que celui de l'éponge opposée ; toutefois, pour éviter les atteintes à la couronne ou les atténuer, il faut arrondir fortement à la lime l'angle externe de ce crampon. Mais ce moyen, qui exige un certain temps et une attention que n'a pas toujours l'ouvrier maréchal, peut être insuffisant par cela même. Dès lors, il est préférable d'opérer à la manière anglaise, comme le conseille Goyau : au lieu de lever le crampon perpendiculairement au fer, replier en dessous et coucher complètement l'extrémité de la branche du dedans. Dans tous les cas, le crampon du dehors et l'éponge anglaise de la branche du dedans doivent être sur le même niveau afin de ne pas surcharger l'un des côtés du pied.

Les crampons sont utiles en tout temps aux fers de derrière des chevaux de trait. Ils préviennent les glissades, tout en aidant puissamment le cheval de limon à retenir la charge dans les descentes ; ils favorisent en outre l'action des tendons au moment de l'effort qu'exige la locomotion lorsque le cheval est attelé.

On a dit, il est vrai, que les crampons sont nuisibles pour les chevaux de limon. « Dans les descentes, par exemple, la charge pousse, les pieds, accrochés aux inégalités du pavé, résistent et, si le poids l'emporte, d'effroyables distensions du boulet se produisent. » Cet accident est possible, sans doute, mais il est fort rare, car dans une pratique de plus de vingt ans, dans une région où tous les limoniers sont ferrés à crampons, aux pieds de derrière, nous n'en avons jamais observé un seul exemple.

Parmi les chevaux de gros trait, il en est encore quelques-uns qui sont employés sur le bord des fleuves et des rivières pour remorquer les bateaux. On les appelle chevaux de *rivière* ou de *halage*.

Ferrure des chevaux de halage. — Ces chevaux ayant « à traverser fréquemment dans l'eau de vastes parcours, leurs pieds sont fort exposés à être blessés par les pierres à surfaces anguleuses qui existent dans le lit de la rivière et qu'ils ne peuvent voir pour les éviter. Aussi leurs fers sont très couverts ; ils protègent la plus grande partie de la sole et laissent seulement la fourchette à découvert » qu'il ne faut point parer.

« On n'emploie jamais les pinçons, même pour les pieds de derrière, parce que la corne soumise à de fréquentes alternatives de sécheresse et d'humidité change souvent de dimensions ; tantôt elle se resserre, tantôt elle se dilate ; les pinçons deviendraient une cause de gêne.

« Les éponges des fers n'ont jamais de crampons ; au contraire, elles sont relevées du côté des talons qu'elles recouvrent sans être saillantes : on dit alors que le fer est *géneté*. Cette disposition est mise en usage pour empêcher que le pied ne soit saisi par les cordages ou les planches des bateaux dans lesquels on place ces chevaux pendant la descente, leurs services étant alors inutiles.

« Enfin la corne étant fréquemment ramollie par l'humidité, les clous seront brochés haut et solidement, pour que la ferrure ait plus de durée (1). »

(1) A. Rey, *Traité de maréchalerie vétérinaire*, 2ᵉ édition, 1865, p. 394.

ART. V. — FERRURE DES POULAINS ET DES CHEVAUX A LA PRAIRIE.

§ 1er. — FERRURE DES POULAINS.

La ferrure des poulains doit avoir principalement pour but de remédier à des défauts d'aplomb que l'on peut combattre efficacement tant que les os des membres n'ont pas achevé leur croissance et que les épiphyses ne sont pas encore soudées à la diaphyse. Ainsi lorsque le poulain marche en panard, l'appui se fait surtout par le quartier interne, qui, par suite, s'use plus vite que le quartier opposé et le pied devient *de travers*. Pour rétablir l'aplomb du pied, il faut abattre le quartier externe et respecter l'interne; mais ce moyen est insuffisant lorsque l'usure de ce dernier a été trop rapide ou l'intervention du maréchal trop tardive. Alors il faut protéger ce quartier par un demi-fer ou une branche de fer percée de trois ou quatre étampures. — Par ce procédé, le redressement du pied s'opère sans douleur pour l'animal, et si les résultats ne sont pas toujours suffisants pour faire disparaître un vice d'aplomb, ils l'atténuent toujours et préviennent son aggravation.

Cette ferrure a aussi pour but d'empêcher la paroi de s'ébrécher lorsque l'on est obligé de conduire l'animal à une distance plus ou moins considérable. On emploie, à cet effet, des fers minces à éponges étroites, à quatre ou six étampures, que l'on applique à froid, en se contentant de raccourcir l'ongle sans fausser l'aplomb; on ne touchera ni aux barres, ni à la sole, ni à la fourchette, toutes ces parties devant porter en plein sur le terrain.

Afin que le poulain se laisse ferrer sans trop de difficultés, on aura le soin de le dresser, c'est-à-dire de lui lever les pieds fréquemment, soit à l'écurie, soit au pâturage et de frapper quelques petits coups sur la paroi.

§ 2. — FERRURE DES CHEVAUX A LA PRAIRIE.

On ne ferre les chevaux que l'on met en liberté, à la prairie ou au paddock, qu'autant que le sol est sec et dur et que la corne est en mauvais état, sèche et cassante.

La ferrure *en croissant* convient parfaitement ; elle consiste dans l'application d'un demi-fer protégeant la pince, les mamelles et la moitié antérieure des quartiers; ses éponges sont amincies en biseau et incrustées dans la corne. Par cette ferrure, la partie postérieure des quartiers, les talons, les barres, la sole et la fourchette portent sur le terrain, et non seulement le pied se conserve, mais encore il s'améliore et s'élargit s'il a été détérioré, resserré par la mauvaise ferrure ou le travail.

Si le sol de la prairie ou du paddock est doux et la corne bonne, on laissera le sabot déferré ; toutefois il faudra avoir le soin d'arrondir légèrement à la râpe le bord tranchant de la paroi, en pince et en mamelles, afin qu'il ne s'ébrèche point et que les blessures produites par les coups de pied soient atténuées.

Cette précaution est encore utile pour tout cheval déferré même quand il reste à l'écurie, car il peut se détériorer la paroi en grattant le sol.

CHAPITRE V

FERRURE A GLACE.

Sous le titre de ferrure à glace nous étudions : 1° les
ferrures préventives des glissades sur tous terrains ; 2° la
ferrure à glace proprement dite.

ART. Ier. — FERRURES PRÉVENTIVES DES GLISSADES SUR TOUS TERRAINS.

Ces ferrures s'emploient aussi bien en été qu'en hiver
pour les chevaux qui travaillent sur le pavé gras ou plombé
et sur l'asphalte, dans les villes. Elles ont pour but
d'empêcher les glissades dont les conséquences, comme
chacun sait, peuvent être fort graves, notamment pour
le cavalier. Aussi les moyens proposés pour prévenir
ces accidents sont-ils très nombreux. Nous les classons
sous trois chefs : 1° ferrures avec appui de la fourchette ;
2° ferrures avec substance molle ; 3° ferrures à évidements
et à saillies.

§ 1er. — FERRURES AVEC APPUI DE LA FOURCHETTE.

Ces ferrures sont : 1° les ferrures à croissant de Lafosse
père (1756), ferrure à *croissant ordinaire* et ferrure à *croissant
enclavé*, qui sont décrites dans l'historique de la ferrure
(voy. p. 178) ; 2° la ferrure Charlier et la ferrure Poret qui ont
été décrites dans le chapitre précédent (voy. p. 274 et p. 287).

La ferrure normale, telle que nous l'entendons, comporte l'appui de la fourchette ; elle est donc préventive des
glissades, attendu que la corne de la fourchette, en s'épanouissant sur le sol, y adhère à la manière d'un tampon
de caoutchouc.

Il ne faut pas confondre les ferrures que nous préconisons avec celle qui consiste dans l'application d'un fer *étroit* et *épais*, même *plus épais que large*. On estime que ce fer, « en marquant une empreinte profonde sur le macadam et en s'accrochant aux aspérités du pavé, donne de la fixité à l'appui »; mais cette ferrure est irrationnelle, car elle surélève le pied et empêche l'appui de la fourchette, qui est la condition essentielle à réaliser non seulement pour empêcher les glissades, mais encore pour prévenir les bleimes et l'encastelure.

§ 2. — FERRURES AVEC SUBSTANCE MOLLE.

On sait qu'une substance souple et élastique qui frotte sur un corps dur adhère à celui-ci dans une certaine mesure. C'est sur cette donnée fort simple que repose l'emploi des ferrures avec substance molle. Tantôt le fer lui-même est en matière molle, tantôt celle-ci est interposée entre le fer et la sole ou la fourchette, ou bien elle est comme incrustée dans une rainure du fer plus ou moins étendue : de là trois systèmes, comprenant chacun une multitude d'inventions. Le cadre de cet ouvrage ne nous permet pas de les décrire : nous nous bornerons à les mentionner en puisant nos renseignements principalement dans le Catalogue illustré des ferrures à glace françaises et étrangères, publié par Aureggio, en 1890; nous ferons aussi des emprunts au Traité d'hippologie de Jacoulet et Chomel. Et nous espérons que ces données, ainsi que celles relatives aux ferrures à glace proprement dites, « en facilitant les recherches, empêcheront les innovateurs de perdre leur temps à inventer ce qui est déjà connu » (Aureggio).

1ᵉʳ **Système. Fers en substance molle.** — On a essayé des fers en corne de mouton fondue (*Guizol*, de Marseille, 1883); — en corne (*Auphelle* et *Dominick*); — en corne avec chevilles en acier (*Auphelle*) ; — en gutta-percha durcie ; — en caoutchouc durci ; — en cuir de buffle pressé (*Yates, Manchester* et *Geler Sachs* ; — en papier comprimé ou en carton-pâte (*Forbach*) ; — en croûte de fromage (*Tartarie*) ; — avec plaque de liège de *Siévert* et *Dominick* de Berlin ; — en celluloïde ; — en corde goudronnée.

Toutes ces matières ne sauraient remplacer le fer, car leur usure est trop rapide, leur prix de revient trop élevé ; en un mot, leur emploi n'est point pratique.

2me Système. Appareils en substance molle interposés entre le fer et la sole ou la fourchette. — Ces appareils portent le nom de *patins*. Ils sont fort nombreux. Nous allons d'abord les énumérer et les définir sommairement ; puis nous décrirons l'application de quelques-uns d'entre eux, leurs avantages et leurs inconvénients.

Patin *Hartmann* ou *hanovrien* (1878) ; — des frères *Sachs* de Berlin ; ce sont des patins mobiles en caoutchouc se plaçant avec une pince ; — *Kenny, Harris* et *Downie* de Londres, sole en caoutchouc ; — *Philipps, Nerr, Herz, Sivert, Wehler, Kastner* (allemands), appliques en caoutchouc.

Patin *Hédouin-Chéreau* de Paris (1884), plaque de caoutchouc collée sur du cuir ; — *Robert* (1884), fourchette en caoutchouc ; — *Beucler* (1884) et *Rostaing* (1890), fourchettes ou planches en caoutchouc ; — à ressort *Farges-Vincent* (1888) ou fourchette artificielle en caoutchouc ; — *Decoulner* (Belgique), fourchettes de cuir doux ; — *Engelhardt* (Allemagne) ; — *Pellegrini* (Italie) ; — *Duluc, Adam* (1885), plaque de liège encadrée d'un fer à planche interrompue.

Patin *Groënfeld* et *Reischunck* (1887), espadrille en paille ; — espadrille *Aguerre* (1885), plaque en chanvre tressé : — *Beckmann* (1888), en corde tressée ; — à coussinet en corde (*Baak, Arnstein,* et *Martin* de Berlin), etc.

Patin *Bazeries*, plaque de caoutchouc fixée à un fer

ordinaire et faisant ventouse sur le sol. Ce système de ferrure est dit *inglissable* ou *aéroélastique*.

Quelques-uns de ces patins méritent une description plus étendue.

Le *patin hanovrien* est une plaque de caoutchouc pleine et arrondie, munie d'ailettes latérales et d'un appendice de pince en tôle pour la maintenir (fig. 144).

La face supérieure de ce patin présente une dépression triangulaire pour loger la fourchette et la face inférieure, deux sillons parallèles peu profonds.

Ce patin s'applique sous un fer anglais dont les éponges amincies de dessus en dessous sont repliées vers la base de la fourchette (fig. 144). Pour cela, le cheval étant ferré à l'anglaise, on incurve le patin au moyen d'une tenaille spéciale, sorte de pince à mors entre-croisés, et l'on introduit d'abord l'ailette antérieure sous la voûte du fer; puis on loge les ailettes latérales contre les branches et le dessous du pied en desserrant la pince.

Les patins doivent être placés à la sortie de l'écurie et retirés lors de la rentrée.

« D'après l'inventeur, ils ont pour avantage de répartir également le poids du corps sur toute la surface plantaire ; de s'opposer aux glissades sur toutes sortes de terrains et même sur les pentes; de supprimer les crampons et les clous à glace; de ralentir considérablement l'usure du fer; d'empêcher la neige de se tasser et de botter sous le pied. »

Toutefois, Goyau estime que le *patin hanovrien* n'est bon que pour empêcher le cheval de glisser. « Il n'est utilisable qu'avec un fer à planche spécial... Ce patin est difficile à mettre sous le pied, et trop dur pour convenir aux soles minces et sensibles. Il est loin de rendre les mêmes services que le patin anglais (1). »

(1) Goyau, *Traité pratique de maréchalerie*, 3e édition, 1890, p. 378.

Le *patin anglais* est une sole en caoutchouc échancrée au niveau de la fourchette, qui se fixe sous le pied en même temps que le fer. Il présente un rebord absolument plat interposé entre le fer et le pied, et, de chaque côté de

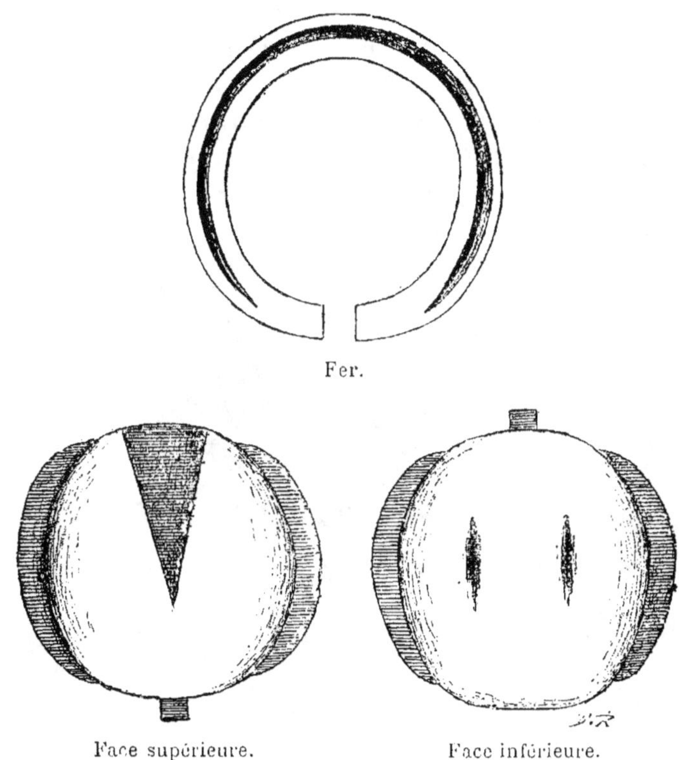

Fig. 144. — Patin hanovrien (Jacoulet et Chomel).

l'échancrure, deux fortes saillies dépassant le niveau du fer.

Avec ce patin, dit Goyau, il faut un fer plus mince (le fer anglais est le meilleur) — puisque le caoutchouc participe à l'appui et prend sa part de l'usure — d'égale épaisseur partout et *touchant* la bordure ou saillie circulaire intérieure du patin. « La ferrure ainsi comprise est solide, parce que le caoutchouc faisant saillie sous le pied reçoit le premier choc et diminue l'ébranlement du fer ; malgré la lame de caoutchouc interposée entre le fer et le pied, les rivets ne s'allongent pas plus que dans la ferrure ordinaire. » En outre l'auteur précité estime qu'avec ce patin les chevaux tiennent bien le pavé, et qu'il convient tout particulièrement pour soulager les pieds bleimeux et les tendons douloureux. Mais ce patin empêche l'appui de la fourchette et il n'est pas rare d'observer comme consé-

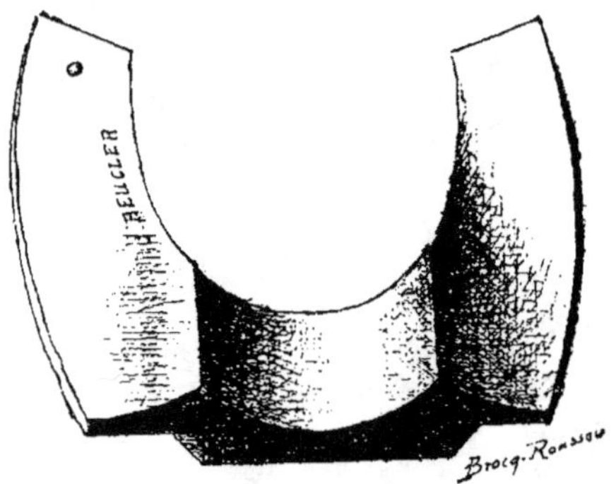

Fig. 145. — Patin Beucler (face supérieure) (Jacoulet et Chomel).

quences l'atrophie de cet organe, son échauffement et sa pourriture.

Le *patin Beucler* ou à *croissant* (fig. 145) et le *patin fer à cheval* sont, de même que le patin anglais, cloués avec le fer. Ces appareils écrasent parfois la fourchette quand ils sont confectionnés avec du caoutchouc trop dur. Dans tous les cas, leur application prolongée pendant plusieurs ferrures produit l'échauffement de cet organe.

Le *patin plaque de cuir*, avec talon en caoutchouc, est très recommandé par Goyau. Il a, dit-il, l'avantage d'empêcher les chevaux de glisser, sans écraser la fourchette, d'amortir les réactions du sol, de permettre l'application sous le pied d'une étoupade goudronnée, et même d'empêcher les chevaux de se couper. « Pour obtenir ce dernier résultat, il suffit de faire déborder la plaque de cuir, en dedans, et de graisser la partie qui déborde ; cette disposition protège le dedans des boulets contre les frottements et les contusions. »

La ferrure à patins est appliquée principalement aux pieds de devant ; son prix est élevé et elle ne peut être employée sur une grande échelle. Elle est souvent — comme la plupart des ferrures dites de luxe — une affaire de mode et presque de réclame pour certains ateliers. En réalité, les patins ne conviennent qu'aux chevaux dont le sabot est anormalement sensible, bleimeux, la fourchette atrophiée, remontée entre les talons ; on peut les employer encore pour les chevaux qui, malgré tout, *tiennent mal le pavé*. Mais ces appareils sont superflus, nuisibles même quand le sabot est bien conformé et ferré en ménageant la fourchette et la sole, qui, en adhérant au terrain, préviennent les glissades aussi sûrement que le meilleur des patins.

3° Substance molle dans une rainure du fer. — On emploie le caoutchouc, la gutta-percha, le chanvre, le bois, et l'on incruste l'une ou l'autre de ces matières, tantôt en éponges seulement, ce qui forme une espèce de crampon ; tantôt dans une rainure qui règne sur toute la face inférieure du fer ou sur la plus grande partie de cette face.

Nous avons à signaler :

Le *crampon Dunis*, prisme de caoutchouc incrusté à l'extrémité de chaque branche du fer.

Le *crampon Schneider* (1883), tampon ovalaire en caoutchouc, introduit dans un évidement de chaque éponge. En Italie, on emploie un fer identique, mais avec un bout de corde au lieu de caoutchouc.

Le *fer danois* à éponges pyramidales ou bien à planche, avec incrustations de chevilles de bois sur tout le pourtour (fig. 146).

Le fer *Aymé* à large gorge remplie d'un boudin en caoutchouc (fig. 147) ou d'une grosse corde goudronnée dans la gorge.

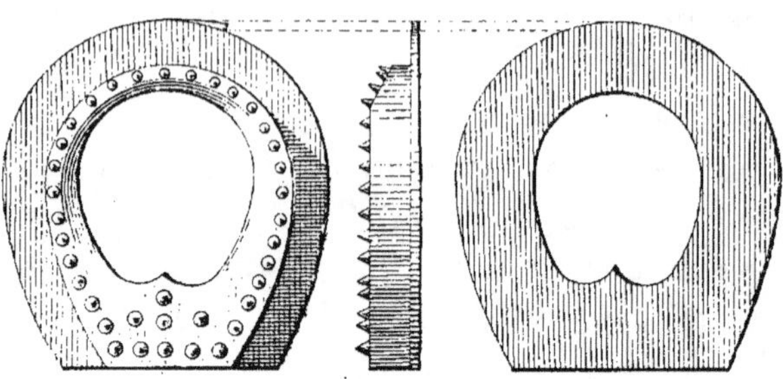

Fig. 146. — Fer danois avec incrustation de chevilles de bois sur tout le pourtour (Lavalard).

« Les fers à la mécanique d'*Armstein* et *Martin*, de Berlin, incrustés de corde sur leur pourtour et d'une plaque de feutre dans l'excavation de la large planche qu'ils présentent. » (Jacoulet et Chomel.)

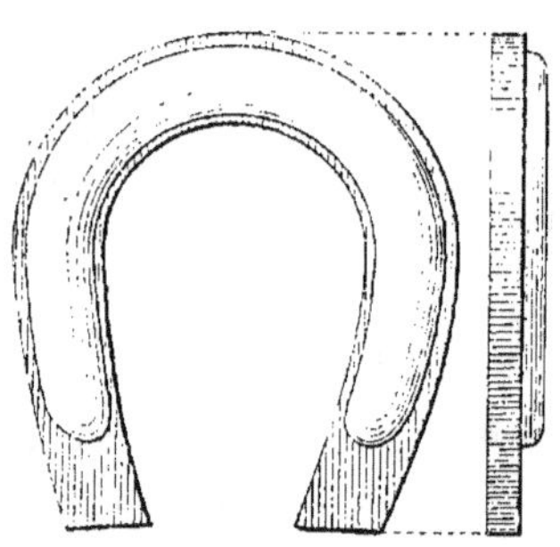

Fig. 147. — Fer à large gorge remplie d'un boudin en caoutchouc (Lavalard).

Ces dispositions, pourtant si variées, ne sont pas les seules. Ainsi, indépendamment des fers à large gorge avec caoutchouc ou corde, on en a encore inventé avec gutta-percha, bois durci (les clous traversent la substance molle, les étampures étant au fond de la gorge).

A signaler encore :

« Fer à gorge étroite en dedans des étampures et caoutchouc ; — même fer et corde ; — *Dejean* (Bruxelles), étampures à maigre ; — en cuir cousu sur un fer léger à petites rainures et trous. » (Aureggio).

Ces fers ne se sont pas répandus dans la pratique, vu la difficulté de leur fabrication, le défaut de solidité de la matière incrustée dans le fer, la rapidité de son usure ; d'ailleurs ils empêchent l'appui de la fourchette, en raison de leur épaisseur, et ce seul motif suffirait pour les faire rejeter, à défaut de ceux que nous venons d'énumérer.

§ 3. — FERRURES A ÉVIDEMENTS ET A SAILLIES.

Elles consistent dans l'emploi de fers rainés, dentés, à saillies et évidements, à gorges, à crampons circulaires, etc. Nous citerons parmi les *fers à évidements :*

Le fer à gorge large et profonde ; — à large rainure en branches et éponges ; — *Quétin,* rainure en pince, mamelle et branches ; — à double rainure et à dentelures, *Gray de Sheffield* (fig. 148) ; — rainé,

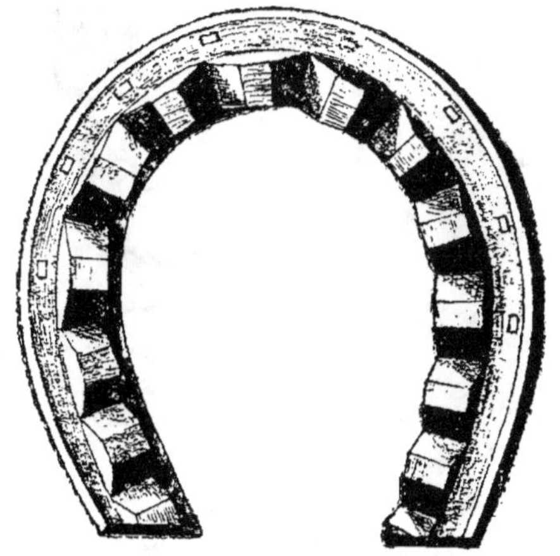

Fig. 148. — Fer Gray de Sheffield à crampons circulaires et dentelures (Jacoulet et Chomel).

Badioux; — du *baron Luchaire* en fonte malléable ; — *de Villiers;* — à rainure interrompue (étampures rondes) ; — *Burden* (Amérique); — *Goodnough* (Amérique) à trois crampons allongés, dont un en pince et deux latéraux ; — antérieur et postérieur, *Comte d'Einsidel* (Allemagne).

Et parmi les fers *à saillies :*

Le fer à crampon circulaire bord externe; — *Röhr de Cuhn,* fort crampon circulaire externe; — crampon circulaire faisant saillie au milieu du fer ; — crampon circulaire bord interne ; — crampon circulaire double, *Peschell;* — fer strié, *Sibut;* — fer avec crampon circulaire interrompu et dentelures transversales.

Fers Fumet et Vigneras, arètes échancrées au bord externe; — à dentelures transversales ; — à larges dentelures transversales en branches ; — à dents d'engrenage (*villes d'Italie*) (fig. 149) ; —

Fig. 149. — Fer à dents d'engrenage (Jacoulet et Chomel).

ondulé (*villes d'Italie*) ; — à saillies pyramidales (*villes d'Italie*),

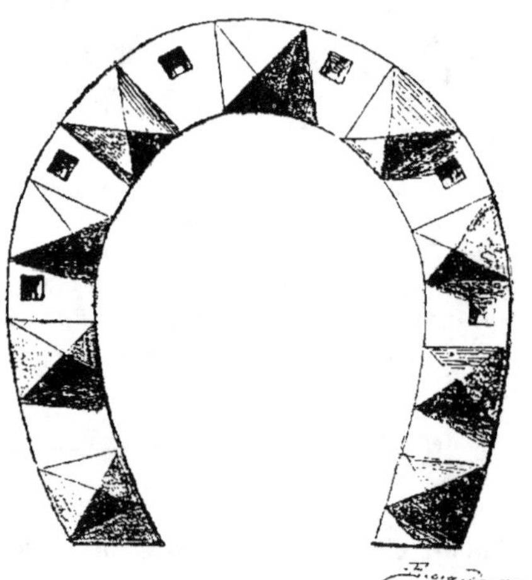

Fig. 150. — Fer à saillies pyramidales (Jacoulet et Chomel).

(fig. 150) ; — à saillies coniques (*villes d'Italie*) : — à neuf saillies, sortes de crampons fixes ; — à crampon circulaire se terminant en éponges par deux crampons arrondis; — à crampon circulaire externe, et étampures particulières; — dont les deux éponges épaisses sont creusées de façon à former deux crampons tranchants; — sur lequel sont rivés des crampons de diverses formes.

La plupart de ces fers sont fabriqués à la mécanique, notamment en Angleterre, en Amérique et en Italie. On se sert de fer ou d'acier pour les confectionner ; dans certains fers, les parties saillantes seules sont en acier et peuvent être trempées afin d'augmenter leur résistance à l'usure. En associant ainsi le fer et l'acier, on obtient des fers légers et durables. On prépare encore ces fers avec des barres de fer striées que l'on contourne.

Leur emploi prévient les glissades, car les saillies de toute sorte qu'ils présentent entament plus ou moins le sol et augmentent ainsi la stabilité de l'appui ; la terre et les graviers qui se tassent dans les rainures, entre les dentelures, facilitent d'abord les adhérences entre le fer et le sol. Mais les saillies ne tardent pas à s'arrondir et à devenir ainsi inefficaces ; d'ailleurs, ces fers sont généralement épais et ils empêchent ainsi l'appui de la fourchette ; en outre, ils sont lourds et par suite exposent le cheval à se déferrer.

ART. II. — FERRURES A GLACE PROPREMENT DITES.

On appelle ainsi les différents systèmes de ferrures inventés pour empêcher les chevaux de glisser sur la glace, le verglas ou la neige.

La ferrure à glace est aussi ancienne que la ferrure elle-même, comme en témoignent la forme des clous en clef de violon et les crampons que présentent les fers de l'antiquité et du moyen âge. On en distingue deux sortes principales : la ferrure à glace *fixe* et la ferrure à glace *mobile*.

§ 1ᵉʳ. — **FERRURE A GLACE FIXE.**

On appelle ainsi une ferrure dans laquelle les appendices que le fer présente pour empêcher les glissades, font corps avec lui : ils sont *fixes* et ne peuvent par conséquent s'en détacher ou être supprimés, sans enlever le fer lui-même.

Cette ferrure se pratique au moyen de *crampons* qualifiés eux-mêmes de *fixes* ou *immédiats*.

Ces appendices revêtent diverses formes et sont levés de plusieurs manières. Parmi eux, nous signalerons :

1° Le *crampon ordinaire* levé perpendiculairement à l'extrémité des éponges. Son épaisseur et sa largeur sont égales à celles des branches du fer, et sa hauteur doit être la même pour chaque fer de devant ou de derrière, tout en étant un peu plus prononcée pour ce dernier. D'après Bourgelat, la hauteur du crampon devrait être égale à la largeur de sa base. Mais « il vaut mieux refaire les crampons plus souvent que de s'exposer à ruiner les membres des chevaux, en leur donnant trop d'élévation » (Rainard cité par Rey). Actuellement, on tombe dans l'excès contraire, en assignant au crampon « une hauteur égale à l'épaisseur du fer » (Jacoulet et Chomel). Nous estimons que cette hauteur doit être un peu plus forte que l'épaisseur du fer, surtout quand il s'agit d'une ferrure à glace, sans égaler cependant la largeur de l'éponge ;

2° Le *crampon en oreille de chat* ou *de lièvre* (Rey), encore appelé *crampon à l'aragonaise* par César Fiaschi, *crampon à la florentine*, est triangulaire (fig. 151), on le lève en diagonale à l'extrémité des éponges des fers de devant;

3° Le crampon *longitudinal*, qui est une variété du précédent, est levé à la rive interne de chaque éponge ;

4° Le crampon *à épaulements superposés* ou *en gradins* de Thuillard, etc. ;

5° La **grappe** ou *crampon à glace proprement dit*,

crampon de pince, *crampon pyramidal* (fig. 152), est en acier ; tantôt on lui donne une forme *pyramidale* ; tantôt

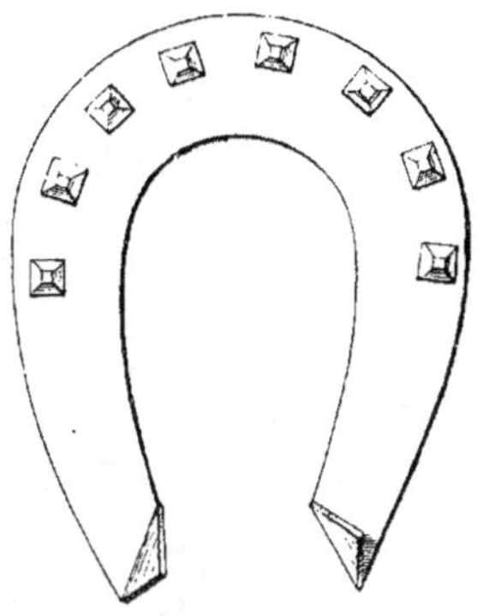

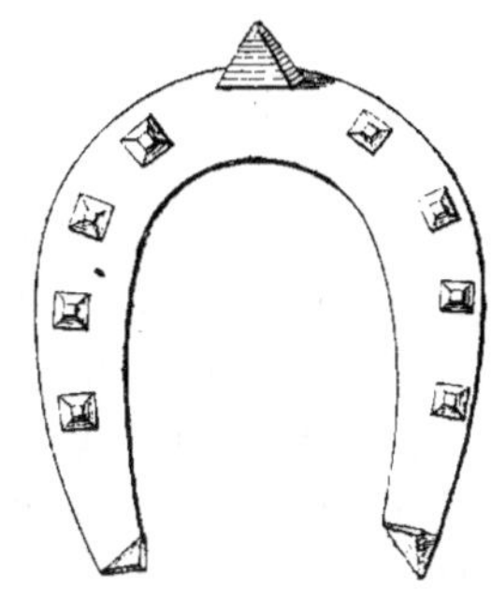

Fig. 151. — Fer avec crampons à l'aragonaise (Rey).

Fig. 152. — Fer à grappe (Rey) et à crampons en oreilles de chat.

losangique (grappe Lourdel), *rectangulaire* (grappe Flemming), *prismatique* (grappe comtoise).

Pour faire une *grappe*, on coupe un petit carré d'acier avec le ciseau à chaud ; ensuite, quand ce fragment est refroidi, on l'applique avec un coup de marteau, par son bord tranchant, près de la rive externe de la pince du fer qui a été chauffée. Une fois que la grappe est fixée au fer, on la soude ; pour cet effet, on chauffe l'un et l'autre jusqu'au degré de fusion, puis on frappe sur ce crampon et on l'étire pour lui donner une forme pyramidale ou celle d'un carré long (REY).

On se contente ordinairement de mettre une seule grappe à chaque fer ; alors on la dispose en pince entre les deux premières étampures qui sont plus écartées que d'ordinaire (fig. 152). Parfois on met deux grappes, une pour chaque mamelle, notamment aux fers de devant.

Indépendamment des crampons et des grappes, on emploie encore des *clous à glace* et des *clous à la savoyarde* dont il est parlé dans le paragraphe suivant.

La ferrure à crampons fixes et à clous à glace est, cela

va sans dire, une ferrure d'hiver et, dans la plupart de nos départements, notamment dans le Nord, l'Est et le Centre, on l'applique d'une manière continue pendant tout l'hiver.

Cet emploi permanent des crampons ne laisse pas que de présenter des inconvénients. Ainsi ces saillies augmentent la pression produite par l'appui sur quelques parties du fer; leur usure inégale, ordinairement plus prononcée en dehors qu'en dedans, fausse les aplombs. En outre les chevaux dont les fers sont munis de forts crampons et de grappes sont exposés à s'atteindre, à se couper, à faire des faux pas.

Ces inconvénients sont surtout très manifestes sur les chevaux employés à des services de vitesse ou pour la selle, quoi qu'en ait dit Renault qui estimait que les chevaux ferrés à crampons, prévenus par leur instinct, évitent de s'atteindre (1). L'expérience en a été faite sur une grande échelle dans l'armée française, où une décision ministérielle en date du 4 août 1876, prescrivant l'emploi permanent des crampons fixes pendant tout l'hiver, a dû être rapportée en 1885, en raison des accidents que cette pratique déterminait. Il est donc bien établi que la ferrure à glace fixe fatigue beaucoup les chevaux; qu'elle les expose aux efforts de boulet et de tendon. De plus, chez ceux qui usent beaucoup, on est obligé de *relever* les fers tous les cinq ou six jours, c'est-à-dire de les détacher pour en refaire les crampons et les fixer de nouveau. Alors, la paroi se détériore par l'implantation réitérée des clous, la corne devient cassante et le brochage des clous est très difficile; par suite la ferrure manque de solidité.

Si l'on remarque enfin que, dans notre pays, la glace, le verglas, la neige se manifestent par intermittences; qu'en

(1) *Recueil de méd. vét.*, 1861, p. 255.

d'autres termes, les gelées sont généralement courtes et interrompues fréquemment par le dégel, on sera conduit à considérer la ferrure à glace fixe comme défectueuse et peu économique quand il s'agit de ferrer un grand nombre de chevaux, principalement quand on les emploie à des allures vives.

Pour ces motifs, la ferrure à glace mobile, dont il est traité dans le paragraphe suivant, se répand de plus en plus.

§ 2. — FERRURE A GLACE MOBILE.

Cette ferrure est caractérisée par une disposition essentielle, à savoir : que les saillies destinées à empêcher le cheval de glisser, sont des parties distinctes, momentanément fixées au fer et par conséquent susceptibles d'en être détachées sans enlever celui-ci. La ferrure à glace mobile est donc préventive des glissades et des chutes sans avoir les inconvénients de la ferrure à glace fixe, puisque l'on peut renouveler les crampons toutes les fois que le besoin s'en fait sentir, les retirer pendant les périodes de dégel et même quand les chevaux rentrent à l'écurie ; on évite ainsi la fatigue qu'ils occasionnent et les dangers de blessures. Mais on conçoit qu'il ne suffit pas qu'une ferrure à glace, pour être vraiment économique dans toute l'acception du terme, présente les avantages ou qualités que nous venons d'énumérer, il faut encore qu'elle soit solide, durable et simple dans son application. C'est ainsi qu'une bonne ferrure à glace, pour les chevaux de l'armée notamment, doit pouvoir « être au besoin fabriquée en campagne par le maréchal ferrant, appliquée, retirée, changée par le cavalier ou le conducteur, en tout temps, en tout lieu et à tous les degrés d'usure du fer » (JACOULET et CHOMEL).

Après bien des essais, on est arrivé à des résultats satisfaisants, grâce aux efforts persévérants de divers vétérinaires militaires : Decroix et Aureggio notamment.

Les moyens proposés pour réaliser une ferrure à glacé ayant toutes les qualités que nous venons d'énumérer, sont très nombreux : il importe donc de les classer. Tout bien considéré, nous les divisons en deux groupes principaux : les *crampons mobiles* et les *clous à glace*, comprenant eux-mêmes d'innombrables variétés.

A. **Crampons mobiles.** — Encore appelés crampons *muables* (Delpérier) ou *démontables*, ces appendices présentent des dispositions très variées que nous classons sous trois chefs :

I. Les crampons médiats ou superposés ;

II. Les crampons-vis ;

III. Les crampons-chevilles.

I. **Crampons médiats ou superposés.** — Sous cette dénomination nous comprenons, d'une part, les appareils mobiles fixés au fer à l'aide de vis, et d'autre part, ceux qui sont maintenus sur le fer au moyen de clous.

Fig. 153. — Crampon mobile de Defays.

Parmi les premiers, nous citerons : l'appareil *Defays* (1857) composé d'une garniture, d'une vis de pression et d'une vis à glace (fig. 153) ; il s'applique en éponges, mais il est difficile de le fixer à cause du volume de la fourchette ; le trépied *Dominick* (1869) (fig. 154 et 155) ; l'appareil de *Lanneluc* (1872) (articulé en pince, vis en éponges) ; le fer *Neumann* (1876) (crampon circulaire acéré, vissé sur le fer en pince et en éponges à la face supérieure de celui-ci) ; l'appareil *Remond* de Decize (1876) ; — *Barbaix* de Bonines (Belgique) ; — *Richardière* (1882) ; — *Bellon frères*, 1887 ; — *Laboize* (1888) ; — *Sicker ;* — *Schæffer*, etc.

Ces appareils, qui sont pour la plupart des fers de

rechange, sont généralement lourds, compliqués, coûteux, difficiles à maintenir en place. Lavalard compare cette ferrure « à un véritable travail d'horlogerie ».

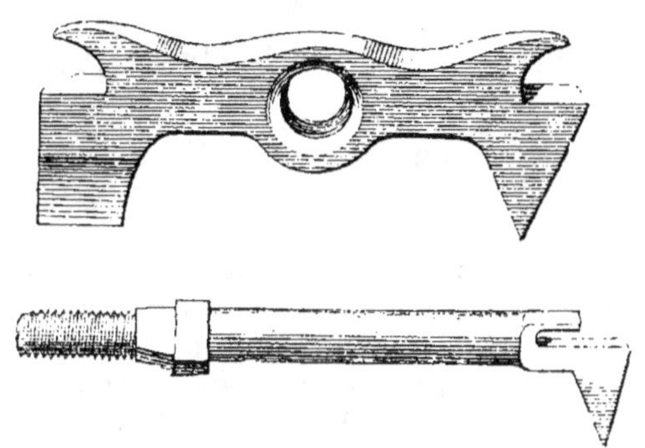

Fig. 154. — Trépied Dominick (1869), Berlin (Aureggio).

Les plus anciens crampons *cloués* sont ceux [dits *Broddär;* on les employait dans le Nord, la Belgique, le

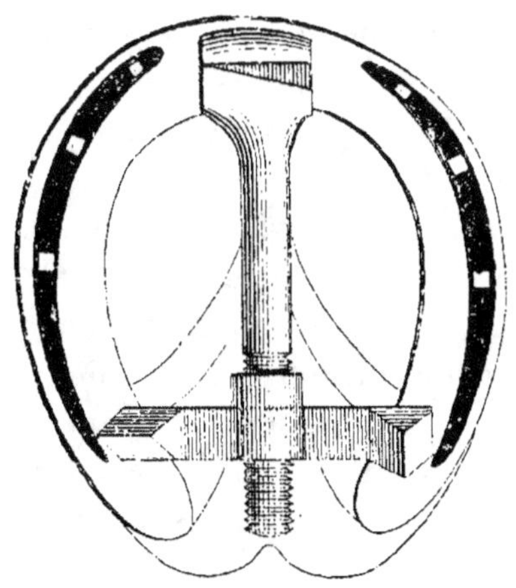

Fig. 155. — Fer à glace armé du trépied Dominick (Aureggio).

Danemark. A signaler ensuite le crampon *Naudin* et *Moser* (1864), qui se compose (fig. 156) d'un segment de fer d'une longueur de 4 centimètres environ, présentant dans son milieu une saillie en forme de prisme triangulaire et à chacune de ses extrémités une ouverture carrée servant à fixer le crampon que l'on place ordinairement en mamelle de chaque côté, sans déferrer le cheval. On le fixe au moyen de clous à long collet; néanmoins ce crampon manque de solidité : il est abandonné.

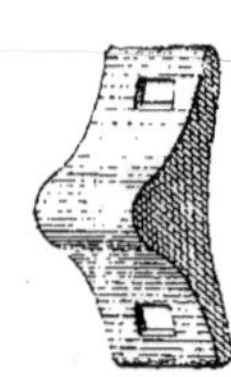

Fig. 156.
Crampon Naudin et Moser.

Le crampon *Latrille* n'est qu'une imitation du précédent. Le crampon *Debeuf* est un perfectionnement; il consiste en une cheville tronc-pyramidale carrée s'engageant dans une étampure *ad hoc* et pourvue d'une ailette qui s'applique sur la face inférieure du fer et y est maintenue par un clou demi-lame Delpérier (Jacoulet et Chomel).

II. Crampons-vis. — On appelle ainsi une petite pièce d'acier composée d'une *tête* prismatique de forme variée — en saillie sur le fer quand le crampon est vissé dans celui-ci — et d'un *tenon* cylindrique ou tronconique fileté se vissant dans une mortaise taraudée dans chaque éponge et parfois en mamelles.

L'emploi des crampons à vis est signalé par les auteurs de maréchalerie du xviii⁰ siècle. Bourgelat, Lafosse, notamment, parlent de l'emploi d'un crampon à vis à tête pyramidale et à tenon cylindrique; ces deux parties étant séparées par un épaulement. L'invention de ce crampon est attribuée au comte de Charollais par Lafosse.

Pour appliquer ce crampon, les ouvertures d'attente ou mortaises sont habituellement fermées par un bouchon de liège afin d'empêcher la terre de s'y tasser. Lorsqu'on veut se servir de ce crampon, on enlève le bouchon avec un objet pointu et le crampon est vissé avec une clef anglaise. Quand le cheval rentre à l'écurie, on dévisse les crampons et on le débarrasse ainsi d'une gêne inutile.

Suivant Rey, ce crampon exige un long travail et ne présente pas assez de solidité. On a encore attribué à ce crampon d'autres inconvénients : « Outillage spécial, prix de revient plus élevé, embarras d'une clef anglaise, bouchon de liège ou de terre tassée à enlever avant de mettre la vis en place, résistance à l'introduction de la tige, quand le pas de vis est endommagé ou détruit en partie par l'usure ; dans ce dernier cas même, l'extrémité de la tige peut porter sur le pied et occasionner une boiterie. Pour obvier à la pénétration de la tige, au delà de la face supérieure du fer, on a bien essayé de lui donner une forme très faiblement conique, mais alors les crampons se dévissent et se perdent fréquemment. » (Goyau.)

Dans ces dernières années, on s'est appliqué à faire disparaître ces inconvénients ou tout au moins à les atténuer. On a varié à l'infini la forme de la tête, celle du tenon et le mode d'adaptation de ce dernier au fer en vue d'obtenir : *solidité sur la glace, adhérence du crampon au fer, simplicité de fabrication, facilité de cramponnage et de décramponnage.*

Les nombreux crampons-vis inventés se distinguent en *vis simples* qui sont d'une seule pièce, et en *vis composées* qui comportent plusieurs pièces.

Les **vis composées** sont trop complexes pour être pratiques ; aussi bien, elles n'ont pas présenté de supériorité marquée au point de vue de leur ténacité sur les sols glissants et de leur solidité au fer. Nous nous bornerons à représenter dans cette classe le crampon-écrou Lagriffoul [1879] (fig. 157).

Crampons-vis simples. — Les uns sont à *tenon cylindrique*, la forme de la tête variant à l'infini : *crampon du comte de Charollais; crampon de Benoist* (fig. 158); *crampon à tête en* **H**, *en hélice, en tronc de pyramide quadrangulaire ou triangulaire, en tronc de cône, en rectangle ou losange allongé,* etc., etc. ; les autres sont à *tenon tronconique* et ce sont les meilleurs. Il en est de *cylindriques creux* pour pouvoir se visser et se dévisser avec un poinçon triangulaire introduit dans leur cavité ; quelques-uns, filetés seulement à l'extrémité de leur tenon, se vissent dans une *mortaise évasée en cuvette* dont le fond

seul est taraudé (fig. 159) ; d'autres encore ont leur *tenon fendu* pour
faire ressort dans la mortaise et surtout permettre l'usage d'un

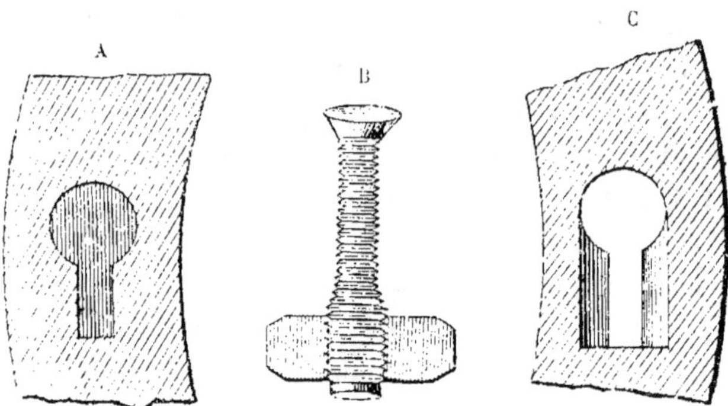

Fig. 157. — Crampon-écrou Lagriffoul.

A, branche du fer vue par sa face inférieure. Mortaise en boutonnière évasée de bas en haut ;
B, vis avec son écrou s'adaptant à la mortaise de façon que l'extrémité de la vis fait l'office
de crampon à glace. L'écrou fixe la vis au fer ; C, branche du fer vue par sa face
supérieure (Aureggio).

tourne-vis lorsqu'il s'agit d'extraire les chicots après une usure complète du crampon (crampon Aureggio-Bloch, 1888 (fig. 160).

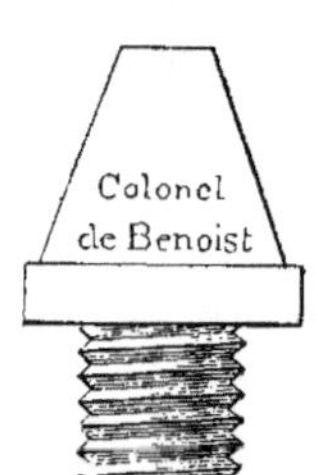

Fig. 158. — Cram-
pon de Benoist.
(Aureggio.)

On s'est parfois, dans le même but, borné à
pratiquer un *œillet* ou boutonnière sur la limite
du tenon et de la tête. Enfin toutes les vis, quelle
que soit la forme du tenon et de la tête, peuvent
être sans ou avec épaulement (fig. 160 et 161). Ce
dernier est nuisible à la solidité du crampon et
doit être écarté (1).

Ferrure à glace en usage dans l'armée française.
— Le crampon en acier à vis tronconique largement fileté et à tête carrée sans épaulement
a été reconnu supérieur à tous les autres. Par
décisions ministérielles des 26 octobre 1889 et
16 mars 1891, le Ministre de la Guerre l'a adopté
comme ferrure à glace des chevaux de la cavalerie et de la gendar-
merie et a fixé les dimensions que présenteraient les crampons dans
chaque arme, ainsi que les détails de son application.

Tout d'abord on n'a fait usage que de deux crampons en éponges ;
puis la Note ministérielle du 29 avril 1893 a décidé que tous les fers

(1) Jacoulet et Chomel, *Traité d'hippologie*, t. II, p. 384. — Voir pour
plus de détails, les *Ferrures à glace françaises et étrangères*, par Aureggio.
— Paris, 1890, Asselin et Houzeau.

d'approvisionnement et ceux de la ferrure courante d'hiver porteraient
quatre mortaises d'attente, dont deux en éponges, et deux en mamelles.

Ces mortaises doivent être percées : celles des éponges, de telle sorte que leur axe soit au milieu de la largeur du fer et à 15 millimètres de l'éponge ; celles des mamelles, entre les deux premières étampures distantes entre elles de 35 à 40 millimètres d'axe en axe.

Les décisions et notes ministérielles des 28 juin, 23 août, 21 octobre et 1er novembre 1893, 11 août 1894, disposent que le même système de ferrure à glace sera adopté pour les chevaux et mulets de l'artillerie, du train et des corps de troupe d'infanterie.

Différentes autres notes ministérielles (10 décembre 1889, 4 juillet 1890, 31 janvier 1891, 11 août 1894) ont prescrit : 1° qu'un étrier sur deux serait aménagé en clef pour cramponner et décramponner ; 2° que tous les maréchaux ferrants et chaque brigadier dans la cavalerie, l'artillerie et le train, tous les conducteurs, sous-officiers et caporaux attachés aux compagnies et tous les ordonnances d'officiers montés dans l'infanterie seraient pourvus d'une clef spéciale en acier dont la

Fig. 159. — Vis quadrangulaire à tenon tronconique pour mortaise en cuvette (Aureggio).

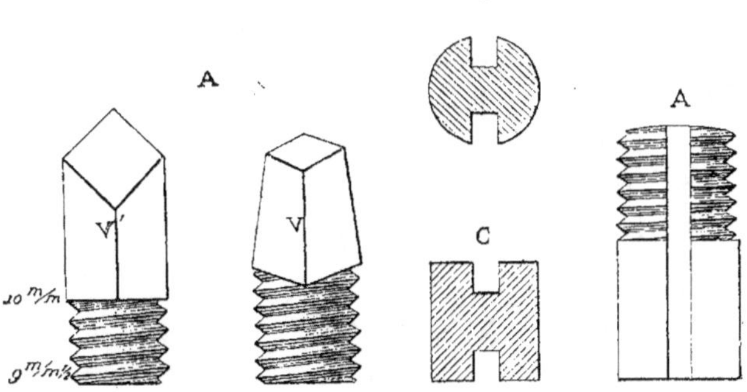

Fig. 160. — Crampons-vis à tête carrée pyramidale ou en pointe, avec ou sans rainures, de Bloch-Aurregio.

longueur ne doit pas dépasser 0m,12 et le poids 50 grammes (fig. 163) (*la clef des hommes de troupe est pointue pour nettoyer les mortaises ; celle des gradés et ordonnances se termine par un taraud pour faire disparaître les bavures des mortaises*); 3° que les corps feraient confectionner sans frais avec du treillis ou, préférablement, des basanes hors de service, et pour chaque harnachement du complet réglementaire, une trousse destinée à recevoir vingt clous à ferrer et

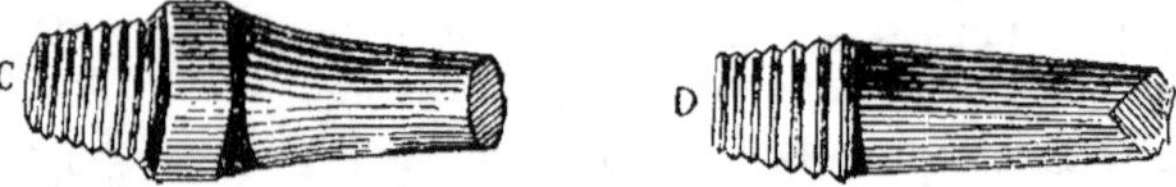

Fig. 161. — Crampon-vis à tête quadrangulaire et tronconique avec épanchement carré (Aureggio).

seize crampons à glace [31 janvier 1891 et 16 juillet 1894] (fig. 164). La clef dont sont munis les brigadiers est assujettie sur la trousse,

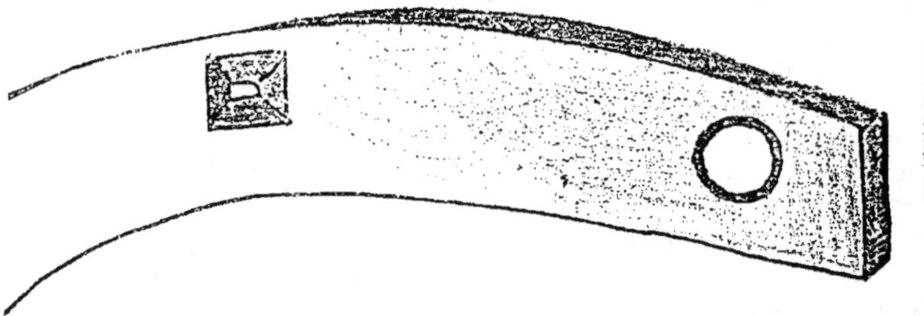

Fig. 162. — Crampon réglementaire et sa mortaise d'attente (Jacoulet et Chomel).

qui se place dans la poche à fers, entre les branches de la demi-ferrure de rechange.

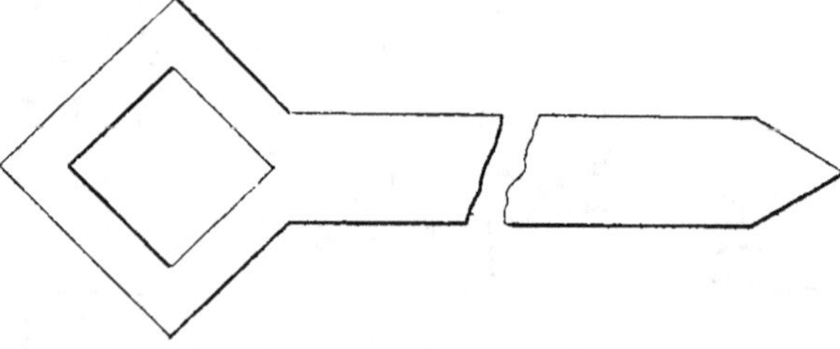

Fig. 163. — Clef en acier (50 gr.) pour les brigadiers.
Adoptée par décision ministérielle du 26 octobre 1889 (Aureggio).

Les corps peuvent adopter le modèle de trousse qui leur paraîtra préférable (1).

(1) Jacoulet et Chomel, *Traité d'hippologie*, t. II, p. 389.

Il est à remarquer que le crampon à vis tronconique et
à tête carrée sans épaulement, adopté par l'armée française,
a été inventé par Aureggio,
ainsi que cela résulte du
compte rendu inséré dans
l'*Avenir militaire* du 6 décembre 1889 (1).

En outre une décision mi-
nistérielle du 26 octobre 1889
prescrit un outillage spécial
de ferrure à glace et donne
des indications précises pour
la fabrication des crampons,

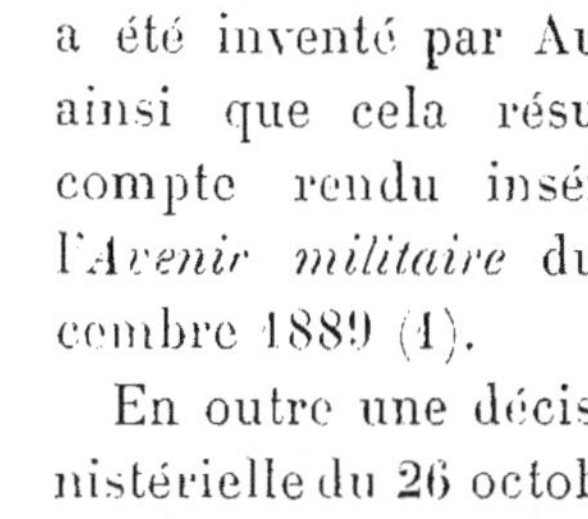

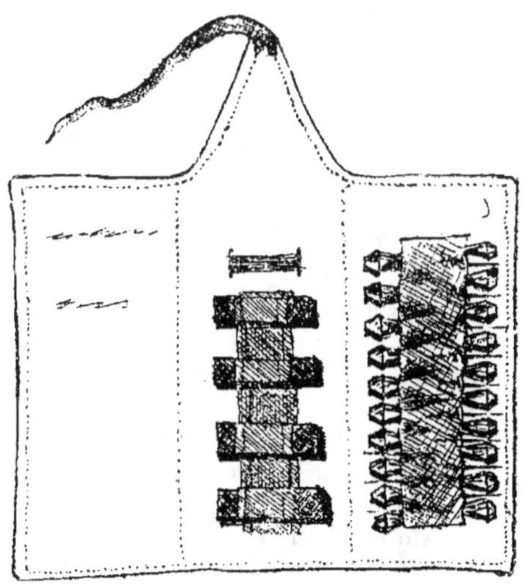

Trousse fermée et sa clef.   Trousse ouverte.

Fig. 164. — Trousse pour clous à ferrer et crampons à glace (Jacoulet
et Chomel).

le percement, le taraudage des mortaises, etc. Ces indications sont extraites « avec peu de changement » des con-

(1) Voir également, *Recueil de méd. vétér.*, 1890, p. 158.

férences faites par Aureggio en 1883, aux officiers du 4ᵉ cuirassiers.

Toutefois, Jacoulet et Chomel estiment que l'outillage réglementaire a l'inconvénient « de manquer de commodité et de faire peu de besogne ». Et ils recommandent particulièrement la machine Chéré (1).

III. Crampons-chevilles. — Le principe de ces crampons repose sur la solidité que donne à une cheville lisse, enfoncée dans une alvéole, lisse, de même forme, de mêmes dimensions et de même degré de ductilité, l'adhérence des surfaces en contact.

Plus le contact est étendu, plus l'adhérence est grande et inversement, d'où le peu de solidité de ces sortes de crampons lorsque l'épaisseur du fer est réduite par l'usure.

D'autre part, si la cheville et l'alvéole ont les mêmes dimensions à l'entrée et à la sortie, et si la première a pénétré à forcement, l'extraction en est très difficile, impossible même sans un repoussoir. Il est donc nécessaire de tronquer la cheville et l'alvéole pour obtenir la pénétration de la première en coinçant, et cette condition exclut toute espèce d'épaulement. Enfin, il est nécessaire qu'alvéole et tenon soient de même métal, sinon la cheville en acier entamerait l'alvéole en fer et perdrait toute solidité.

L'extraction des chevilles simples se fait comme celle d'une bonde de tonneau, en frappant à coups secs sur la face inférieure du fer, de chaque côté de l'alvéole, et en cherchant ensuite à ébranler le crampon.

Les chevilles sont susceptibles de donner une ferrure à glace solide, mais elles demandent à être fabriquées avec une grande précision et perdent toute valeur dès que l'alvéole vient à se déformer; aussi a-t-on eu recours à des appendices ou artifices (becs, clavettes, vis de calage, ressorts) pour augmenter l'adhérence. Ce fut d'ailleurs sans grand succès et la supériorité reste aux vis à tous les points de vue. Il est à peine besoin d'ajouter que toutes les formes géométriques ont été essayées pour la tête des chevilles comme pour celle des vis. On s'en fera une idée par l'examen rapide des quatre catégories de crampons-chevilles connus.

1º **Chevilles simples**. — Elles ont comme avantage incontestable la simplicité de leur fabrication, mais la pose et l'extraction en sont délicates, la solidité sur le fer, minime.

Le premier crampon cheville est dû au vétérinaire américain

(1) Voy. *Traité d'hippologie*, t. II, p. 391 et 392.

Judson (1868) ; c'est la cheville tronconique ou cylindro-conique sans épaulement, dans mortaise de même forme (fig. 165).

L'année suivante (1869) Dominick, professeur à l'École de maréchalerie de Berlin, eut l'idée de la cheville tronc-pyramidale, à base carrée dans alvéole de même forme et sans épaulement. Toutes les inventions ultérieures dérivent des deux précédentes ; tantôt on a donné la forme tronconique au tenon et polygonale à la tète ou inversement (fig. 166) ; tantôt on a eu recours à une cheville carrée ou triangulaire dans un trou rond (ferrure en croissant Aureggio, 1881) ; d'autres fois la

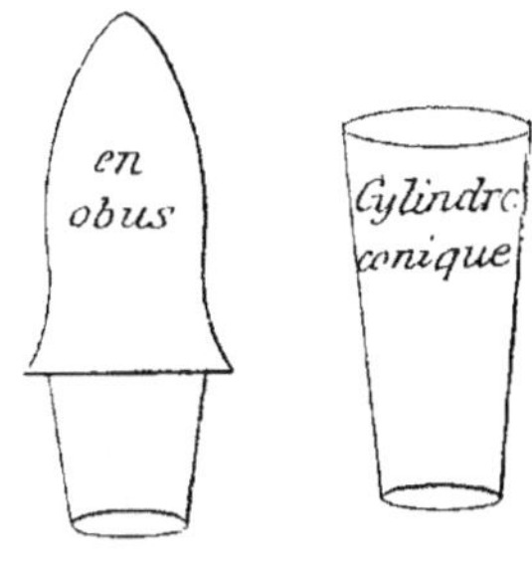

Fig. 165. — Chevilles Judson.

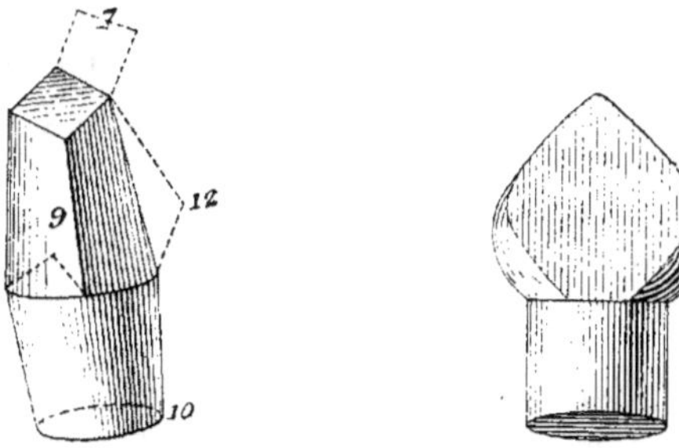

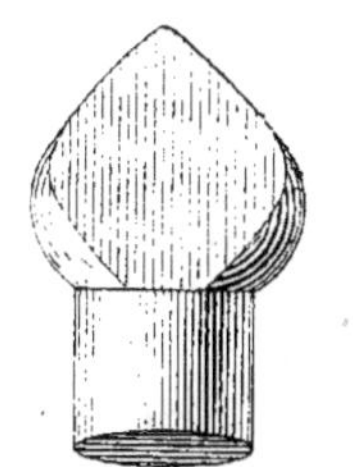

Fig. 166. — Cheville mixte conique carrée.

Fig. 167. — Cheville Thuillard en bouchon émeri.

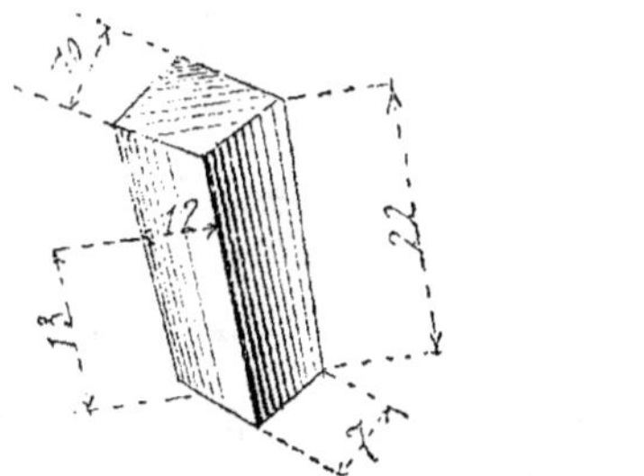

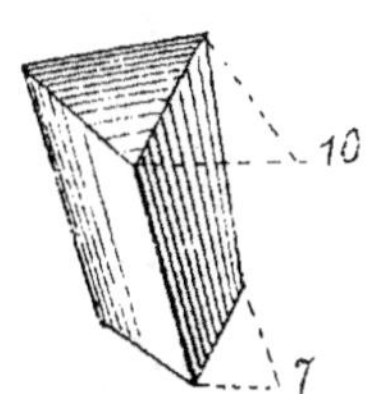

Fig. 168. — Chevilles Dominick, carré dans carré et Goyau, triangulaire dans triangulaire (Aureggio).

mortaise polygonale a été découpée sur la rive externe du fer (cheville Fumet, 1888) ;

Les principaux systèmes préconisés sont :

Les *chevilles Judson*, simplement tronconiques ou à tête en obus (1868) (fig. 165);

La *cheville de Goëtz* (1891), cylindrique, à tête creuse pour tampon de caoutchouc;

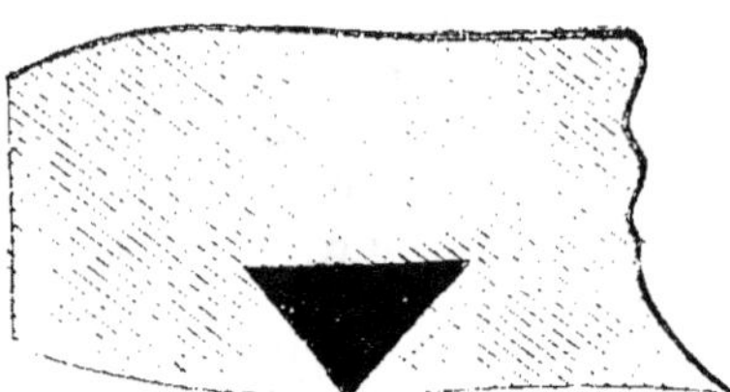

Fig. 169. — Alvéole du fer Lenoir pour cheville triangulaire (Aureggio).

La *cheville-bouchon Thuillard* (1881), à tenon tronconique et tête en bouchon émeri (fig. 167);

La *cheville Dominick* (1869), tronc-pyramidale, carrée ou rectangulaire, dans alvéole de même (fig. 168);

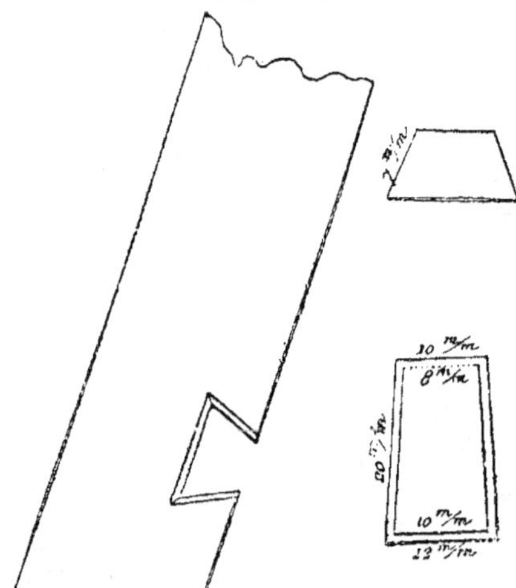

Fig. 170. — Ferrure Fumet étampure au bord externe (Aureggio).

La *cheville Goyau* (1873) et *Lenoir* (1884), tronc-pyramidale, triangulaire, dans mortaise de même (fig. 168 et 169);

La *cheville Chobaut* (1889), tronc-pyramidale à base de trapèze dans semblable mortaise;

La *cheville Fumet* (1888), tronc-pyramidale à base de trapèze comme la précédente, mais dans une simple échancrure de même forme pratiquée à la rive externe du fer (fig. 170);

La *ferrure à croissant Aureggio* (1882), cheville carrée ou triangulaire dans alvéole tronconique (fig. 171);

La *cheville Neuss* (1887), en H majuscule comme la vis de ce nom, se loge dans une alvéole de même forme;

La *cheville Villiers* (1889), qui consiste en une section longitudinale et par moitié de tronc de cône;

La *cheville Thuillard* (1882), à tête tronc-pyramidale et tenon tronconique;

La *cheville Errard* (1889), à tête carrée sans épaulement et tenon tronconique, filetée superficiellement pour entrer à frottement dur, mais non en se vissant;

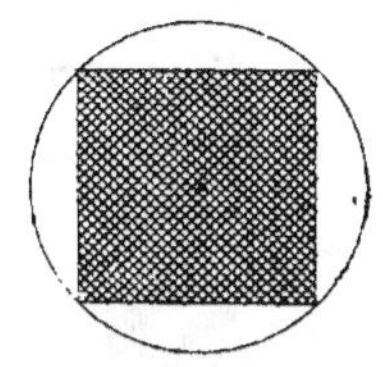

Fig. 171. — Système croissant (Aureggio).

La *cheville à deux fins* ou *cheville vis Aureggio* (1881), tronc-pyra-

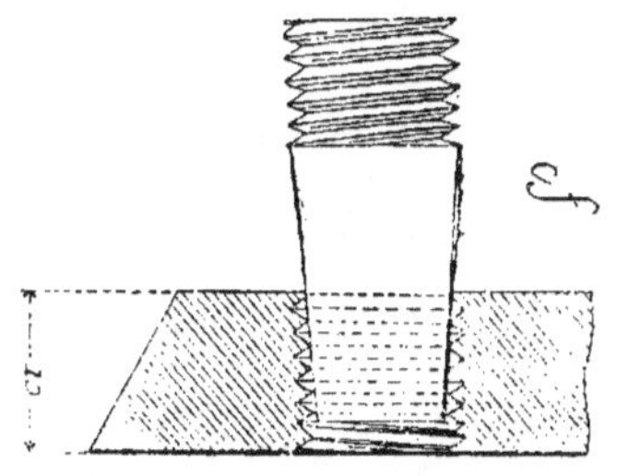

Fig. 172. — Cheville-vis ou à deux fins (Aureggio).

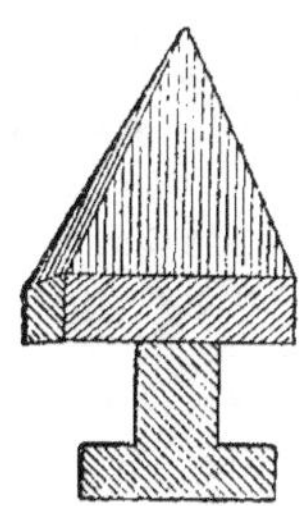

Fig. 173. — Cheville Laquerrière à deux becs (Aureggio).

midale carrée à un bout tronconique et filetée à l'autre, pour

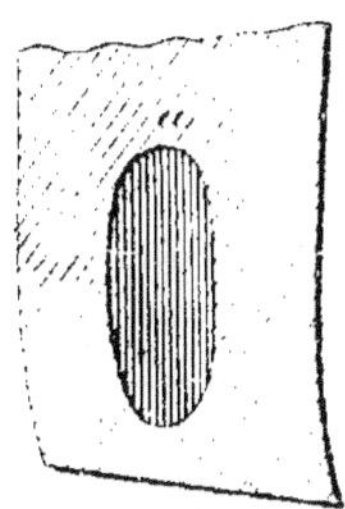

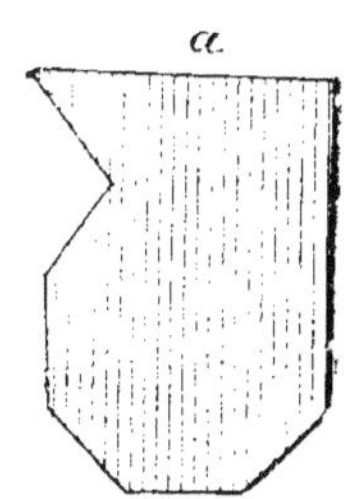

Fig. 174. — Cheville Lavedan (Aureggio).

s'adapter comme cheville lorsque le pas de vis de la mortaise est déformé (fig. 172).

2° Chevilles à bec. — Elles exigent un véritable travail de serrurerie qui leur enlève tout côté pratique. Nous nous bornerons à citer :

La *cheville Laquerrière* (1880) (fig. 173) ; la *cheville Levedan* (1881) (fig. 174) ;

La *cheville Chomel* (1882), la même que celle de *Guérin*, moins la

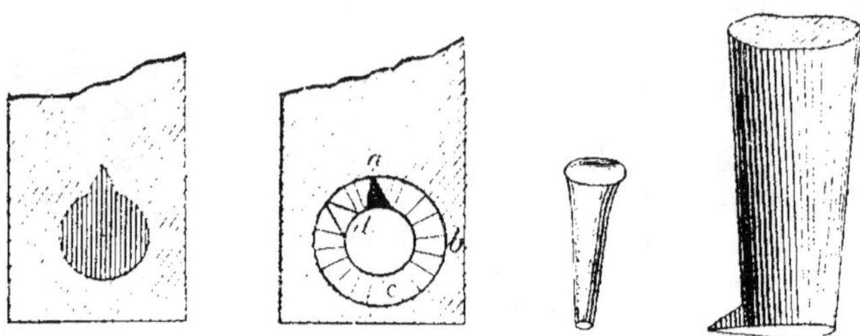

Fig. 175. — Crampon Guérin à bec et clavette (Aureggio).

clavette (fig. 175) ; la *cheville Barreau et Verdier* (1884) (fig. 176) ; *le crampon d'Hers dit à ergot*, etc.

3° Chevilles à clavettes ou à vis de calage. — Elles comportent, outre le crampon et la mortaise, une clavette ou une vis pour serrer le crampon dans son alvéole. Elles peuvent être bonnes, mais sont trop compliquées.

Le crampon de ce genre autour duquel il a été fait le plus de bruit est le crampon Masquelier (1889) (fig. 177). Nous

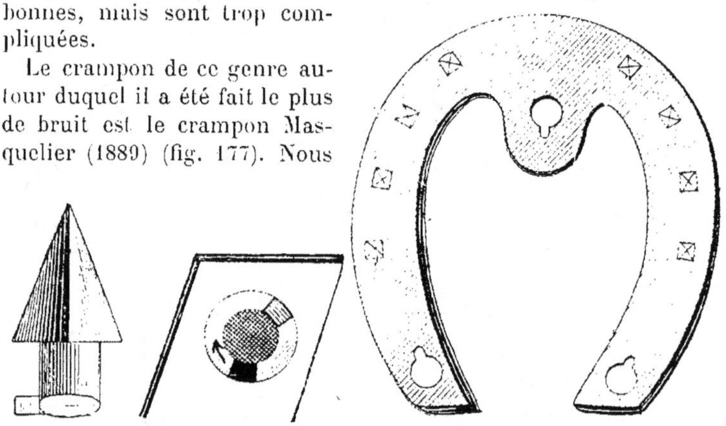

Fig. 176. — Crampon à bec Barreau et Verdier et fer Verdier à pince rentrée en voûte (Aureggio).

citerons encore les crampons Baldenweck (1876), Duplessis (1874), Montagnac (1884), Gérard (1876), Chénier (1883), Guérin (1881) (fig. 175) ; les chevilles Jorrès et Lambert (1885), qui sont à vis de calage au lieu de clavettes.

4° Chevilles à ressort. — Elles sont aussi peu avantageuses que les précédentes. L'idée la plus simple et la plus ingénieuse du

système consiste dans la fente du tenon pour en écarter les
branches de telle sorte qu'elles fassent ressort dans l'alvéole; elle
est due à MM. Quetin, Bloch et Aureggio, qui ont présenté en 1882
des crampons fendus de diverses formes (fig. 178).

On peut considérer comme du même système les chevilles

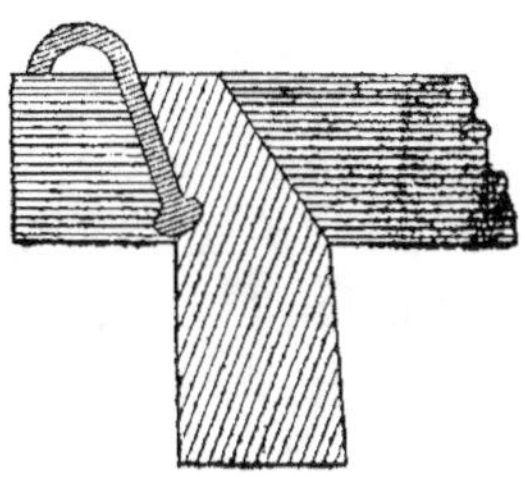

Fig. 177. — Crampon Masquelier   Fig. 178. —Crampons fendus ou
     à clavettes (Aureggio).   à ressort (Quétin, Bloch-Aureggio).

Sicker (1890-91) qui consistent en une plaque de tôle d'acier repliée
sur elle-même en forme d'entonnoir cylindro-conique ou ovale dans
alvéole de même forme.

Le crampon Farges (1889) muni de deux petits ressorts latéraux,
est un véritable mécanisme d'horlogerie (1).

B. Clous à glace.

On en distingue plusieurs variétés que nous divisons en
deux groupes :

1° Clous à glace brochés ; 2° clous rivés (système Delpérier et ses dérivés : Coutela, Lepinte, etc.).

1° **Clous à glace brochés.** — Ils présentent différentes
formes. Dans le clou à glace *ordinaire*, appelé encore
clou à neige, la partie supérieure de la tête est tranchante
en forme de *coin* (fig. 179); d'autres clous à glace ont la
tête *carrée* (fig. 180) : ce sont les plus résistants à l'usure.
Il en est dont la tête est terminée en *pointe* (fig. 181) : ils
sont d'abord très bons pour le verglas, mais ils s'émoussent
promptement.

(1) Jacoulet et Chomel, *Traité d'hippologie*, t. II, p. 389.

Pour se servir de ces clous, le maréchal enlève deux, trois ou quatre clous du pied ferré, soit en mamelle, soit en talon, ou même dans ces deux régions à la fois ; puis il broche et rive à leur place, deux, trois ou quatre clous à glace dont les têtes font de fortes saillies qui empêchent les glissades.

Les clous à glace dont la tête n'est point carrée sont difficiles à brocher,

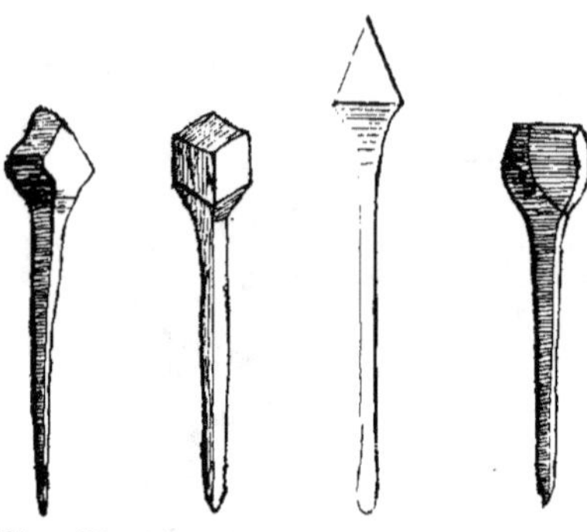

Fig. 179, 180, 181 et 182. — Clous à glace.

aussi le plus souvent les implante-t-on dans un vieux trou afin de ne pas piquer le cheval.

Il est une variété de clous à glace, appelée *clous à la*

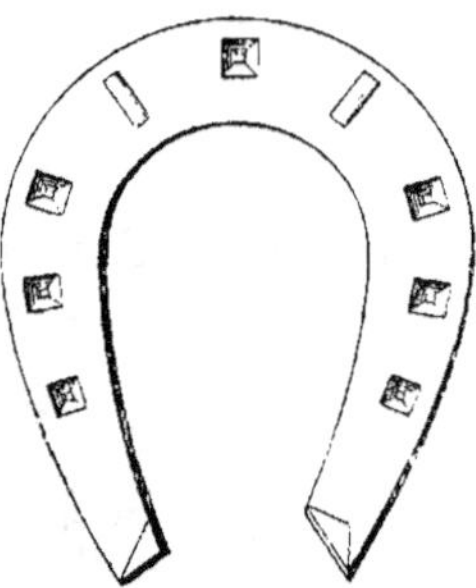
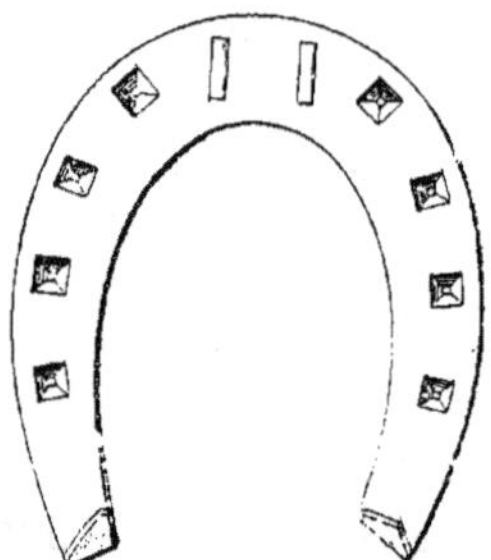

Fig. 183 et 184. — Fers de devant et de derrière étampés à la savoyarde.

savoyarde, dont la tête, aplatie d'un côté à l'autre (fig. 182) se termine par une surface étroite, allongée et tranchante. Ces clous sont encore fabriqués parfois par le maréchal lui-même qui les confectionne alors en acier ; dans ce cas les têtes sont *trempées* afin d'augmenter leur résistance à l'usure. L'application de ces clous exige que le fer soit *étampé à la savoyarde*, c'est-à-dire qu'il présente deux étampures très allongées, de forme rectangulaire. Ces étampures sont disposées en mamelles au fer de devant (fig. 183) et en pince au fer de derrière (fig. 184).

Les clous à la savoyarde sont brochés à travers la paroi et leurs lames rabattues sur la paroi à la manière d'un pinçon. Par ce moyen on peut les retirer lors de la rentrée à l'écurie et les replacer ensuite dans les vieux trous. Nous observons assez souvent des piqûres du pied par les clous à la savoyarde.

Généralement le cloutage à glace ne peut être fait que par un ouvrier maréchal, ou tout au moins cette opération exige un certain apprentissage afin que les clous tiennent bien et ne blessent point le cheval.

Les clous à glace s'usent promptement et leur application réitérée détériore le sabot et l'expose aux piqûres et enclouures. Aussi les remplace-t-on de plus en plus soit par les chevilles simples décrites ci-dessus (p. 322), soit par les clous *rivés* ou à demi-lame rabattue sur le fer dont nous allons parler.

2º **Clous rivés.** — L'invention de ces clous est due à J.-B. Delpérier, vétérinaire à Joinville-le-Pont ; elle date de 1865. L'emploi de ces clous réalise un progrès très important dans la ferrure à glace, attendu qu'ils présentent tous les avantages des clous à glace brochés dans la paroi, sans en avoir les inconvénients. Ce résultat est obtenu en rivant sur le fer la lame du clou qui est très courte; on évite ainsi les détériorations de la muraille et les piqûres ou enclouures. L'expérience a prouvé que ce système de cloutage présente une grande solidité. Nous le faisons appliquer depuis quinze ans, dit Lavalard (1), sur tous les chevaux de la Compagnie des omnibus et il nous a toujours donné les meilleurs résultats. D'autre part, le

____

(1) *Le cheval.* Paris, 1888, p. 481.

clou Delpérier est employé avec avantage en toute saison pour prévenir les glissades et empêcher les chutes. Et ce qui témoigne bien encore de la grande valeur de ce système de cloutage, ce sont les contrefaçons dont il a été l'objet. Ainsi, on ne compte pas moins de vingt-six variétés de clous demi-lame se rabattant sur le fer. Pour ces motifs, nous exposerons la technique du cloutage Delpérier telle qu'elle a été décrite par l'inventeur lui-même :

Les clous rivés sont brochés sur la rive externe du fer, sans qu'ils puissent pénétrer dans la corne, et ils sont logés dans des étampures supplémentaires exécutées dans le fer, soit au moment où il est forgé, soit lorsqu'il est ajusté pour la ferrure.

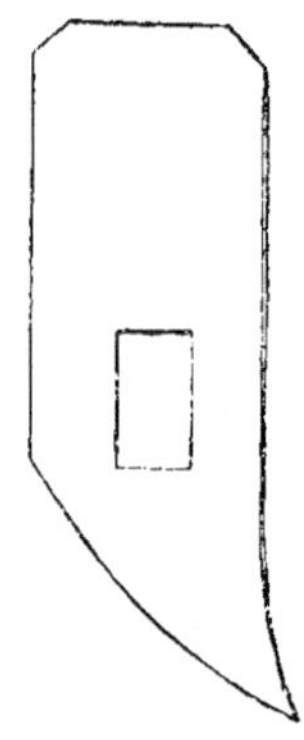

Fig. 185. — Étampe oblique pour le cloutage Delpérier.

Ces étampures supplémentaires, au lieu d'être perpendiculaires au plan du fer, sont obliques en dehors, de manière à s'ouvrir sur le bord supérieur externe du fer.

Dans ces étampures, on introduit le clou rivé, dont le collet remplit exactement l'étampure, et dont la tige très courte et déliée se fixe sur le fer lui-même.

J'ai inventé cette ferrure en 1865.

L'exécution des étampures supplémentaires ou obliques a lieu de la manière suivante : au moment où le fer doit être forgé, l'ouvrier met à sa portée une étampe oblique (fig. 185) qu'il aura façonnée en déformant une de ses vieilles étampes ; puis, quand il aura forgé sa première branche et qu'il l'aura étampée pour les clous à ferrer, il saisira l'étampe oblique et il pratiquera sur cette branche deux étampures obliques : l'une entre les deux étampures de la mamelle, l'autre en éponge. Il opérera de même pour la deuxième branche. Le débouchage des étampures supplémentaires se fera en obliquant un peu le poinçon. Dans ces manœuvres, l'ouvrier doit chercher à faire ouvrir l'étampure oblique aussi près que possible du bord du fer...

La tête du clou-rivé est absolument semblable à celle du clou à glace ; elle est pyramidale comme celle du clou à ferrer, quand elle est destinée à la ferrure d'été pour le pavé glissant. Ce collet présente une face oblique...

La tige fait suite au collet dans la direction de son obliquité.

Pour fixer le crampon-rivé dans l'alvéole qui lui est destiné, on procède de la manière suivante : si l'alvéole est rempli de terre ou de fumier, on le débouche soit avec le repoussoir, soit avec la tige d'un clou. S'il est occupé par un ancien crampon, on redresse l'extrémité repliée de la tige, avec le dérivoir, et un tout petit coup de marteau sur cette tige suffit pour chasser le crampon usé de son alvéole ; si, par une mauvaise manœuvre, le rivet, trop aplati, ne sort pas à la percussion, on se sert du repoussoir. Quand l'alvéole est ainsi devenu libre, on y introduit un crampon d'un volume convenable ; au-dessous de la tige qui sort entre la corne et le fer, un appuie la mâchoire d'une tenaille et d'un coup de marteau sur la tête, on enfonce bien le collet dans son étampure, d'un second coup de marteau sur la tête, combiné avec une pression de la tenaille, la tige se redresse sur le bord du fer, où on l'applique exactement soit d'un coup de marteau, soit d'un coup de tenaille. Pour les deux crampons en dedans, on raccourcit la tige ; mais pour les crampons en dehors, on ne la raccourcit que si, en se repliant sur le fer, sa pointe dépassait la face du fer. On écourte en dedans, pour que le cheval ne soit pas exposé à se blesser avec une tige qui peut se redresser par accident ; on écourte en dehors, dans le cas où la pointe dépasse l'épaisseur du fer, parce que cette pointe, en appuyant sur le sol, relâcherait le rivet. Il faut se garder de trop marteler le crampon dans son alvéole, et le rivet à son angle d'inflexion. Quand le collet est bien assis dans son alvéole, tout matelage est superflu ; si la tige est trop aplatie à son angle d'inflexion, le rivet devient cassant, et son excès de largeur rend difficile la sortie du crampon, quand il faut le renouveler (1).

Ce système de ferrure à glace est évidemment des plus ingénieux et des plus pratiques : le clou Delpérier peut être appliqué, retiré, changé en toute circonstance sans détériorer la paroi.

Toutefois Jacoulet et Chomel estiment que l'application, l'extraction et le remplacement de ce clou ne peuvent être faits « par le cavalier » ; qu'en un mot, ce cloutage « réclame l'intervention d'un homme du métier ». En outre ces auteurs lui attribuent les défauts suivants :

1° L'obliquité de l'étampure qui fait qu'elle perd de sa résistance à mesure que le fer s'use ; 2° la pénétration à fond du collet jus-

(1) Delpérier, *Ferrures à glace*. Paris, 1881, p. 54 à 60.

qu'à faire épauler la tète, d'où résulte un manque de solidité du clou.

Le vétérinaire en premier, Lepinte, a atténué ces deux défauts

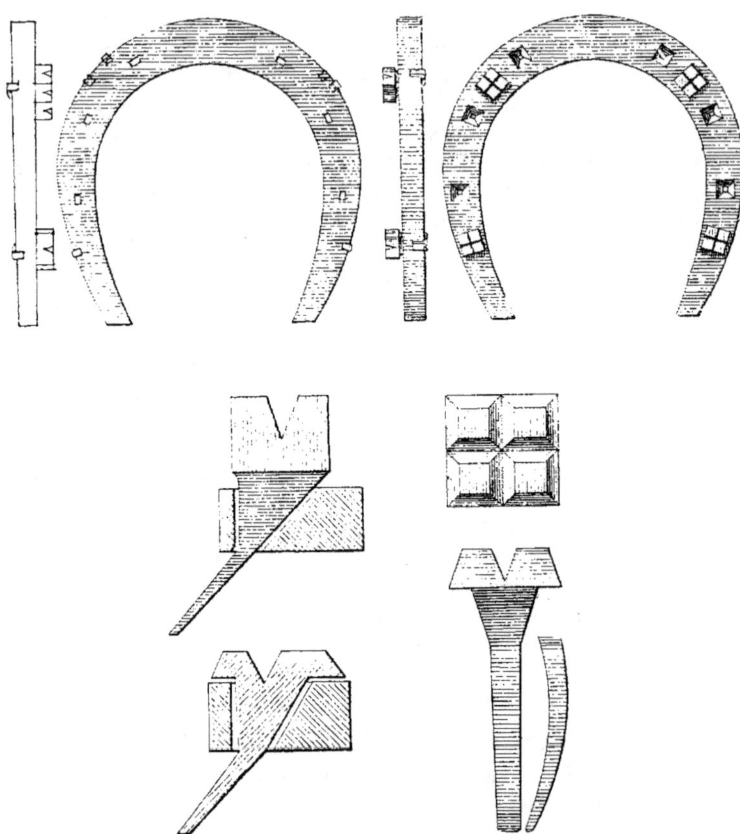

Fig. 186. — Ferrure à glace, clou Delpérier) Lavalard).

en imaginant un clou à tète carrée qui ne doit jamais servir d'épaulement, mais dont le collet allongé pénètre en coinçant dans une étampure droite normale (fig. 187). Le clou Lepinte a été réglementaire dans la cavalerie de 1885 à 1887. Son peu de solidité l'a fait abandonner.

On a vu cependant que le clou Delpérier est employé

avec avantage pour les chevaux de la Compagnie des
omnibus de Paris, qui font un service pénible sur le

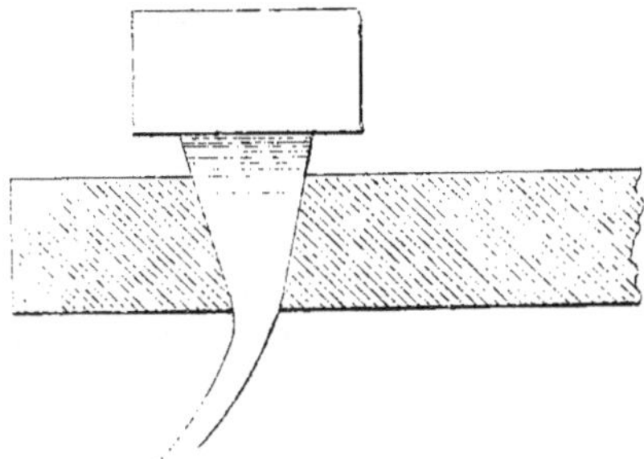

Fig. 187. — Clou Lepinte.

pavé. D'ailleurs, le clou Lepinte, plus connu sous le nom
de *clou de talon*, *clou demi-lame*, est très employé aujour-

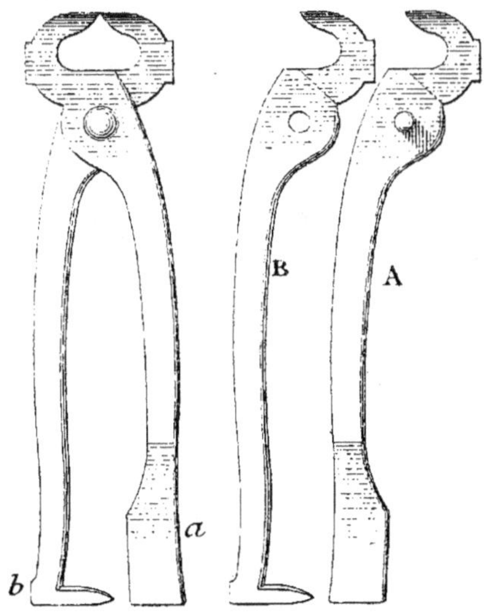

Fig. 188. — Tricoise Delpérier (Lavalard).

d'hui. Il est à remarquer que l'étampure qui le reçoit est
percée à maigre et que le clou, légèrement courbé sur sa

lame, est disposé en talus à sa pointe. Par suite, il sort facilement en passant entre le fer et la paroi qui a d'ailleurs été légèrement échancrée en *sifflet*, en mamelles, lorsqu'on applique un clou rivé dans cette région.

Delpérier a inventé en outre une tricoise, à l'aide de laquelle on pratique le cloutage à rivets sans avoir besoin d'aucun autre outil :

Cette tricoise (fig. 188) se sépare en deux et s'accouple à volonté par la disposition qu'affecte le goujon de l'articulation. Ce goujon, immuable sur l'une des branches A, n'a pas de tête, en sorte que la branche B peut sortir et rentrer à volonté. Les deux joues des mâchoires de la tricoise sont conformées en bouche de marteau.

L'extrémité de l'autre branche A est formée en dérivoir ou rogne-pied *a*. L'extrémité de la branche B est formée en repoussoir *b*. En séparant les deux branches de la tricoise, vous avez dans une main le marteau, et dans l'autre le rogne-pied ou dérivoir. En changeant les outils de main, vous avez en main droite le marteau et le repoussoir en main gauche. En réunissant les deux branches autour du goujon, vous avez en main la tricoise proprement dite (1).

L'outil-maréchal de Delpérier est, comme on le voit, fort ingénieux, il permet de pratiquer commodément le cloutage à rivets.

(1) *Le cheval*, par Lavalard, p. 478.

CHAPITRE VI

FERRURES ÉTRANGÈRES.

Dans ce chapitre, nous examinons les ferrures employées en Europe et en Amérique, puis la ferrure arabe et ses dérivées.

ART. Ier. — FERRURE EUROPÉENNE.

Sous ce titre, nous allons passer en revue les diverses ferrures employées dans le nord et le centre, puis le sud de l'Europe, à l'exclusion des ferrures française et anglaise que nous avons déjà étudiées, attendu que leur technique sert de base à toutes les ferrures quelles qu'elles soient.

En effet, l'examen des ferrures étrangères montre que, dans tous les pays, on recherche la ferrure la plus simple, la moins compliquée, et se rapprochant de plus en plus du procédé français ou du procédé anglais. Ainsi la tendance bien manifeste est actuellement de mettre des fers légers, de laisser le sabot le plus libre possible sur son armature de fer et de ne plus le garnir, été comme hiver, de crampons énormes et grossiers.

On n'accorde plus la même valeur à cette objection, si souvent faite, que les pays du nord de l'Europe ont besoin de crampons solides pour permettre à leurs chevaux de marcher sur la neige et sur la glace et on ne voit plus aussi souvent dans les rues de Berlin et de Vienne, des chevaux portant pendant les mois d'été des crampons absolument semblables à ceux fabriqués pour l'hiver. Les étrangers ont compris combien leurs chevaux souffraient de ces armatures, qui, pendant l'été, faussaient totalement les aplombs. Aussi une réaction s'est produite et on enseigne, dans les écoles étrangères de ferrure, les procédés anglais et français (Lavalard).

§ 1er. — FERRURES DANS LE NORD ET LE CENTRE DE L'EUROPE.

1° **Allemagne**. — Suivant Rey, la ferrure allemande, telle qu'on l'employait dans le Wurtemberg, la Saxe, la Bavière, sur les bords du Rhin, consistait en des fers lourds, épais, mal forgés, étampés à gras, fabriqués indifféremment pour le pied droit ou pour le pied gauche, pour les membres de devant ou pour ceux de derrière, munis d'énormes crampons, etc. Mais aujourd'hui cette ferrure gros-

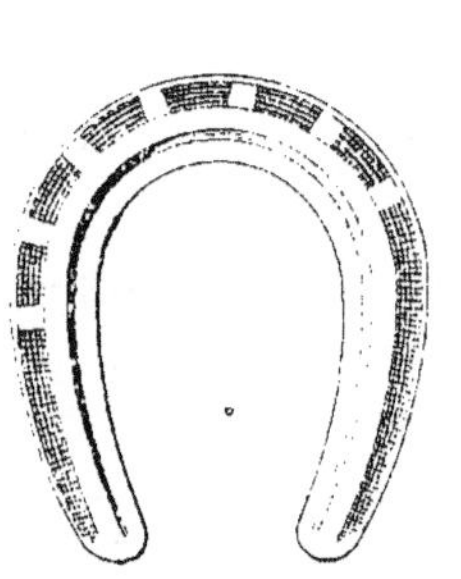

Fig. 189. — Fer de Stuttgard (Rey).

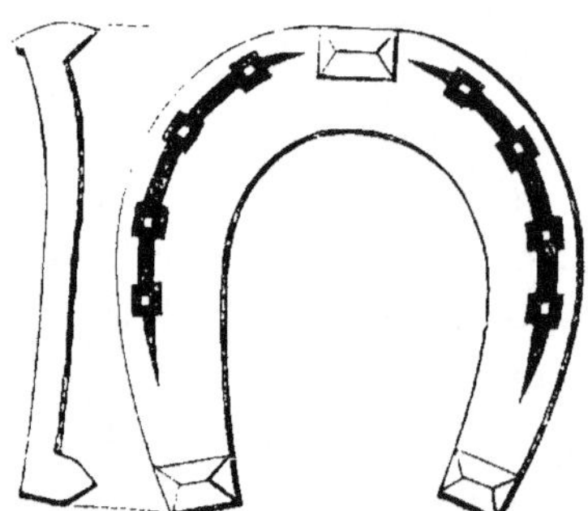

Fig. 190. — Fer allemand avec crampons et grappe.

sière est remplacée par une ferrure rationnelle, c'est-à-dire conservatrice des aplombs et de la forme du sabot, car l'enseignement de la maréchalerie a reçu en Allemagne une grande extension.

La ferrure normale consiste en un fer anglais, rainé dans tout son pourtour (fig. 189) ou seulement en branches, pourvu de six, sept ou huit étampures, généralement ajusté à l'anglaise.

En Allemagne, on emploie la ferrure à glace fixe avec crampons et grappes (fig. 190). Mais on se sert aussi, avec le plus grand avantage, des différents systèmes de ferrure à glace mobile : crampons-vis, crampons-chevilles, clousrivés, etc. Dans l'armée, on fait usage des chevilles Dominick (carré dans carré) et des vis. Et nous rappellerons que, dans l'empire allemand, l'exercice de la maréchalerie ne peut être fait que par les personnes pourvues d'un titre de capacité délivré après examen (Voy. p. 261).

2° **Russie.** — La figure 191, empruntée à l'ouvrage de Rey, montre un fer russe rapporté de Crimée, après la prise de Sébastopol. On

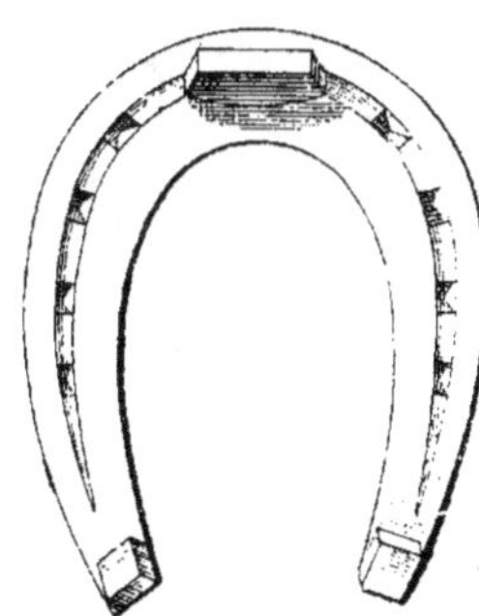

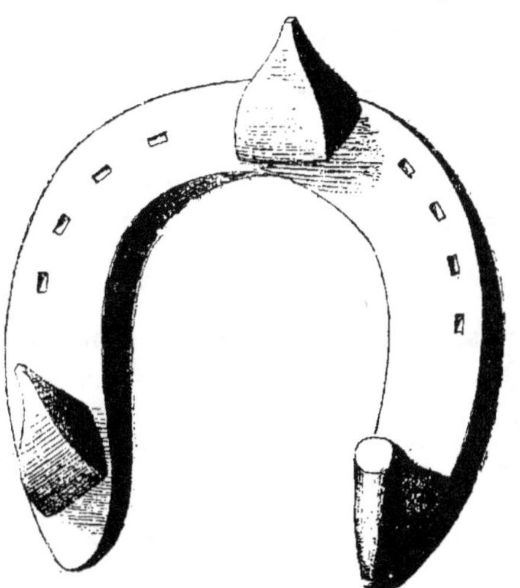

Fig. 191. — Fer russe
(Rey).

Fig. 192. — Fer à glace russe
(Jacoulet et Chomel).

voit que ce fer est rainé à l'anglaise couvert en pince et en mamelles, étroit en éponges, percé de huit étampures et muni d'une grappe et de crampons. Mais le fer russe n'est pas toujours rainé, toutefois, même dans ce cas, l'étampure est étroite, rectangulaire ; elle reçoit un clou anglais. « Le même fer porte habituellement un crampon fixe en dehors et deux crampons vissés dont un en pince (fig. 192). Dans l'armée, les fers réglementaires sont pourvus de crampons mobiles à tige filetée, cylindrique ou cylindro-conique et à tête pyramidale ou en obus. »(Jacoulet et Chomel.)

La ferrure à vis est employée depuis longtemps dans

l'armée russe. « En 1880, le général Dmitri Taticheff, de
la garde impériale russe, a bien voulu faire venir de Saint-

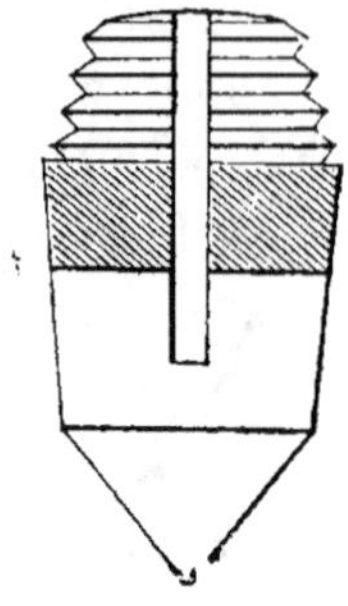

Fig. 193. — Crampon-vis russe
(Aureggio).

Fig. 194. — Crampon à tête arrondie
par l'usure et n'empêchant plus les
glissades (Aureggio).

Pétersbourg, pour M. Decroix, l'outillage et les modèles
de cette ferrure à glace, qui a été comprise dans plusieurs

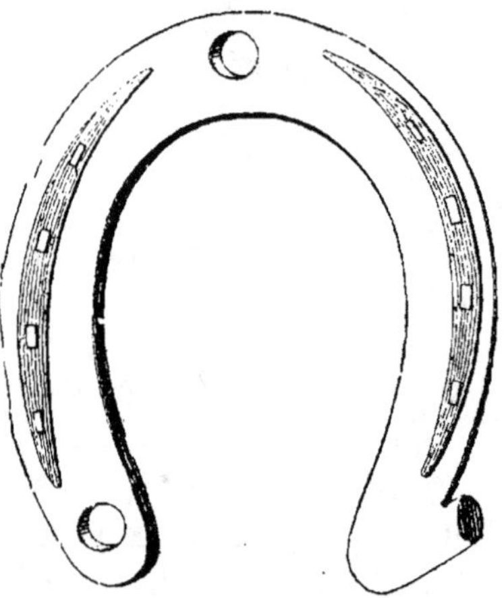

Fig. 195. — Fer à glace russe ordonnancé dans l'armée. Il présente un
crampon fixe à l'éponge interne ; l'éponge externe et la pince ont deux
gros crampons à vis conique (Aureggio).

programmes d'expériences ordonnées par le Ministre de la
guerre. » (Aureggio.) Les figures 193, 194, 195, représentent la ferrure à glace réglementaire dans l'armée russe.

3° **Autriche et Hanovre**. — La figure 196 représente la
forme d'un des fers autrichiens, recueillis en 1859, après
la bataille de Solferino. On voit que ce fer est rainé dans
tout son pourtour, percé de cinq étampures et dépourvu
de tout crampon.

En 1876, Mégnin a présenté à la Société centrale de
médecine vétérinaire, deux fers
d'hiver, réglementaires dans la cavalerie de la garde impériale russe
et autrichienne :

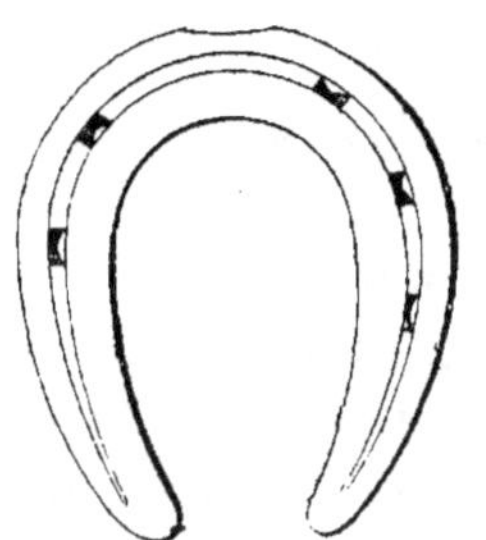

Fig. 196. — Fer autrichien
(Rey).

Ces fers sont à crampons mobiles et
à vis, et à chaque trou taraudé peut
s'adapter soit un crampon cubique, soit
un crampon pyramidal : le deuxième se
plaçant exclusivement lorsque les chemins sont couverts de verglas, de glace
ou de neige ; le premier dans tous les
autres temps, et servant surtout à pro-
téger le trou taraudé contre l'introduction des graviers, et autres
corps étrangers.

Le fer *hanovrien* est rainé à l'anglaise et muni, comme
les fers russes, de crampons fixes ou mobiles.

4° **Suède, Norvège, Danemark et Hollande**. — Dans
ces pays, on emploie généralement des fers étampés à
l'anglaise. Car la fabrication de ces fers à la mécanique
est plus simple que lorsqu'ils sont étampés à la française,
d'après ce que Lavalard a constaté en Suède (1).

La ferrure employée dans les contrées énumérées ci-
dessus est la même qu'en Russie et en Allemagne. En
Hollande, on utilise, paraît-il, « des crampons très élevés
et superposés ». En Danemark, on emploie la ferrure anglaise avec crampons fixes. « Contre la glace et les glissades,
on emploie des chevilles de bois incrustées dans les bran-

(1) *Le cheval*, par E. Lavalard, 1888, p. 449.

ches du fer et des crampons pyramidaux fendus avec incrustation de bois dans la fente ». (Jacoulet et Chomel.)

« Dans l'armée danoise, le fer réglementaire a neuf étampures quoiqu'il ne soit jamais fixé par plus de six à huit clous. Les étampures laissées libres permettent de remplacer, sans détacher le fer, ni détériorer la paroi, les clous qui se cassent ou se perdent. » (L. Goyau.)

5° **Belgique et Suisse**. — En Belgique, on ferre généralement à la française. On emploie depuis longtemps les crampons-vis, ainsi qu'en témoignent les travaux de Defays notamment.

En Suisse, on employait autrefois des fers grossièrement confectionnés : larges, épais, à éponges roulées en contre-bas, comme on le voit dans les fers de la collection Delpérier. Aujourd'hui la ferrure est semblable à la ferrure française.

§ 2. — FERRURES DANS LE SUD DE L'EUROPE.

1° **Italie**. — « Dans la partie supérieure de l'Italie, la ferrure se rapproche de celle qu'on pratique en France ; dans une autre partie de cette contrée, elle est semblable à celle des Allemands. » (Rey.) De plus, notre ancien maître déclarait, en 1865, que le fer italien est difforme, épais, pesant, à éponges épaisses, qu'il a peu d'ajusture, etc. En cela, il reproduisait l'opinion de Jauze, émise en 1818. Et les auteurs qui ont écrit sur ce sujet, depuis cette époque, critiquent également le fer italien. Aujourd'hui la ferrure italienne s'est perfectionnée de même que celle des autres nations, et, dans la plupart des cas, elle est parfaitement appropriée au climat de la contrée, à la nature du sol, et au genre de service.

2° **Espagne et Portugal**. — En Espagne, on emploie un fer léger, étampé à la française, dont la rive externe présente parfois un rebord saillant, alors le fer est dit *bordé*.

Cette disposition a pour but de prévenir les glissades sur les sols rocailleux, accidentés. Les éponges sont tantôt pourvues de crampons à l'*aragonaise*, tantôt recourbées du côté des talons afin de préserver les pieds antérieurs du choc des pieds postérieurs dans les descentes.

En Portugal, « on emploie tantôt des fers à planche minces, bordés à leur rive extérieure, dont la planche est droite, ou renversée par en bas pour former crampon ; tantôt des fers ordinaires, rainés, non bordés, pourvus ou non de crampons ». (L. Goyau.)

3° **Grèce**. — Suivant Jacoulet et Chomel, les fers les plus usités sont rainés, sans ajusture, avec ou sans crampons et sans pinçon.

ART. II. — FERRURE AMÉRICAINE.

La ferrure américaine dérive de la ferrure anglaise par la forme du fer et de la ferrure Lafosse par la manière de parer le pied.

Ainsi dans la *ferrure Goodenough*, qui paraît être l'une des plus répandues en Amérique, il est expressément recommandé de « ne jamais parer la fourchette ni la sole », car « la fourchette, saine et bien développée est le point d'appui naturel du cheval ». Pour parer le pied, il faut : « Couper une assise parfaitement de niveau, tout autour de la muraille juste la largeur de l'assise du fer ; faire cette opération soit avec le boutoir, soit avec la râpe, coupant ou râpant la corne graduellement de la pince aux talons de façon que la fourchette touche le sol lorsque le cheval est ferré.

Cela n'est pas toujours praticable à la première ferrure, mais il faut arriver à ce résultat aussi vite que possible.

Ajuster le fer, pour qu'il suive exactement la pente de la corne, en ayant soin qu'il ne dépasse pas la muraille aux talons, laissant le fer assez long pour couvrir la longueur du pied et rien de plus.

Ne pas chauffer le fer, il est fait parfaitement de niveau et il suffit de parer ou râper l'assise sur laquelle il doit s'appuyer jusqu'à ce qu'il porte exactement tout autour de la muraille. (Goodenough, cité par L. Goyau) (1).

____

(1) *Traité pratique de maréchalerie*, 3ᵉ édition, p. 224.

Le fer Goodenough, fabriqué à la mécanique, est de largeur ordinaire, moitié plus épais en pince qu'en éponges. La face supérieure présente l'ajusture anglaise avec siège et talus (fig. 197). La même disposition se retrouve à la face inférieure ; la portion plane porte des étampures anglaises et trois crampons (fig. 198). Le crampon de pince est de beaucoup le plus fort : les crampons latéraux sont peu saillants. Les fers de devant et de derrière sont de même épaisseur.

Le fer Goodenough est fait d'un métal malléable et peut être adapté, à froid, aux différentes formes du sabot.

Goyau, auquel nous avons emprunté la description de la ferrure Goodenough, estime que, d'une manière

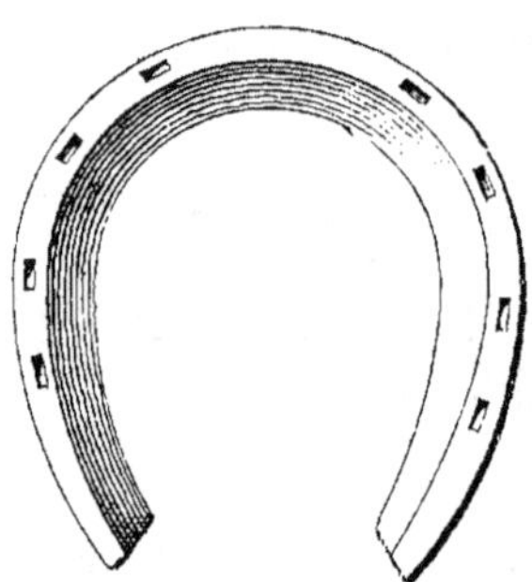

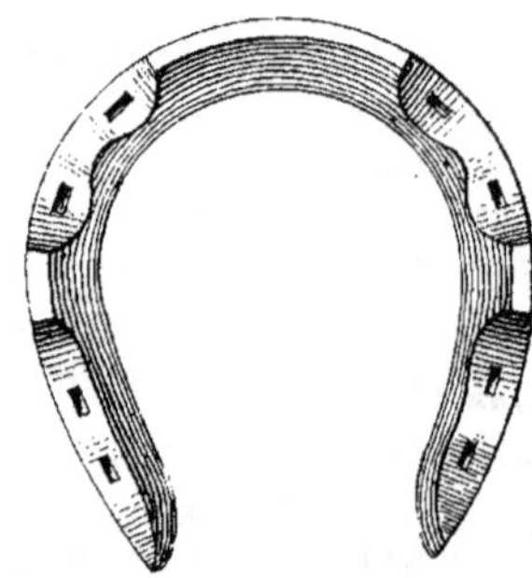

Fig. 197. — Fer Goodenough (face supérieure) (Goyau).

Fig. 198. — Fer Goodenough (face inférieure) (Goyau).

générale, il n'est pas possible de faire participer la fourchette au support du poids du corps avec un fer Goodenough ou avec un fer français à éponges minces sans abattre les talons plus que la pince et par conséquent « détruire l'aplomb du pied en jetant le poids en arrière, exposer les talons aux resserrements et aux bleimes et ruiner les boulets et les tendons ». Cette critique est la même que celle dont la ferrure Poret a été l'objet et l'on sait que les observations faites sur les milliers de chevaux de la Compagnie des omnibus de Paris, démontrent qu'elle n'est pas justifiée.

Et nous dirons en passant que, dans le cours d'une pratique de trente années, toutes les fois que nous avons été assez heureux pour surmonter la routine et faire adopter, d'une manière suivie, la ferrure avec appui de la fourchette et de la sole, nous en avons constaté les bons effets non seulement sur le sabot, mais encore sur les articulations phalangiennes et l'appareil tendineux du pied.

Goyau conteste, en outre, les avantages de la ferrure Goodenough, déduits de la malléabilité à froid du métal qui constitue le fer Goodenough. Il déclare, d'après ses essais, que ce n'est pas avec le brochoir et *un instrument quelconque pouvant remplacer une enclume* que ce travail peut s'effectuer, « il faut nécessairement un fort marteau et une enclume ». Enfin cet auteur estime que la ferrure Goodenough n'est pas une ferrure à glace, attendu que les aspérités du dessous du fer « doivent s'user rapidement, probablement en quelques heures, sur le pavé ». Ces dernières critiques nous paraissent fondées, toutefois, nous estimons que l'appui de la fourchette, qui est la condition essentielle de la ferrure Goodenough, comme de toute bonne ferrure, rend les glissades moins fréquentes et moins dangereuses.

On emploie aussi en Amérique la ferrure de Dunbard, qui est analogue à la ferrure anglaise.

ART. III. — FERRURES ARABE ET ORIENTALE.

Le fer arabe a une forme presque carrée : il est tronqué en pince, les mamelles sont arrondies et saillantes, par suite il est un plus large en avant qu'en arrière et ses éponges amincies sont contournées en dedans et se chevauchent (fig. 199). En un mot, la forme de ce fer est analogue à celle du fer à planche dont il est parlé dans la troisième section de cet ouvrage.

Les étampures, larges et rondes, sont au nombre de six, dont trois de chaque côté : la pince en est complètement dépourvue, car, suivant les Arabes, dit le général Daumas, « les clous en pince gêneraient l'élasticité du pied et feraient éprouver au cheval, au moment où il poserait le pied sur le sol, absolument la même sensation qu'à l'homme une chaussure trop courte ».

Le fer arabe est léger, car il est mince (3 à 4 millimètres environ) ; sa face inférieure présente parfois un léger rebord sur la rive externe. Ce fer n'a ni crampons ni

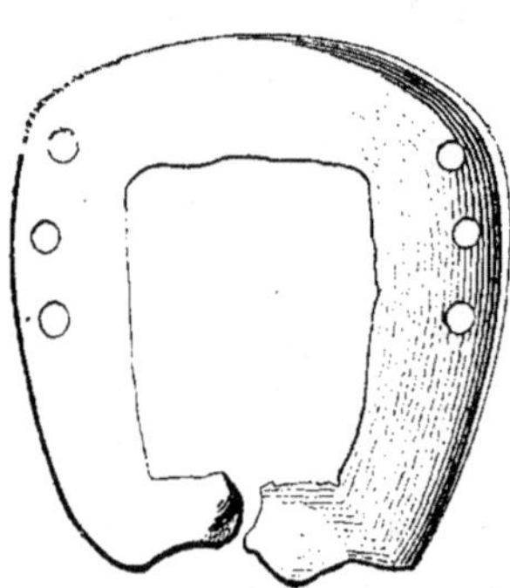

Fig. 199. — Fer arabe.

pinçons et son ajusture est inverse de celle du fer français ; il s'applique indistinctement au pied de devant ou de derrière, droit ou gauche. Si, dans une course, dit le général Daumas, un cheval se déferre d'un pied de devant, et si le cavalier n'a pas de fer avec lui, il déferre les deux pieds de derrière et met un de ces fers au pied de devant déferré. « Si le cheval n'est ferré que du devant on lui déferre l'autre pied plutôt que de le laisser dans cette position... Tout cavalier doit, en route, pouvoir et savoir ferrer son cheval. Ce point est d'une haute importance ; être très habile en équitation, instruire parfaitement son cheval, tout cela ne suffit pas pour être réputé cavalier : il faut en outre savoir le ferrer au besoin. Aussi, quand on part en expédition lointaine, chaque cavalier emporte dans sa *djebira* des fers, des clous, un marteau, une tenaille (1). »

Les clous arabes sont à lame forte et carrée, à tête aplatie ou en forme « d'une tête de sauterelle, seule forme, disent les Arabes, qui permette aux clous de s'user sans

____

(1) *Les chevaux du Sahara*, par le général Daumas

se casser ». Ces clous ne s'enclavent pas dans les étampures par leurs têtes; celles-ci se touchent presque toutes quand les clous sont brochés et forment ainsi une sorte de saillie demi-circulaire à la face inférieure du fer.

Les instruments de ferrure consistent en une petite tricoise dont une des branches légèrement recourbée sert de cure-pied, un petit brochoir, un boutoir en forme de serpe comparable à celle du sabotier, un carré de fer pour affiler les clous.

Les Arabes ferrent à froid; ils parent le pied en retranchant l'excédent de corne de la muraille, sans toucher à la fourchette ni à la sole. La corne déborde le fer en pince; les clous sont brochés bas et les rivets laissés longs. Puis le maréchal frappe sur les éponges du fer pour les mettre en contact avec la fourchette et les talons et il termine en retranchant avec son énorme boutoir, la corne qui dépasse la pince du fer après avoir préalablement placé le pied sur un billot. Parfois un peu de sang s'écoule, alors pour tout traitement l'Arabe jette un peu de poussière sur la partie lésée.

Cette ferrure, tout à fait primitive, semble grossière au premier abord, mais en réalité elle n'altère point le sabot et l'observation montre que les chevaux arabes ferrés ainsi conservent de beaux pieds; ils ne présentent ni seime, ni bleime, ni encastelure. C'est que, d'une part, les éponges du fer arabe offrent un large point d'appui à la fourchette et, d'autre part, les barres et la sole conservant toute leur force, le pied ne se resserre point. Sans doute que cette ferrure n'a pas autant de solidité que les ferrures française ou anglaise, mais elle leur est bien supérieure quand celles-ci sont mal appliquées, c'est-à-dire quand la sole, les barres sont parées à fond et la fourchette taillée à facettes comme on le voit trop souvent, au moins dans notre région.

Au Maroc, en Turquie, en Syrie, en un mot chez les peuples musulmans, on applique généralement une ferrure assez analogue à la ferrure arabe, comme on le voit en examinant la figure 200, qui représente un *fer marocain*. Les éponges du fer marocain sont soudées et elles forment ainsi une sorte de traverse ou *planche* légèrement relevée du côté des talons.

La figure 201 indique la forme de plusieurs fers turcs rapportés de Constantinople, il y a quarante ans, par feu Lecoq, directeur de l'École vétérinaire de Lyon.

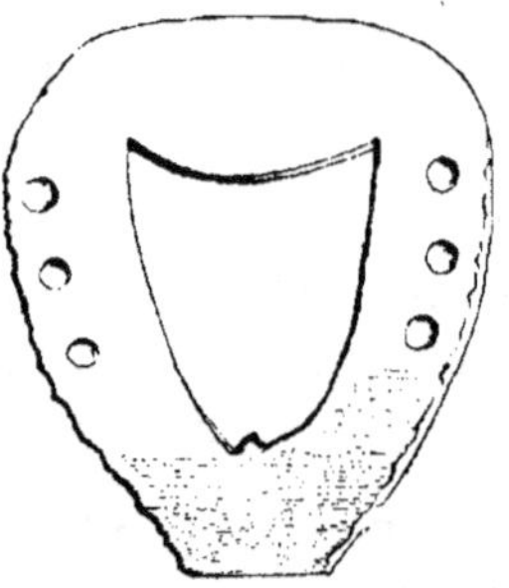

Fig. 200. — Fer marocain (Rey).

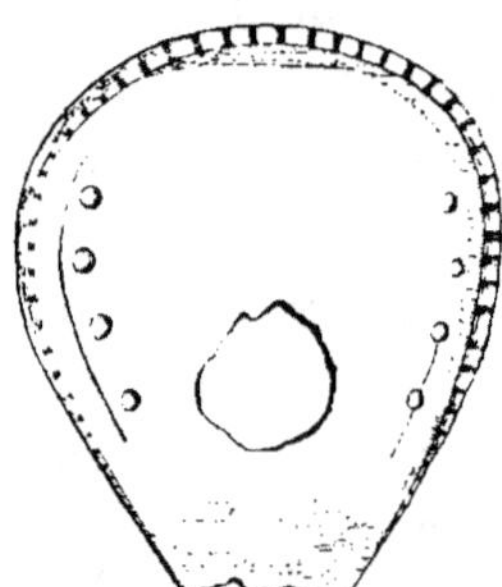

Fig. 201. — Fer turc (Rey).

Aujourd'hui « la ferrure turque, avec fer formant plaque sous le pied, n'est presque plus usitée à Constantinople, elle perd de plus en plus de terrain devant la ferrure française ordinaire. Les quelques chevaux que j'ai vus encore ferrés à la mode turque avaient été récemment amenés d'Asie ou de Roumélie et n'avaient pas fini d'user leurs fers primitifs (1).

(1) Cornevin, *Voyage zootechnique dans l'Europe centrale et orientale.* Paris, 1895, p. 64.

SECTION III. — FERRURE PATHOLOGIQUE.

Nous désignons sous le terme général de *ferrure patho-logique* non seulement les systèmes de ferrure que l'on applique aux pieds atteints de maladies proprement dites, mais encore ceux que l'on emploie pour remédier aux défectuosités et maladies du pied, aux vices d'aplomb, aux accidents de la marche, aux habitudes vicieuses d'écurie, et les ferrures complémentaires des opérations chirurgicales. Dans tous ces cas si divers, la ferrure que l'on met en usage n'est plus *normale*, en ce sens que l'on fait subir au fer et aussi à l'action de parer le pied des modifications en rapport avec la lésion, le vice ou la défectuosité qu'il s'agit de combattre.

Pour ce motif, nous étudions dans les chapitres suivants :

1° Les ferrures des pieds défectueux ;

2° Les ferrures palliatives des vices d'aplomb ; les ferrures préventives des accidents de la marche et de ceux qui résultent d'habitudes vicieuses d'écurie ;

3° Les ferrures des pieds malades ;

4° Les ferrures complémentaires des opérations chirurgicales et les soins à donner au sabot.

CHAPITRE PREMIER

FERRURES DES PIEDS DÉFECTUEUX.

Dans ce chapitre, nous décrivons les défectuosités du pied en indiquant, à propos de chacune d'elles, la ferrure mise en usage afin d'y remédier.

Il n'y a pas d'organe plus plastique dans sa forme que le pied du cheval; aussi est-il sujet à de nombreuses défectuosités, les unes héréditaires, liées à la race et au tempérament (1), les autres acquises, résultant notamment du travail et de la ferrure.

Ces défectuosités peuvent être classées comme il suit :

Défectuosités de volume..... | Pieds grands, petits, étroits, inégaux (2).

Défectuosités de forme....... { Pieds hauts, bas, à pince longue, à pince courte, à talons hauts, à talons bas, à talons fuyants, plats, pleins, combles, à ognons, droits, à talons serrés, encastelés, cerclés, droits et à talons hauts, plats et à talons bas, etc.

Défectuosités d'aplomb...... { Pieds pinçards, rampins, bots, talus, de travers, panards, cagneux.

Défectuosités de qualité de la corne................... { Pieds gras, maigres, dérobés, à talons faibles, à muraille séparée de la sole.

ART. Iᵉʳ. — DÉFAUTS DE VOLUME.

§ 1ᵉʳ. — PIED GRAND.

Le pied grand constitue une masse trop volumineuse et en quelque sorte encombrante à l'extrémité du membre.

---

(1) Il ne faut pas dire *congénitales*, car la plupart des défectuosités dites héréditaires n'existent pas à la naissance, mais se développent avec l'âge.

(2) Les défectuosités de volume intéressent toujours la forme.

Il rend l'animal maladroit pendant la marche, l'expose
à butter et à se couper, et, pendant les allures rapides,
effectue des battues trop intenses qui sur le pavé peuvent
facilement occasionner des ébranlements douloureux,
voire même la fourbure. On le rencontre surtout chez les
chevaux des pays du Nord, ainsi que chez ceux élevés
dans des contrées humides. L'excès de volume du pied
grand porte surtout sur sa partie
distale qui s'évase à l'excès, en sorte
qu'il est à la fois plat et grand. Il est
évident, en effet, que le développement de la partie articulaire de la
troisième phalange reste toujours proportionnel à celui de la deuxième;
seuls les fibro-cartilages complémentaires pourraient accroître outre
mesure le diamètre supérieur du pied.

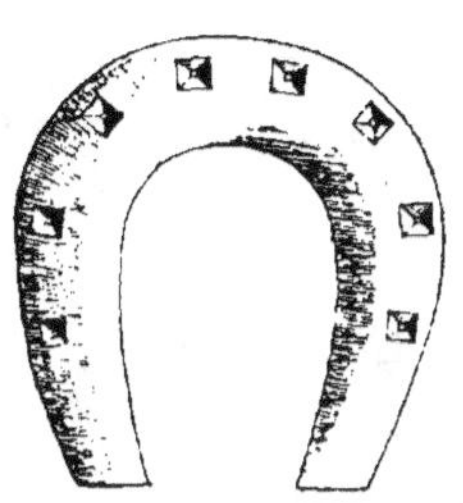

Fig. 202. — Fer demi-
couvert.

Ferrure du pied grand. — Appliquer un *fer demi-couvert* (fig. 202), c'est-à-dire ayant un peu plus de largeur que
le fer ordinaire et moins d'épaisseur; ajuster ce fer en
relevant la pince un peu plus que normalement; ferrer
aussi juste que possible eu égard au genre de service du
cheval. Pour les chevaux de selle, ferrure Charlier.

§ 2. — PIED PETIT.

Le pied petit se rencontre principalement chez les chevaux de race fine et nerveuse et d'origine méridionale;
il est toujours très creux et plus ou moins droit, et, en
raison du défaut d'appui de la fourchette, très exposé au
resserrement des talons et à l'encastelure.

Ferrure du pied petit. — On recommande « d'augmenter
la surface d'appui en donnant une bonne garniture particulièrement en talons ». Cela nous paraît spécieux : la
garniture ayant surtout pour effet, selon nous, d'augmenter

la durée de la ferrure. On appliquera donc à un pied petit dont la fourchette est normale, une ferrure ordinaire avec couverture et garniture proportionnées au genre de service. Si la fourchette est atrophiée, on fera usage de la ferrure à planche — dont nous donnons ci-après la description — avec lame de cuir ou de caoutchouc interposée entre la traverse du fer et la fourchette. Car, dans tous les cas, il est essentiel que cet organe participe à l'appui, soit directement, soit par l'intermédiaire d'une *doublure* élastique appuyant sur la *planche du fer*.

§ 3. — PIED ÉTROIT.

C'est une variété de pied petit, caractérisée spécialement par un aplatissement des quartiers rappelant la conformation naturelle du pied de l'âne et du mulet; on le désigne, dans certains pays, sous le nom de *pied mulage*.

Ferrure du pied étroit. —Semblable à celle du pied petit.

§ 4. — PIEDS INÉGAUX.

« L'inégalité des pieds, dit Goyau, est toujours acquise et généralement grave. Le pied le plus petit a été souffrant et condamné de ce fait à une immobilité relative qui a amené l'atrophie progressive des parties intérieures et en même temps le resserrement de la boîte cornée. Le cheval a boité, boite ou boitera probablement du pied le plus petit. »

Ferrure des pieds inégaux. — Ferrer le plus grand à la manière ordinaire et le moins développé comme un pied petit.

ART. II. — DÉFAUTS DE FORME.

§ 1ᵉʳ. — **PIED HAUT. — PIED BAS.**

Il faut juger de la hauteur du pied, non pas par la distance verticale de la couronne au sol qui dépend pour une bonne part du degré d'inclinaison de la paroi, mais par le rapport de la longueur de la pince à la longueur plantaire. Le pied est *haut* ou *long* (fig. 203) lorsque ce rapport dépasse 3 : 4 ; il est *bas* ou *court* (fig. 204) lorsque ce

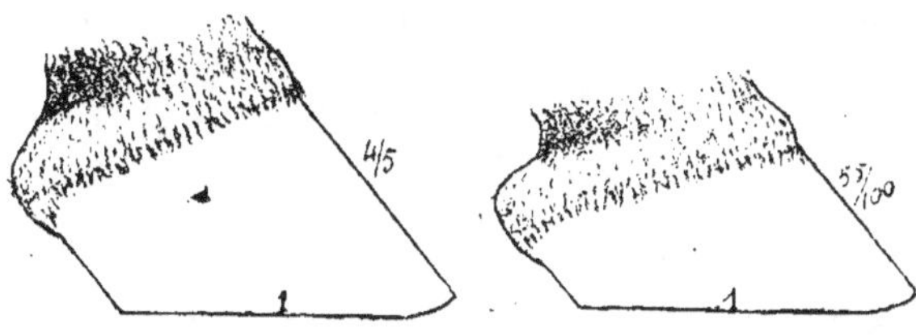

Fig. 203. — Pied haut.   Fig. 204. — Pied bas.

même rapport est inférieur à 6 : 10. Ces variations ne sont pas toujours dues à la longueur de l'ongle, elles tiennent parfois aux dimensions mêmes des parties intra-ongulées ; elles ne sont pas sans influence sur la répartition des pressions exercées par la deuxième phalange entre la phalangette et le tendon perforant : le pied long déverse un excès de poids sur ce dernier, le pied court au contraire allège la part qui lui incombe. Nous savons en effet que le pied remplit l'office d'un levier du deuxième genre oscillant sur la pince ; or, sa longueur et sa direction influent sur le rapport des bras de ce levier de la même manière que la longueur et la direction du pâturon influent sur le levier qu'il constitue.

Le sabot qui s'allonge par insuffisance d'usure a une tendance naturelle à se recourber en avant, par suite d'un excès de la pousse des talons sur celle de la pince, excès qu'il faut attribuer peut-être à une concentration des pressions ascendantes sur les parties antérieures du bourrelet, car la verticale qui s'élève alors du centre de la face plantaire n'aboutit plus au centre de l'articulation mais plus ou moins en avant.

Ferrure du pied haut; — id. — *du pied bas.* — Si l'excès de dimensions du sabot est la conséquence du défaut de renouvellement de la ferrure, il est clair qu'il suffit de signaler cette cause pour en prévenir les effets. S'il s'agit d'une défectuosité héréditaire, on appliquera la ferrure du pied grand ou bien celle du pied petit si le sabot est court.

§ 2. — PIED A PINCE LONGUE. — PIED A PINCE COURTE.

Les talons ayant leur hauteur normale, la pince peut être longue ou courte à l'excès. Le pied à pince longue a les mêmes inconvénients que le pied à talons bas, c'est-à-dire qu'il surcharge le perforant et les parties postérieures de la face plantaire. Le pied à pince courte allège au contraire le tendon fléchisseur et les talons, et surcharge les parties antérieures, tout comme le pied à talons hauts.

Ferrure du pied à pince longue. — Il est indiqué de diminuer la longueur du bras de levier de la résistance qui va de l'articulation du pied à l'extrémité de la pince. Pour cela, il faut raccourcir la pince et respecter complètement les talons et la fourchette qui doit toujours porter sur le sol. Ferrer court en pince avec pinçon incrusté; ajusture anglaise, plate.

Ferrure du pied à pince courte. — Ne pas toucher à la pince, parer modérément les talons, s'abstenir de toucher à la fourchette qui doit porter en plein sur le sol. Ferrer un peu long en pince avec pinçon bridé; ajusture française convenablement relevée, avec légère garniture en avant

pour suppléer au défaut de longueur de la pince, fer à
éponges minces.

§ 3. — **PIED A TALONS HAUTS.**

Les talons de ce pied ont une hauteur qui dépasse la
moitié de celle de la pince (fig. 205); souvent en outre la
paroi manque d'inclinaison, ce
qui a pour corollaire un excès de
concavité de la sole. Ce défaut
peut être héréditaire et subordonné à la forme même du pied
dessaboté; plus souvent il résulte
de l'allongement pur et simple

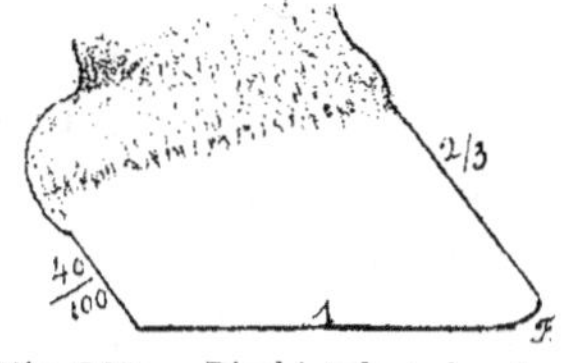

Fig. 205. — Pied à talons hauts.

des talons de corne et constitue un véritable défaut
d'aplomb.

Dans le premier cas, le parallélisme plantaire de la muraille et de la phalangette étant maintenu, le pâturon par-

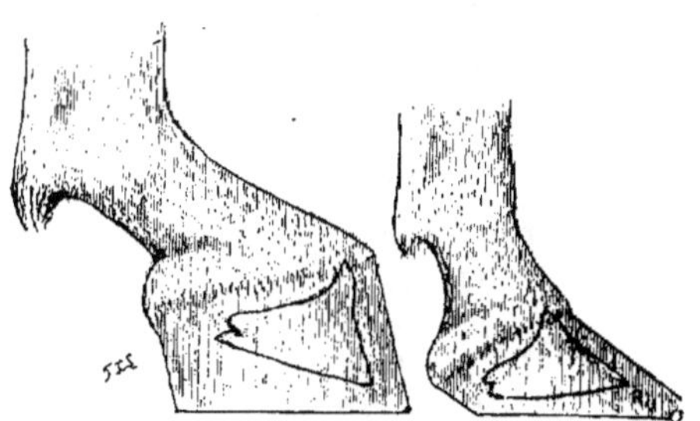

Fig. 206. — Effets de l'exhaussement des talons et de l'allongement de
la pince.

ticipe au défaut d'inclinaison du pied, l'animal est plus ou
moins droit jointé.

Dans le second cas, ledit parallélisme étant rompu, l'exhaussement des talons est en quelque sorte accidentel,
comparable à celui que l'on produit expérimentalement
en insinuant une cale sous les talons d'un pied normal,
dès lors l'extension du pied sur le pâturon devient impos-

sible, l'articulation reste en état de demi-flexion, d'où résultent un relâchement du perforant et un affaissement compensateur du pâturon : l'animal est ainsi bas jointé (fig. 206). A la longue, l'articulation du pied adapte ses surfaces et ses ligaments à cette attitude demi-fléchie, elle devient non redressable ; on rétablirait en vain le parallélisme plantaire de l'os et de la paroi en abattant les talons, on ne ferait que supprimer l'appui sur ceux-ci sans obtenir l'extension complète de la jointure ; on n'arriverait à quelque résultat qu'à la condition d'agir lentement et progressivement en rognant un peu les talons à chaque ferrure, sans jamais supprimer leur appui ; encore faudrait-il que la défectuosité ne fût pas trop ancienne. Il y a une telle solidarité entre l'aplomb plantaire et l'articulation du pied que toute déviation de l'un retentit sur l'autre : l'exhaussement des talons détermine la flexion du pied, et réciproquement la flexion permanente du pied commande l'exhaussement des talons ; sans cet exhaussement le pied fléchi n'appuierait que sur la pince, ce qui compromettrait la solidité du membre.

Dans tous les cas, le pied à talons hauts entraîne une surcharge et un surcroît d'usure de la pince, dont la croissance finit par se ralentir. Si l'on n'y prend garde, il devient pinçard ou même rampin.

Ferrure du pied à talons hauts. — Analogue à celle du pied pinçard ou du pied rampin dont il est parlé ci-après.

§ 4. — PIED A TALONS BAS.

Le pied à talons bas est ordinairement très oblique de la pince et plus ou moins plat : les talons sont doublement bas, et par défaut de longueur et par excès d'inclinaison (fig. 207).

Le tendon perforant ainsi que toutes les parties postérieures sont surchargées. Le pâturon participe généralement à l'excès d'inclinaison du pied, à moins que le *parallé-lisme plantaire* soit rompu par excès de longueur de la pince de corne, auquel cas la jointure du pied se met en extension outrée et le pâturon se redresse : conséquences exactement inverses de celles que déterminent les talons hauts (voy. fig. 206).

Les talons des pieds à talons bas poussent très peu et ont une tendance à se resserrer. Cette défectuosité se remarque principalement aux sabots antérieurs.

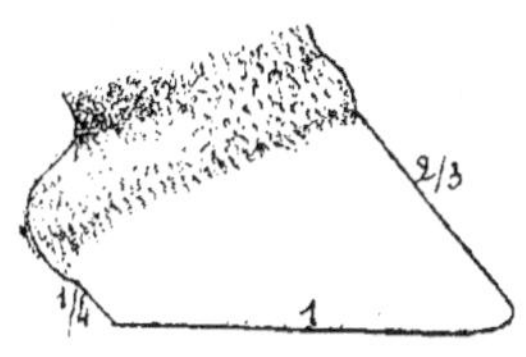

Fig. 207. — Pied à talons bas.

Ferrure du pied à talons bas. — Fer à éponges nourries mais non trop épaisses, de manière à permettre toujours l'appui de la fourchette.

Cette ferrure ne peut être appliquée qu'autant que les talons — surtout l'interne — ne sont point douloureux, *bleimeux*, comme l'on dit dans le langage technique. Alors on emploie le **fer à planche**.

Encore appelé *fer à éponges réunies* (Gohier) ou *à talons réunis* (Jauze), ce fer est caractérisé par la soudure des éponges, de manière à former une traverse ou *planche* destinée à servir de point d'appui à la fourchette. Ce fer présente des dispositions variées ; tantôt sa partie centrale présente une forme ovalaire ou arrondie (fig. 208), tantôt les angles de réunion des branches sont conservés au lieu d'être arrondis (fig. 209). Parfois la planche présente en avant un prolongement triangulaire (fig. 210 et 211) pour protéger la fourchette. Cette disposition est peu utile.

Le fer à planche est généralement un peu plus couvert que le fer ordinaire ; tantôt il est étampé à la française, tantôt à l'anglaise avec rainure (fig. 212). La planche est ordinairement un peu couverte, elle est toujours dépourvue d'ajusture.

La ferrure à planche expose le cheval aux glissades et

elle *échauffe* la fourchette en permettant le contact pro-

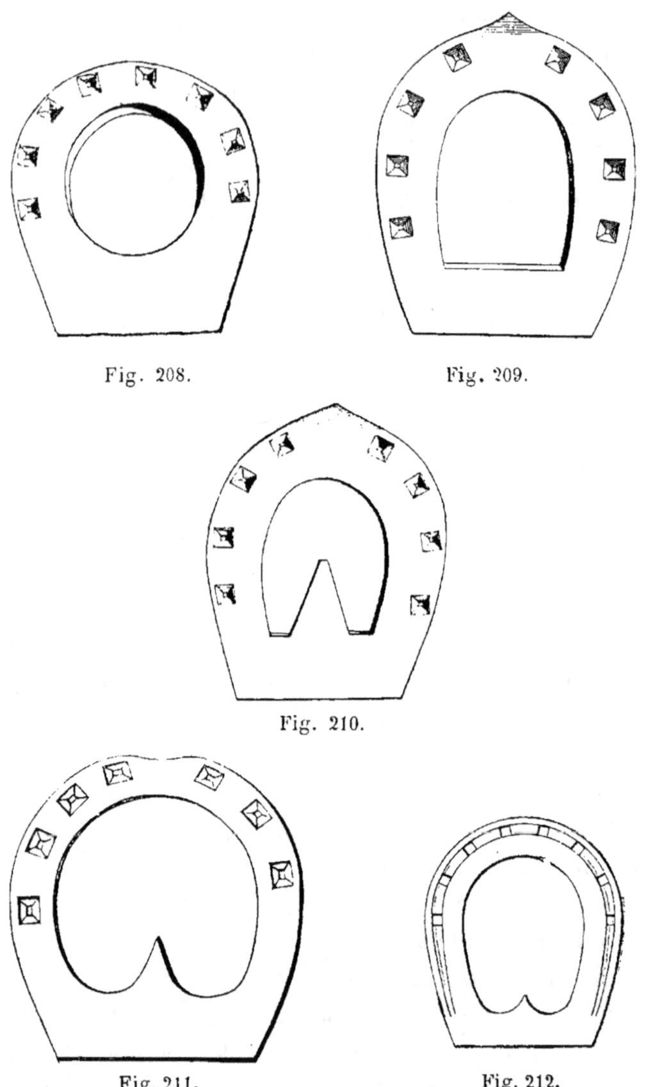

Fig. 208.   Fig. 209.

Fig. 210.

Fig. 211.   Fig. 212.

Fers à planche (modèles divers).

longé de la boue, du fumier, qui s'insinuent entre la traverse et les branches de la fourchette.

Il faut donc la remplacer par une ferrure ordinaire dès
que l'animal marche avec facilité, ce qui indique que les
talons ne sont plus douloureux. Toutefois, pour élever les
talons sans meurtrir les branches de la sole par un fer à
éponges nourries, on interpose entre chaque branche du
fer et la paroi une lame de cuir que l'on fixe soit avec les
clous du quartier, soit avec un rivet. La préparation du fer
exige un peu plus de temps et la ferrure est plus coûteuse.
Néanmoins nous l'avons employée avec avantage, car elle
est légère, en même temps qu'elle protège les talons endo-
loris et qu'elle favorise l'élasticité du pied par l'appui de
la fourchette.

§ 5. — PIED A TALONS FUYANTS.

Le pied à talons fuyants est celui dont les talons, plus inclinés que la pince d'arrière en avant, et trop inclinés de dehors
en dedans, rentrent pour ainsi
dire sous le pied (fig. 213). Il
en résulte une surcharge et une

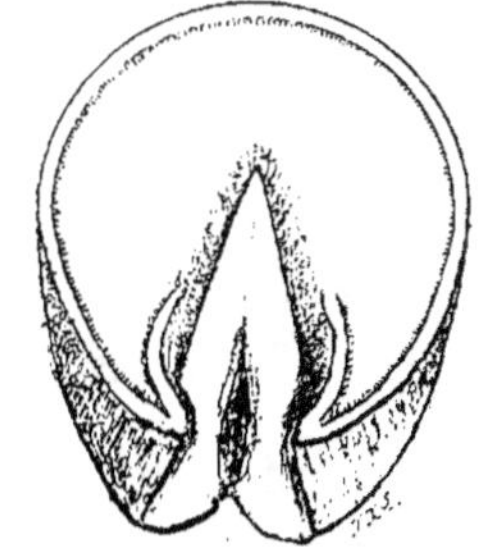

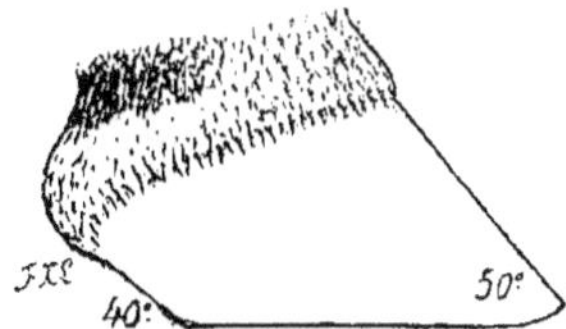

Fig. 213. — Pied à talons
fuyants.

Fig. 214. — Pied à talons
renversés ou serrés par en bas.

prédisposition particulière aux bleimes. Il arrive quelquefois que les talons fuyants ploient de dehors en dedans,
de manière à porter plus ou moins par la face externe de
la muraille : c'est ce que certains maréchaux appellent les
talons roulés ou *renversés*, défectuosité redoutable (fig. 214).

Le pied à talons fuyants s'observe particulièrement
chez les chevaux long-jointés, ainsi que chez les jeunes

poulains ; c'est, dans ces derniers, une conformation naturelle résultant de la convergence générale des fibres cornées vers la pince et se rectifiant avec l'âge.

Ferrure du pied à talons fuyants. — Raccourcir la pince le plus possible. Ferrer court en pince ; pour cela appliquer un fer dépourvu d'étampures dans cette région et présentant un fort pinçon redressé et incrusté, de manière à remonter le fer dont les éponges arriveront ainsi un peu au delà des talons, si le cheval ne forge pas.

<h3 style="text-align:center">§ 6. — PIED PLAT.</h3>

Le pied est plat à la fois par défaut de concavité de la sole et par excès d'inclinaison de la paroi (fig. 215 et 216). Il se fait remarquer en outre par un excès de volume résul-

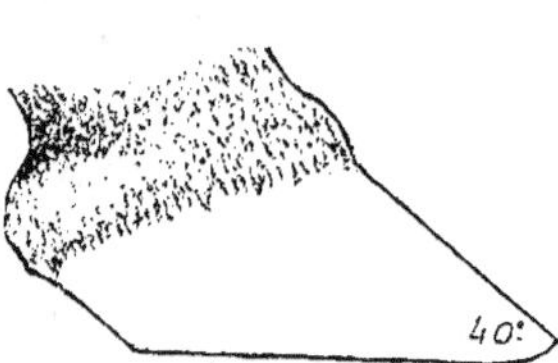

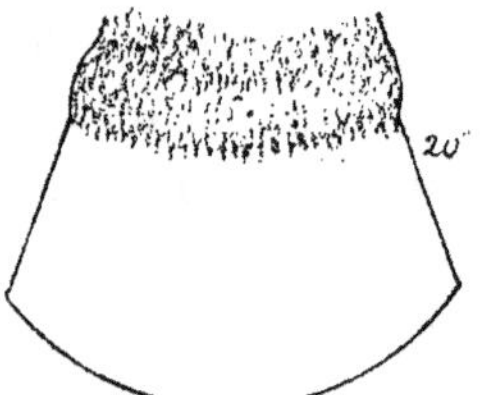

Fig. 215. — Pied plat, profil.   Fig. 216. — Pied plat, face antérieure.

tant de son évasement, par des talons bas, une fourchette épaisse et des barres fortement obliques. Il détermine une surcharge des talons et du tendon perforant, et prédispose aux foulures de la sole, notamment aux bleimes. Dans les gros chevaux des races du Nord, ou encore dans les chevaux communs et lymphatiques élevés en pays marécageux, les pieds de devant sont souvent grands et plats. Les pieds de derrière ne sont pour ainsi dire jamais plats ; ils ont au contraire tendance au défaut opposé.

Lorsque le pied est plat jusqu'à effacement complet de la concavité de la sole, on le qualifie de *pied plein*. Alors l'utilisation de l'animal n'est possible qu'à la condition de protéger la sole contre les foulures au moyen d'une ferrure *ad hoc*.

Dans les différentes variétés de pied plat, la fourchette, très volumineuse au niveau de son corps, proémine plus ou moins sur le bord plantaire de la muraille, ce qui expose le coussinet plantaire à des contusions ou même à des écrasements. Mais alors ce n'est pas l'excès de volume de la fourchette qu'il faut accuser, mais l'insuffisance du creux plantaire. Le pied très plat, à talons serrés, présente parfois une sorte de tuyautage vertical de l'un ou de l'autre quartier ou même de tous les deux, résultant d'un ploiement de la paroi.

Ferrure du pied plat. — Observer scrupuleusement les règles de la ferrure normale : ne pas toucher à la sole, ni aux barres, ni à la fourchette ; ménager les talons, raccourcir la paroi en pince ; arrondir à la râpe le contour plantaire en mamelles et à l'origine des quartiers, sans trop diminuer l'épaisseur de la muraille. Appliquer un fer demi-couvert ou couvert, suivant que le pied est plus ou moins plat et qu'il s'agit d'un cheval de gros trait, employé par conséquent à une allure lente. Ce fer ne doit pas être trop lourd, car la muraille étant peu épaisse et la corne souvent sèche et cassante, on est obligé de brocher à maigre, ce qui diminue la solidité de la ferrure. Si en pareil cas le cheval vient à se déferrer, le pied peut être détérioré pour longtemps. Le fer doit être ajusté de telle sorte qu'il porte à plat sur la muraille et le limbe de la sole ; l'ajusture anglaise remplit ces conditions. Si la sole est endolorie, on applique entre elle et le fer une plaque de cuir, de feutre ou de caoutchouc. Pour les chevaux de selle ou d'attelage de luxe, la ferrure Charlier donne souvent de bons résultats.

§ 7. — PIED COMBLE.

Le pied comble est l'exagération du pied plein : la sole est bombée extérieurement de manière à proéminer sur le bord inférieur de la paroi et à se présenter en premier lieu au contact du sol. L'animal n'est utilisable qu'à la condition d'être ferré d'une manière particulière, et encore seulement aux allures lentes, sur un sol peu dur.

Le pied comble est toujours accidentel ; c'est, soit une

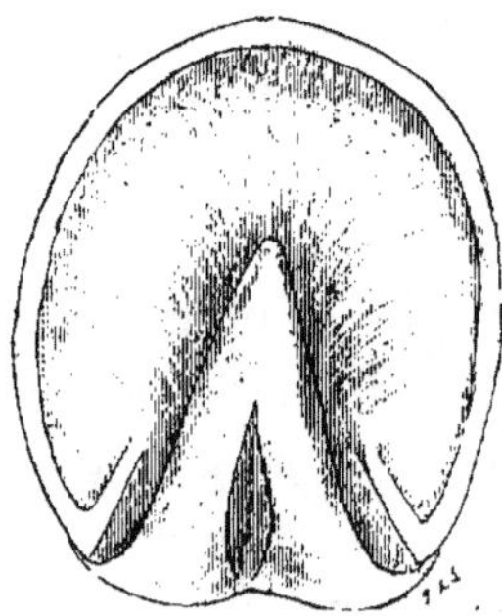

Fig. 217. — Pied comble fourbu. On voit en pince un croissant de corne podophylleuse qui se désagrège.

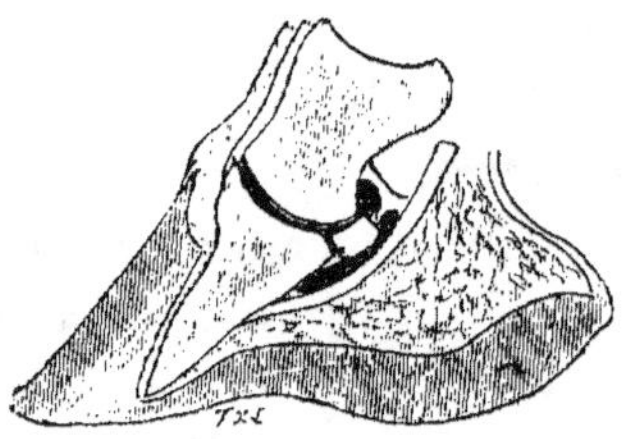

Fig. 218. — Coupe longitudinale du pied précédent. La phalangette déviée en arrière par la corne podophylleuse a fait pression sur la sole de manière à la bomber extérieurement.

aggravation du pied plat sous l'influence d'une mauvaise ferrure, soit une conséquence de la fourbure.

Ferrure du pied comble. — Elle est analogue à celle du pied plat ; toutefois, comme la sole est fortement bombée et convexe, il faut appliquer un fer couvert, *ajusté en coquille* (fig. 219) afin d'éviter la compression de la plaque solaire, qui est faible et douloureuse, le pied comble étant ordinairement la conséquence de la fourbure. On a recommandé, dans ce cas, un fer spécial dit à *bords renversés.* C'est un fer très couvert, fortement ajusté (fig. 220) et qui présente dans toute sa rive externe un rebord portant de

petites étampures. Ce rebord est large de 6 à 8 millimètres
environ ; il porte sur la paroi dans toute son étendue,
tandis que la concavité de l'ajusture reçoit la convexité
de la sole. Afin de rendre l'appui moins instable, on
recommande de lever à l'extrémité des éponges, deux
crampons d'une hauteur égale à la saillie que forme l'ajusture. Ce fer, qui était considéré autrefois comme un chef-

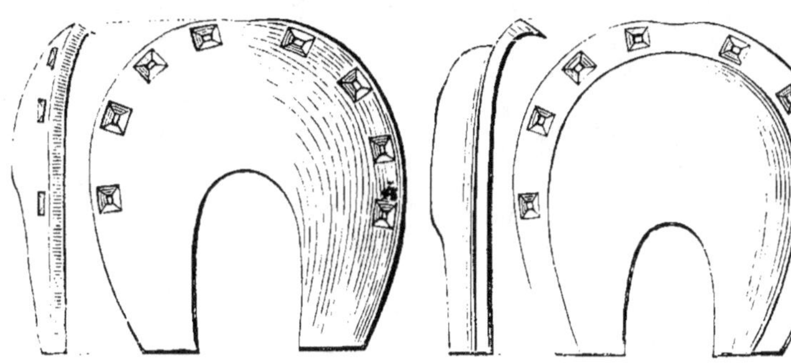

Fig. 219. — Fer couvert.   Fig. 220. — Fer à bords renversés.

d'œuvre de maréchalerie, est peu employé aujourd'hui ;
on lui substitue avec avantage le fer couvert ajusté à l'anglaise. Dans beaucoup de cas, il est nécessaire d'interposer
entre la sole, qui est douloureuse, et le fer, une plaque de
cuir afin d'amortir les réactions.

Pour fixer le fer on emploiera des clous à lame mince, et
comme le contour plantaire présente souvent des brèches
ou des décollements, on se voit obligé de placer les étampures à des distances inégales et dans les régions du fer
correspondant à des parties saines de la paroi.

§ 8. — PIED A OGNONS.

Le pied à ognons ou oignons est celui dont la sole proémine
en un ou plusieurs points localisés, soulevés par un bombement correspondant de la troisième phalange (fig. 221).

Les ognons s'observent surtout sur les pieds plats,

beaucoup plus souvent en dedans qu'en dehors. Il faut, sous peine de boiterie, les protéger contre les foulures par une ferrure spéciale.

Ferrure du pied à ognons. — Elle consiste dans l'application d'un fer dit à *ognons*, c'est-à-dire couvert dans le

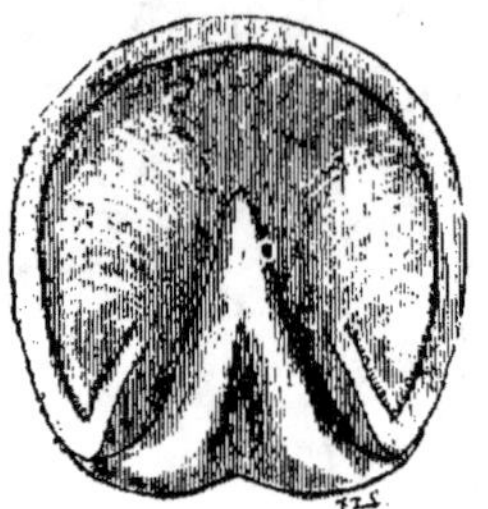

Fig. 221. — Pied présentant deux
gros ognons.

Fig. 222. — Fer à deux
ognons.

point qui correspond au bombement solaire. Il y a deux variétés de fers de ce genre : le *fer à deux ognons* (fig. 222) et le *fer à un ognon*. On se contente souvent d'appliquer un fer à une branche couverte.

§ 9. — PIED DROIT.

Le pied droit ou creux est l'opposé du pied plat; il se fait remarquer à la fois par une insuffisante obliquité de

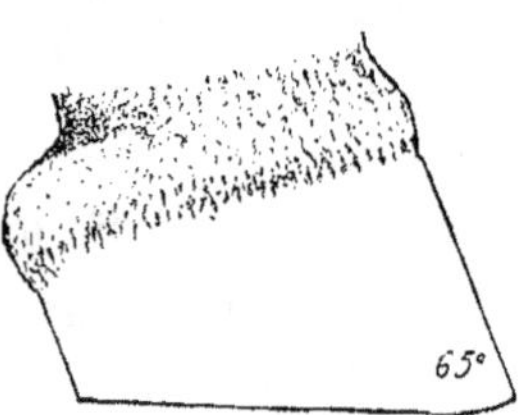

Fig. 223. — Pied droit, profil.

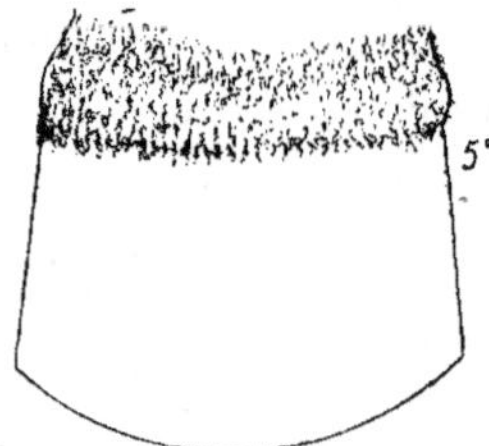

Fig. 224. — Pied droit, face antérieure.

la paroi (fig. 223 et 224) et par un excès de concavité de la face plantaire; les barres sont verticales et la fourchette plus ou moins maigre. On le rencontre chez les petits chevaux secs et nerveux, de race méridionale.

Ferrure du pied droit. — Analogue à celle du pied pinçard ou du pied rampin dont il est parlé ci-après. (Voy. p. 367.)

§ 10. — PIED A TALONS SERRÉS. — PIED ENCASTELÉ.

On sait que, dans le beau pied, l'écartement des talons, mesuré en dehors, égale les deux tiers environ de la largeur plantaire maximum, et que la largeur de la fourchette en avant des glomes en est à peu près la moitié.

Malheureusement il est bien peu de pieds qui conservent ces proportions : sous l'influence d'une mauvaise fer-

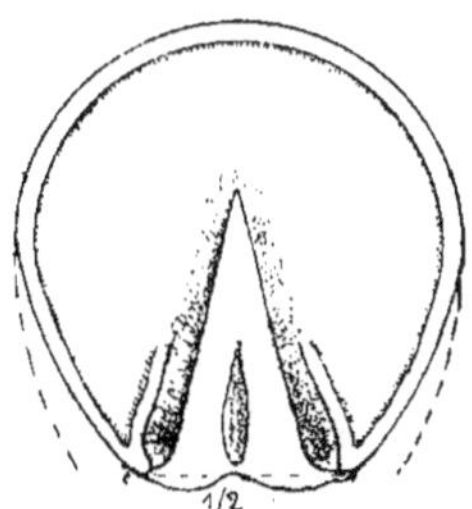

Fig. 225. — Talons serrés 1er degré.

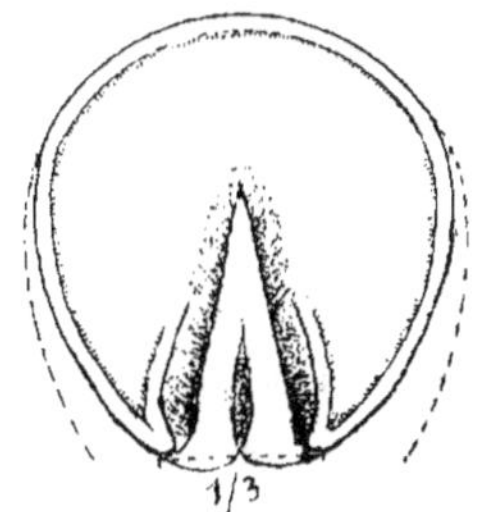

Fig. 226. — Pied encastelé.

rure supprimant l'appui de la fourchette ou faisant porter la paroi sur un plan incliné vers le centre du pied, du renouvellement trop fréquent de cette mauvaise ferrure, du travail sur le pavé, le coussinet plantaire s'atrophie et les parties postérieures du pied se resserrent au point de comprimer douloureusement les parties vives contre les apophyses rétrossales et de constituer une très grave maladie : l'*encastelure.* Alors les talons se portent l'un vers l'autre, les barres s'infléchissent et se redressent, la fourchette s'*amaigrit* à l'excès.

Lorsque l'écartement des talons ne dépasse pas la moitié de la largeur plantaire maximum, on peut déjà les considérer comme *serrés* (fig. 225) ; mais ce n'est là qu'un premier degré d'une défectuosité qui peut amener les talons au contact l'un de l'autre. Au delà d'un certain degré, le resserrement se propage aux quartiers, comprimant le tissu podophylleux contre l'os, ployant les lames de corne et déterminant une claudication : c'est alors qu'il y a vérita-

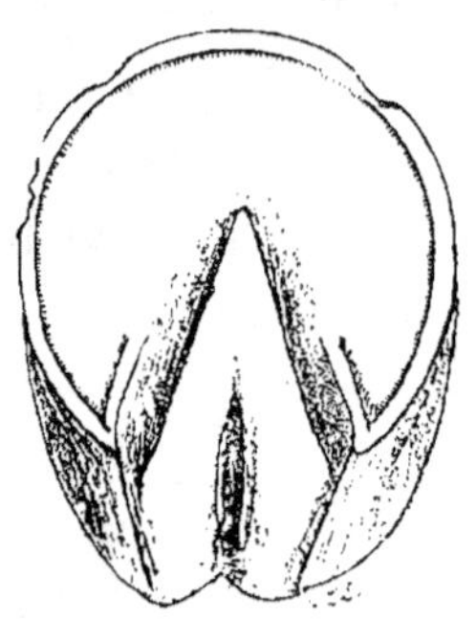

Fig. 227. — Pied dérobé et à talons serrés par en haut.

blement *encastelure* (*in castellum*), car les parties vives, chaussées trop à l'étroit, sont comme emprisonnées dans un château fort (fig. 226).

Les pieds postérieurs sont susceptibles de se serrer en talons comme les antérieurs, sans qu'il y ait encastelure proprement dite, car le moindre développement des apophyses rétrossales et la moindre tendance des cartilages scutiformes à l'ossification laissent aux talons toute souplesse et toute facilité pour se porter l'un vers l'autre.

Il y a plusieurs variétés de talons serrés ; ils peuvent

Fig. 228. — Pied à talon interne serré et contourné.

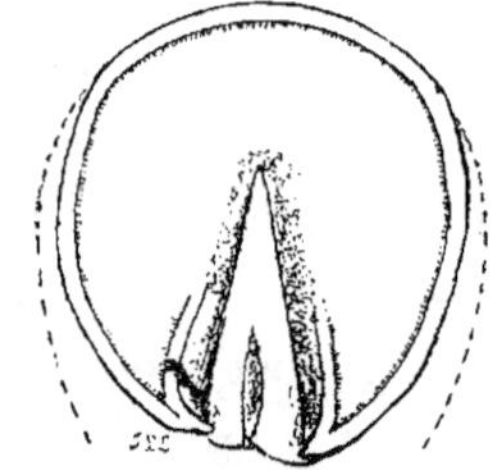

Fig. 229. — Pied à talons serrés et chevauchants, montrant une seime sur la barre interne.

être serrés sur toute leur hauteur, plus serrés en haut qu'en bas, ou au contraire plus serrés en bas qu'en haut; d'autres fois il n'y a qu'un talon de serré, généralement l'interne, on le reconnaît à son inflexion manifeste qui se com-

munique à l'arc-boutant ; parfois encore les talons sont
à la fois serrés et chevauchants. c'est-à-dire que l'un des
deux tend à couvrir l'autre par en haut, ou par derrière ; le
talon interne s'infléchissant en général plus que l'externe a
quelque tendance à se laisser chevaucher par lui en arrière

Il ne faudrait pas croire que seuls les pieds petits, creux,
à talons hauts, à fourchette maigre, soient susceptibles de
resserrement ; rien n'est plus commun que de trouver des
talons serrés sur des pieds plats, à talons bas ; la fourchette est alors amaigrie vers les glomes, hypertrophiée
vers la pointe.

Ferrure du pied à talons serrés et du pied encastelé. —
(Voir le chapitre III qui traite de la ferrure des pieds
malades.)

§ 11. — PIED CERCLÉ.

Le pied cerclé présente sur la hauteur de la paroi une
série de reliefs et de sillons étagés formant des espèces d'ondes horizontales allant d'un talon à l'autre (fig. 230). Les
cercles sont plus ou moins accusés : il en est d'à peine per-
ceptibles que l'on rencontre sur des pieds parfaitement normaux et qui témoignent de variations dans la kératogénèse

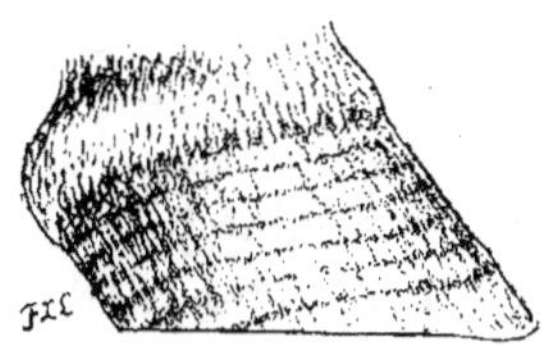 

Fig. 230. — Pied légèrement   Fig. 231. — Un gros cercle déterminé
      cerclé.   par une inflammation récente du
                                           bourrelet.

sous les influences de l'alimentation, des saisons, des intermittences de repos et de travail, de l'état de santé, etc. (1)

1) Voir p. 90 et suivantes.

D'autres, beaucoup plus marqués, produisent une déformation véritable (fig. 231), et paraissent tenir à un état maladif de la membrane kératogène, accompagné de congestions intermittentes ; alors le pied cerclé est souvent douloureux et boiteux. Les pieds encastelés sont souvent cerclés, et restent tels, car les cercles se forment incessamment au bourrelet, tandis qu'ils se détruisent par avalure à l'extrémité distale de l'ongle. Dans la fourbure chronique, on voit se former, surtout dans la région de la pince, des cercles volumineux.

Ferrure du pied cerclé. — Elle n'est autre que celle des défectuosités ou maladies, telles que l'encastelure, la fourbure, dans lesquelles on observe des *cercles*. Généralement on ne se préoccupe pas de ces reliefs de la muraille, ce n'est que lorsqu'ils sont douloureux à la percussion qu'on les amincit à l'aide de la râpe ; puis on les enduit d'onguent de pied.

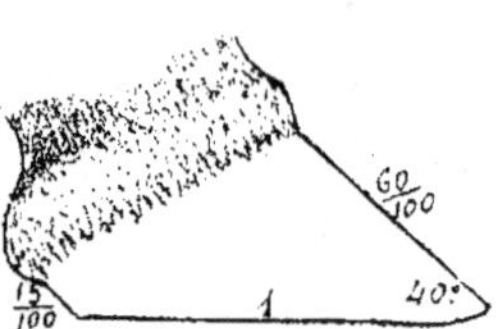

Fig. 232. — Pied plat et à talons bas.

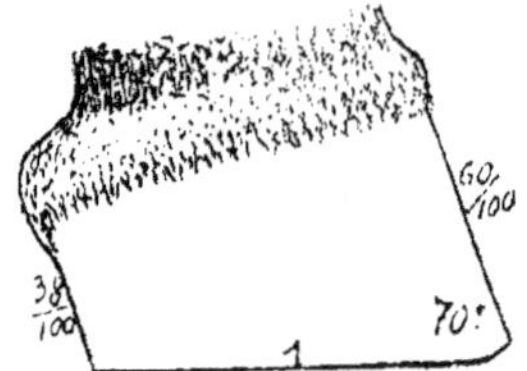

Fig. 233. — Pied droit et à talons hauts.

Les défectuosités de forme que nous venons de décrire, sont souvent associées entre elles sur le même pied, l'une déterminant l'autre. Par exemple :

La pince longue, les talons bas (fig. 232), la paroi et les barres très inclinées, la sole plane, la fourchette volumineuse, vont généralement ensemble.

Il en est de même pour :

La pince courte, les talons hauts (fig. 233), la paroi et les barres *droites*, la sole très concave, la fourchette maigre.

ART. III. — DÉFAUTS D'APLOMB.

Nous adopterons la classification suivante, imitée de celle de Brambilla (1) :

Défauts d'aplomb dans le sens antéro-postérieur...............	Excès d'appui sur la pince.............	Pied pinçard, rampin, bot.
	Excès d'appui sur les talons...........	Pied talus.
Défauts d'aplomb dans le sens transversal...	Excès d'appui sur le quartier externe..	Pied de travers en dedans.
	Excès d'appui sur le quartier interne..	Pied de travers en dehors.
Défauts d'aplomb dans le sens oblique......	Excès d'appui sur la mamelle interne et le talon externe, le rayon digité étant tourné en dehors..	Pied panard.
	Excès d'appui sur la mamelle externe et le talon interne, le rayon digité ayant fait rotation en dedans.............	Pied cagneux.

§ 1ᵉʳ. — EXCÈS D'APPUI SUR LA PINCE.

1° **Pied pinçard.** — Le pied pinçard effectue son appui principalement en pince, et parfois même exclusivement lorsque l'animal est en marche; il se fait remarquer en général par le peu d'obliquité de cette région et par la hauteur des talons (fig. 234). C'est un défaut assez commun aux pieds postérieurs, mais exceptionnel aux pieds antérieurs, plus fréquent chez l'âne et le mulet que chez le cheval. Tous les solipèdes deviennent momentanément pinçards au moment des efforts de tirage, surtout lorsqu'ils se cramponnent sur un sol en montée ; mais ceux

(1) Brambilla (traduction de Lemoigne), *Ferrure du cheval. Théorie sur les défauts du pied.*

dont c'est le mode d'appui permanent, par suite d'un défaut d'extension du pied, se fatiguent vite, buttent continuellement et souvent se coupent ; ils sont en outre prédisposés aux seimes en pince car, vu l'attitude fléchie de

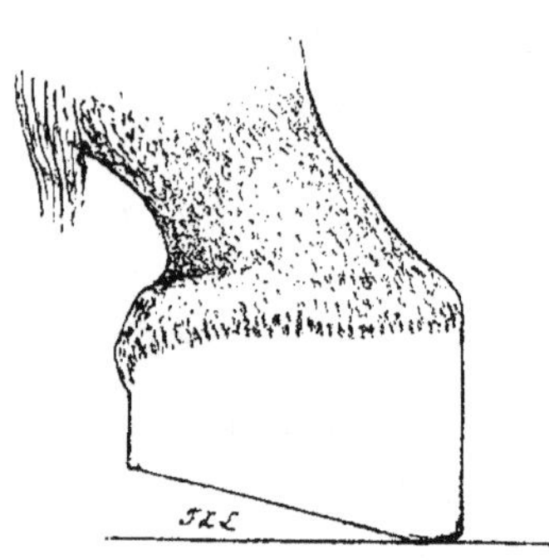

Fig. 234. — Pied pinçard.

la phalangette, les pressions concentrées sur cette région exercent sur le haut de la paroi un effort susceptible de la faire éclater. Certains chevaux, dont les pieds postérieurs sont parfaitement conformés et effectuent leur appui normalement pendant le repos, deviennent extrèmement pinçards dès qu'ils se mettent en marche ; il y a lieu alors de soupçonner quelque gène dans la région inguinale ; par exemple on peut constater ce fait chez des chevaux atteints de fistules de castration.

Toutes les causes susceptibles de produire un état permanent de flexion du pied le rendent pinçard ; tels sont la rétraction du perforant, l'exhaussement des talons. S'il y a rétraction du perforant, l'animal est en même temps droit jointé ou même bouleté. Si le point de départ du défaut a été un exhaussement des talons ou bien une disposition vicieuse des surfaces articulaires, la flexion du pied a entraîné l'affaissement du pâturon : l'animal est à la fois pinçard et bas-jointé.

Ferrure du pied pinçard. — Parer le pied en ménageant les talons, se garder de les abattre comme on le recommandait autrefois, car en agissant ainsi on aggrave le mal, attendu que les talons se trouvant plus éloignés du sol, l'appui se fait de plus en plus par la pince. Il y a généralement très peu de corne à enlever en pince, car cette région supporte, dans le pied pinçard, un excès de pression qui en ralentit la pousse. On emploie un fer *pinçard*. Ce fer (fig. 235), qui s'applique exclusivement aux pieds postérieurs, est épais et couvert en pince ; les étampures sont placées sur la partie postérieure des branches, la pince et les mamelles en sont dépourvues. Toutefois, dans la plupart des cas, il convient de ne pas trop rapprocher les étampures des éponges afin de pouvoir lever des crampons sans les déformer ; la hauteur de ces crampons sera égale à la distance qui sépare les talons du sol, afin d'établir une surface d'appui qui diminuera la pression supportée exclusivement par la pince, avant la ferrure. On aura le soin de donner de la garniture en pince et en mamelles pour augmenter la durée de la ferrure.

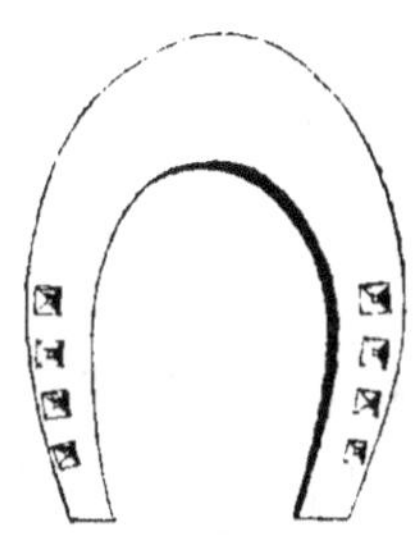

Fig. 235.
Fer pinçard.

« Si le cheval est jeune et le défaut d'aplomb peu accusé : employer un fer égal de force, à pince un peu plus couverte, à pinçon plus fort, portant éponge anglaise en dedans et crampon de même hauteur en dehors, faire brider le pinçon pour allonger le pied et ferrer long. La garniture de pince et l'ajusture plate amènent le poids en arrière où il est reçu par les éponges. » (Goyau.)

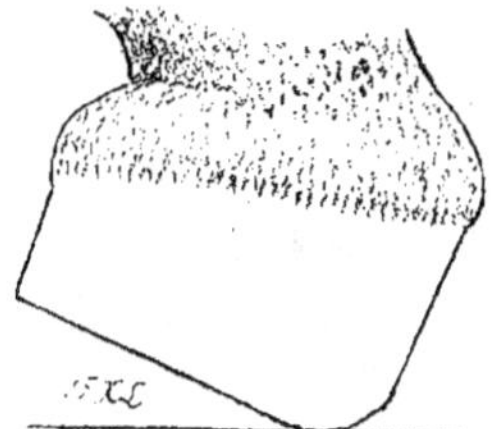

Fig. 236. — Pied rampin.

2° **Pied rampin**. — Quelques auteurs ne distinguent pas le pied rampin du pied pinçard ; toutefois on s'accorde généralement à considérer le premier comme l'exagération du second (fig. 236).

Dans le pied rampin, la flexion du pied est telle que dans la marche, le devant de la paroi s'use « en traînant, en *rampant* sur le sol ». (Girard.)

Ferrure du pied rampin. — Semblable à celle du cheval

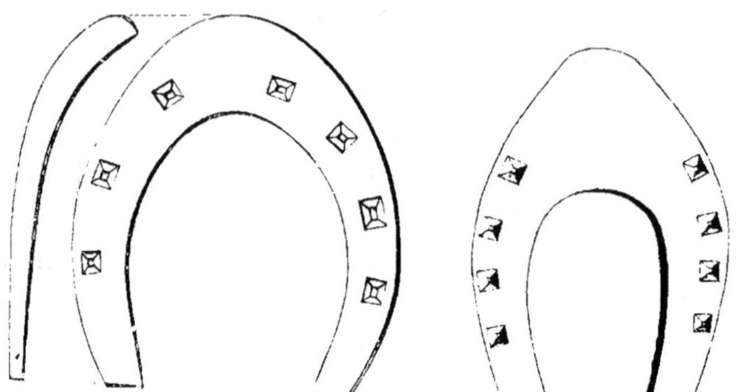

Fig. 237 et 238. — Fers à pince prolongée (demi-florentine) pour pieds rampins.

pinçard, à cela près que le fer dont on se sert, présente une pince prolongée (fig. 237 et 238).

3° **Pied bot.** — Le pied bot du cheval n'est guère comparable à la difformité qui porte ce nom chez l'homme ; il

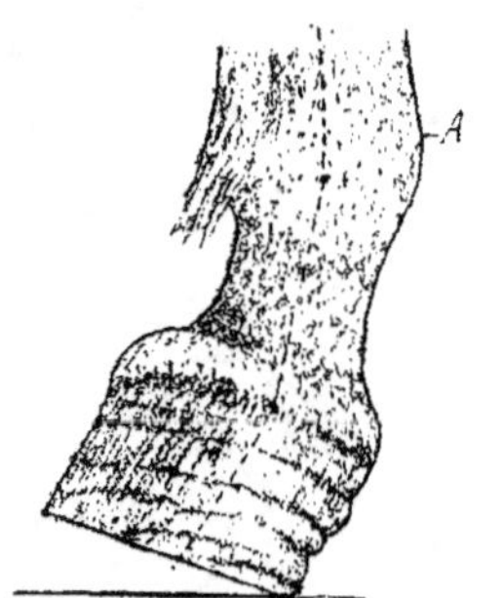

Fig. 239. — Pied bot et bouleture.

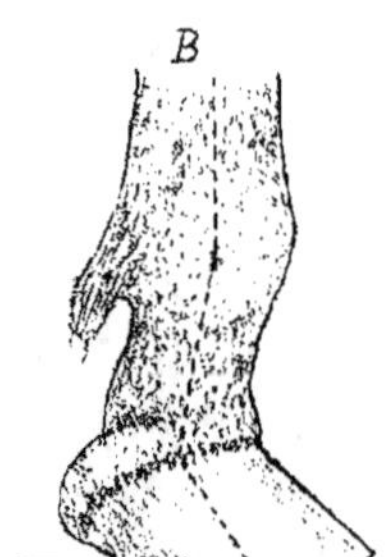

Fig. 240. — Bouleture non accompagnée de déformation du pied.

résulte, en effet, d'une rétraction extrême des tendons fléchisseurs produisant à la fois le redressement du pâturon (bouleture) et la flexion du pied. La couronne se porte fortement en avant et la muraille inverse le sens de son obliquité, de telle sorte que la face plantaire regarde

en arrière et que l'appui se fait exclusivement en pince ou
même sur une partie de la face antérieure de la paroi
(fig. 239).

Le pied bot est lié à la bouleture ; mais celle-ci n'entraîne pas nécessairement le pied bot, tant s'en faut ; il
est commun de voir le pied conserver son assiette plantaire, et même se mettre en hyperextension, pendant que
la rétraction tendineuse redresse le pâturon et projette le
boulet en avant (fig. 240). On comprend
d'ailleurs que, si cette dernière intéresse
exclusivement le perforé ou le suspenseur du boulet, elle ne puisse produire
d'effet sur le pied.

Le pied bot est toujours difforme ;
il fait perdre au cheval qui en est atteint
la plus grande partie de sa valeur et
ne permet de l'utiliser qu'au pas, en le
ferrant comme il est dit ci-après.

Ferrure du pied bot. — On emploie
dans ce cas, un fer à pince plus prolongée encore que dans le cas précédent
(fig. 241). Ce fer est encore appelé *fer à*

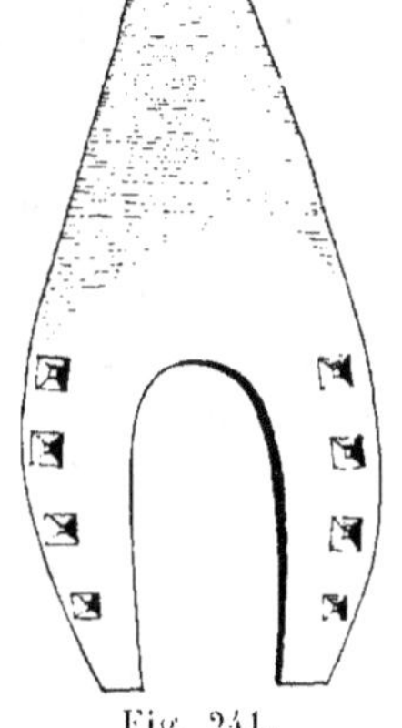

Fig. 241.
Fer pour le pied bot.

la florentine, parce qu'il ressemble au fer qu'on applique
sur le pied du mulet dans une partie de l'Italie.

§ 2. — ECXÈS D'APPUI SUR LES TALONS.

Il y a excès d'appui sur les talons toutes les fois que le
pâturon et la pince du sabot sont trop inclinés, que les
talons sont bas ou la pince trop longue. Cet excès d'appui
va parfois jusqu'à l'appui exclusif ; il en résulte une difformité inverse du pied bot, que nous avons proposé de dé-
nommer *pied talus* (fig. 242) (1). Alors la face plantaire

(1) Voy. *Journal de l'École vétérinaire de Lyon*, 1893.

regarde en avant, et le pied bascule à chaque poser de manière à faire appui sur la hauteur des talons ; l'animal est bas-jointé à un tel degré que le boulet fléchit souvent jusqu'au sol. Il s'agit là d'une difformité congénitale, résultat d'une laxité extrême des tendons fléchisseurs, qui rend l'animal à peu près inutilisable.

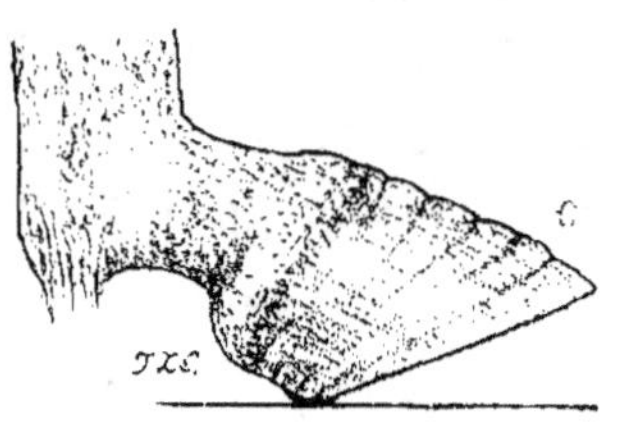

Fig. 242. — Pied talus.

§ 3. — EXCÉS D'APPUI SUR UN QUARTIER.

Pied de travers. — Le pied est de travers quand l'appui se fait inégalement sur les deux côtés de la face plantaire, l'un des quartiers étant plus haut que l'autre. Cette défectuosité est tantôt la conséquence d'un vice d'aplomb du membre (chevaux serrés ou, au contraire, trop ouverts),

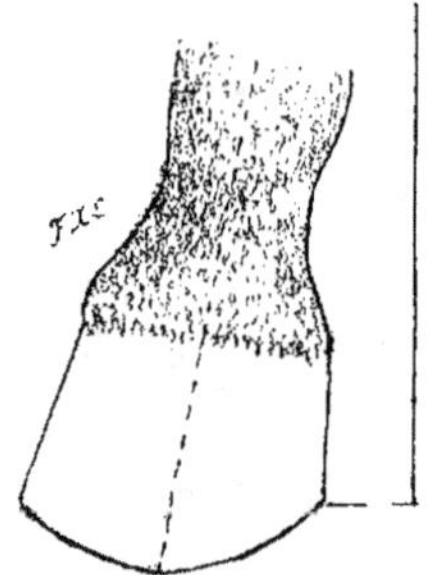

Fig. 243. — Pied de travers en dehors.

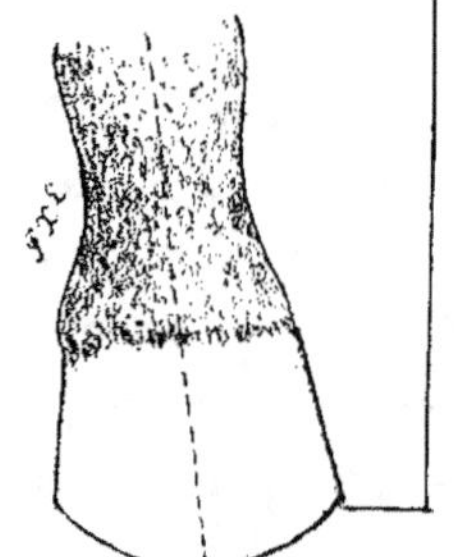

Fig. 244. — Pied de travers en dedans.

tantôt le fait du maréchal qui n'a pas paré le pied de niveau.

Le quartier le plus bas est surchargé ; il se redresse à la longue, s'amincit et se resserre, de sorte que le pied devient asymétrique. Le dénivellement du pied modifie par contre-coup l'assiette de toutes les jointures du membre, et expose ainsi aux distensions ligamenteuses.

Le pied est de *travers en dehors* lorsque c'est le quartier externe qui est le plus long et le plus oblique, l'extrémité digitée penchant en dedans (fig. 243).

Il est de *travers en dedans* quand, au contraire, le poids du corps verse en dehors, le quartier interne étant le plus long (fig. 244).

Ferrure du pied de travers. — Pour rétablir l'aplomb du pied, on a conseillé l'emploi d'un *fer à bosse*, c'est-à-dire d'un fer ordinaire dont une des branches présente une petite bosse tirée du fer lui-même. Cette bosse est située sur la branche qui correspond au quartier le plus bas. L'emploi de ce fer est abandonné, car il nuit à la marche en rendant l'équilibre instable et en produisant des tiraillements dans les appareils ligamenteux et tendineux du pied. Pour ferrer un pied de travers, il faut parer le quartier le plus haut sans toutefois aller jusqu'aux parties vives et donner un peu plus d'épaisseur et de couverture à la branche du fer qui correspond au quartier le plus bas : la couverture permet de donner de la garniture et de diminuer ainsi la pression sur le quartier surchargé. On peut aussi rétablir l'aplomb, en interposant entre le quartier le plus bas et la branche du fer une ou plusieurs lames de cuir. Ce moyen peut être employé en même temps qu'un fer à branche couverte. Il faut généralement plusieurs ferrures pour que le pied reprenne son aplomb normal.

S'il existe un resserrement du quartier le plus bas, on peut le combattre avec efficacité par l'emploi de la ferrure Poret (Voy. p. 287).

§ 4. — EXCÈS D'APPUI SUR DES POINTS OPPOSÉS EN DIAGONALE.

1° **Pied panard.** — Le pied panard a la pince tournée en dehors, de sorte qu'il y a excès d'appui sur la mamelle interne et le talon externe ; la paroi tend à s'évaser en dehors, et, au contraire, à se redresser en dedans (fig. 245).

La déviation externe qui rend le cheval panard n'intéresse parfois que le pied ; bien plus souvent elle s'étend jusqu'au boulet, voire même jusqu'aux rayons supérieurs du membre ; par exemple, les chevaux dont les coudes sont serrés au corps ou qui ont les genoux de bœuf sont en même temps panards du devant ; il en est de même, au membre postérieur, pour ceux qui ont les grassets en dehors ou les pointes du jarret en dedans. Le défaut en question peut donc être la conséquence d'un vice d'aplomb du membre, ou bien résulter de la manière défectueuse dont le pied a été paré. Vachetta (de Pise) fait aussi jouer un rôle à la rétraction de la bride externe de renforcement de l'extenseur antérieur des phalanges, rétraction qui entraînerait un mouvement de rotation de tout le rayon phalangien ; aussi propose-t-il la section de cette bride comme moyen de traitement ; mais ce rôle et cette indication curative sont purement hypothétiques.

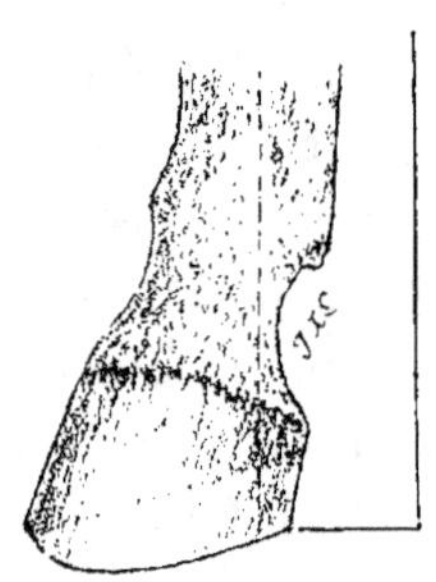
Fig. 245. — Pied panard.

Les pieds de derrière ont une prédisposition toute parculière à la *panardise*.

Cette défectuosité expose l'animal aux atteintes ; on croit généralement qu'il se coupe avec l'éponge interne ; mais il n'en est ainsi que dans le cas de panardise extrême ; le plus souvent il se coupe avec la mamelle ou la partie antérieure du quartier interne.

Ferrure du pied panard. — Pour atténuer ce défaut, il faut parer le pied de manière à abaisser un peu plus le quartier externe que le quartier opposé, sans toutefois disposer la face plantaire perpendiculairement à la direction du membre, comme l'ont recommandé Goyau et la

Commission d'hygiène hippique. En effet, si l'on procédait ainsi, on déterminerait des distensions ligamenteuses et tendineuses qui rendraient la marche fort difficile. Suppossons « un pied panard (fig. 246) faisant normalement son appui selon la ligne *ac*, on voit que, si on voulait parer ce pied d'après la pratique enseignée par Goyau et la Commission d'hygiène hippique, il faudrait le couper suivant la ligne *ab*. On conçoit très facilement les effets que produirait ce procédé. » (Pader.) Par conséquent, « le pied d'un membre panard doit être paré selon un plan horizontal : la face plantaire, en effet, doit être perpendiculaire à la ver-ticale et non à l'axe oblique du membre. Cependant, comme il est préférable qu'il existe une tendance au re-dressement plutôt qu'à l'exa-gération du défaut, il vaut mieux que le quartier externe

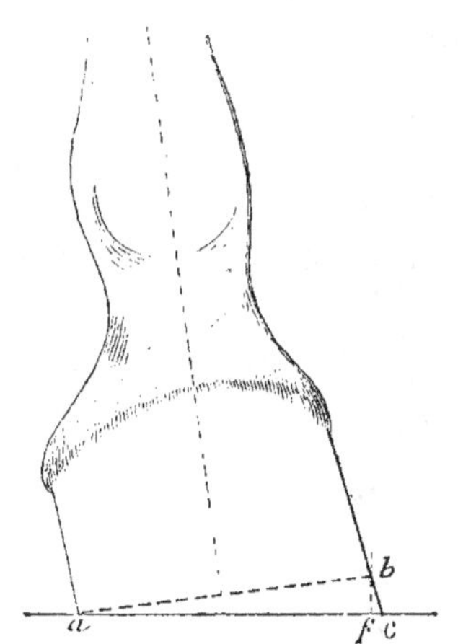

Fig. 246. — (Empruntée à Pader.)

soit maintenu un peu bas que trop haut par rapport à l'horizontale. Quand l'ouvrier a convenablement paré et bien dressé la face plantaire du sabot, il coupe le bord tranchant de la paroi sur tout le côté externe du pied, à peu près selon la ligne *fb* (fig. 246). Il atténue, par cette pratique, le défaut d'aplomb, donne au pied une forme moins disgracieuse et prévient les éclats de corne qui pourraient se produire sur cet angle aigu, résultant de la section oblique du bord inférieur de la paroi. » (Pader.)

Le fer destiné à un pied panard doit être un peu plus couvert en mamelle interne afin de contre-balancer l'usure plus forte de cette région ; le pinçon sera levé un peu en dedans de la pince. Il faudra ferrer juste en mamelle et quartier externes pour déverser une plus grande partie de la pression plantaire sur ces régions et soulager ainsi la mamelle et le quartier internes. Toutefois, comme le cheval panard se coupe souvent, on est obligé de ferrer juste en dedans, et même de disposer en biseau la rive externe du fer pour éviter les atteintes. Mais on laissera de la garniture en éponges, à l'éponge externe surtout, afin de rejeter une partie de la charge du côté opposé. Cette garniture ne présente aucun danger, car le cheval panard se coupe rarement avec l'éponge.

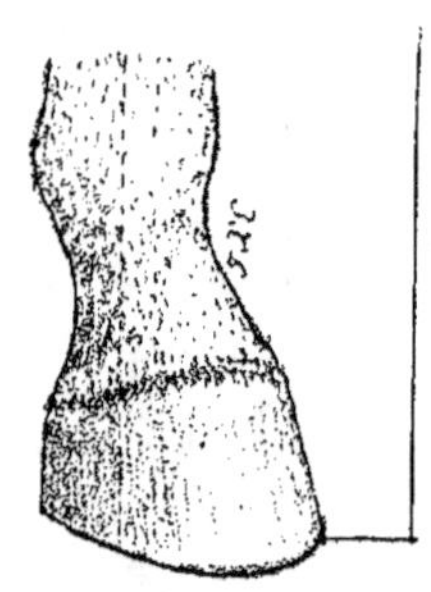

Fig. 247.
Pied cagneux.

2° **Pied cagneux**. — Le pied cagneux est l'opposé du précédent, la pince est tournée en dedans, et l'appui se fait avec excès sur la mamelle externe et le talon interne (fig. 247). On l'observe presque toujours aux membres antérieurs et chez les chevaux de gros trait, tantôt comme conséquence de vices d'aplomb du membre, tantôt comme résultat de la manière défectueuse dont le pied a été paré. Nous ne pensons pas qu'il y ait à faire entrer en ligne de compte la rétraction de la bride interne de renforcement du tendon extenseur. (Vachetta.)

Il n'est pas vrai, comme on l'a dit longtemps, que le cheval à pieds cagneux soit exposé à se couper ; ceux-ci décrivent au contraire une courbe en dehors pendant la marche.

Ferrure du pied cagneux. — Ménager le quartier du dehors en parant le pied ; abattre sans excès le quartier opposé ; raccourcir et arrondir à la râpe la mamelle et le quartier internes. Appliquer un fer à mamelle externe couverte afin de pouvoir donner de la garniture dans

cette région et reporter ainsi une partie de la pression
qu'elle supporte sur la mamelle opposée.

ART. IV. — DÉFAUTS DE QUALITÉ DE LA CORNE.

§ 1er. — PIED GRAS.

Le pied gras est celui dont la corne manque de dureté et
n'offre pas aux clous une implantation suffisamment solide.
Ordinairement il est en même temps grand et plat, et s'observe sur les chevaux communs et lymphatiques. « Le
sabot gras, dit Girard, en supposant même qu'il ait l'épaisseur normale, ne peut que faiblement défendre les parties
contenues contre les chocs extérieurs, surtout contre les
foulées des terrains durs et pierreux. »

La corne blanche occasionnée par les balzanes est toujours moins dure que la corne pigmentée.

Ferrure du pied gras. — Parer le pied avec ménagement
en respectant scrupuleusement la sole ; ferrer à froid ou
tout au moins ne pas prolonger le contact du fer chaud
sur le pied. Il est souvent utile, notamment pour les chevaux de gros trait, de lever un pinçon en quartier externe
afin de consolider la ferrure. Employer des clous à lame
mince et les brocher avec précaution.

§ 2. — PIED MAIGRE OU SEC.

Le pied maigre est celui dont la corne est sèche et cassante, pousse peu et éclate facilement. Il est généralement
très creux et à fourchette atrophiée, exposé à l'encastelure
et à toutes ses conséquences.

Ferrure du pied maigre. — Parer le pied et ferrer de
manière à faire porter la fourchette sur le sol. Employer
un fer léger, et, si le cheval use beaucoup, un fer en acier.
La ferrure à planche et surtout la ferrure à lunette peu-

vent prévenir le resserrement des talons qui est à craindre en pareil cas.

§ 3. — **PIED DÉROBÉ.**

Le pied dérobé est celui dont le contour inférieur est ébréché, irrégulier, par suite de l'éclatement de la corne (fig. 227

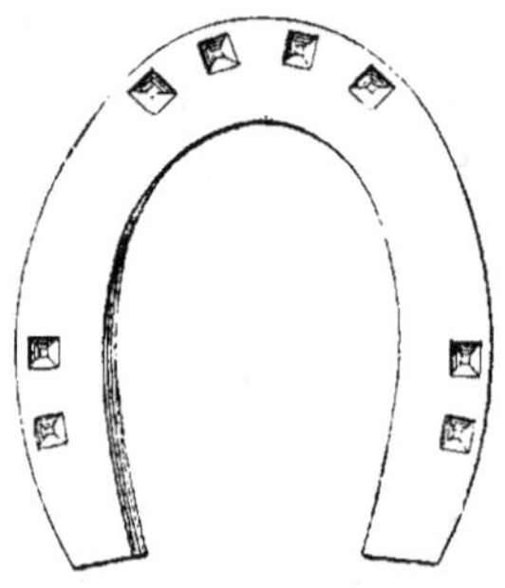

Fig. 248. — Fer à étampures symétriques pour un pied de devant (Rey).

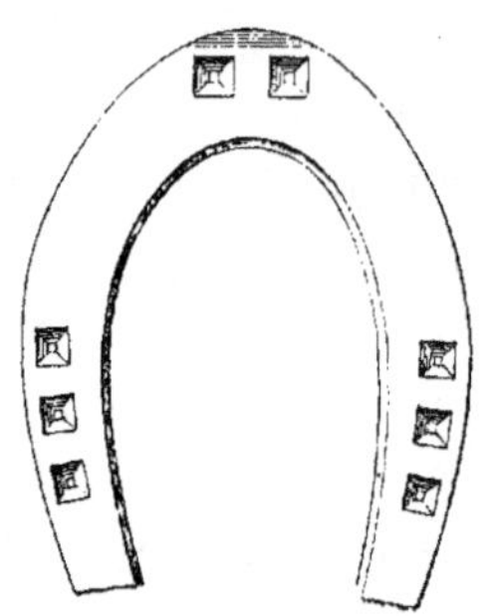

Fig. 249. — Fer à étampures symétriques pour un pied de derrière (Rey).

p. 364). Le pied se dérobe au moment de la ferrure pendant que l'on broche les clous, ou bien lorsque l'animal marche déferré. Les pieds maigres ou gras y sont plus exposés que les autres.

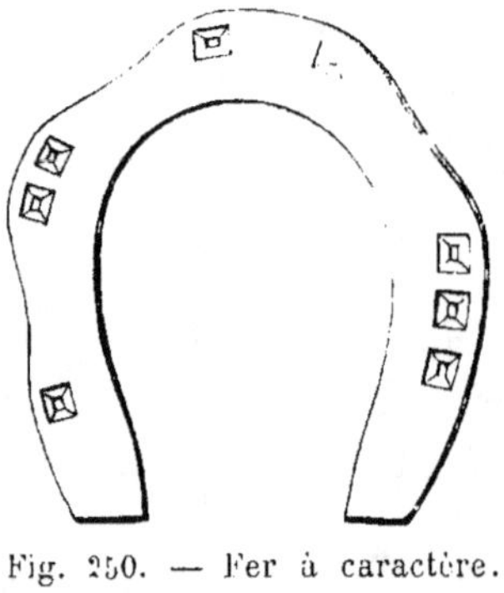

Ferrure du pied dérobé. — Parer avec précaution en achevant de détacher avec le rogne-pied les lamelles de la paroi qui se détachent et régularisant ensuite à la râpe les brèches plantaires.

On applique un *fer à étampures symétriques* (fig. 248 et 249) ou *à étampures irrégulières* (fig. 250) disséminées de manière à correspondre aux parties de la paroi qui peuvent supporter l'implantation des clous. — Ce fer ainsi étampé

Fig. 250. — Fer à caractère.

a été décrit, par Chabert notamment, sous le nom de *fer à caractère*. On conçoit qu'il ne doit être étampé qu'au moment de l'employer, parce qu'alors on dispose les étampures dans les parties du fer qui vont correspondre à une bonne corne. Dans la plupart des cas, pour consolider la ferrure, on lève un deuxième pinçon en quartier externe ; il est tout à fait exceptionnel d'en lever un troisième en dedans. Pour fixer le fer, on se servira de clous à lame mince que l'on brochera assez haut en *bonne corne*, c'est-à-dire dans les parties solides de la paroi, sans trop s'inquiéter de la symétrie des rivets. Enfin, dans les cas extrêmes, on aura recours à la ferrure sans clous, tout en comblant les brèches de la paroi avec un mastic composé de gutta-percha en solution dans le sulfure de carbone.

§ 4. — PIED A TALONS FAIBLES.

Le pied à talons faibles se fait remarquer par le défaut de consistance de la corne des parties postérieures, qui expose celles-ci aux contusions, notamment aux bleimes. En même temps, les talons sont ordinairement bas et la fourchette grasse.

Ferrure du pied à talons faibles. — Elle est semblable à celle du pied plat (voy. p. 359). L'indication à remplir consiste à prévenir toute pression douloureuse sur les talons et pour cela on emploie le fer à planche.

§ 5. — PIED A MURAILLE SÉPARÉE DE LA SOLE.

« C'est, dit Cadiot (1), un défaut accidentel caractérisé par l'existence d'une solution de continuité entre la muraille et la sole. Tantôt la désunion de ces deux par-

(1) Voy. article Pied du *Dictionnaire de médecine et de chirurgie vétérinaires*.

ties du sabot est limitée, tantôt elle existe dans toute la périphérie de la région plantaire (fig. 251). »

Cette désunion se produit naturellement lorsque la paroi s'allonge outre mesure ; mais alors la sole lui reste néanmoins solidement soudée vers les parties vives, et il suffit de rogner le sabot à sa longueur normale pour la faire disparaître.

« Si la disjonction est assez profonde pour isoler en partie ou complètement la paroi d'avec la sole, c'est un véritable défaut. Le pied est court, sensible, sans solidité, à croissance fort lente ; le bord inférieur de la paroi, devenu sec, cassant, fragile, n'a plus qu'une adhérence imparfaite avec une sole mince, sèche, souvent infiltrée de sang et de sérosité jaunâtre.

Fig. 251. — Désunion de la sole et de la paroi, parfois désignée sous le nom de *seime de la ligne blanche*.

« L'action de parer les pieds à fond pendant un certain temps détermine souvent cette disjonction fatale, ainsi que la pratique vicieuse de creuser une tranchée dans cette région avec la rénette ou le couteau anglais pour découvrir la cause d'une boiterie. C'est que, l'épaisse soudure normale étant emportée par l'instrument tranchant, rien ne retient plus la sole amincie ; elle se dessèche au contact de l'air, se condense, se retire et se sépare de la paroi. » (Goyau.)

Ferrure du pied à muraille séparée de la sole. — Retrancher l'excédent de paroi si la séparation est la conséquence de l'allongement de la muraille par suite du défaut de renouvellement de la ferrure. Si la désunion de la plaque solaire résulte d'un état de souffrance du pied se traduisant par une sensibilité anormale, appliquer un fer demi-

couvert, à éponges minces, permettant l'appui de la fourchette ; parer le pied avec ménagement, et, dans le cas de
boiterie, interposer entre le fer et le plancher du sabot
une étoupade goudronnée maintenue par une plaque de
cuir.

CHAPITRE II

FERRURES PALLIATIVES DES VICES D'APLOMB DES MEMBRES. — FERRURES PRÉVENTIVES DES ACCIDENTS DE LA MARCHE ET DE CEUX QUI RÉSULTENT DE CERTAINES HABITUDES VICIEUSES D'ÉCURIE.

ART. Ier. — FERRURES PALLIATIVES DES VICES D'APLOMB.

Chez les chevaux adultes, la ferrure ne peut que pallier ou atténuer les vices d'aplomb des membres, attendu que les surfaces articulaires et les appareils ligamenteux et tendineux qui les assujettissent ayant acquis et leur forme et leur résistance, on ne peut point changer leurs dispositions défectueuses. On conçoit même que des modifications trop rapides et trop étendues dans l'inclinaison ou la direction des surfaces articulaires, afin de corriger des vices d'aplomb, puissent occasionner des tiraillements des tendons et des ligaments, des exostoses péri-articulaires, c'est-à-dire des lésions plus graves que la déviation à laquelle on se proposait de remédier.

Par conséquent, la ferrure ne peut être que palliative des vices d'aplomb.

Ces vices sont très variés. Ainsi le cheval peut être *sous lui du devant* ou *du derrière*, *campé du devant*, ou *du derrière*, *serré du devant* ou *du derrière*, *panard du devant* ou *du derrière*, *cagneux du devant* ou *du derrière*, *brassicourt*, *arqué*, avoir des *genoux creux*, *cambrés*, *de bœuf*, des *jarrets coudés*, *droits*, *clos*, *trop ouverts*. — Il peut être encore *droit-jointé*, *bas-jointé*, *court-jointé*, *long-jointé*. Dans ces différents cas, on fait subir à la ferrure ordinaire diverses modifications qui ont été exposées d'une manière très concise par Goyau à qui nous les empruntons :

« *Sous lui de devant*. — Parer le pied au degré voulu et d'aplomb. Fer à pince relevée pour empêcher le cheval de butter, à branches progressivement nourries, si les talons manquent de hauteur; éponges longues pour le cheval qui n'est pas sujet à forger ; éponges couvrant seulement le talon et disposées en biseau si le cheval forge.

« *Sous lui du derrière*. — Parer la pince, ménager les talons; faire sauter le sommet de la pince, et incruster à fond le pinçon, ou bien laisser la corne de pince, se servir d'un fer à pince carrée, à deux pinçons latéraux, à éponges nourries ou portant crampon, ferrer long en remontant le fer de manière que la corne dépasse largement en pince ; arrondir à la râpe la corne débordante.

« Cette manière de ferrer empêche le cheval de forger, rejette du poids sur la pince et soulage d'autant les tendons et les talons.

« *Campé du devant*. — Parer le pied au degré voulu et d'aplomb.

« Ferrure appropriée à l'état des pieds, généralement sensibles, douloureux ; mais, en principe, il est indiqué de porter la charge en avant, avec un fer à pinçon bien incrusté et à éponges longues.

« *Campé du derrière*. — Parer le pied à la manière ordinaire; se servir d'un fer à ajusture plate, à pince plus longue, à pinçon bridé, pour rejeter du poids sur les tendons et les talons et soulager d'autant les os et la pince.

« *Serré du devant, du derrière*. — Parer le pied à la manière ordinaire, ferrer très juste en dedans et réformer un peu la paroi à la râpe ; donner une bonne et égale garniture en éponges. Le pinçon du fer de derrière doit être levé très en dedans, et la branche du même côté être tenue droite. Si le cheval serré du devant ou du derrière se *coupe*, se servir de la ferrure conseillée contre cet accident.

« *Panard du devant, du derrière.* — Au bout d'un membre panard doit se trouver un pied panard.

« Redresser un membre panard est impossible et ne doit pas être tenté. Si, dans ce but, le maréchal pare à fond le dehors du sabot et applique un fer plus épais à la branche du dedans, comme les traités de maréchalerie le conseillent, il arrive à placer un pied cagneux au bout d'un membre panard.

« Même ferrure que pour le pied panard.

« Si le cheval *marche en panard*, d'une manière très accusée et semble exposé à se toucher, à se contusionner le dedans des membres, le ferrer en cheval qui se coupe.

« Employer à plus forte raison cette même ferrure, s'il existe des blessures, des cicatrices, des tumeurs occasionnées par la rencontre des membres.

« *Cagneux du devant, du derrière.* — Mêmes observations que pour le panard.

« Le cheval cagneux des membres ne se coupant jamais : même ferrure que pour le pied cagneux.

« *Brassicourt.* — Se garder d'abattre les talons pour redresser le membre, comme on le recommande encore aujourd'hui.

« Parer le pied à la manière ordinaire, en laissant un peu plus d'épaisseur de paroi en pince.

« Fer ordinaire : faire brider légèrement le pinçon pour redresser un peu le membre.

« *Arqué.* — Voir *Ferrure du cheval usé.*

« *Genoux de veau* ou *effacés, creux, renvoyés.* — Parer la pince, ménager les talons. Se servir d'un fer ordinaire à pince relevée pour empêcher le cheval de butter; à pinçon bien incrusté, à éponges un peu longues pour soulager les tendons.

« *Genoux de bœuf.* — On se servait autrefois du fer à une ou deux bosses, sur la branche interne.

« Aujourd'hui on conseille le fer à branche interne plus épaisse ; toujours pour rejeter l'appui en dehors.

« Il faut mettre le pied bien d'aplomb et, à cet effet, parer le dehors et ménager le dedans ; se servir d'un fer d'inégale épaisseur, garnissant peu en dehors ; ferrer juste en dedans et donner une égale garniture en éponges. C'est la ferrure du cheval panard du devant.

« *Genoux cambrés.* — On conseillait jadis le fer à une ou deux bosses, sur la branche externe, pour rejeter l'appui en dedans. Aujourd'hui le fer à branche externe plus épaisse est employé.

« Il faut mettre le pied d'aplomb en parant le côté du dedans et ménageant celui du dehors ; se servir d'un fer d'égale épaisseur à branche externe plus couverte ; donner plus de garniture en dehors.

« C'est la ferrure du cheval cagneux du devant.

« *Jarrets coudés.* — Ferrure du cheval sous lui du derrière.

« *Jarrets droits.* — Ferrure du cheval campé de derrière.

« *Jarrets clos.* — Ferrure du cheval panard du derrière.

« *Jarrets trop ouverts.* — Ferrure du cheval cagneux du derrière. Crampon en dehors pour arrêter le mouvement de vacillation des jarrets, lors du poser.

« *Droit-jointé, droit sur ses boulets, bouleté, bouté du devant, du derrière.* — Voir : *Ferrure du cheval usé.*

« Cependant, pour le cheval jeune, *droit-jointé* de nature et non par suite d'usure, il est indiqué de redresser le boulet en conservant un peu plus de longueur à la pince, et en faisant brider légèrement le pinçon.

« Si les talons sont bas, employer un fer à éponges nourries, pour les pieds de devant, et à crampons, pour ceux de derrière.

« Mais, si on abaisse les talons, comme beaucoup d'auteurs le conseillent encore, on arrive rapidement à produire la *bouleture*.

« *Bas-jointé du devant et du derrière*. — Rejeter le poids sur les os en parant la pince et ménageant les talons; incruster à fond le pinçon et, à cet effet, écarter et même supprimer les deux étampures de pince; ferrer long du devant si le cheval ne forge pas; ferrer toujours long du derrière, avec un fer à pince carrée; asseoir les talons, celui du dedans, sur une éponge anglaise, et celui du dehors, sur un crampon.

« *Court-jointé du devant, du derrière*. — Si le cheval court-jointé a le paturon bien dirigé : ferrure ordinaire. S'il est en même temps droit-jointé, voir *Ferrure du cheval droit-jointé*.

« *Long-jointé du devant, du derrière*. — Si le pâturon est bien dirigé : ferrure ordinaire.

« Cependant, il est prudent de tenir la pince courte et de conserver les talons sans exagération, d'incruster le pinçon, de ferrer un peu long, de se servir d'un fer de derrière à pince carrée et à éponges nourries.

« *Ferrure du cheval usé* : arqué, droit sur ses boulets, bouleté, pinçard par usure.

« Pour tout cheval usé, on doit regarder l'usure du fer, autrement dit l'ajusture produite par la marche; il importe de reproduire cette ajusture sur le fer neuf à l'aide d'un fort coup de râpe donné à chaud.

« On va ainsi au-devant d'un long travail, pénible à accomplir pour le cheval.

« Le cheval usé, arqué, droit, bouleté, pinçard, a l'allure raccourcie et rasante; il est exposé à butter, à s'abattre, à se couper.

« Il faut : parer la pince, ménager les talons, sans cependant leur donner une hauteur hors de proportion avec la conformation du pied et l'aplomb du membre.

« Employer un fer un peu couvert, juste en dedans, *portant son ajusture*, de telle sorte que le cheval puisse marcher aussi facilement avec un fer neuf qu'avec un fer usé. Comme le cheval a tendance à butter et que l'appui se fait surtout sur la pince, le fer doit avoir la pince relevée et munie d'un large pinçon bridé ; comme la fatigue des tendons est grande, ce fer porte des éponges longues et garnissant également ; pour le cheval bouleté du derrière et pinçard, les crampons sont nécessaires (1). »

ART. II. — FERRURES PRÉVENTIVES DES ACCIDENTS DE LA MARCHE.

Par *accidents de la marche*, nous entendons les blessures que les chevaux peuvent se faire aux membres pendant la locomotion. Ces blessures résultent elles-mêmes de défectuosités des allures, de vices d'aplomb ou de conformation.

Par conséquent, nous ne retiendrons, dans les défectuosités d'allures ou de conformation, que celles qui sont susceptibles de déterminer des blessures que l'on peut prévenir par la ferrure.

Nous aurons ainsi à examiner la ferrure du cheval qui butte, celle du cheval qui forge, et celle du cheval qui se coupe.

§ 1er. — FERRURE DU CHEVAL QUI BUTTE.

Le cheval qui butte est exposé à tomber et à se couronner. Pour prévenir ce grave accident, il est indiqué de ménager les talons, de parer la pince, puis d'appliquer un fer légèrement couvert à pince relevée.

Le fer dit à la *demi-florentine* ou à la *florentine* (fig. 237

_____

(1) L. Goyau, *Traité pratique de maréchalerie*, 3e édition, 1890, p. 443 et suivantes.

et 238, p. 370) convient en pareil cas. Les étampures de pince seront plus écartées que normalement, et les têtes de clous bien noyées dans leurs cavités.

§ 2. — FERRURE DU CHEVAL QUI FORGE.

On dit qu'un cheval forge quand, pendant la marche, la pince du pied postérieur vient frapper le fer de devant du même côté en faisant entendre un bruit répété qu'on a comparé à celui du marteau sur l'enclume. Ce défaut résulte d'une désharmonie entre les levers des membres antérieurs et les posers des postérieurs, les premiers étant en retard ou les seconds en avance.

Le point frappé du fer de devant est variable : c'est en général la partie antérieure de la rive interne (forger en voûte), d'autres fois les éponges (forger en éponges); l'endroit est facile à reconnaître aux rayures qu'il présente.

Le cheval qui forge est exposé à se déferrer, à s'entraver et à tomber. Il peut même arriver que les pieds de derrière frappent au-dessus des fers antérieurs, soit la région des talons et du pli du pâturon, soit le boulet, soit les tendons fléchisseurs, et déterminent de graves lésions telles que javarts et nerfs-férures.

Les chevaux jeunes, dont les allures sont encore mal affermies et un peu dégingandées, les chevaux fatigués, bas et sous eux du devant, trop courts de corps, bas-jointés, à reins faibles, sont prédisposés à forger. L'une des causes les plus fréquentes, est l'allongement de la pince chez les sujets vieux ferrés.

Pour remédier à ce défaut, on emploie une ferrure ayant pour but, d'une part, de hâter le lever du pied de devant, et, d'autre part, de retarder celui du pied postérieur ; en outre il convient d'éviter autant que possible le bruit résultant du choc des fers.

A cet effet, il faut :

1° *Pour le pied de devant*, parer la pince et ménager les talons. Appliquer un fer ordinaire à pinçon droit et bien incrusté, à éponges en biseau et modérément *nourries*, si les talons sont bas, et couvrant ceux-ci sans les dépasser, afin que le cheval ne soit pas exposé à se déferrer.

Si le pied est bien conformé, la ferrure à croissant, la ferrure Charlier seront employées avec avantage.

On a recommandé le *fer échancré en voûte* (fig. 252), mais on diminue ainsi la résistance du fer précisément dans la région où l'usure est le plus

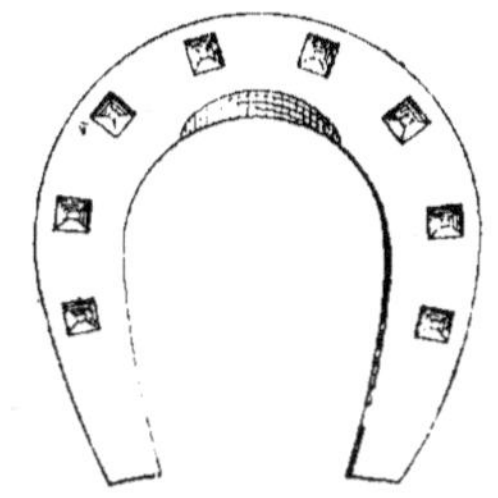

Fig. 252. — Fer échancré en voûte (Rey).

prononcée. Il vaut mieux employer un fer évidé en dessous à sa rive interne, c'est-à-dire ajusté à l'anglaise sur sa face inférieure.

2° *Pour le pied de derrière*, parer le pied en lui laissant une certaine longueur afin de porter la charge en arrière. Pour cela il ne faut pas raccourcir la pince en l'abattant avec le rogne-pied à quelques millimètres du limbe de la sole, comme cela se pratique encore trop souvent, mais bien se contenter de l'arrondir d'un coup de râpe lorsque le pied est ferré. Appliquer un fer à pince tronquée et biseautée (fig. 253 et 254) à angles arrondis, portant deux pinçons latéraux et même — si les talons sont trop bas — des éponges nourries ou un crampon en dehors et une éponge anglaise en dedans. Cependant, comme le fait judicieusement observer Goyau, ces moyens de rétablir l'aplomb ne peuvent être employés qu'avec circonspection, car ils ont l'inconvénient de hâter le lever du pied.

Les pinçons seront levés sur chaque branche entre l'étampure de pince et celle de mamelle, un peu plus près de celle-ci. Faire porter le fer de telle sorte que la corne de pince le dépasse de toute l'épaisseur de la paroi : par cette disposition, le choc est amorti et silencieux. puisque c'est la corne qui heurte le pied de devant. Ces effets sont

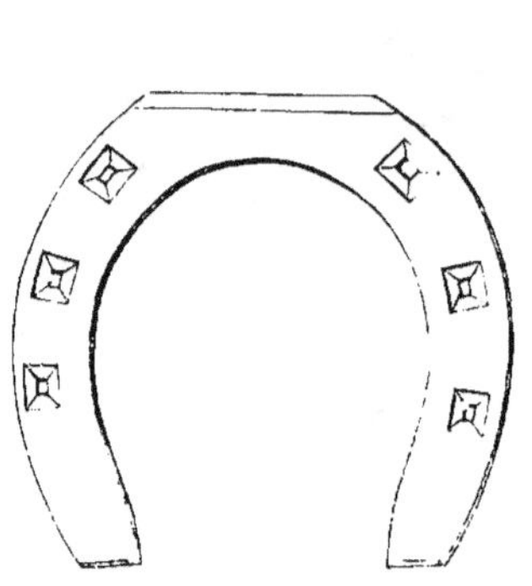

Fig. 253. — Fer à pince tronquée et biscautée.

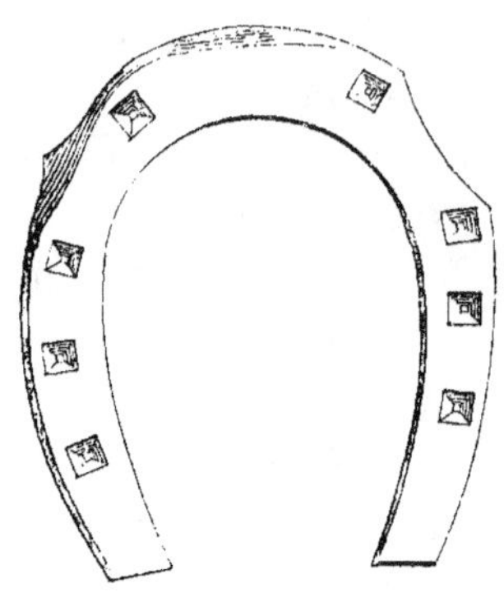

Fig. 254. — Fer à pince tronquée avec pinçons en mamelles (Rey).

encore plus prononcés en interposant en pince, entre le fer et la paroi, un morceau de cuir dépassant la corne et fixé par les deux premiers clous de chaque branche. On recommande aussi l'emploi du *protecteur Lacombe* dont il est parlé ci-après, à propos de la ferrure du cheval qui se coupe.

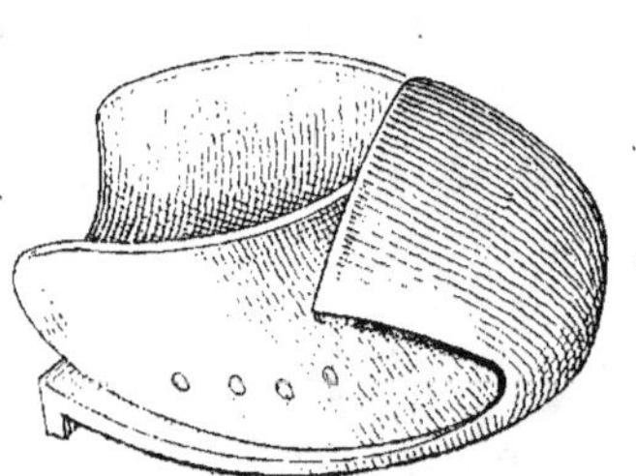

Fig. 255. — Sabot pourvu d'un fer à pinçon large et élevé pour cheval qui forge fortement (Rey).

Parfois le cheval forge si fortement avec la pince du pied de derrière qu'il est utile de protéger cette région contre l'usure en levant un pinçon large et élevé (fig. 255) que l'on rabat sur la paroi.

Il faut encore remarquer que le cheval qui forge est exposé à se déferrer, en raison des chocs qui se produisent sans cesse pendant la marche et qui ébranlent le fer, relâchent les rivets, etc. ; aussi est-il utile de consolider la ferrure en levant un pinçon sur le quartier du dehors de chaque fer.

Un maréchal de Marseille, Bourjac, a recommandé, il y a quelque trente ans, l'emploi d'un fer à éponges réunies, dépourvu de pince, afin de remédier à l'action de forger. Mais ce système ne s'est pas généralisé, car il n'est pas plus efficace que les précédents.

§ 3. — FERRURE DU CHEVAL QUI SE COUPE.

Le cheval se coupe lorsque, en marche, les membres du bipède antérieur, et plus souvent encore ceux du bipède postérieur s'entre-choquent et se blessent. Suivant le degré, on dit que l'animal se frise, se touche, s'atteint ou se taille, s'entretaille, s'attrape :

Il se frise quand il y a simple effleurement des deux membres, les poils seuls se redressant au point touché.

Il se touche lorsqu'il y a contact douloureux, mais sans plaie.

Il s'atteint ou se taille lorsque la région choquée est entamée et fait plaie.

Il s'entre-taille lorsque les deux membres du même bipède se blessent tour à tour.

Il s'attrape lorsque les chocs ne portent pas toujours au même point, ainsi que cela arrive pendant le galop de course.

La plaie du cheval qui se coupe par habitude devient à la longue saillante et calleuse. Elle siège le plus souvent en dedans du boulet; si on l'observait en arrière, surtout au membre antérieur, il y aurait lieu de craindre que l'animal ne soit exposé à faire des faux pas et à s'abattre. Il est des chevaux qui se coupent à la couronne, au canon, au genou et jusqu'à l'avant-bras, d'après Goubaux et Barrier ; cela dépend de leurs allures basses ou plus ou moins relevées,

Ce défaut tient à diverses causes :

« A la faiblesse résultant de l'âge, des privations, de la fatigue ; — à une conformation ou à des aplombs défectueux, susceptibles de dévier en dedans le champ d'oscillation de l'un ou des deux membres d'un bipède ; — à une tuméfaction de l'une ou de l'autre des régions sujettes aux atteintes, — enfin à une ferrure défectueuse. » (Goubaux et Barrier.)

La partie du sabot qui frappe le membre opposé dans le cheval qui se coupe n'est pas toujours la même : c'est ordinairement la mamelle ou la partie antérieure du quartier interne, parfois la partie postérieure de cette région.

Il est des chevaux dont les plans d'oscillation des membres d'un bipède s'entre-croisent sans que cependant ceux-ci se heurtent ; cela tient à ce que le mouvement d'adduction du membre en l'air se fait en avant ou en arrière du membre à l'appui, au lieu de se faire juste en face : on dit que l'animal *tricote* ou *se croise en marchant*, défaut qui l'expose aux faux pas et aux chutes.

La ferrure du cheval qui se coupe a pour but d'empêcher ce défaut.

Divers systèmes ont été conseillés, nous en examinerons trois : la ferrure à *la turque ordinaire*, la ferrure à *la turque renversée*, et la ferrure à *mamelle rétrécie* ou à *branche tronquée*.

Nous nous bornerons à mentionner le fer à la turque à bosse décrit et recommandé par Bourgelat, car il est inusité.

I. — **Ferrure à la turque ordinaire**. — Elle consiste à appliquer un fer spécial dit à la turque, bien qu'il ne ressemble point au fer turc. Ce fer présente quatre à six étampures sur la branche externe et deux sur la mamelle interne (fig. 256 et 257) ; la branche interne est plus courte que la branche opposée et l'arête inférieure de sa rive externe est abattue et fortement limée, afin d'éviter toute blessure. Ce fer est dit à la *demi-turque* pour le distinguer du suivant qui est le *fer à la turque* (fig. 258).

Celui-ci ne présente point d'étampures sur sa branche interne qui est épaisse, courte, arrondie et biseautée. Suivant Bourgelat, l'épaisseur de cette branche interne doit être double de celle de la pince. Pour appliquer ce fer, il est recommandé de parer le sabot inégalement en abattant davantage le quartier externe que le quartier opposé : le pied est ainsi de travers de dedans en dehors et l'obliquité de l'assiette du pied sur le sol est

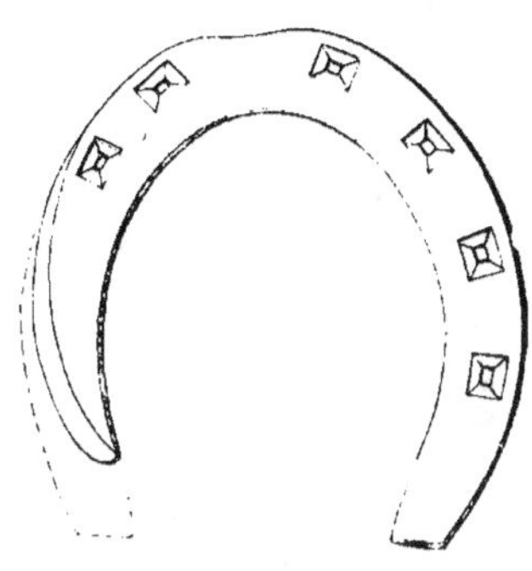

Fig. 256. — Fer à la demi-turque.

encore augmentée par le fer à la turque à branche interne épaisse. Par ce moyen, les boulets sont légèrement écartés et les chances d'atteintes diminuées ou même supprimées.

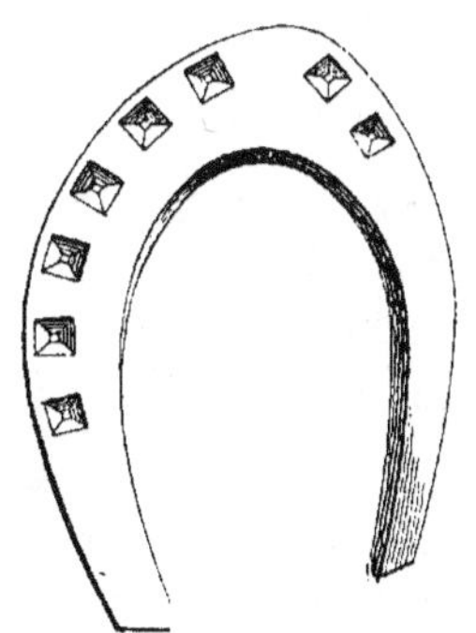

Fig. 257. — Fer à la demi-turque
(Rey).

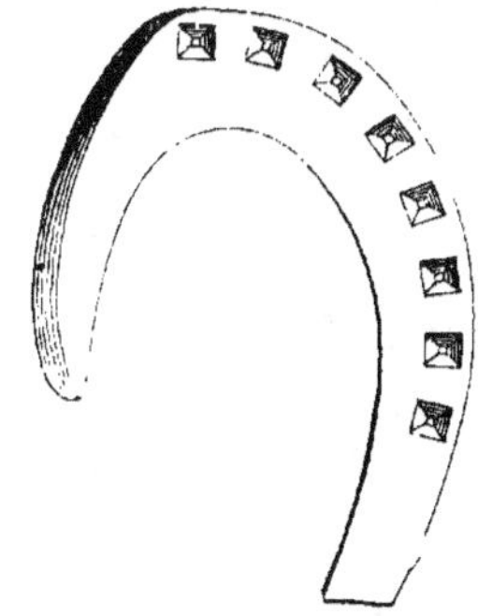

Fig. 258. — Fer à la turque
(Rey).

Toutefois, il est des chevaux qui, malgré cette ferrure, continuent à se couper. Alors on emploie la *ferrure à la turque renversée*.

II. — **Ferrure à la turque renversée.** — On appelle

ainsi un système de ferrure dans lequel, après avoir paré le sabot en abattant le quartier du dedans beaucoup plus que celui du dehors, on adapte un fer à branche externe beaucoup plus épaisse que l'interne. Par suite, l'assiette du pied sur le sol est oblique de *dehors en dedans* ; les boulets se trouvent ainsi un peu rapprochés et les sabots, éloignés. Cette ferrure indiquée par Garsault a été particulièrement étudiée par Moorcroft (1).

Bourgelat déclare avoir vu « des chevaux panards devenir moins défectueux par cette ferrure ».

II. Bouley fait remarquer que les ferrures à la turque — ordinaire et renversée — se ressemblent en ce sens que, dans l'une et dans l'autre, il est indiqué de maintenir la branche interne en deçà du contour de l'ongle et d'effacer avec la râpe le relief de ce contour dans les points par lesquels s'opère la percussion sur le membre opposé.

« Si maintenant on compare entre eux ces deux procédés de ferrure, on voit que, semblables par les résultats qu'ils donnent, ils diffèrent par les moyens. Si la ferrure à la turque proprement dite empêche un cheval de se couper, cela pourrait dépendre principalement de ce que les rayons inférieurs du membre à l'appui sont déviés en dehors de la ligne verticale et éloignés, par cette déviation, du membre en action qui peut ainsi se déployer à côté de lui sans l'atteindre ; tandis que le procédé Moorcroft (ferrure à la turque renversée) aurait, au contraire, pour résultat de faire diverger le membre en action en dehors de la verticale et de l'écarter ainsi de celui qui est au poser. Ces deux procédés devraient donc leur propriété préventive des atteintes à l'influence mécanique qu'ils exerceraient, le premier sur le membre exposé à être touché, et le second sur celui qui percute. Cela posé, on

(1) Voyez *Bibliothèque vétérinaire.*

doit comprendre que rien d'absolu ne saurait être prescrit relativement à l'application préférable de l'un ou de l'autre de ces procédés. Tous deux sont bons ; tous deux répondent aux fins qu'on se propose par leur emploi. C'est par la voie expérimentale que l'on peut arriver à discerner quel est, dans un cas donné, celui qu'il faut préférer à l'autre. Lorsque l'un échoue, l'autre peut être efficace, et réciproquement. Quelquefois même il est avantageux de combiner l'un avec l'autre, en appliquant par exemple au membre touché le fer qui tend à le faire dévier de la verticale, alors qu'il est à l'appui, et au sabot du membre percutant le fer inversement disposé, qui a pour effet de le faire diverger en dehors de la ligne d'aplomb, alors qu'il entre en action. Par l'emploi ainsi combiné de ces deux moyens, il est possible de prévenir les conséquences d'un vice contre lequel l'un ou l'autre, appliqué seul, peut rester impuissant. » (H. Bouley.)

Mais les deux procédés de ferrure à la turque, en faussant tout à fait l'appui du sabot sur le sol, dérangent les rapports des rayons osseux des membres et fatiguent douloureusement les appareils ligamenteux et tendineux du pied. Aussi, pour atténuer ces inconvénients de la ferrure dont il s'agit, H. Bouley recommandait-il de ne l'employer que par intermittences. Cependant il est possible d'empêcher à un cheval de se couper sans détruire l'horizontalité de la surface d'appui, c'est-à-dire sans mettre le sabot de travers, et par suite sans déterminer des distensions susceptibles de produire des lésions osseuses, ligamenteuses ou tendineuses. Dans tous les cas, la fatigue résultant de cette déviation de l'appui se traduit par une gêne de la locomotion qui prive l'animal d'une partie de ses moyens. Aussi est-il rationnel d'employer la *ferrure à mamelle rétrécie ou tronquée* pour remédier au défaut de se couper.

III. — Ferrure à mamelle rétrécie ou tronquée. —
Pour appliquer cette ferrure, le pied doit être paré
d'aplomb, c'est-à-dire que la surface d'appui du sabot sur
le sol doit être horizontale, quelle que soit la direction
du membre. On applique ensuite un fer dont la
branche interne présente une troncature correspondant à
la partie du sabot qui frappe le pied opposé. Pour déterminer quelle est cette partie. lorsque le sabot percutant
ne présente ni traces de sang, ni usure accusée par le poli
de la muraille, on enduit la région atteinte du membre,
— la face interne du boulet ordinairement — avec du
blanc d'Espagne délayé dans l'eau, et l'on fait trotter le
cheval. Par ce moyen, la région du sabot qui heurte le
membre opposé, se trouve marquée d'une tache blanche. Au lieu de blanc d'Espagne ou de craie, on emploie
indifféremment un peu de cambouis ou de goudron placé
sur l'atteinte : la marque est alors noire.

On constate ainsi que la partie percutante du sabot est
ordinairement la mamelle, parfois le quartier, et jamais le
talon ou l'éponge du fer, à moins que celle-ci ne dépasse
d'une manière exagérée.

La région contondante étant déterminée, on applique
un fer également épais dans toutes ses parties, dont la
branche interne présente une troncature en regard de cette
région et plus ou moins étendue suivant les cas. A cet
égard, nous distinguerons, avec Goyau, les trois cas suivants :

« 1° *Si le cheval se coupe en mamelle*, employer le *fer à mamelle tronquée* (fig. 259) dont la rive externe est taillée en
ligne droite de l'étampure de pince au centre du quartier et
fortement arrondie à la carre et aux angles ; le placer sur
le pied de manière que la corne déborde en mamelle et à
l'origine du quartier, d'une partie et même de la totalité de
l'épaisseur de la paroi ; donner à ce fer une égale et suffi-

sante garniture en éponges, en se rappelant que, rentrer l'éponge du dedans, c'est réduire beaucoup la surface d'appui et attirer le poids sur le dedans du pied sans aucune utilité, puisque jamais le cheval ne se coupe avec l'éponge du fer.

« Enfin, attacher le fer en incrustant à fond les rivets, puis faire sauter à la râpe la plus grande partie de la corne qui déborde le fer en l'arrondissant par en bas, de manière à lui faire rejoindre le biseau du fer.

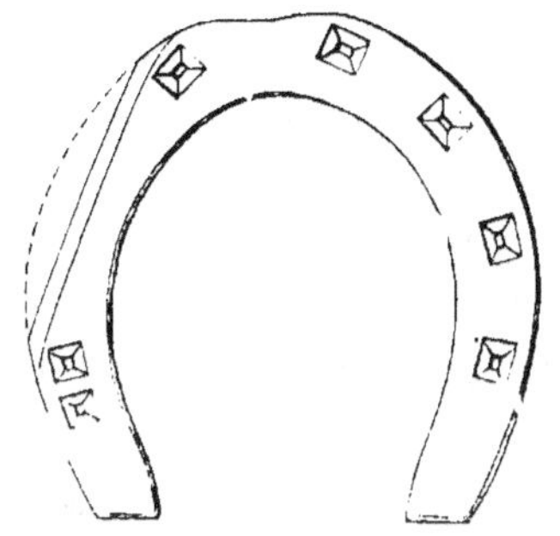

Fig. 259. — Fer à mamelle tronquée pour le cheval qui se coupe avec la mamelle ou le centre du quartier.

« Avec une telle ferrure, la surface d'appui du pied n'est pas diminuée, puisqu'elle dépend bien plus de l'écartement des éponges que de la rondeur des mamelles ; les régions contondantes se trouvent considérablement réduites ; le cheval est d'aplomb, marche avec aisance et sûreté et se trouve dans les meilleures conditions pour ne plus se couper. »

2° Si le cheval se coupe vers *le centre du quartier*, employer encore le *fer à mamelle tronquée* et opérer comme ci-dessus.

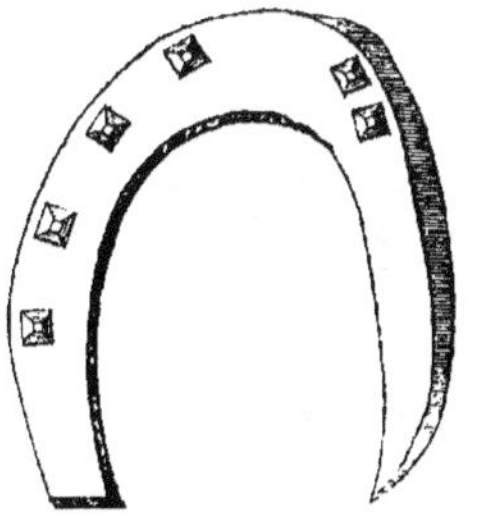

Fig. 260. — Fer tronqué pour cheval qui se coupe en arrière du centre des quartiers.

3° Si le cheval se coupe *en arrière du centre du quartier*, employer un *fer tronqué et présentant seulement deux étampures à la branche du dedans* (fig. 260) et se conformer aux prescriptions précédentes.

Afin de rendre cette ferrure encore plus efficace, on y adjoint divers appareils protecteurs dont nous allons parler.

Appareils protecteurs. — On les divise en deux catégories : 1° ceux qui sont adaptés au sabot pour en atténuer le choc ; 2° ceux qui sont appliqués sur le membre afin de protéger la partie contusionnée.

Parmi les premiers, se trouvent les protecteurs *Goyau, Lacombe, Ducasse*, et parmi les seconds, les *guêtres, bracelets, bourrelets*, etc. Nous allons les examiner successivement.

Le *protecteur Goyau* consiste en un morceau de cuir graissé que l'on place en dedans entre le fer et le pied et

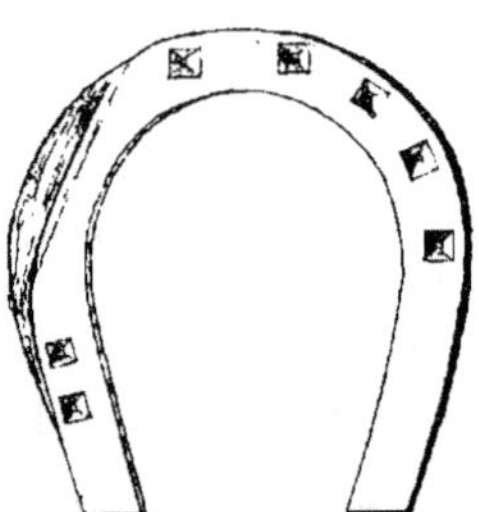

Fig. 261. — Protecteur Lacombe fixé à un fer à mamelle tronquée.

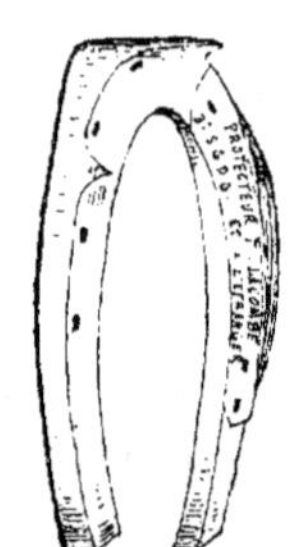

Fig. 262. — Face supérieure d'un fer à mamelle tronquée, avec protecteur Lacombe.

que l'on fixe par les clous. Cet appareil déborde « la partie tronquée du fer et de la paroi » et protège « les membres qui ne subissent plus que des frottements inoffensifs ».

Le *protecteur Lacombe* (fig. 261 et 262) est en caoutchouc, il présente une partie plane, qui est placée sous le fer et fixée par les clous, et un bourrelet élastique débordant le fer de toute son épaisseur afin d'amortir le choc et de prévenir toute contusion.

L'inventeur fait les recommandations suivantes pour l'emploi de son appareil :

Mettre le pied d'aplomb, enlever une mince couche de corne du côté interne, où doit reposer l'appareil, poser le fer et fixer la

branche externe par deux clous ; puis, soulever la branche interne
pour glisser le protecteur entre le sabot et le fer. (*Le centre du protecteur doit correspondre à la partie de corne qui heurte le membre opposé.*)

Fixer le protecteur comme si le fer était seul, en commençant
par la pince et en ayant soin de faire tirer (par le teneur de pieds)
une ficelle que l'on aura placée d'avance dans le bout postérieur de
l'appareil.

*La coadaptation parfaite du bourrelet contre le fer et le pied est
une condition essentielle pour la durée de ce système.*

Il faut pour que l'appareil soit bien posé :

1° *Que le bourrelet seul déborde du côté interne ;*

2° *Que les clous soient parfaitement rivés.*

On voit que le protecteur Lacombe est fixé par les clous
de la branche interne ; on ne peut donc l'employer avec
un fer à branche interne presque
dépourvue d'étampures, à moins de
le river sur le fer. D'un autre côté,
cet appareil ne laisse pas que d'être
d'un prix élevé et il s'use ou se détériore assez rapidement.

Pour remédier à ces inconvénients, Ducasse, vétérinaire militaire, a imaginé un *protecteur* qui
consiste en « une lame de cuir repliée

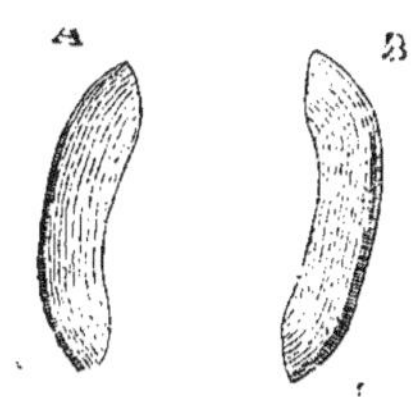

Fig. 263.
Protecteur Ducasse.
A, pour un pied antérieur.
B, pour un pied postérieur.

et contournée sur elle-même de façon à acquérir la forme
d'un croissant (fig. 263).

« Ainsi conformé, il a exactement la tournure du pied
du cheval au niveau de la mamelle interne et présente un
bord externe convexe, arrondi, épais et souple, un bord
interne concave et aminci, deux surfaces régulièrement
planes et deux angles. Le quartier de derrière des pieds
postérieurs étant plus droit, nous avons dû faire un protecteur de derrière à bord externe moins arrondi (fig. 263, B)
afin d'éviter une trop forte saillie qui aurait compromis
sa solidité. »

Pour appliquer ce protecteur, le pied est paré d'aplomb, on enlève seulement « une faible couche de corne en mamelle interne pour loger le protecteur ». Cet appareil s'emploie avec un fer ordinaire, qu'il s'agisse des pieds antérieurs ou postérieurs. Point n'est besoin d'arrondir la rive supérieure de la mamelle interne, car non seulement la section du protecteur n'est pas à redouter, mais l'expérience nous a même appris que son arête vive aidait à la formation plus facile et plus nette du bourrelet. Nous conseillons, au contraire, d'arrondir à ce niveau la rive inférieure ; car il peut arriver, par exception, sans doute, qu'un cheval s'atteigne avec cette portion du fer, contre les chocs de laquelle un bourrelet aussi faible ne saurait le protéger. — Rien ne s'oppose à l'emploi du fer à mamelle interne tronquée, il suffit de fixer le protecteur à son centre, à l'aide d'un rivet (fig. 264).

Un moyen très simple de bien fixer

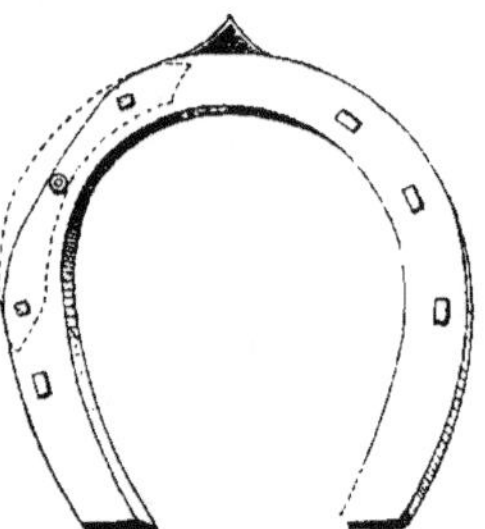

Fig. 264. — Protecteur Ducasse fixé à la face supérieure d'un fer à mamelle tronquée.

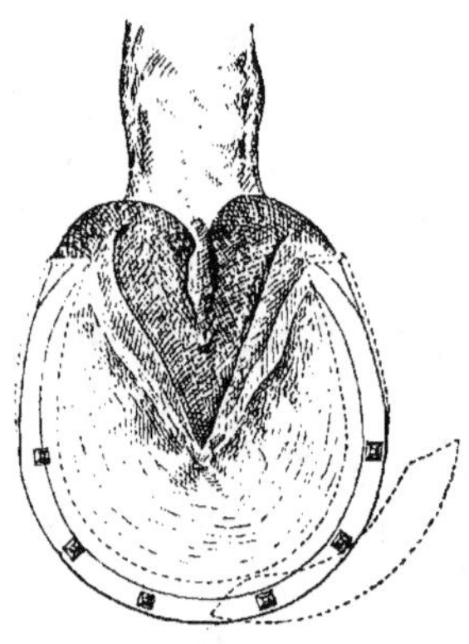

Fig. 265. — Position du protecteur Ducasse avant la fixation du clou de pince.

le protecteur est le suivant : après avoir fait porter le fer, on place un des angles en arrière du pinçon contre lequel il vient franchement buter sans s'occuper de l'angle opposé (fig. 265), après quoi on enfonce le clou de pince. Il suffit ensuite de ramener l'angle postérieur sous la branche du fer, en laissant faire au bord convexe une saillie de 0ᵐ,002 à 0ᵐ,004 destinée à constituer le bourrelet. Suivant Ducasse, le protecteur en cuir moulé et comprimé dont il est l'inventeur, tient très bien pendant une ferrure entière c'est-à-dire 30 à 35 jours ; de plus, il est très peu coûteux, on peut l'adapter au fer à mamelle interne tronquée et combiner ainsi deux moyens qui se complètent l'un par l'autre, pour empêcher le cheval de se couper.

Parmi les appareils qui sont directement appliqués sur la région à protéger — boulet, tendon, genou — nous mentionnerons la *guêtre*, le *bourrelet*, le *bracelet à pointes* ou *sans pointes*.

La *guêtre* est confectionnée en cuir et feutre et ne peut se déplacer ; la partie externe qui est frottée par le membre opposé est en cuir dur. On fait aussi des guêtres en caoutchouc, en cuir rembourré. Une guêtre fort simple et très efficace est celle dite *marchande :* c'est un morceau de drap ou de couverture lié, par son milieu, au-dessus du boulet et replié de bas en haut sur le lien, de telle sorte que le dedans du boulet est protégé par deux épaisseurs d'étoffe.

Le *bourrelet* est une sorte d'anneau épais et arrondi, en cuir ou en caoutchouc, pourvu d'une courroie et d'une boucle à ardillon. Cet appareil se place au-dessus du boulet et il protège ainsi la face interne du boulet et du canon, mais il est moins efficace que la guêtre.

Le *bracelet à pointes* ou *à boucles* est en caoutchouc ou en liège ; il se place autour du pâturon et quelquefois même au-dessus du boulet. Cet appareil oblige le cheval à marcher large et prévient ainsi les atteintes, mais il est disgracieux.

ART. III. — FERRURES PRÉVENTIVES DES ACCIDENTS QUI RÉSULTENT DE CERTAINES HABITUDES VICIEUSES D'ÉCURIE.

Il est des chevaux *qui se couchent en vache*, d'autres qui *se croisent*, se *déferrent ;* il en est enfin qui *ruent* à l'écurie. Ces habitudes vicieuses déterminent des blessures que l'on peut prévenir ou atténuer par la ferrure et l'emploi d'appareils particuliers.

§ 1er. — FERRURE DES CHEVAUX QUI SE COUCHENT EN VACHE.

Certains chevaux se couchent à la manière des bêtes bovines, les membres antérieurs repliés sous le thorax et de telle manière que l'éponge interne du fer blesse le coude, et qu'il se forme ainsi une tumeur appelée *éponge*.

Dans ce cas, on emploie un fer à éponge interne tronquée de deux centimètres environ, arrondie et biseautée (fig. 266) de telle sorte que la pointe du coude ne porte que sur la corne. Par suite, le contact de cette région avec le talon non recouvert de fer est inoffensif, c'est-à-dire qu'il ne détermine pas d'*éponge*.

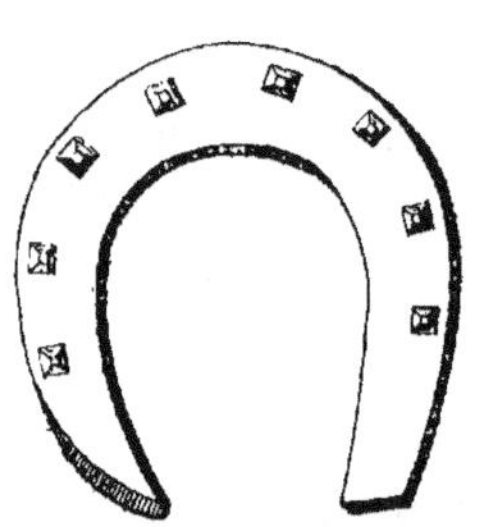

Fig. 266. — Fer à éponge interne tronquée pour le cheval qui se couche en vache.

La ferrure à *croissant* peut aussi être employée avec succès.

Comme moyens complémentaires de la ferrure, on a conseillé divers appareils protecteurs ou défensifs.

1° *Pointe aiguë*, longue d'un centimètre, disposée à l'extrémité de l'éponge du fer afin que le cheval se pique et se corrige ;

2° Courroie hérissée de petits clous attachée au-dessus du boulet ;

3° Tampon de paille fixé dans le pli du genou ;

4° Bourrelet volumineux et dur placé soit au-dessus du genou, soit au milieu du canon ou même dans le pâturon ;

5° Bottine en cuir rembourrée enveloppant les talons ou bien tresse de paille entourant cette région du sabot.

Ces divers appareils s'appliquent pendant la nuit ; le plus efficace d'entre eux est, selon nous, une bottine élastique, peu épaisse, bien adaptée sur le talon interne.

§ 2. — FERRURE DES CHEVAUX QUI SE CROISENT A L'ÉCURIE.

Il est des chevaux qui, pour se reposer ou simplement par habitude, placent le pied d'un membre postérieur demi-fléchi sur le devant du sabot de l'autre membre à l'appui ; alors l'éponge interne finit par contusionner le bourrelet. Il peut se produire ainsi un *javart encorné*, c'est-à-dire une lésion très grave qui, si elle est négligée, peut entraîner l'abatage de l'animal. Dans tous les cas, sa guérison exige un repos assez prolongé. Il importe donc de prévenir cette blessure.

Pour cela il faut protéger le sabot, qui est exposé à être contusionné, par une bottine en cuir dite *sabotière*. Cet appareil, qui est recouvert de tôle, couvre tout le devant du sabot et de la couronne et se fixe au pâturon. Toutefois le *bourrelet à rondelle* est préférable. « C'est une plaque de cuir très épaisse et ronde portant un bourrelet à son centre attaché et mobile autour du pâturon. » D'autre part, il faut que les fers de derrière soient dépourvus de crampons ou tout au moins que l'éponge interne soit disposée à l'anglaise et fortement arrondie.

§ 3. — FERRURE DES CHEVAUX QUI SE DÉFERRENT A L'ÉCURIE.

Quelques chevaux mettent l'un ou l'autre des pieds antérieurs et quelquefois les deux dans la mangeoire, et, en cherchant à les retirer, arrachent leurs fers.

Pour remédier à cette habitude vicieuse, il faut : ferrer court, arrondir le bout des éponges, lever deux pinçons, l'un en pince et l'autre en quartier afin de consolider la ferrure. Néanmoins il est parfois nécessaire de fixer aux pâturons antérieurs deux entravons reliés par une chaîne assez longue pour permettre au cheval de se coucher.

§ 4. — FERRURE DES CHEVAUX QUI RUENT A L'ÉCURIE.

Il est des chevaux qui *frappent* fréquemment, avec les pieds de derrière, les stalles, les bat-flancs, ce qui les expose à se déferrer, à contracter des capelets et à s'embarrer.

On atténuera les conséquences de ce grave défaut par une ferrure consolidée au moyen de deux pinçons et d'une ou deux étampures supplémentaires. En outre, « il est souvent utile de mettre au pâturon des chevaux qui *frappent à l'écurie* un entravon portant une courte chaîne traînant dans la litière ; alors, le cheval, en *frappant*, se fouette le membre à l'appui avec la chaîne et le plus souvent se corrige de sa mauvaise habitude. Pour *éviter les capelets*, il suffit de placer au-dessus du jarret un très fort bourrelet (fig. 267) de forme spéciale. » (Goyau.)

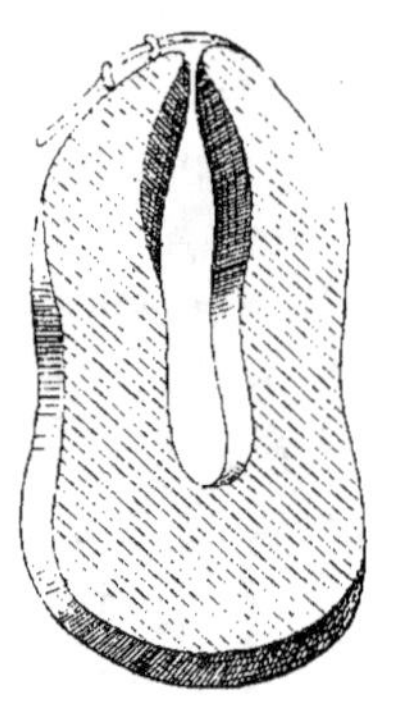

Fig. 267. — Bourrelet contre les capelets (Goyau).

CHAPITRE III

FERRURE DES PIEDS MALADES.

Les maladies du pied sont très fréquentes : elles procèdent de lésions susceptibles de produire des déformations du sabot et une sensibilité anormale auxquelles on remédie par la ferrure.

Tantôt la ferrure constitue le moyen essentiel de traitement de ces maladies ; tantôt c'est un moyen complémentaire, en ce sens qu'elle sert à maintenir le pansement que l'on applique après une opération ; elle peut être utile enfin pour protéger la cicatrice, couverte d'une corne molle, peu résistante et par cela même très exposée à être contusionnée. Nous allons examiner les divers systèmes de ferrure recommandés pour remplir ces indications, sans toutefois étudier les maladies du pied, attendu que ce sujet est du ressort de la pathologie chirurgicale et non de la ferrure.

ART. 1er. — FERRURE ET TRAITEMENT DU PIED BLEIMEUX.

Les caractères du pied bleimeux varient selon la variété de *bleime* qu'il présente.

A cet égard, on distingue des bleimes *accidentelles* et des bleimes *essentielles*. Les premières se remarquent principalement chez les chevaux à pieds antérieurs larges, plats, à talons bas, évasés ; les secondes s'observent dans les sabots massifs, hauts ou serrés en talons, encastelés, ou bien dans ceux qui ont acquis, faute d'usure, un excès de longueur.

Quelle que soit sa nature, la bleime est une altération des

tissus sous-ongulés, une sorte de meurtrissure produite par des contusions directes ou par des compressions résultant soit du resserrement des talons, soit du jeu des parties intérieures du pied.

Delpérier, considérant que la bleime se localise exactement en talon et qu'elle intéresse le tissu podophylleux de cette région, considérant d'autre part qu'elle siège le plus souvent au pied de devant et du côté interne, croit que la bleime n'est pas la conséquence d'une foulure plantaire, mais qu'elle résulte d'une sorte de torsion de la phalangette de dehors en dedans, qui comprimerait et contusionnerait le podophylle du talon interne contre la paroi. Cet accident se produirait surtout au moment où l'animal marchant sur un terrain dur tourne brusquement eu pivotant sur le membre antérieur à l'appui : alors, le sabot étant immobilisé sur un sol qui ne cède pas, c'est la phalangette qui obéirait au mouvement de pivotement du membre de telle sorte que son angle saillant interne viendrait meurtrir contre la muraille le podophylle qui le revêt.

En admettant cette explication, qui nous paraît judicieuse, on comprend très bien pourquoi les pieds à talons hauts et serrés, ainsi que les pieds plats et à talons bas sont prédisposés à la bleime. Dans les premiers, le podophylle des talons, étant déjà plus ou moins comprimé, sera d'autant plus facilement meurtri par les mouvements des parties postérieures de l'os. Dans les seconds, les talons ont perdu toute souplesse par suite d'une ossification plus ou moins étendue des fibro-cartilages ; d'autre part l'allongement des apophyses rétrossales a augmenté l'amplitude de l'oscillation latérale dont elles sont susceptibles : double condition favorable à la contusion du podophylle.

Quoi qu'il en soit, la bleime se traduit par des altérations plus ou moins étendues suivant qu'elle est *foulée*, *sèche*, *humide* ou *suppurée*. Ces lésions déterminent une boiterie dont l'intensité est proportionnée à leur étendue et à leur profondeur.

Pour prévenir cette claudication, il est indiqué, lorsque les pieds sont larges, plats, à talons évasés, d'appliquer des fers à éponges prolongées un peu au delà du contour des arcs-boutants, afin qu'elles prennent leur appui sur la paroi des talons et qu'elles ne fassent pas ressort sur les branches de la sole. Afin de protéger celle-ci, on interpose entre elle et le fer une plaque de cuir qui pourra servir de support à une étoupade chargée d'onguent de pied, de térébenthine ou de goudron, pour entretenir la souplesse de la corne.

La *ferrure à lunette*, dont il sera parlé en étudiant la ferrure du pied encastelé, convient parfaitement — quoi qu'on en ait dit — pour prévenir le développement des bleimes dites *essentielles* dans les sabots à talons hauts, avec tendance au resserrement.

Les ferrures Charlier et Poret (voy. p. 274 et 287) sont également préventives des bleimes résultant du resserrement des talons ou de l'action de parer le pied à fond.

Delpérier préconise une ferrure qu'il appelle *sous-plantaire*, pour combattre les bleimes. — Elle consiste dans l'application d'un fer constitué par « une plaque métallique dans laquelle on découpe un espace triangulaire pour le passage de la fourchette (fig. 268). Il a donc absolument la forme et l'étendue de la sole de corne elle-même. Le pied ainsi ferré fait son appui sur le fer par les barres, la sole et la paroi, et, par sa fourchette, il s'appuie sur le sol. » Cette ferrure très simple, est, suivant Delpérier, très efficace contre la bleime (1).

(1) La *bleime du cheval*, par J.-B. Delpérier. Paris. Asselin et Houzeau. 1888.

Lorsque la bleime s'est déclarée, il faut la *dégager*, puis soustraire le talon bleimeux aux pressions de l'appui jusqu'à ce qu'il ait récupéré ses conditions normales, et le protéger contre les pressions extérieures.

Pour dégager une bleime il faut amincir la corne sur les parties foulées ou comprimées et à leur voisinage dans une petite étendue, afin de faire cesser la compression de la corne sur les parties malades. A cet effet, on se sert du

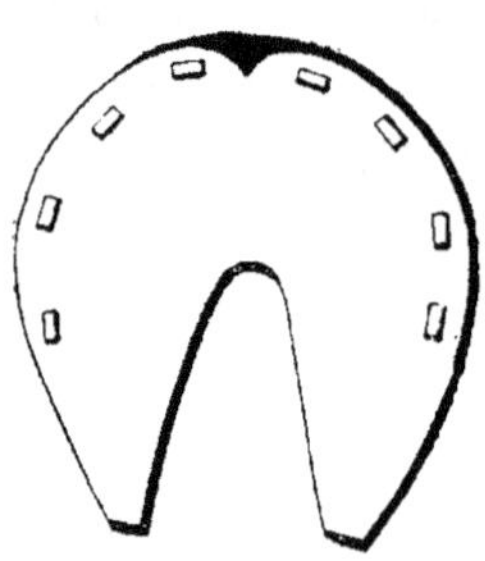

Fig. 268. — Fer Delpérier.

boutoir ou mieux d'une râpe spéciale, dite *râpe à bleime*, et l'on termine avec la rénette en ne laissant qu'une mince pellicule de corne sur la partie douloureuse.

Si la bleime est *ascendante*, *étagée*, l'amincissement doit être fait de haut en bas, depuis la moitié postérieure des quartiers jusqu'aux arcs-boutants et ne s'arrêter qu'à la corne kéraphylleuse. Toutefois cet amincissement étendu expose le pied à un resserrement du quartier et à une nouvelle bleime; il n'est indiqué que dans le cas de lésion très douloureuse, de nature à faire craindre quelque complication nécrosique. Dans la plupart des cas, il suffit de dégager la bleime suivant la manière dite *à la marchande*, *à l'anglaise*, c'est-à-dire de ne pas abattre le talon bleimeux, mais bien d'amincir la corne solaire jusqu'à pellicule en regard de la bleime et de creuser la paroi dans presque toute son épaisseur sans en diminuer la hauteur. Par ce moyen le sabot paraît extérieurement tout à fait intact.

La bleime étant dégagée, on applique ensuite un *fer à planche* ou bien un *fer à bleime*. Quand le fer à planche est appliqué, sa traverse porte sur la fourchette et le talon opposé à celui où siège la bleime; par ce moyen, l'assiette du sabot sur le sol est de niveau et la région malade soustraite à l'appui. Mais le fer à planche est une cause de fatigue pour l'appareil tendineux du pied qui le porte, soit par l'abaissement forcé des talons qui déverse sur eux une trop grande somme de pressions, soit parce que le pied ainsi ferré est plus exposé à glisser sur le pavé.

Le *fer à bleime*, « dégagé, très épais, dont le bout de la branche est taillé en biseau du côté de la bleime (fig. 269), est parfois utile pour le service des villes, il tient bien le pavé et jamais le talon du pied ne vient toucher l'éponge du fer » (Goyau).

La *ferrure ordinaire*, modifiée de la manière suivante, peut aussi être employée dans tous les cas où l'on ne peut se servir

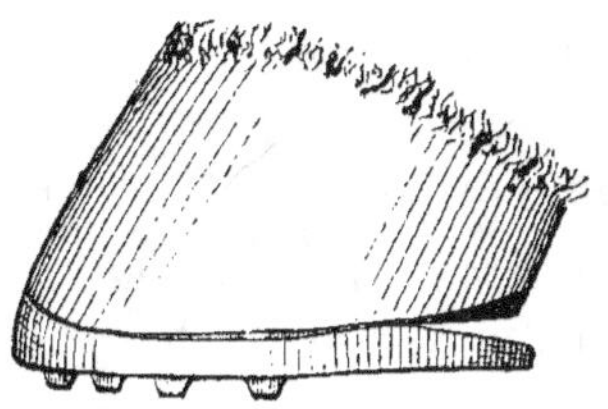

Fig. 269. — Fer à bleime (Goyau).

de la ferrure à planche : « Le talon bleimeux est abattu de manière que, lors du poser sur le sol, il soit au-dessus du niveau de la fourchette et de la circonférence antérieure de la paroi. On ménage plus de couverture et un peu plus d'épaisseur à la branche du fer qui doit correspondre à ce talon, afin qu'elle soit capable de le protéger par sa largeur et par sa résistance; enfin on a soin, en parant le pied, de diminuer un peu la hauteur de la paroi du côté du quartier et du talon qui sont sains, dans le but de le faire légèrement incliner de ce côté et d'y porter l'assiette principale du membre : opération délicate qui doit être dirigée avec une extrême prudence, car si l'on forçait l'obliquité du pied en diminuant trop la hauteur d'un côté du sabot relativement à l'autre, on produirait infailliblement des distensions douloureuses de l'appareil ligamenteux des articulations. » (H. Bouley.)

Quelle que soit la ferrure employée, il convient d'associer

aux fers des semelles de cuir, de caoutchouc; le patin anglais peut donner de bons résultats.

Lorsque la bleime est suppurée, le traitement à lui opposer est du ressort de la médecine opératoire.

ART. II. — FERRURE ET TRAITEMENT DU PIED SEIMEUX.

La seime est une fente de la paroi susceptible de produire une boiterie par le pincement du tissu podophylleux qu'elle produit. Cette lésion siège en *pince* ou en *quartier*, quelquefois en *barre*. Dans le premier cas, on l'observe généralement sur les sabots postérieurs, et, dans les autres cas, sur les pieds antérieurs, notamment sur le quartier interne et sur la barre correspondante; d'où la distinction des seimes en *seime en pince*, *seime quarte* et *seime en barre*, qui comportent elles-mêmes un grand nombre de variétés suivant que la lésion est *superficielle* ou *profonde*, *complète* ou *incomplète*, *simple* ou *compliquée*. Remarquons encore que la seime est une lésion très fréquente et très sujette aux récidives.

Nous avons déjà eu lieu de dire que la seime en pince est une conséquence de l'arcure de la couronne qui accumule, aux moments des efforts de traction, d'énormes pressions sur la partie antérieure de la surface articulaire et sur la région correspondante de la paroi: l'apophyse pyramidale en est quelquefois brisée, plus souvent la paroi se fend dans la direction de ses fibres.

La seime en barre et la seime quarte ne se produisent pas, semble-t-il, par le même mécanisme ; on dirait qu'elles résultent du resserrement du talon correspondant, qui infléchit le quartier et la barre au point de les faire éclater dans leur milieu, comme éclatent des arcs rigides dont on rapproche les extrémités au delà d'un certain degré.

Le traitement de la seime comporte deux indications :

1° immobiliser les lèvres de la fissure cornée afin de prévenir tout pincement : 2° cicatriser la lésion du bourrelet afin que la pousse de corne s'effectue sans solution de continuité.

Pour remplir ces indications, on emploie diverses ferrures combinées avec des procédés très variés que nous rattachons à quatre méthodes : 1° *le barrage des seimes;* 2° *les rainures;* 3° *l'emploi du désencasteleur;* 4° *l'amincissement;* 5° *l'opération de la seime.*

§ 1ᵉʳ. — **BARRAGE DES SEIMES**.

C'est une opération qui consiste à maintenir rapprochés les bords d'une seime au moyen d'un ou de plusieurs clous rivés sur la paroi ou de pièces métalliques dites *agrafes.* C'est une sorte de suture qui a pour résultat l'effacement de la fissure cornée et pour effet la réparation ultérieure du sabot seimeux. Cette suture se pratique principalement pour la seime en pince; on peut aussi l'employer pour la seime quarte lorsque la paroi offre assez d'épaisseur. On l'applique généralement après avoir ferré le sabot seimeux d'une manière spéciale.

Ainsi, on pare le pied de telle sorte que la partie de la paroi correspondant à la seime ne porte pas sur le fer. Pour cela, s'il s'agit d'une seime en pince, on pratique avec le boutoir, dans la muraille, au point où la seime se termine, une échancrure appelée *sifflet* et l'on applique un fer à pince couverte, avec pinçons à chaque mamelle bien rabattus contre la paroi pour fermer la fissure.

S'il s'agit d'une seime quarte : « Parer le pied bien d'aplomb en se rappelant que le quartier seimeux est presque toujours le plus bas et qu'il importe surtout de parer le quartier sain afin de lui faire porter sa part de poids et même de le surcharger ; parer la pince, ménager les talons, échancrer le bas de la paroi en face de la seime pour soustraire la région malade à l'appui ; soulager le quartier seimeux en se servant d'un fer à branche couverte ; donner du même côté une forte garniture en talon et peu de garniture au quartier sain ; ferrer long ou même, si la fourchette est bonne, ou s'il y a un bon talon pouvant servir d'appui, employer le fer à planche et soustraire au contact tout le quartier malade. » (Goyau.)

a. **Premier procédé.** — Il consiste à brocher d'outre en outre, à travers la corne, un clou à ferrer, comme quand on attache le fer sous le pied, mais avec cette différence que ce clou est broché transversalement à travers les bords de la seime. Ce procédé est fort ancien, car il a été décrit par Solleysel ; c'est donc bien à tort qu'on l'a qualifié de *procédé russe*. Pour le mettre en pratique, l'animal ayant le pied appuyé sur le sol ou sur le billot du maréchal, ou bien encore levé comme pour ferrer, l'opérateur broche le clou à travers les lèvres de la fissure. Cette manœuvre opératoire exige une grande habileté manuelle, car il faut prendre assez de corne pour que le rivet tienne solidement, tout en évitant, avec le plus grand soin, d'intéresser le tissu podophylleux. On doit également brocher le clou de telle sorte que les ouvertures d'entrée et de sortie soient sur le même niveau.

L'action de barrer la seime en brochant le clou ne laisse pas que de produire dans le sabot malade des ébranlements douloureux, surtout pendant que la lame du clou traverse la seconde lèvre de la plaie qu'elle écarte. Pour ce motif, on doit donc encore agir avec beaucoup de ménagement.

Quand le clou est broché, on en coupe la tête et la pointe de manière à ménager un rivet que l'on rabat sur la paroi comme dans l'action de ferrer ; puis on donne par-dessus un coup de râpe. Nous nous contentons souvent de placer un seul rivet, et cela suffit ; mais si l'on craint qu'il ne se desserre, on en place deux et même trois, équidistants sur le trajet de la seime, en disposant le premier à un centimètre ou un centimètre et demi au-dessous du bourrelet.

Afin de faciliter la pénétration du clou dans la corne, Solleysel conseillait de traverser les bords de la fissure avec un poinçon ou alène courbée que l'on a préalablement, fait chauffer... « Mais, dit le célèbre écuyer, il faut connaître l'épaisseur du sabot pour ne pénétrer point trop, et ne pas prendre aussi trop peu de corne. »

Ce procédé est dangereux, et il sera toujours préférable d'employer une vrille pour creuser le trajet du clou, comme on le verra plus loin.

Un vétérinaire de Moscou, W. Haupt, prescrit de faire, à un centimètre environ d'un des bords de la fissure, une petite entaille dans la muraille. Dans cette entaille on introduit un clou ordinaire bien pointu, de manière à pratiquer dans l'épaisseur de la corne un trajet qui doit recevoir le clou qu'on laisse à demeure pour former le rivet. Celui-ci doit être préparé de telle sorte que sa tête, convenablement aplatie, puisse se loger dans l'entaille faite à la corne et que sa pointe soit effilée. Le clou étant broché, « les deux bords de la fissure sont rapprochés autant que faire se peut, le bout est rivé, et le tout est convenablement limé (1) ».

Lafosse, de Toulouse, appliquait les rivets de la manière suivante :

« Ferrure neuve, corne ramollie par un cataplasme de chaque côté de la seime, rainure transversale aux fibres de la paroi, et, par conséquent, à la seime, distante de celle-ci par celle de ses extrémités qui s'en rapproche le plus de un demi à un centimètre au plus ; cette rainure va jusqu'à la rosée près de la seime ; elle est moins profonde à l'autre extrémité, à cause de la convexité du pied. Les

____

(1) *Recueil de médecine vétérinaire*, année 1856, p. 745.

deux doivent être, par leur fond, sur le même plan et sur une même ligne droite dans toute la longueur. Cela fait, à l'aide d'un clou bien raidi par le battage, parfaitement affilé et dont la pointe est enduite d'un corps gras ou de savon, on creuse, en brochant le clou à petits coups et le retirant alternativement avec les doigts ou les tricoises, le trajet que devra occuper l'attache. Après avoir creusé ainsi à peu près la moitié du trajet d'un côté, on creuse l'autre moitié de la même manière du côté opposé, et si la pointe rencontre la porte déjà pratiquée, on broche jusqu'à ce qu'elle sorte par l'entrée de cette dernière. Le trajet une fois creusé, on introduit l'attache, qui n'est autre qu'un clou à ferrer, affilé aussi, mais battu ou limé de manière que, hors sa pointe, sa lame ait partout une largeur e une épaisseur égales ; il doit être recuit, à peu près de même force que son précédent et graissé ou savonné comme lui. Il s'introduit aisément lorsque le trajet qu'il doit parcourir a été bien fait. Dès qu'il est en place, ses deux extrémités sont relevées à angle droit sur les côtés de la seime, coupées avec les tricoises au niveau de la face externe de la paroi, et l'on serre l'attache ainsi faite en appuyant la pointe d'un poinçon sur l'un de ses angles, tandis que des percussions sont opérées sur un autre poinçon dont la pointe est appuyée sur l'angle opposé. On termine par un coup de lime donné sur les extrémités de l'attache, et par l'introduction dans les rainures d'un peu d'onguent de pied (1). »

Ce procédé a été employé pour le barrage des seimes quartes lorsque la paroi est suffisamment épaisse.

Il est assez facile de se servir, pour creuser le trajet du clou destiné à barrer la seime, d'une vrille anglaise à mèche bien graissée.

---

(1) *Traité de pathologie vétérinaire*, t. II, p. 788.

L'emploi de cette vrille dispense l'opérateur de pratiquer des entailles ou des rainures sur le sabot. L'opération se pratique sur l'animal debout en se contentant de lever le pied antérieur opposé latéralement au pied postérieur atteint de seime en pince. On se met alors à genoux, en regard du sabot à opérer, sur le côté et en dehors ; puis, par l'action combinée des deux mains, on fait agir la vrille, en ayant le soin de prendre assez de corne pour que le rivet soit solide, tout en évitant de blesser les tissus sous-ongulés. Il est à remarquer que l'outil perforateur, agissant d'une manière régulière, ne produit, quand il est bien dirigé, aucune douleur, de telle sorte que le plus souvent l'animal ne fait aucun mouvement pendant ce premier temps opératoire.

Le trajet du clou étant pratiqué, on y fait pénétrer une lame de clou bien effilée, repliée à angle droit à l'une de ses extrémités sur une surface de 2 à 3 millimètres, qui fait office de tête et sur laquelle on frappe de petits coups de brochoir jusqu'à ce que la lame sorte du côté opposé. On coupe alors chaque extrémité avec des tricoises et on les rabat sur la muraille en les rivant comme dans l'action de ferrer.

b. **Procédé Vachette.** — En 1861, Vachette, vétérinaire à Paris, a fait connaître un nouveau mode de traitement des seimes par le procédé des *agrafes*. On donne le nom d'agrafe à un morceau de fil de fer non recuit de 3 millimètres de diamètre recourbé à ses deux extrémités, que l'on fixe sur la seime avec une pince spéciale après avoir creusé, dans le sabot, deux empreintes destinées à la recevoir. Pour fabriquer cette agrafe, Vachette se sert de fil de fer dit *au bois* (n° 18) qu'il rend d'abord presque demi-rond, il le recourbe ensuite aux deux extrémités, lesquelles sont ensuite légèrement aplaties en coin d'un côté à l'autre, puis taillées à la lime de

manière à ménager aux parties internes des extrémités,
A, A' (fig. 270) une dent aiguë, de 2 à 3 millimètres de long
(fig. 271); il est facile de comprendre que, lorsqu'on recourbe
les extrémités des agrafes, ces dents viennent s'implanter
très solidement dans
l'épaisseur de la mu-
raille, et qu'il devient
alors tout à fait im-
possible que l'agrafe
soit enlevée. La fi-
gure 272 représente

Fig. 270. — Agrafe
Vachette en prépa-
ration.

Fig. 271. — Agrafe
Vachette prépa-
rée.

une coupe du sabot muni de l'agrafe inventée par Vachette.
On voit que la saillie qu'elle forme est à peu près nulle;
« en outre, ajoutait Vachette, avec les dents que j'ai
ménagées aux extrémités de l'agrafe, j'obtiens un moyen
de fixation très puissant et qui représente assez bien en

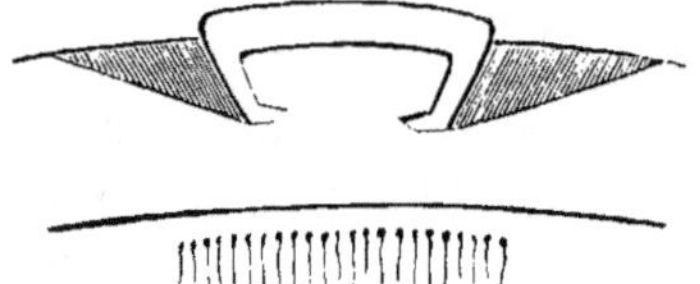

Fig. 272. — Agrafe appliquée dans
l'épaisseur de la muraille.

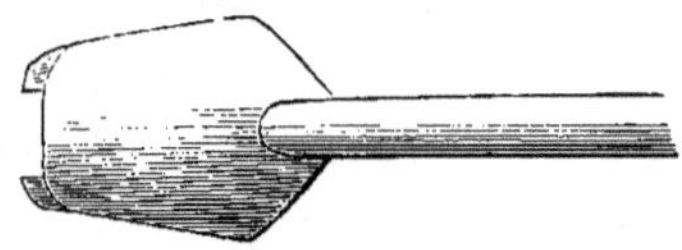

Fig. 273. — Cautère à empreintes
pour l'application des agrafes (Système Vachette).

dedans, un rivet analogue à celui que l'on fait en dehors
aux clous à cheval employés pour la ferrure (1). »

Pour appliquer les agrafes, il faut avoir un cautère à
empreintes et une pince que nous allons faire connaître.
Le cautère (fig. 273) est formé par une tige fixée dans un
manche, et une partie cautérisante, qui consiste en un
morceau de fer plat taillé et échancré à son extrémité, de
manière à faire en une seule fois les deux empreintes

____

(1) *Recueil de médecine vétérinaire*, 1863, p. 95.

destinées aux extrémités de l'agrafe et en même temps
à marquer sur le sabot la place que doit occuper le corps
de l'agrafe, sans toutefois faire autre chose que d'effacer,
en les brûlant, les aspérités de la corne qui pourraient
s'opposer à ce que le corps de l'agrafe soit appliqué
immédiatement contre la muraille.

La pince (fig. 274) est douée d'une très grande puissance,
et il le fallait afin de pouvoir recourber les extrémités de

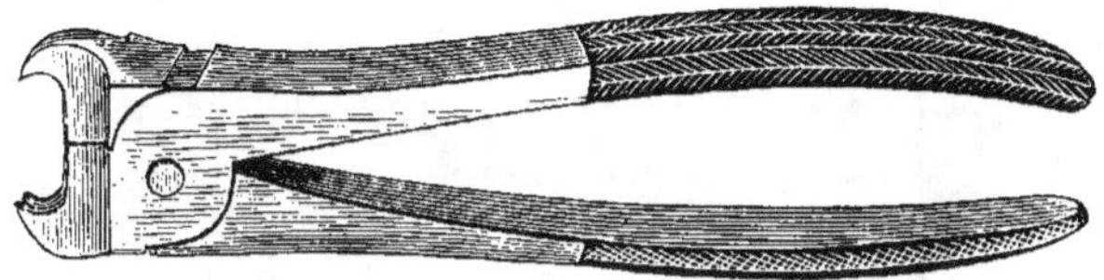

Fig. 274. — Pince Vachette.

l'agrafe en les plaçant entre ses mors. Ceux-ci sont très
courts (5 millimètres), aplatis d'un côté à l'autre et can-
nelés en dedans ; ils sont distants l'un de l'autre d'environ
30 millimètres, de manière à pouvoir placer, en l'ouvrant,
l'agrafe entre eux et la recourber en pressant sur les
branches de l'instrument.

Salles, ancien fabricant d'instruments de chirurgie
à Paris, a modifié la pince de Vachette en y adaptant des
mors de rechange, qui permettent de l'employer pour des
agrafes de différentes grandeurs (fig. 275).

Manuel opératoire. — On fait chauffer au rouge-cerise
le cautère à empreintes, puis on l'applique perpendiculairement sur le sabot, en travers de la seime, de manière
à faire de chaque côté de celle-ci, et à égale distance, des
empreintes d'une profondeur de 2 à 3 millimètres dans
lesquelles on place l'agrafe que l'on serre au moyen de
la pince qui vient d'être décrite.

Toutefois, pour que l'on puisse compter sur un bon
résultat, Vachette recommandait : « de faire les empreintes

très étroites, de manière que les agrafes n'y pénètrent qu'à frottement : de laisser complètement refroidir la corne avant de fixer les agrafes ; d'en mettre un aussi grand nombre que possible, trois, quatre, cinq, à un centimètre les unes des autres ; de ne pas les recouvrir de goudron ou de tout autre corps gras, ces agents ayant l'inconvénient de faire sauter les rivets ou les agrafes ; plutôt de les mouiller avec du vinaigre ou un acide, de manière à faciliter l'oxydation, qui augmente l'adhésion de la corne et du fer ; de recouvrir, par précaution, les agrafes nouvellement posées par quelques tours de bande, que vous goudronnez moins toutefois dans la partie correspondante aux agrafes ; de protéger le tout par une guêtre en cuir ; et aussitôt que l'avalure du sabot laissera assez de place au-dessus des premières agrafes pour en placer une nouvelle, c'est-à-dire après trois ou quatre semaines, ne pas oublier d'en profiter pour en faire une nouvelle (1). »

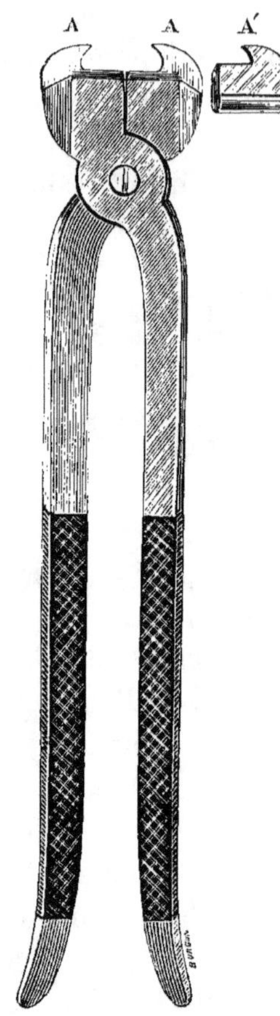

Fig. 275. — Pince à agrafes à mors de rechange (Salles).

A, A, mors fixés aux branches de la pince. — A', mors de rechange.

Le procédé des agrafes est applicable non seulement à la seime en pince, mais encore à la seime quarte, du moins d'après Vachette. On pourrait craindre, *a priori*, vu le peu d'épaisseur de la muraille dans la région

______

(1) *Recueil de médecine vétérinaire*, 1863, p. 97.

des quartiers, que l'application du cautère à empreintes dé-
terminât une brûlure du tissu podophylleux ; mais il résulte
de plusieurs expériences, qui ont été faites par Vachette,
que l'on peut « plonger le fer à empreintes jusqu'aux deux
tiers de l'épaisseur de la muraille sans inconvénient et
sans crainte aucune ». Ce praticien a fait remarquer, en
outre, que ses agrafes étant toujours placées près de la
couronne, il n'y a pas à craindre que les chevaux se
coupent. Ajoutons qu'il employait comme moyens complémentaires, la ferrure à planche et la cautérisation du
bourrelet à l'origine de la seime.

Ce procédé, qui est d'une application facile, donne de
bons résultats quand on le pratique en prenant les précautions prescrites par son inventeur, comme nous avons
pu nous en convaincre. Toutefois nous préférons l'emploi
du clou à ferrer appliqué comme il est dit page 415. Par
ce dernier moyen, le barrage d'une seime ne laisse rien à
désirer au point de vue de la solidité.

§ 2. — MÉTHODE DES RAINURES.

Cette méthode consiste à pratiquer une ou plusieurs
rainures sur la seime elle-même ou autour d'elle, afin de
rompre la continuité de la paroi et de s'opposer à la transmission des mouvements alternatifs de resserrement et
d'écartement des deux bords de la fissure. On prévient
ainsi les pincements douloureux qui se produisent au
moment de l'appui, et, en immobilisant de la sorte les
bords de la seime, la corne repousse normalement et la
seime disparaît par avalure.

Plusieurs procédés ont été recommandés pour traiter
la seime de cette manière. Le plus ancien consiste à faire
une *rainure transversale* au milieu de la seime. Cette rainure intéresse presque toute l'épaisseur de la corne, de
manière à ne laisser qu'une mince pellicule à la surface du

tissu podophylleux. On la pratique avec une rénette ordinaire, de telle sorte qu'elle a un centimètre de largeur.

En 1852, un vétérinaire militaire, Castandet, a préconisé l'emploi des *rainures en V*. Voici comment on opère :

L'animal est maintenu debout, sans tord-nez, dans la plupart des cas ; le pied sur lequel on va opérer est levé comme pour la ferrure ou bien placé sur le billot sur lequel le maréchal place le sabot pour le râper commodément. L'opérateur, armé d'une rénette, creuse de chaque côté de la seime une rainure intéressant toute l'épaisseur de la corne grise et une partie de la corne blanche jusqu'au voisinage des tissus vifs sur lesquels il ménage dans toute l'étendue de la rainure une mince pellicule de corne. Ces rainures s'étendent du biseau à la partie inférieure de la seime en formant un V à ouverture supérieure ; d'autres fois, elles sont parallèles et placées à un travers de doigt de chaque côté de la fissure, à laquelle elles forment comme une sorte d'encadrement.

Quand les rainures sont pratiquées, on cautérise le bourrelet à l'origine de la seime puis on les remplit d'onguent de pied. Cette précaution est très importante, car elle empêche la dessiccation de la couche cornée pellucide conservée au fond de chaque sillon et prévient ainsi la formation de nouvelles seimes. Toutefois, il ne suffit pas d'enduire les rainures, il faut encore les recouvrir d'un plumasseau maintenu par plusieurs tours de bande, afin que l'action desséchante de l'air ne puisse se faire sentir sur la corne. Cette action est telle que si, pendant que l'animal travaille, le pansement vient à tomber et que le sabot reste exposé aux rayons d'un soleil ardent, la pellicule de corne qui forme le fond de chaque sillon éclate, et au lieu d'une seime, on en a deux et quelquefois trois, comme nous l'avons vu quelquefois. Ces seimes

consécutives aux rainures, sont tout aussi difficiles à
guérir que la seime primitive.

Malgré cet inconvénient, ce procédé, qui est d'un emploi
facile, jouit aujourd'hui d'une grande vogue, car il
possède une grande efficacité. Bon nombre de praticiens en
obtiennent d'excellents résultats. Il réussit aussi bien pour
la seime en pince que pour la seime quarte, en ayant le
soin de le combiner avec la ferrure dont nous avons parlé
précédemment.

En 1884, Colin, de Vassy, a fait connaître le procédé
suivant :

« Après avoir creusé une rainure de chaque côté de la
seime, je pratique à un centimètre au-dessous de la naissance de la corne une rainure transversale qui réunit
entre elles les deux premières à leur extrémité supérieure.
S'il s'agit d'une seime quarte sur un pied encastelé, il sera
toujours utile de continuer la rainure transversale jusqu'au talon (1). »

Quelle que soit la disposition des rainures, il faut toujours entailler le bord plantaire de la muraille afin que la
seime ne porte point sur le fer. Il faut également cauté-
riser le bourrelet à l'origine de la seime, soit avec le fer
rouge, soit avec un caustique approprié, l'acide nitrique
par exemple. On doit en outre garnir les rainures avec de
l'onguent de pied, afin que leur fond ne se fendille pas.
L'emploi de l'huile de cade donne de très bons résultats.

Nous avons employé comparativement le procédé par
rainure transversale et le procédé par rainures en V. Ce
dernier nous a toujours paru préférable, mais il n'est pas
infaillible.

Suivant Colin, en combinant les deux procédés, on a
plus de chances de succès.

(1) *Recueil de médecine vétérinaire*, 1884, p. 29.

§ 3. — **EMPLOI DU DÉSENCASTELEUR.**

Merche, ancien vétérinaire principal, a préconisé un procédé de traitement des seimes quartes consistant dans l'emploi du désencasteleur (1). Pour cela, on prépare un fer géneté dont les pinçons sont parfaitement ajustés pour suivre la direction de chacun des arcs-boutants, près de l'angle d'inflexion de la paroi. A l'aide du dilatateur, on écarte les talons jusqu'à ce que les bords de la seime soient en parfaite coaptation, et l'on fixe le fer au moyen de six ou huit clous. On pratique ensuite une friction vésicante sur le bourrelet, au voisinage de la seime.

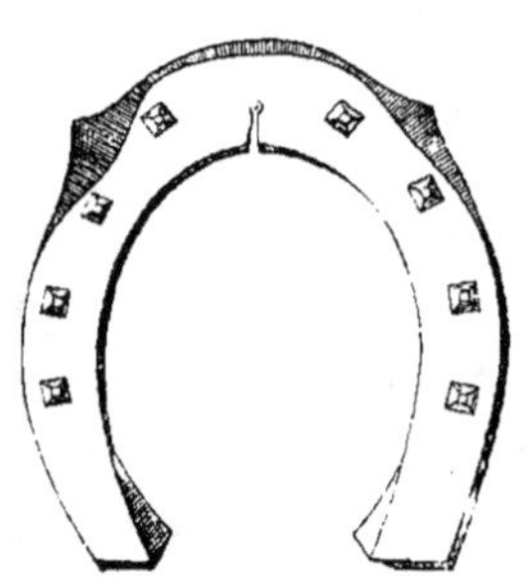

Fig. 276. — Fer Trasbot pour la seime en pince.

Watrin a préconisé l'emploi du fer Defays (Voy. *Ferrure du pied encastelé*) pour le traitement de la seime en pince.

Trasbot a inventé un fer ayant pour but de faciliter la réparation des seimes non compliquées, siégeant sur la pince des sabots postérieurs, en permettant d'en rapprocher les bords au moyen de l'étau désencasteleur. Ce fer (fig. 276), un peu fort et couvert en pince, porte un pinçon sur chaque mamelle et un crampon Defays à la rive interne de chaque talon ; il présente en pince une entaille intéressant toute l'épaisseur du fer dans la moitié concentrique de la voûte, ce qui permet aux branches de s'écarter dans leurs parties postérieures et de suivre ainsi le mouvement de dilatation communiqué aux talons, mouvement qui a précisément pour effet de rapprocher les bords de la seime en pince.

Pour pratiquer cette entaille il suffit, dit Trasbot,

______
(1) *Journal de médecine vétérinaire militaire*, 1863, p. 474.

le fer étant encore chaud, de forer un trou étroit avec un poinçon sur le milieu de la largeur de la pince et de réunir, par un coup de tranche, la perforation limitatrice à la rive interne.

Le fer ainsi préparé est appliqué sous le pied et dilaté avec l'étau *ad hoc*, jusqu'à ce que les bords de la fissure soient en contact. « Il y avait à craindre que le fer dont il s'agit ne fût, en raison de l'incision de sa voûte, moins solide et cassât plus facilement qu'un fer ordinaire. L'expérience m'a démontré le contraire. J'en ai déjà fait placer plus d'une douzaine, et tous ont parfaitement résisté.

« L'un a été mis à un cheval limonier de la plus forte taille et a fait obtenir la réparation complète d'une seime profonde sans aucune interruption de travail (1). » (Trasbot.)

Trasbot ne considère pas le fer dont il est l'inventeur comme un moyen exclusif de traitement des seimes en pince ; c'est ainsi que, deux ou trois fois, il a fixé sur la paroi des agrafes Vachette comme complément de contention et il a constaté que celles-ci tiennent mieux.

§ 4. — AMINCISSEMENT.

Ce mode opératoire consiste à enlever avec la râpe et la rénette la plus grande partie de la corne qui forme les bords de la seime de manière à ce qu'ils ne soient plus recouverts que d'une mince pellicule cornée. L'amincissement peut être limité à la partie supérieure de la seime, ou bien il peut intéresser les bords de cette fissure dans toute leur étendue.

Dans le premier cas, c'est une sorte de rainure transversale qu'on pratique immédiatement au-dessous du biseau, en ayant le soin de ne pas intéresser les tissus vifs ; dans le second cas, c'est une rainure longitudinale creusée dans

(1) *Bulletin de la Société centrale de médecine vétérinaire*, année 1874, p. 31.

la seime elle-même, jusqu'au podophylle que l'on respecte.

Ce procédé, qui a pour but de diminuer la compression que les tissus vifs éprouvent, peut être remplacé aujourd'hui avec avantage par les divers modes de barrage des seimes, qui permettent d'obtenir la guérison de cette maladie dans les meilleures conditions économiques. Et, à notre avis, on ne doit l'employer qu'autant que la boiterie persiste avec un tel caractère d'intensité, malgré l'emploi des réfrigérants et du repos, qu'il y a lieu de craindre quelques complications graves, notamment la carie de la phalange unguéale, du fibro-cartilage latéral ou du tendon extenseur antérieur des phalanges. Dans ce cas, l'amincissement peut constituer le premier temps de l'opération proprement dite de la seime, dont la description ne rentre pas dans le cadre de cet ouvrage.

ART. III. — FERRURE ET TRAITEMENT DU PIED A TALONS SERRÉS ET DU PIED ENCASTELÉ.

Dans un chapitre précédent (voy. p. 363) nous avons défini et caractérisé le pied à talons serrés et le pied encastelé. Ces déformations du sabot constituent deux degrés de la même affection — l'encastelure — procédant elle-même de l'atrophie du coussinet plantaire. On doit donc s'appliquer à prévenir ou à combattre cette atrophie qui est la lésion essentielle.

Pour prévenir le resserrement des talons, il faut observer les règles de la ferrure telles qu'elles sont exposées dans ce livre.

Quand il s'agit de combattre l'encastelure, il faut distinguer les cas dans lesquels cette déformation ne s'accompagne pas de boiterie, de ceux qui déterminent une claudication. Dans le premier cas, on emploie diverses ferrures et des moyens hygiéniques ou thérapeutiques ; dans le second cas, on applique une ferrure dilatatrice ou le désencasteleur.

Parmi les ferrures préventives recommandées nous signalerons : la ferrure à lunette ou à croissant, la ferrure à étampures unilatérales, la ferrure à planche, les ferrures Charlier, Poret et Lavalard.

§ 1er. — FERRURE A LUNETTE.

Dans le langage de l'ancienne maréchalerie, et de nos jours encore, on désigne sous le nom de *fer à lunette* un fer dont la forme offre quelque analogie avec celle du croissant de la lune.

Le fer à lunette, encore appelé fer à *éponges tronquées* (fig. 277), est très court de branches, et, quand il est appliqué, il garnit seulement la *pince*, les *mamelles* et les parties antérieures des *quartiers*, de telle façon que la partie postérieure de cette région, les talons et la fourchette appuient directement sur le sol.

« Pour en faire une application rationnelle, dit H. Bouley, il faut avoir soin de ne pas abattre

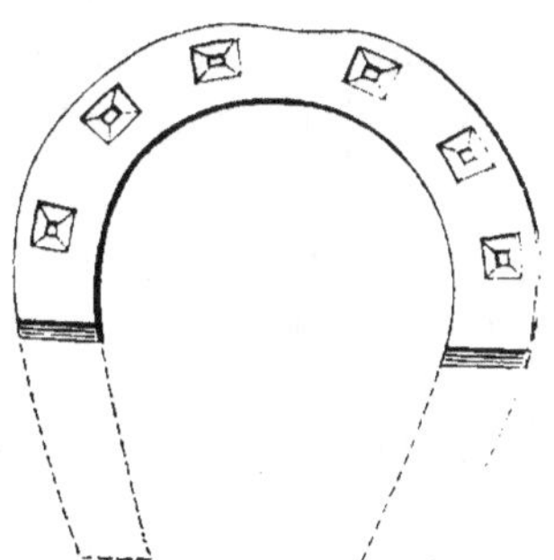

Fig. 277. — Fer à lunette.

les parties postérieures de l'ongle au même niveau que les antérieures, mais bien au contraire de ménager assez les premières pour que, une fois le fer en place, leur bord plantaire soit sur le même plan que sa face inférieure. Il est donc nécessaire que le croissant, qui représente le fer à lunette, soit véritablement incrusté dans la corne. A cette condition, l'aplomb du cheval est conservé parfait, chose qui n'existerait pas, si le pied étant paré dans toute son étendue sur le même niveau, le croissant métallique, fixé à sa partie antérieure, formait une saillie exubérante sur sa face plantaire. Dans ce cas, en effet, les talons surélevés ne pouvant se mettre en contact avec le sol en même temps que les régions garnies par le fer, le pied serait exposé à basculer en arrière, au détriment des appareils tendineux suspenseurs, sur lesquels serait déversée par ce fait une trop grande somme de pressions qui se traduirait par l'endolorissement de ces appareils, conséquence de leur distension outrée (1). »

Ce mode de ferrure favorise l'élasticité du pied en permettant la libre expansion des parties postérieures de cet organe, contrairement à ce qui arrive quand on applique un fer ordinaire sans que la fourchette participe à l'appui.

L'emploi du fer à lunette est donc très rationnel quand il s'agit de prévenir le développement de l'encastelure. H. Bouley en était grand partisan et il s'étonnait de ne pas le voir d'un plus fréquent usage dans les pays chauds notamment, et pour les chevaux qui, par leur origine et la conformation de leurs pieds, sont prédisposés au resserrement des sabots. « D'où vient cela? Pourquoi ne tire-t-on pas, dans la pratique, d'un mode de ferrure si incontestablement bon tous les bénéfices qu'il est capable de donner? C'est qu'il y a contre lui des préjugés et des antipathies. On admet, mais à tort, que le fer à lunette n'est pas suffisamment protecteur du sabot, et que, quand le cheval travaille sur des routes empierrées, les parties que le fer ne revêt pas se trouvent exposées à des foulures, et puis, et c'est peut-être le motif principal qui le fait répudier, le fer à lunette ne plaît pas à l'œil; le cheval qui le porte semble n'avoir sous les pieds que des fers cassés; quelquefois il arrive aussi que la corne des parties postérieures des sabots, refoulée excentriquement, déborde la circonférence de l'ongle et s'éclate; et ces inconvénients, si légers qu'ils soient, sont néanmoins suffisants pour que l'adoption du fer à lunette n'ait pas prévalu. »

______

(1) *Dictionnaire de médecine et de chirurgie vétérinaires*, art. ENCASTELURE.

Toutes les fois que les circonstances nous ont permis de faire appliquer cette ferrure d'une manière suivie, nous en avons obtenu d'excellents résultats, soit pour prévenir l'encastelure, soit pour la combattre. Nous lui devons de beaux succès sur des chevaux de selle et d'attelage de luxe, surtout en employant des fers légers, en bronze d'aluminium, à branches moins courtes que celles du fer à lunette ordinaire.

§ 2. — **FERRURE A ÉTAMPURES UNILATÉRALES.**

Afin d'assurer la libre exécution des fonctions du sabot tout en le protégeant contre l'usure, James Turner a proposé l'emploi de fers étampés seulement en pince et sur leur branche externe, de telle sorte que les clous, destinés à les fixer, soient implantés et rivés exclusivement sur la moitié extérieure de la circonférence de l'ongle, la moitié interne restant exempte de leurs atteintes. Cette ferrure est analogue à celle qu'on emploie pour empêcher les chevaux de *se couper*, avec cette différence toutefois que les branches du fer présenteraient une épaisseur égale.

« Voici d'après quelles règles Turner prescrit d'appliquer sa ferrure : choisir un *fer à siège* d'une égale épaisseur de la pince aux talons ; mettre par le martelage sur un niveau parfait la surface plane (le siège) qui doit servir d'appui au bord inférieur de la paroi ; parer de préférence le pied avec une râpe, plutôt qu'avec un instrument tranchant, ne pas diminuer la force de la fourchette et la résistance des arcs-boutants ; fixer le fer par sept clous au moins et neuf au plus, disposés ainsi qu'il suit : six ou sept sur le quartier externe et un ou deux sur la mamelle interne, clous placés à égale distance l'un de l'autre, le dernier maintenu assez éloigné du talon pour n'y déterminer aucune gêne. En outre deux pinçons sont nécessaires, comme auxiliaires des clous, l'un

en pince, l'autre sur le quartier externe immédiatement en
avant du clou du talon.

« La ferrure à étampures unilatérales n'est peut-être pas
supérieure, comme moyen prophylactique du resserrement,
à la ferrure à lunette, mais elle a sur cette dernière l'avantage considérable de ne froisser aucun préjugé de la part
des ouvriers destinés à la pratiquer et des propriétaires de

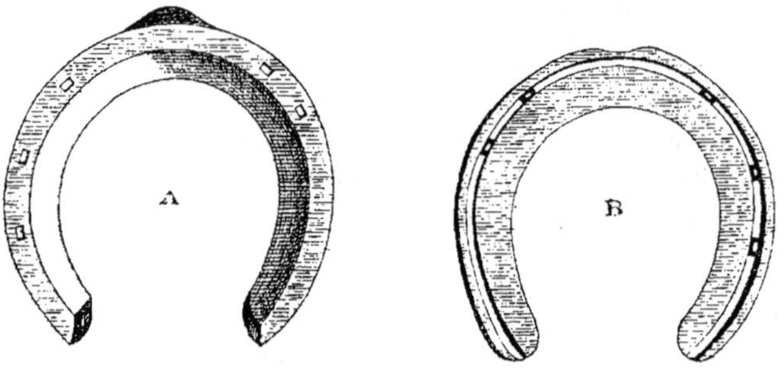

Fig. 278 et 279. — Ferrure Miles.
A. Face supérieure du fer. — B. Face inférieure du fer.

chevaux auxquels elle peut convenir. Ce sont là des conditions pour qu'elle soit généralement préférée. » (H. Bouley.)

William Miles a perfectionné la ferrure Turner ; il réduit
le nombre des clous à cinq ; trois en dehors, deux en dedans (fig. 278 et 279). En outre, la tournure du fer Miles
est telle que sa rive externe suit exactement le contour du
sabot sans le dépasser en arrière ni sur les côtés : la garniture est entièrement supprimée. — Miles recommande expressément de ne « jamais attaquer les côtés des barres,
ni parer la fourchette » et de niveler les deux côtés du
sabot au moyen de la râpe. « Vous placerez toujours, dit-
il, la râpe sur son bord en travers du sabot pour être complètement certain que les deux côtés sont de niveau » (1).

____

(1) *Petit traité de la ferrure du cheval*, par William Miles, traduit par
le Dr Guyton. Paris, P. Asselin, 1865.

§ 3. — **FERRURE A PLANCHE.**

Elle peut trouver son application dans la prophylaxie
de l'encastelure, lorsque la fourchette est assez développée
pour que la traverse du fer puisse prendre sur elle un large
point d'appui. Or cette disposition de la fourchette est des
plus rares dans les pieds encastelés. D'un autre côté, pour
que la ferrure à planche puisse être efficace, il faut que
l'on abatte l'un des talons ou les deux, afin que la fourchette soit en relief, et cette manœuvre a pour inconvénient, en diminuant la résistance des arcs-boutants,
d'amoindrir l'un des obstacles principaux qui s'opposent au
rapprochement des talons. Enfin l'abaissement des talons
a pour conséquence d'accumuler sur eux une plus grande
somme de pression, ce qui est un inconvénient des plus
graves lorsque ces parties sont déjà devenues douloureuses.

Le fer à planche ne convient réellement que pour les
pieds larges naturellement, à talons bas et à fourchette très
développée. Toutefois, lorsque celle-ci est trop atrophiée
et qu'elle ne peut plus servir d'assise à la planche du
fer, on peut la doubler d'une fourchette artificielle en
gutta-percha. A cet effet, on pourrait, à l'exemple
de Chénier, vétérinaire militaire, étendre « sur toute la
région postérieure du pied une épaisse couche de gutta-
percha préalablement ramollie dans l'eau chaude, en ayant
soin de la presser fortement avec les pouces de manière
qu'elle se moule sur la surface plantaire. Le fer est ensuite appliqué de telle sorte que la planche s'incruste dans la
masse de gutta-percha ; après avoir laissé tomber pendant
quelques secondes de l'eau froide sur la gutta, ou plongé le
pied dans un seau d'eau froide, mais sans le laisser appuyer,
le fer est fixé avec trois ou quatre clous. Et lorsque le pied
a porté sur le sol, nous ramenons encore avec les pouces

la gutta-percha contre les bords de la planche du fer.

« Le lendemain, après avoir déferré le pied, nous enlevons, avec le rogne-pied, toute la gutta-percha qui déborde en dehors le plan incliné des barres et en arrière les glomes, et avec le boutoir, le rogne-pied ou la râpe, nous abaissons les talons de manière à les soustraire entièrement à

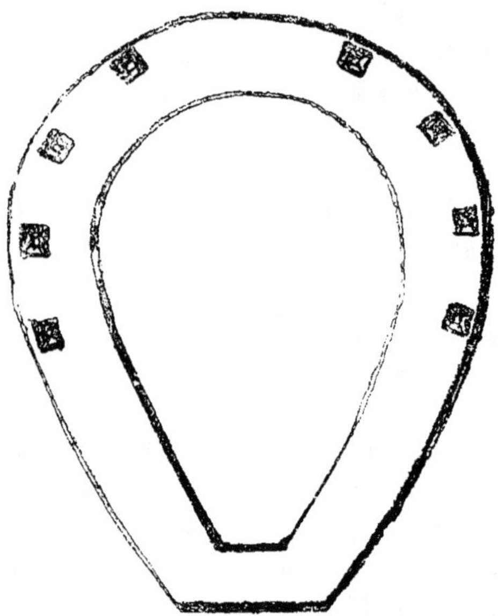

Fig. 280. — Fer à éponges convergentes ou réunies de Dupont (1886).
(Jacoulet et Chomel.)

l'appui et à reporter celui-ci en grande partie sur le coussinet de gutta-percha afin de jeter la charge sur la fourchette. Cela fait, le fer est appliqué à demeure en ayant soin que la planche reprenne exactement sa place dans l'espèce de mortaise formée par la gutta-percha. Par cette manière de procéder, il est rare que le coussinet de gutta-percha se détache, et nous avons pu maintes fois attendre quarante jours sans renouveler la ferrure (1). »

(1) Chénier, *De l'atrophie du coussinet plantaire* (*Mémoire couronné par la Société vétérinaire de la Marne*, 1877).

En vue de son application dans le cas d'encastelure, le
fer à planche a subi de nombreuses modifications. Nous

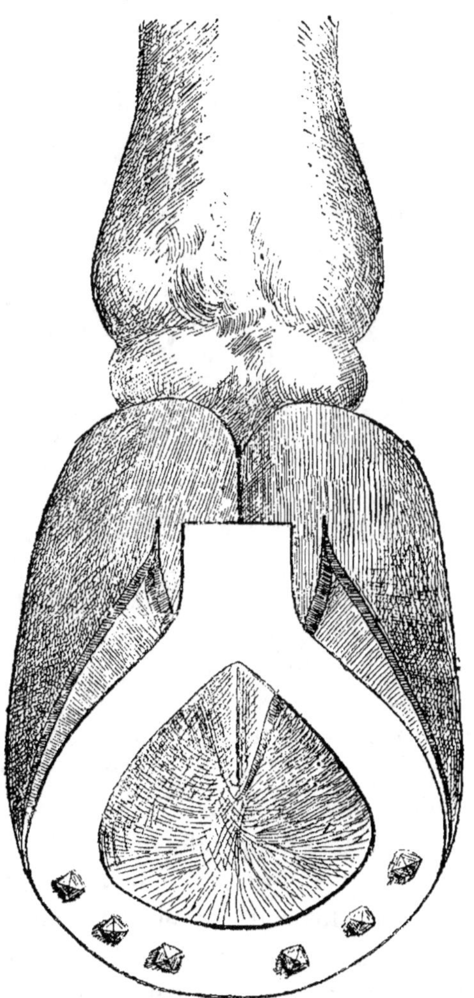

Fig. 281. — Fer à éponges réunies de Thary (1893) (Jacoulet et Chomel).

signalerons le fer à planche avec prolongement sur la fourchette (fig. 210, p. 356) le *fer à planche à éponges convergentes*

de Dupont et Savary (fig. 280) modifié par Thary, qui lui donne le nom de *fer à éponges réunies* (fig. 281). On voit que ces fers ressemblent à l'antique fer marocain (fig. 200, p. 346); ils recouvrent la pince et les mamelles et laissent à nu les quartiers et les talons ; ceux-ci doivent être autant que possible au même niveau que la planche résultant de la réunion des éponges. Cette planche ou traverse porte dans une grande étendue sur les branches et les glomes de la fourchette, soit directement, soit par l'intermédiaire d'une fourchette artificielle (étoupe, gutta-percha). Mais ce fer à planche a l'inconvénient de ne pas suivre

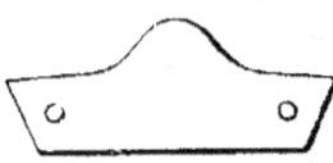

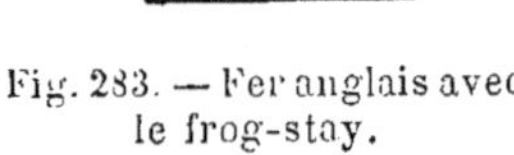

Fig. 282. — Frog-stay avec appendice. 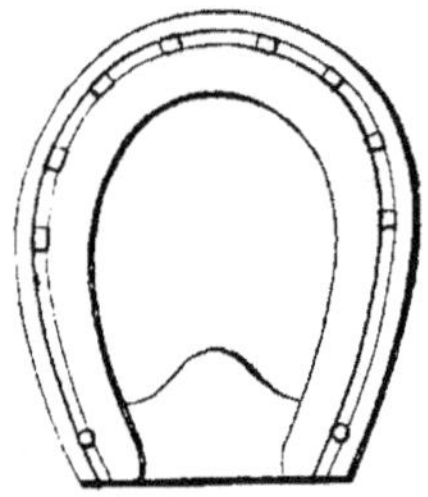   Fig. 283. — Fer anglais avec le frog-stay.

(Ferrure Alasonière.)

exactement le contour du pied, d'être lourd et d'exposer le cheval à glisser.

Pour prévenir l'encastelure, un ancien vétérinaire des haras, Alasonière, recommande « d'ajouter au fer une traverse ou planche assez résistante pour recevoir sans fléchir le poids du corps qu'elle doit supporter même dans les plus grands efforts, et pour protéger aussi la fourchette, sans qu'elle soit comprimée dans l'appui du pied sur le sol. Nous avons donné à cette traverse le nom de *frog-stay* ou *arrête-fourchette* parce qu'elle doit servir d'étai ou de soutien à la fourchette (fig. 282) ». Cette arrête-fourchette est rivée au moyen de clous sur la face supérieure du fer (fig. 283) et elle représente en somme la *planche* ou traverse du fer à planche ordinaire, avec cette particularité que le *frog-stay* doit appuyer en plein sur les talons et les arcs-boutants et qu'il « ne fasse qu'effleurer la fourchette pour que celle-ci, sans être comprimée, puisse être arrêtée aussi promptement dans sa descente que si le sabot qui n'a jamais été ferré rencontrait le sol. » Les bons effets que la ferrure Alasonière est susceptible de produire, résultent principalement de la manière de parer le pied : ainsi les talons, les barres doivent être légèrement taillés et toujours exactement nivelés, « *la fourchette doit être conservée intacte* » (1).

Signalons ici un succédané du fer à planche : c'est l'appareil inventé par Nallet, vétérinaire militaire, et appelé par lui *fourchette artificielle*. En réalité, c'est « une plaque ou semelle en gutta-percha qu'on interpose entre le fer et la face plantaire du pied. Cette plaque, épaisse de quelques millimètres, présente, sur sa face inférieure, une saillie ou renflement de forme conique dont la base évasée forme le bord postérieur de la plaque et dont le sommet se trouve vers le centre. L'axe du renflement se confond avec l'axe antéro-postérieur de la semelle. Ce renflement doit être assez haut, surtout vers sa base, pour dépasser le plan inférieur du fer quand l'appareil est mis en place et maintenu par la ferrure. C'est, en effet, cette saillie ou renflement qui, lors du poser du pied, doit toucher le sol avant les branches du fer, et faire appliquer la face supérieure de la plaque sur la fourchette et les talons.

« Avant d'appliquer la plaque en gutta-percha, il est indiqué de parer le pied convenablement, d'évider à la rénette les trois lacunes de la fourchette et de bourrer ces trois lacunes avec des torsades de filasses ou d'étoupes, goudronnées ou non..... On applique la plaque en gutta-

____

(1) Alasonière, *Nouvelle méthode de ferrer les chevaux pour prévenir l'encastelure et les autres maladies de leurs pieds*, en *ajoutant au fer ordinaire* le *frog-stay* (arrête-fourchette). Napoléon-Vendée, 1865.

percha sur la face plantaire, après l'avoir préalablement
ajustée sur le fer, de manière que son bord postérieur ne
dépasse pas les éponges et que la place du pinçon soit
largement ménagée dans son bord antérieur ; sur la plaque
on applique le fer qu'on broche à la manière ordinaire en
traversant la plaque par les clous ; on élimine enfin de la
plaque tout ce qui déborde la rive externe du fer (1). »

Suivant Delpérier, « le procédé Nallet vaut autant que
les autres pour l'efficacité de son action ; pour la facilité
d'application il l'emporte sur tous, sauf le déferrage du
pied ; pour la rapidité d'action, il l'emporte sur tous, sans
exception (2). »

Lorsque l'encastelure s'accompagne de boiterie, on peut
encore employer avantageusement l'une ou l'autre des ferrures précédentes combinées avec l'emploi des bains suivis
de graissage du sabot, des cataplasmes émollients, le déferrement du pied, le séjour en prairie humide. Mais il est
des praticiens qui préfèrent l'emploi de ferrures dites dilatatrices, ou bien encore l'application d'appareils spéciaux
destinés à écarter les talons. Nous allons étudier successivement ces divers moyens.

§ 4. — FERRURES DILATATRICES.

a. *Ferrure de la Brouë.* — Elle consiste dans l'application
d'un fer spécial, auquel Solleysel a donné le nom de *fer
à pantoufle* (fig. 284) pour indiquer sans doute que le pied
du cheval devait s'y trouver à l'aise, comme celui de
l'homme dans une pantoufle. Ce fer est remarquable par
ses branches dont l'épaisseur augmente depuis la dernière
étampure jusqu'à l'éponge, de manière à former une sorte
de *glacis*, incliné de dedans en dehors, qui offre une

(1) *Bulletin de la Société centrale de médecine vétérinaire.* Séance du
28 mai 1891. Rapport de M. Delpérier.
(2) *Recueil de médecine vétérinaire*, n° du 30 juin 1891, p. 300.

épaisseur trois fois plus forte vers la rive interne du fer que vers la rive externe. Dans toute sa circonférence antérieure ce fer est maintenu absolument plat.

Pour l'appliquer, Solleysel recommandait de parer le pied en avant et de laisser la sole *extrêmement forte au talon*, afin qu'elle ne fût pas blessée par le dedans de l'éponge qui devait toucher presque toujours la fourchette et porter par conséquent quelque peu sur la sole, en talons. Le fer, mis en place, doit suivre justement la rondeur du pied, au talon comme à la pince, dit Solleysel. Le pied ainsi ferré est enduit de corps gras, ou bien maintenu humide par une immersion prolongée dans de la fiente mouillée.

Fig. 284. — Fer à pantoufle de la Brouë.

— Ce mode de ferrure, après avoir joui d'une grande vogue, et avoir été préconisé par Bourgelat, est ensuite tombé dans l'oubli.

Or, d'après Defays fils, la ferrure de la Brouë peut être utilement employée pour combattre l'encastelure quand on la pratique d'après les idées de son père, qui était maréchal à Verviers (Belgique). « Pour que la pantoufle de la Brouë soit efficace, voici comment il faut procéder à son adaptation au sabot qui en nécessite l'emploi : la hauteur des talons doit être ménagée ; il faut seulement qu'ils soient mis sur le même niveau. On amincit la sole et les arcs-boutants au point que *leur corne cède sous une pression peu forte du pouce*. Le fer doit être façonné de manière à *garnir fortement aux quartiers, afin que la muraille appuie, par son bord inférieur, sur la partie supérieure bien unie du plan incliné*. Ainsi disparaît la crainte

de la compression des arcs-boutants par le bord supérieur
du talon. La concavité de la sole, l'élévation des talons,
l'amincissement de la face plantaire, sont autant de raisons qui s'opposent au contact. Lorsque la dilatation a
commencé, que le quartier vient à occuper le bord inférieur du plan incliné, et que la rive interne est rentrée en
dedans, par suite du débordement du pied en dehors, il
faut enlever le fer, écar-
ter ses branches et lui
restituer sa position première. Immédiatement
après l'application du
fer, et sans le poser, on
voit se déplacer en de-
hors la muraille des
quartiers ; en passant le
doigt entre la sole et la
fourchette, on constate
un élargissement de la
lacune médiane. L'hu-
midité et le travail favorisent l'action de la ferrure ; ces deux auxiliaires
sont d'une telle importance qu'ils constituent une condition indispensable de la guérison (1). »

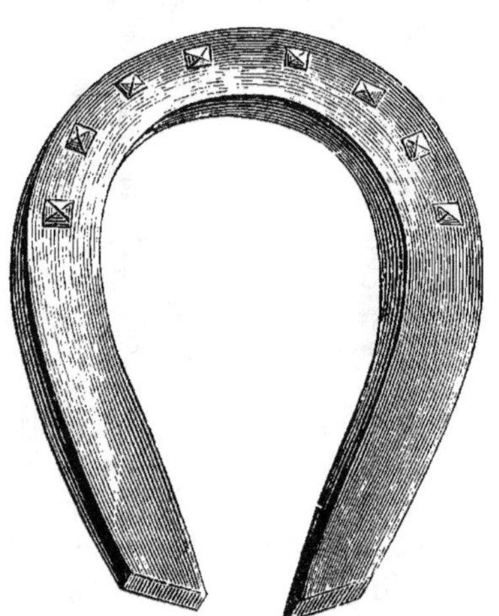

Fig. 285. — Fer à demi-pantoufle
de Belleville.

b. *Ferrure de Belleville.* — Elle repose sur le même
principe que celle de la Brouë ; toutefois, le glacis des
branches du fer, au lieu d'être obtenu par une plus grande
épaisseur à la rive interne, résulte d'un certain degré de
torsion de dedans en dehors, au niveau environ de la
première étampure, de telle façon que la rive interne soit
sur un niveau plus élevé que l'externe, et que la face

(1) H. Bouley et Reynal, *Dictionnaire de médecine et de chirurgie vétérinaires,* t. V, art. ENCASTELURE, p. 633.

supérieure représente dans toute l'étendue de la torsion un plan incliné en dehors. C'est à cette variété de fer que Solleysel a donné le nom de *demi-pantoufle* (fig. 285). — Bourgelat condamnait l'emploi de ce fer, mais Defays pensait que si l'on a le soin de parer le sabot, comme cela a été indiqué précédemment pour l'application du fer à pantoufle, on peut en obtenir de bons résultats, ainsi qu'il s'en est assuré par l'expérience.

c. *Ferrure de Laguérinière.* — Cet hippiatre a décrit un fer dilatateur, composé de trois pièces : une médiane correspondant à la pince, et deux latérales, en rapport avec les quartiers ; ces dernières, articulées respectivement à la première, portent chacune deux étampures. Lorsque ce fer était fixé sur le sabot, on dilatait celui-ci au moyen d'un étai qui maintenait écartées les branches du fer. En augmentant graduellement la longueur de cet étai, on obtenait peu à peu l'écartement des talons.

d. *Ferrure de Gaspard Saunier.* — Elle consiste dans l'emploi du *fer à étrésillon* (fig. 286). Ce fer est,

Fig. 286. — Fer à étrésillon.

comme celui de Laguérinière, articulé en trois pièces, mais le bord interne de chaque branche affecte la disposition d'une crémaillère, depuis la dernière étampure jusqu'aux éponges. On obtient la dilatation des talons en engageant un *étrésillon* de fer entre les deux branches et en le poussant graduellement en arrière, de cran en cran, jusqu'à ce qu'on soit arrivé au degré de dilatation convenable. Toutefois, ce n'est que progressivement qu'il faut élargir les talons et il faut laisser, entre chaque dilatation, un intervalle de plusieurs jours, afin d'éviter des accidents.

Ce mode de désencastelure possède une grande puissance, mais il a l'inconvénient de ne pouvoir être appliqué qu'autant que le cheval reste en repos à l'écurie, car, pendant la marche, l'étrésillon se désengrène et tombe. Or, comme l'exercice est un auxiliaire indispensable de la désencastelure, à quelque mécanisme qu'on ait recours, on comprend que, sous ce rapport, le fer à crémaillère présente un inconvénient grave.

e. *Ferrure de Godwin.* — Godwin a inventé un fer composé de trois pièces articulées, commé celui de Gaspard Saunier, présentant en outre un prolongement fixé à la voûte de la pièce centrale. Ce prolongement, dont l'épaisseur égale celle du fer, s'étend jusqu'à la partie postérieure de la fourchette sur laquelle il prend son appui; là, il présente une forte épaisseur afin que l'on puisse y creuser un trou taraudé, destiné à la réception d'une vis de chaque côté. Les branches de ce fer sont percées de trois étampures, et de la rive interne de chaque éponge s'élève un pinçon destiné à être rabattu sur l'origine de la barre.

La dilatation du sabot s'opère par le jeu de chaque vis dont l'une des extrémités se meut dans le trou taraudé de ce prolongement, tandis que l'autre est arc-boutée contre la rive interne de l'éponge de la branche mobile.

Mais ce fer compliqué n'est pas compatible avec l'exercice de la locomotion, les mouvements de la marche devant fatalement le détériorer et le mettre hors d'usage. Si l'on n'avait pas mieux, dit H. Bouley, il faudrait bien y recourir; mais avec les moyens mécaniques plus parfaits dont nous disposons aujourd'hui, ce fer, si ingénieux qu'il soit, n'a plus qu'un intérêt historique.

f. *Ferrure de Roland.* — Le fer dilatateur de Roland

(fig. 287) est rayé à l'anglaise et composé de trois pièces
articulées en mamelles. De la voûte de la pièce centrale
partent deux ressorts d'acier qui, agissant par leur élasticité sur la rive interne de chaque branche, tendent à en
provoquer l'écartement.

Ce fer est compliqué et coûteux ; en outre, il est permis

Fig. 287. — Fer dilatateur de Roland.

de douter que les ressorts dont il est muni puissent opérer
la dilatation du sabot, et surtout s'opposer au mouvement
de retrait qu'il tend à éprouver après avoir subi un écartement dans ses parties postérieures.

g. *Ferrure à étais mobiles.* — Cette ferrure a été inventée
par Fourès, vétérinaire militaire, qui l'applique de la
manière suivante :

Étant donné un fer à planche dont la traverse est plus épaisse que
le reste de la couverture et plus large que celle du fer à planche ordinaire, on entaille cette traverse de chaque côté de deux coulisses à
jour qui vont au-devant l'une de l'autre, en ayant soin de ménager
entre elles une partie centrale d'un centimètre et demi de largeur
qui reste pleine, et par l'intermédiaire de laquelle la traverse ainsi
découpée forme un tout continu (fig. 288). Les bords de ces coulisses,

dont la largeur doit être égale, sont taillés en *aronde*, c'est-à-dire qu'ils forment des plans inclinés de la face inférieure du fer vers la supérieure, de telle façon que l'ouverture qu'ils bordent est plus large sur la première de ces faces que sur la seconde. Il doit exister entre eux un parfait parallélisme.

De chaque côté de la partie pleine de la traverse, un trou de 2 à 3 millimètres de profondeur est pratiqué au milieu et dans l'épaisseur de son bord, lequel trou est destiné à recevoir l'extrémité des vis motrices du mécanisme dilatateur.

Le fer ainsi disposé est prêt à recevoir les étais mobiles. Ce sont deux morceaux de fer aplatis d'un côté à l'autre et taillés en biseau, d'une longueur de 3 centimètres sur 1 centimètre de hauteur en arrière, et un peu moins en avant, avec une épaisseur d'un demi-centimètre à leur base. Quand ils sont en place, ils forment, sur la face supérieure de la traverse, deux reliefs saillants qui la débordent un peu par leur extrémité antérieure. Cette partie saillante de l'étai est supportée par une base cuboïdale qui fait corps avec elle et qui est découpée sur ses faces antérieure et postérieure en plans inclinés parallèles à ceux des bords de la coulisse, ce qui lui permet de s'adapter exactement à sa forme et d'y glisser d'un côté à l'autre.

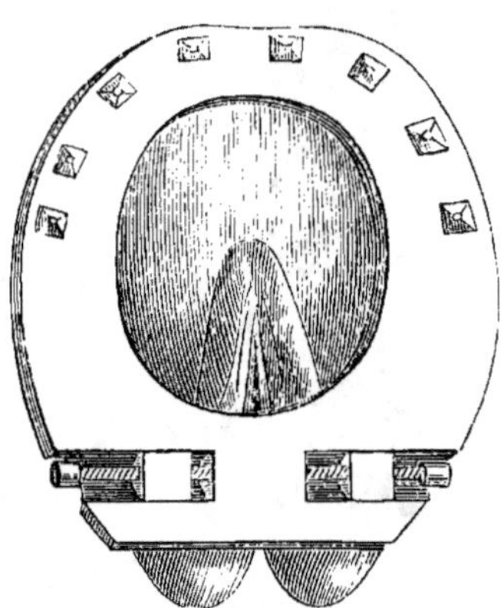

Fig. 288. — Ferrure à étais mobiles (Fourès).

Ses faces latérales sont aussi un peu inclinées, de telle manière que ce support de l'étai a une disposition pyramidale, sa base, qui correspond à la face inférieure du fer, étant plus large que sa partie supérieure d'où l'étai est étiré.

Dans la partie centrale de ce support, un trou taraudé est pratiqué, qui le traverse d'outre en outre et d'un côté à l'autre ; il est destiné à donner passage aux vis motrices. Ces vis, de la longueur exacte des coulisses, ont une tête fendue ou carrée, suivant qu'on doit se servir, pour les faire mouvoir, d'un tourne-vis ordinaire ou d'une clef, et elles sont terminées, à leur extrémité opposée, par un bout cylindrique et uni qui doit s'engager dans le trou creusé au centre du bord de la partie pleine de la traverse.

Il est facile de concevoir maintenant le mécanisme de cet ingénieux appareil. Le fer étant tourné, ajusté et mis en place muni de ses étais, il est clair que, en faisant tourner ses vis, l'écrou mobile que représente le support de l'étai devra s'éloigner ou se rapprocher du quartier, suivant le sens dans lequel ce mouvement aura lieu, et qu'ainsi on est en possession d'une force puissante, à l'aide de laquelle il sera possible de déterminer l'écartement des *talons et des quartiers*.

Mais, pour que ce mécanisme produise ses effets de la manière la plus utile possible, il faut que le sabot ait été disposé à sa parfaite adaptation. La préparation du sabot consiste dans les manœuvres suivantes : enlever l'excédent de la corne dans toute l'étendue du pied, comme on le fait pour la ferrure ordinaire ; amincir jusqu'à la rosée, avec la rénette, la sole et les barres, au niveau des talons; ménager en saillie dans cette région le bord plantaire de la paroi, à la face interne duquel l'étai mobile doit prendre son appui. La hauteur de la partie saillante de l'étai doit être proportionnée à l'élévation du bord plantaire de la paroi, au-dessus du niveau de la sole, et toujours rester en deçà, car il ne faut pas que, par son relief exagéré, cet étai soit susceptible d'exercer des pressions sur la sole amincie.

Lorsque le fer est appliqué sous le pied ainsi préparé, on fait jouer les vis motrices dans le sens voulu pour appliquer les étais contre le bord interne de la muraille, et une fois qu'un rapport étroit de contact est établi, on est maître de produire une dilatation plus ou moins marquée, des deux côtés également, ou d'un côté plus que de l'autre suivant les indications. Mais avec cet appareil, pas plus qu'avec les autres, il ne faut procéder violemment. Le secret de la réussite est justement dans la mesure, et l'appareil de Fourès est parfaitement disposé pour permettre de satisfaire à cette prescription, car, les vis motrices ayant des pas très courts, il est possible de n'obtenir de leur jeu que des effets parfaitement gradués, et dont les sujets n'aient pas conscience tant ils sont mesurés (1).

H. Bouley a essayé le procédé Fourès, et il en a obtenu d'excellents résultats.

Mais il faut remarquer que le fer de Fourès et ses étais complémentaires sont difficiles à confectionner. Ainsi quand le fer à planche est forgé, il faut l'envoyer chez le serrurier qui le découpe, suivant les prescriptions données, fabrique les étais, les taraude, les ajuste et fournit la vis motrice. C'est là, à n'en pas douter, un assez

(1) *Dictionnaire de médecine et de chirurgie vétérinaires*, art. ENCASTELURE, p. 651.

grave inconvénient pour la pratique. D'un autre côté, la traverse du fer à planche, découpée comme elle l'est, ne présente plus, malgré son épaisseur augmentée, de suffisantes conditions de résistance aux pressions ; la partie de cette traverse postérieure aux coulisses est susceptible d'être forcée ; il en est de même de la vis, et l'appareil peut être ainsi mis momentanément hors d'usage. Fourès ne s'est pas dissimulé ces inconvénients, aussi a-t-il proposé de les faire disparaître en modifiant son procédé de la manière suivante.

« Dans ce procédé modifié, c'est toujours le fer à planche qui doit servir de support aux étais ; mais, au lieu d'y pratiquer des coulisses qui diminuent la résistance de la traverse, Fourès se contente de faire creuser sur la face supérieure de cette traverse deux cannelures droites, allant au-devant l'une de l'autre, de la rive externe du fer vers le centre de la planche, où leurs extrémités se trouvent séparées par une partie pleine, de 1 centimètre 1/2 de largeur, dans l'épaisseur de laquelle elles se continuent respectivement par un trou de 2 à 3 millimètres de profondeur, qui suit leur inclinaison. Ces cannelures, destinées à loger les vis motrices, sont donc plus profondes dans la partie centrale du fer et plus superficielles vers ses bords. Elles peuvent être imprimées sur la traverse par le maréchal lui-même, à l'aide d'un marteau approprié, fait sur le modèle de celui que les charrons désignent sous le nom de *chasse*.

« Avec cette disposition du fer, les étais doivent être réduits à ce qui, dans le premier système, constitue leur partie saillante ; mais n'ayant plus de support qui les associe à la traverse du fer, il faut qu'ils soient eux-mêmes percés du trou taraudé dans lequel doit passer leur vis motrice. Et pour que cette vis ait, sous le pied, ainsi que l'étai, la fixité de position nécessaire, Fourès prescrit

de perforer la paroi dans la partie excédente de son bord
plantaire, d'un trou assez large pour que la vis puisse y
passer librement sans y mordre. Ces dispositions prises,
le fer est fixé sous le pied, à la manière ordinaire; puis
l'étai, d'un côté, est engagé dans le vide laissé entre les
talons et le fer, et appliqué contre le bord interne de la
paroi. Lorsque son écrou correspond au trou de la corne,
la vis est placée et vissée dans l'étai, juqu'à ce que son
extrémité libre soit fichée dans le trou creusé au fond de
la cannelure du fer; une fois arc-boutée contre ce point,
son mouvement continué a pour effet d'appliquer plus
étroitement l'étai contre
la face interne du bord
plantaire, et enfin d'en
déterminer le repousse-
ment en dehors. L'étai
étant placé de la même
manière de l'autre côté, le
mécanisme dilatateur est
complet. » (H. Bouley, *loc.
cit.*)

h. *Ferrure Barbier*. —
Barbier, maître maréchal
ferrant à l'École de Sau-
mur, a imaginé une fer-
rure dilatatrice qui a été
décrite par Hatin dans le

Fig. 289. — Fer muni du ressort
désencasteleur de Barbier.

Recueil de médecine vétérinaire, année 1863. Dans cette
ferrure, la dilatation des talons se produit au moyen d'un
ressort d'acier en forme de Λ fixé en permanence au fer,
comme on le voit figure 289.

Pour appliquer le fer muni de son ressort, on pare le
pied bien droit, en abaissant cependant légèrement les
talons, ménageant la force des arcs-boutants et de la sole,

débarrassant la fourchette de tous ses lambeaux, quand elle est malade, et nettoyant bien les vides.

Le pied étant préparé, on fait porter le fer comme dans la ferrure ordinaire puis on ajuste « le ressort suivant la longueur du pied, la largeur des talons et la direction des barres ou arcs-boutants, que les branches devront côtoyer aussi exactement que possible par leur face externe en suivant la hauteur, de manière à se loger aisément dans les vides ».

On fixe ensuite le ressort par sa base aplatie, au milieu de la pince du fer, à sa face supérieure, de manière à éviter la compression de la sole.

Il est à remarquer que l'ouverture des branches à leur extrémité libre doit être telle que chacune d'elles dépasse en dehors la partie extérieure de la base des barres, c'est-à-dire la limite de l'écartement des talons de 3 millimètres, en sorte que, lorsque ces branches seront logées à leur place, l'ouverture instantanément produite sera de 3 à 4 millimètres. Dans cette disposition, la tension continuera à se produire légèrement pendant tout le temps de la fer-rure, d'après Hatin.

Pour loger les branches à leur place, on les rapprochera au moment de fixer le fer en les prenant par le milieu, au moyen d'une pince, des tricoises, ou simplement avec les doigts, puis on attachera le fer comme dans la ferrure ordinaire.

Dans la majorité des cas, dit Hatin, il sera conve-nable d'amincir la paroi des quartiers, en dehors, avec la râpe pour diminuer la résistance ou la trop forte contrac-tion de ces parties, qui sont toujours sèches et dures dans les pieds encastelés.

Par l'emploi de ce moyen, on a obtenu, à l'École de Saumur, « des effets remarquables en quelques ferrures ». Toutefois, d'après Watrin, le ressort Barbier ne peut s'appliquer que sur des pieds creux et réclame un ouvrier habile. Il est susceptible de se fausser sur les pierres, de se rouiller et de perdre son action quand de la terre s'introduit sous le fer (1).

i. *Ferrure Laquerrière.* — Elle consiste dans l'application d'un *fer dilatateur à pinçons mobiles*, inventé par Laquerrière, décrit par lui en 1869, dans le *Journal de méde-*

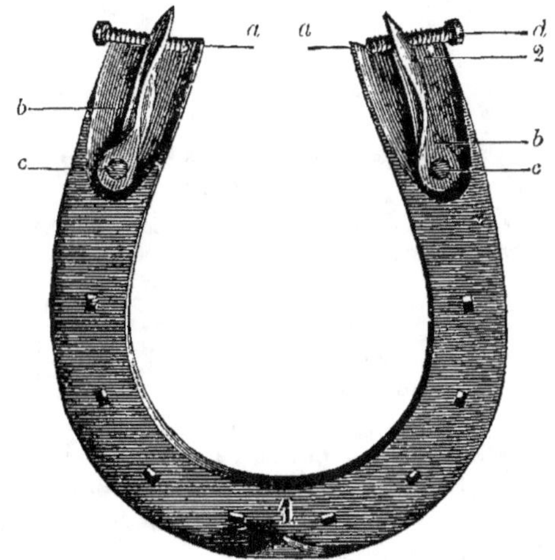

Fig. 290. — Fer dilatateur à pinçons mobiles (Laquerrière).

1, face supérieure du fer dilatateur; 2, pinçon mobile détaché ; a, pinçon fixe étiré aux dépens de la rive interne du fer ; b, dépression faite à la *chasse* à la partie supérieure des éponges ; c, rivet fixant le pinçon mobile au fer ; d, vis provoquant l'écartement en prenant un point d'appui sur le pinçon fixe.

cine vétérinaire militaire, et qu'il emploie depuis cette époque pour le traitement de l'encastelure.

Ce fer, représenté par la figure 290, se compose de deux parties :

1° D'un fer ordinaire à étampures rapprochées de la pince, large et un peu nourri en éponges, portant à l'extrémité de sa rive interne un léger pinçon fixe et une dépression faite à la chasse.

Le pinçon fixe, relevé aux dépens de la portion interne de l'éponge, a pour but de servir de point d'appui à l'extrémité de la vis dilatatrice.

La dépression pratiquée sur la face supérieure des branches sert

(1) *Journal de médecine vétérinaire militaire*, t. II, p. 281.

à *noyer* l'embase du pinçon mobile, condition nécessaire pour prévenir la foulure de la sole au point correspondant.

2° De pinçons mobiles, petites pièces en fer forgé ou en fonte malléable comprenant deux partie continues: l'oreille et l'embase auxquelles se rattachent la vis dilatatrice et un rivet.

L'oreille doit être disposée dans sa hauteur, sa longueur et son degré d'inclinaison de manière que sa face externe et son bord supérieur puissent s'adapter le plus convenablement possible sur la face interne des arcs-boutants (1). On pourrait cependant, comme dans la ferrure Defays, appuyer le pinçon mobile contre la face interne de la muraille des talons.

L'embase doit disparaître en partie dans la dépression de la face supérieure du fer; elle est traversée à son extrémité libre par un rivet qui la fixe au fer tout en lui permettant de pivoter librement.

La vis traverse horizontalement un *pas de vis* placé le plus près possible du bord inférieur du pinçon mobile ; son extrémité terminale vient arc-bouter contre le pinçon fixe ; d'où il suit qu'à chaque tour imprimé à la vis, celle-ci, ne pouvant avancer, pénètre néanmoins dans le pinçon mobile faisant office d'écrou et force ce dernier à obéir à l'impulsion en s'écartant.

Voici, donnée aussi succinctement que possible, la description du fer dilatateur à pinçons mobiles ; étant bien comprise cette description, la confection en sera facile et l'application on ne peut plus simple. Au préalable, il conviendra de préparer le pied sur lequel on veut agir, en ramollissant la corne quelques jours à l'avance, par l'usage de cataplasmes émollients ou tout simplement en plaçant les membres antérieurs sur un lit de crottins et de sable mélangés, qu'on arrosera fréquemment, afin d'imprégner constamment l'ongle d'humidité.

Il convient de ménager les arcs-boutants et les parties postérieures de la boite cornée (2); de ne pas trop évider les lacunes latérales de la fourchette pour éviter que le bord supérieur du pinçon mobile ne vienne meurtrir les tissus vifs.

Le pied préparé et *paré* convenablement, faire porter le fer en engageant les pinçons fixe et mobile rapprochés complètement l'un de l'autre, dans les lacunes latérales de la fourchette; obtenir que la face externe du pinçon mobile se moule le mieux possible sur la face interne des barres ; donner une garniture suffisante et éviter

(1) La face externe du pinçon dilatateur doit être plus ou moins arrondie suivant la disposition de l'arc-boutant ; de plus, on pourrait pratiquer sur cette même face une série de petites dents semblables aux dents de la râpe des maréchaux.

(2) Si cependant la paroi présentait un épaississement anormal ou des irrégularités, on devrait l'amincir ou la niveler avec la râpe.

avec le plus grand soin que les têtes de vis ne dépassent la rive externe du fer, disposition qui pourrait être cause de la rupture de la vis ou exposer le cheval à se blesser avec celle-ci.

Il est nécessaire de faire une petite entaille à la portion du sabot correspondant à la vis, de façon à encastrer en partie cette dernière dans la corne et aussi pour la soustraire à l'influence des pressions qui se répartiraient sur elle lors de l'appui sur le sol. La vis sera d'autant moins exposée à se briser ou à se fausser qu'elle sera plus isolée de la corne et qu'elle se rapprochera davantage de la face supérieure du fer; un moyen bien simple de la préserver presque complètement de l'influence extérieure consisterait à la loger en partie dans une petite rainure à la face supérieure de celui-ci.

Avant d'attacher le fer, ne pas oublier de bien graisser chaque vis dilatatrice afin de prévenir leur oxydation.

Le fer, *solidement* forgé, sera également *solidement* fixé à la place qu'il doit occuper; on s'assurera ensuite, avec le tourne-vis, que les vis dilatatrices se meuvent avec facilité; si on a lieu de craindre de la sensibilité du côté du pied, il conviendra très bien d'attendre quelques jours avant de commencer la dilatation.

La ferrure effectuée, remettre autant que possible le cheval à son travail habituel, *l'un des meilleurs dilatateurs du pied étant le mouvement*, et surtout lorsqu'il s'agit de nos chevaux arabes; à l'écurie, continuer de placer les sabots antérieurs sur la couche de sable et de crottins mélangés et humectés.

Si le pied était souffrant, la corne sèche et cassante, ne pas craindre l'usage réitéré de quelques bons cataplasmes de farine de lin ou autres substances émollientes; ne pas oublier non plus de fréquents graissages des différentes parties du sabot.

Commencer la dilatation en faisant exécuter un tour, un tour et demi ou au plus deux tours à la vis dilatatrice; ce premier effet obtenu, effectuer ensuite un demi-tour environ tous les jours; s'inspirer, du reste, du résultat auquel on veut arriver.

Je désire ne pas établir des règles pour la progression à suivre dans la dilatation. En agissant lentement, modérément, on atteindra sûrement le but sans s'exposer à briser le sabot dans sa continuité ou à meurtrir et à irriter les tissus vifs sous-cornés; en se pressant on arrivera en peu de temps à écarter les talons, mais on aura à craindre des brisures du sabot avec les conséquences qu'elles amènent.

L'action dilatatrice exercée sur l'un des deux talons étant absolument indépendante de celle qui peut être opérée sur le talon opposé, on se rendra facilement compte que le système dilatateur puisse être appliqué sur un seul côté, ou bien sur les deux côtés simultanément en imprimant le même degré d'écartement, ou en imprimant un degré différent et en rapport lui-même avec la différence du resserrement des deux talons.

Chez tous les chevaux en général et particulièrement chez nos chevaux arabes, c'est le quartier et le talon internes qui sont le plus fréquemment frappés par le resserrement et la déformation; dans cette occurrence, lorsqu'on voudra appliquer le système dilatateur sur la partie interne du sabot, il conviendra néanmoins de relever également le pinçon fixe à la branche externe du fer, afin que ce dernier soit intimement maintenu et fixé tel qu'il aura été appliqué.

Le nombre de tours imprimés à la vis dilatatrice donnera facilement en millimètres l'écartement produit au niveau de cette vis et obtenu jour par jour ou à la fin de l'opération. Un léger coup de *pointeau* sur chacun des deux pinçons fixe et mobile permettra également, à l'aide d'un compas, de se rendre compte de l'écartement acquis entre les extrémités postérieures de ces mêmes pinçons. » LAQUERRIÈRE.)

On connaît encore d'autres fers dilatateurs, notamment celui de Watrin dont il est parlé ci-après, puis le *fer à pantoufle modifiée* ou à éponges obliques de Loutreuil (fig. 291). Les éponges sont relevées en plans inclinés sur la moitié interne de leur largeur, tout en conservant autant que possible leur épaisseur pour avoir une plus grande force dilatatrice.

Le *fer à traverse de Thévenot* (fig. 292) qui repose sur le même principe que les précédents, mais il a plus de puissance, ainsi qu'il est facile de s'en rendre compte à un simple examen.

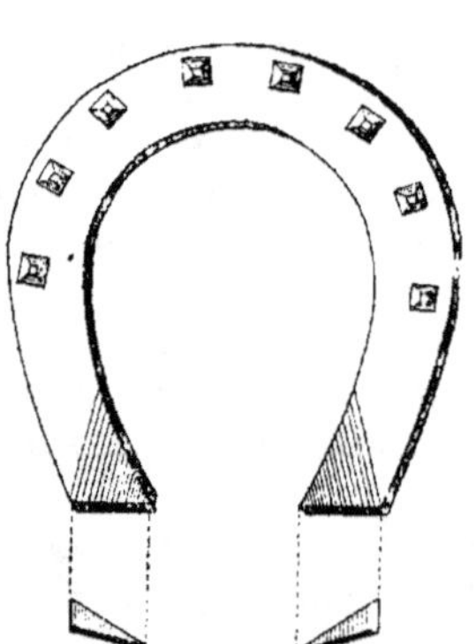

Fig. 291.— Fer à éponges obliques de Loutreuil, maréchal à Saint-Cyr.

« Tous ces fers s'appliquent après avoir paré le pied bien à plat et en faisant porter le sommet des plans inclinés des éponges sur les talons. Il en résulte que d'autre part le fer ne porte sur le sabot qu'en pince et en mamelles ; de

celles-ci aux éponges il existe entre le fer et le sabot un
espace plus ou moins considérable suivant la hauteur des
plans inclinés, lequel disparaît sous l'influence de la

Fig. 292. — Fer à traverse de Thévenot, maréchal à Troyes.

marche par l'écartement et la descente des talons jusqu'à
ce qu'ils soient arrivés au contact de la face supérieure du

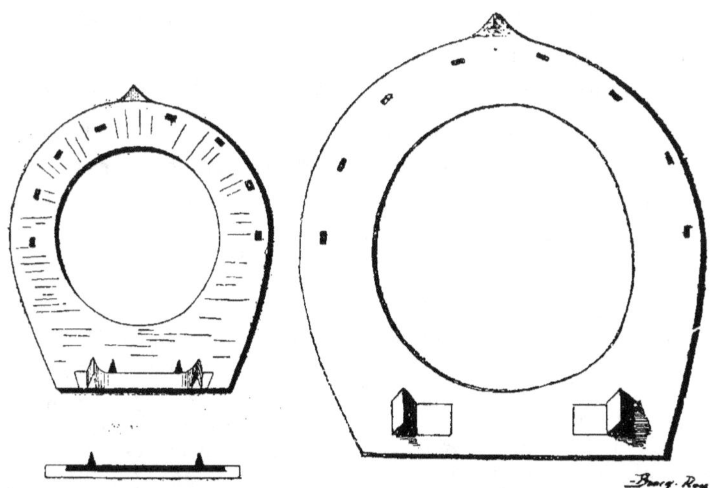

Fig. 293. — Modification du fer
Thévenot, la traverse mobile
est fixée sur la traverse d'un
fer à planche (Durchon).

Fig. 294. — Fer Chéré (Jacoulet
et Chomel).

fer. Au fur et à mesure que ce phénomène d'écartement
et de descente se produit, les clous prennent du jeu et
demandent à être resserrés au pied. L'opération de leur

resserrage concourt même à la dilatation ; on la pratique toutes les fois que cela est nécessaire.

« Les plans inclinés ou oreilles des fers Watrin, Loutreuil et Thévenot peuvent être établis sur un fer à planche, ainsi que l'ont préconisé les moniteurs de l'École de maréchalerie, Durchon (1887), Chéré (1888) et Hugounet (1889) pour faire concourir l'appui de la fourchette à la dilatation » (fig. 293 et 294) (1).

§ 5. — MÉTHODE DE TRAITEMENT DE L'ENCASTELURE PAR LES APPAREILS DILATATEURS.

Cette méthode est fort ancienne, elle est décrite dans Ruini (Voy. *Historique de la ferrure*, p. 173), puis par Solleysel et la plupart des hippiâtres, qui recommandaient de dessoler le pied encastelé et d'exercer ensuite des tractions sur les talons avec des tricoises afin d'en opérer l'écartement. Mais le traitement de l'encastelure par l'emploi d'appareils dilatateurs n'est entré dans la pratique qu'après la publication du procédé de Defays père.

1° **Procédé Defays.** — Ce procédé, consiste dans l'emploi du *fer à pantoufle expansive* et d'un instrument dilatateur nommé *étau contraire*.

Defays fils a décrit de la manière suivante le fer à pantoufle expansive : Ce fer (fig. 295) est épais; étroit, d'une largeur uniforme sur toute sa circonférence, sauf deux points destinés à un pied uniformément resserré; on le rétrécit en pince, et à 5 ou 6 centimètres de l'extrémité des éponges, lorsque les quartiers seuls sont rapprochés. Au bout de chaque branche, le contour supérieur de la branche interne porte une élévation, pinçon solide et résistant, taillé à angle droit, qui s'applique contre la face interne de la muraille des talons. Ce fer, dépourvu d'ajusture, rayé à l'anglaise et étampé très gras, porte sa dernière étampure le plus loin possible de l'extrémité des éponges. Une condition essentielle est qu'il soit forgé en métal de première qualité, afin de supporter à froid et sans se rompre un

____

(1) Jacoulet et Chomel, *Traité d'hippologie*, t. II, p. 332.

élargissement forcé à l'aide d'un étau dilatateur. Les deux points offrant le moins de résistance ont pour objet de le faire céder en pince ou en talons lorsque l'étau est mis en action (1).

Avant d'appliquer la pantoufle expansive, on enveloppe pendant deux ou trois jours les sabots de cataplasmes

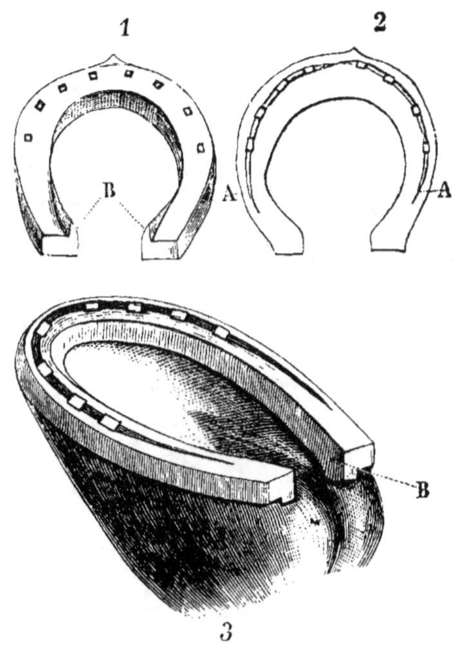

Fig. 295. — Fer à pantoufle expansive de Defays.

1, fer vu par la face supérieure ; B, pinçon Defays ; 2, fer vu par la face inférieure ; A,A, rainure ; 3, fer appliqué sur le pied.

émollients, puis on les pare en ne touchant aux talons que pour les mettre au même niveau : c'est donc l'interne qu'il faut légèrement parer ; la sole et les arcs-boutants sont amincis au point de céder à une pression peu forte du pouce. Defays a insisté particulièrement sur l'amincis-

(1) *Recueil de médecine vétérinaire*, 1859, Mémoire sur l'ENCASTELURE, p. 301.

sement de la corne au pourtour de la fourchette. On n'en laisse, dit-il, qu'une pellicule, sans provoquer la rosée et en ne touchant aux talons que pour les établir au même niveau.

Le pied étant paré, on applique le fer. Celui-ci, totalement dépourvu d'ajusture, ce qui permet aux branches de s'écarter dans un même plan, doit porter régulièrement sur tout le pourtour du pied, à moins que le resserrement ne soit exclusif aux talons; dans ce cas, on laisse un très léger jour entre le talon et l'éponge, parce que la portion postérieure de la muraille s'allonge en se redressant, et, si l'espace faisait défaut, il y aurait pression et boiterie. En appliquant le fer, il faut que les deux pinçons des éponges viennent appuyer contre la face interne des quartiers, sans exercer aucune pression. Le fer

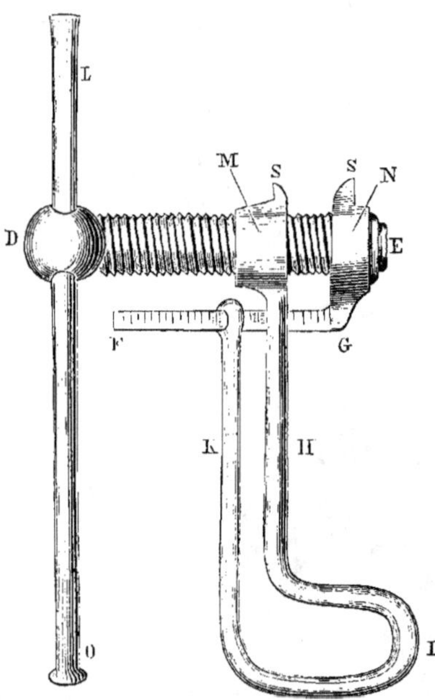

Fig. 296. — Étau contraire de Defays
(forme primitive).

est fixé à l'aide de clous anglais, puis on prend au compas la distance d'une éponge à l'autre et on la marque sur une planchette en y imprimant les pointes du compas. Ces préliminaires terminés, on procède à la dilatation. A cet effet, on emploie un instrument inventé par Defays et qu'il a appelé *étau contraire* (fig. 296) :

« Cet instrument représente au volume près, un étau dont on aurait retourné les mâchoires, il fonctionne d'après le même mécanisme,

avec cette différence que, quand on le met en jeu, sa vis, au lieu
de produire le rapprochement des mâchoires, en détermine l'écartement avec la puissance qui lui est propre. Cet étau est formé « de
trois pièces principales : une vis et deux mâchoires. La vis DE, a
une longueur de 15 centimètres et un diamètre de 2 centimètres;
elle se termine d'un côté par une tête D, qui reçoit un levier
mobile, LO, de l'autre par un étranglement destiné à tourner dans
un mors près duquel il est maintenu à l'aide d'une rondelle rivée à
son extrémité. Les mors, M, N, sont deux pièces identiques dans la
partie rapprochée de la vis; mais à une certaine distance, elles
diffèrent par quelques modifications qui, sans être bien importantes,
sont néanmoins utiles, car elles empêchent les mâchoires de dévier
irrégulièrement pendant la dilatation.

« La première de ces pièces, N, est une espèce de gros écrou non
taraudé, portant à un de ses bords une saillie S de 2 centimètres, qui
s'applique contre la rive interne de l'une des éponges. Dans le point
opposé une tige GF, carrée, de 12 centimètres de longueur sur un
centimètre de côté, est recourbée à l'angle droit dans la direction
de la vis et destinée à s'introduire dans une mortaise que présente
un prolongement de l'autre mâchoire M. Celle-ci, taraudée dans
sa portion principale, peut parcourir la vis; elle porte également
une espèce de menton, S, pour s'appliquer contre l'éponge
opposée, ainsi qu'un prolongement I, K, arrondi, de 4 décimètres de
longueur, et qui, au lieu d'être recourbé à angle droit, se dirige
dans le même plan, verticalement à la vis, pour revenir ensuite
parallèlement sur lui-même livrer passage à la tige transversale.
Cette disposition a pour but de maintenir les mors dans le même
plan lors de leur écartement. » (Defays fils, *loc. cit.*)

Les deux mors de cet étau étant introduits entre les
éponges du fer, on tourne la vis lentement, jusqu'à ce que
les branches se soient écartées de 8 à 9 millimètres; puis
on donne quelques coups secs de brochoir jusqu'à ce que
l'étau tombe sans desserrer la vis. L'élargissement obtenu,
mesuré par le compas, est marqué sur la planchette qui
indique la distance initiale des éponges.

Au bout de trois à quatre jours, on dilate de nouveau ;
l'écartement est porté à 4 ou 5 millimètres. Il faut qu'il soit
inférieur au premier, parce qu'au début le contact, moins
parfait entre les reliefs des éponges et la muraille, a permis

une plus forte dilatation en ne produisant pas un effet plus considérable. Ces dilatations, continuées de quatre en quatre jours, sont favorisées par l'application de cataplasmes émollients chez les chevaux auxquels la douleur et la claudication rendent le séjour à l'écurie forcé ; les autres sont soumis au travail et ne reçoivent des cataplasmes que pendant le repos, ou bien encore on leur donne le vert en liberté dans une prairie humide.

La pantoufle expansive diminue peu à peu d'épaisseur par l'usure et prend ainsi de l'ajusture. La résistance n'est donc plus la même lorsqu'on la soumet à la dilatation, les branches ne s'écartent plus dans un plan horizontal, elles éprouvent un mouvement de torsion. Le fer portant en pince et en talons, on fait alors par la dilatation sauter les rivets ou bien on détermine sur les talons une pression inégale. « Cet accident est arrivé à Defays père ; un cheval soumis à un rude travail, sur les pieds duquel une quatrième dilatation fut pratiquée, quitta la forge en boitant. Visitant l'animal au bout de deux heures, il s'aperçut que la douleur n'avait pas cessé et en chercha la cause, qui n'était autre que la déformation du fer, dont une branche s'était soulevée ; le fer fut remplacé et la dilatation remise au lendemain. Calculant qu'il fallait encore faire jouer deux fois l'étau pour amener le pied à ses dimensions normales, et afin que l'usure du fer ne vînt pas apporter une nouvelle entrave à la guérison, il lui donna une *ajusture contraire*, en le renforçant à la face plantaire de l'épaisseur que l'usure pouvait faire disparaître approximativement en huit à dix jours. Ce temps était indispensable aux deux dilatations qui restaient encore à opérer ; le fer céda régulièrement, et la guérison fut complète.

« Éclairé par ce fait et guidé par l'observation qu'un fer étroit prend moins d'ajusture qu'un fer large, Defays père augmenta l'épaisseur de sa pantoufle aux dépens de sa largeur. Il parvint ainsi à confectionner un appareil pouvant rester en place pendant toute la durée de la cure,

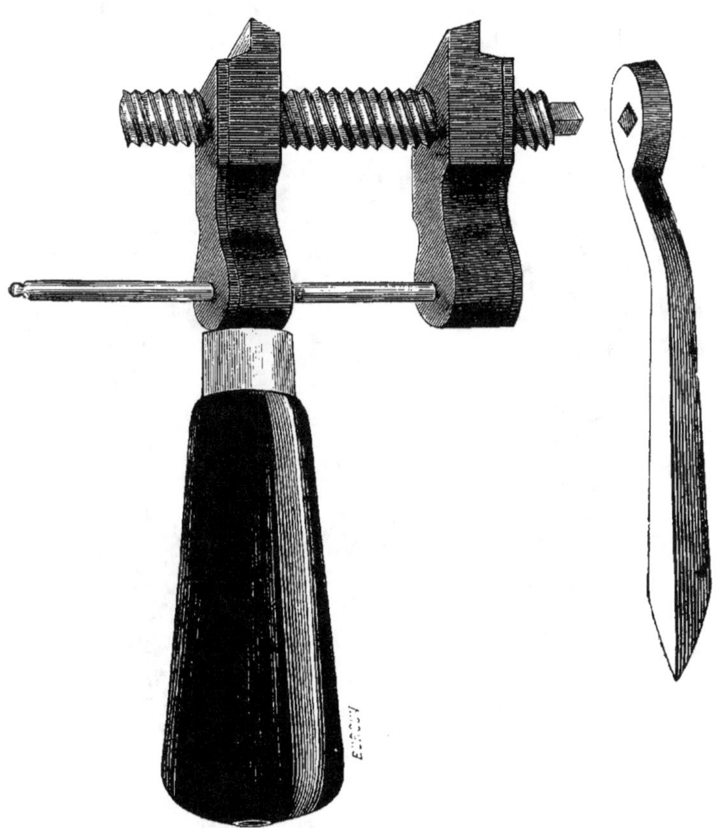

Fig. 297. — Étau dilatateur de Defays, perfectionné.

qui est d'un mois en moyenne. Une encastelure très avancée, exigeant un temps plus long, demande aussi le renouvellement du fer. » (Defays fils, *loc. cit.*)

Ce procédé de désencastelure, dit H. Bouley, est essentiellement pratique, d'une application facile, et il a l'avantage incontestable de permettre, sans interruption, l'utilisation du cheval dont il protège le pied aussi bien qu'un fer ordinaire, tout en le délivrant de l'étreinte douloureuse de la corne.

Diverses modifications ont été apportées dans la confection de l'étau dilatateur, comme on peut s'en convaincre

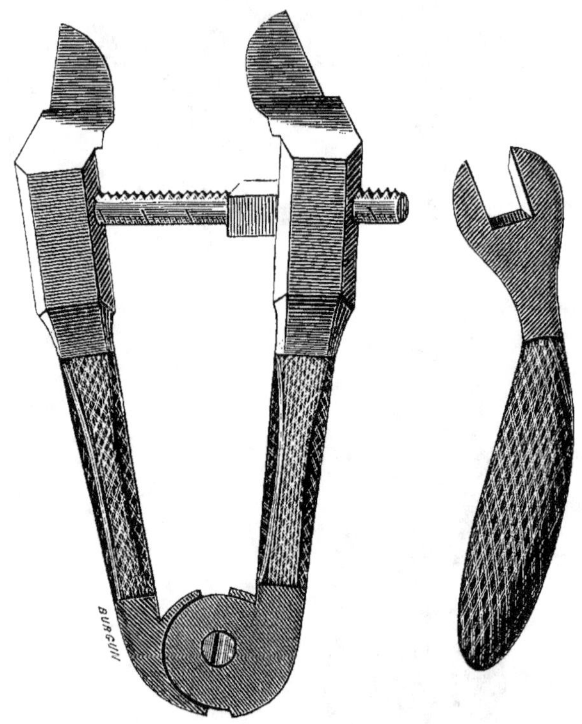

Fig. 298. — Étau désencasteleur de Méricant.

en jetant un coup d'œil sur les figures 297 et 298. Ces instruments sont d'un maniement plus facile que l'étau primitif de Defays.

2° **Procédé Jarrier.** — Ce procédé, inventé par Jarrier, maréchal à Blois, qui l'a fait connaître en 1854 à l'École de Saumur, où il a été employé avec succès, consiste à opérer l'écartement des talons, à l'aide d'un instrument approprié ; et à s'opposer ensuite au retrait de la corne sur elle-même, au moyen d'un fer muni de deux pinçons étirés de la rive interne des éponges.

L'instrument dont Jarrier s'est servi porte le nom de *désencasteleur*. Il était formé, dans le principe, « de deux branches de 11 centimètres de longueur sur 7 à 8 millimètres de largeur, lesquelles s'articulent entre elles supérieurement à la manière d'un compas, et se terminent, à leur extrémité opposée, par une forte griffe à trois dents contournée en dehors. Ces branches sont susceptibles de se mouvoir l'une sur l'autre, au moyen d'une vis qui traverse un trou taraudé dont elles sont respectivement percées à 5 centimètres environ de leur articulation, et qui, suivant qu'on la tourne dans un sens ou dans un autre, en détermine l'écartement ou le

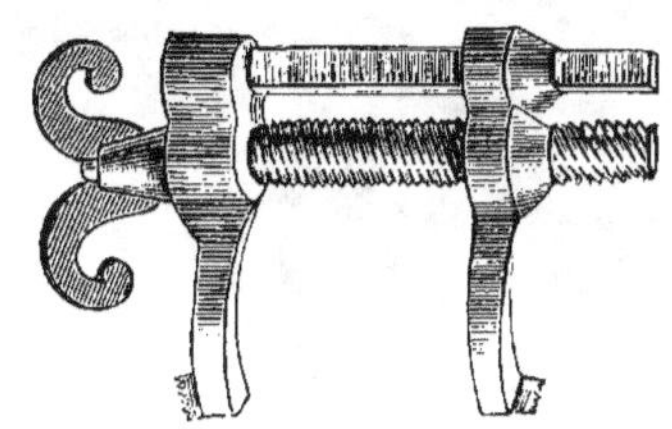

Fig. 299. — Désencasteleur Jarrier (modèle de l'École de Saumur).

rapprochement, comme fait la vis d'un étau pour ses mâchoires. Un levier est adapté à la tête de cette vis pour en rendre l'action plus puissante. Le maximum d'écartement des branches de cet instrument est de 9 à 10 centimètres (1) ».

Ce désencasteleur a été modifié à l'École de Saumur ; les deux branches, au lieu d'être articulées, ont été rendues indépendantes, et leur longueur totale a été réduite à 6 ou 7 centimètres environ ; l'une est fixe et l'autre mobile. On les écarte ou on les rapproche au moyen d'une vis (fig. 299).

A cet effet, la branche fixe est percée d'un trou non taraudé dans lequel tourne la vis qu'elle supporte, tandis que l'autre est traversée d'un écrou destiné à recevoir

(1) H. Bouley et Reynal, *Dictionnaire de médecine et de chirurgie*, art. Encastelure, p. 644.

cette vis motrice, laquelle, suivant le sens où elle tourne, la ramène ou l'écarte. Chaque branche, évidée à sa partie inférieure et contournée en dehors, se termine par une sorte de griffe, dont les dents, d'égale longueur, forment, l'instrument étant supposé en place, une série oblique d'arrière en avant et de dehors en dedans par suite d'une légère torsion, dans les mêmes sens, de la tige qui les supporte. Vues de profil, les branches de cet instrument, supposé en place, décrivent une courbe telle qu'elles sont convexes en arrière et concaves en avant, afin de pouvoir embrasser dans leur concavité la saillie des glomes de la fourchette et des bulbes cartilagineux. Au-dessus de la vis motrice et parallèlement à elle, est disposée une échelle graduée en millimètres, qui est soudée à la branche fixe et traverse librement une mortaise de la branche mobile.

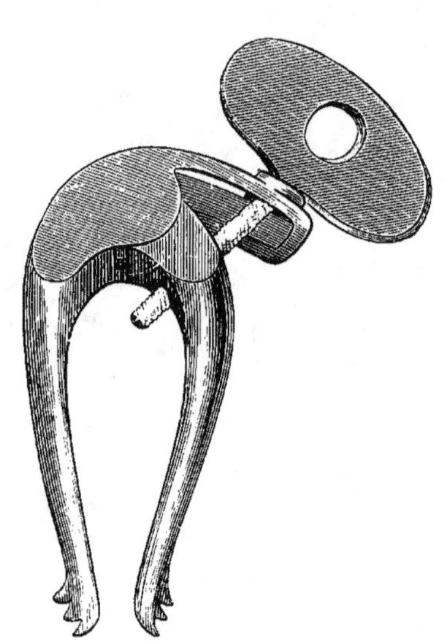

Fig. 300. — Désencasteleur Jarrier (modèle Charrière). L'instrument est fermé.

Charrière a modifié le désencasteleur Jarrier et il en a construit deux modèles. Nous ne décrirons que celui qui est représenté par les figures 300 et 301. On voit que les branches de cet instrument décrivent une courbe à leur partie supérieure, par laquelle elles s'articulent à la manière d'un compas. Au-dessus de cette articulation, l'une de ces branches est munie d'un prolongement recourbé qui est séparé de la branche sur laquelle il se projette, par un intervalle de 2 centimètres quand l'instrument est fermé (fig. 300).

Une vis, à tête plate et large, passe dans le prolongement qui fait office de coulisse et s'engage ensuite dans un trou taraudé, percé sur l'une des branches de l'instrument. En faisant mouvoir cette vis, la branche mobile se rapproche peu à peu du prolongement par sa partie supérieure, tandis que son extrémité inférieure s'écarte de celle de la branche opposée (fig. 301).

Salles, vétérinaire militaire, qui a vu à l'œuvre ces divers désencasteleurs, donne la préférence à celui de Saumur, qu'il a modifié de la manière suivante :

La longueur des branches a été diminuée, l'appareil est rendu moins massif, tout en lui conservant la même force ; la vis motrice a été placée au-dessus de l'échelle graduée, au lieu d'être au-dessous, et un curseur sur cette

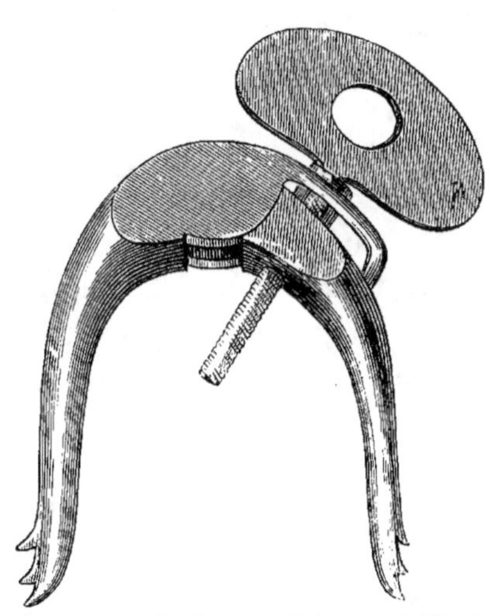

Fig. 301. — Le désencasteleur précédent, les branches étant complétement ouvertes.

échelle permet d'apprécier exactement le degré de la dilatation obtenue. La clef destinée à mettre la vis en mouvement a été grandie, afin que l'opérateur pût avoir sur elle une prise plus solide, et que le levier qu'elle représente étant augmenté, le jeu de cette vis fût rendu plus facile. Cette clef peut être ôtée à volonté, ce qui permet de diminuer d'autant le poids de l'instrument lorsqu'il est laissé à demeure sur le pied, et ne l'expose pas à être heurté par le sabot opposé, lorsque le membre sur lequel on opère est laissé à l'appui. Enfin les griffes terminales des branches sont disposées de telle façon que, lorsque l'instrument est en place, leurs dents forment une série oblique d'avant en arrière et de dedans en dehors, disposition inverse de celle qu'affectent les griffes de l'appareil de Saumur.

Les avantages que Salles a reconnus au désencasteleur ainsi modifié sont les suivants : étant de beaucoup moins lourd que les autres, il peut être laissé en place, lorsqu'il y a nécessité de permettre à l'animal sur lequel on opère de se reposer sur son membre ; l'instrument en position ne gêne pas le maréchal dans ses manœuvres comme ceux de Jarrier et de Charrière : ses mors plus délicats, tout en ayant la puissance nécessaire, ne tiennent pas beaucoup de place dans le fond des lacunes latérales de la fourchette et ne s'opposent pas à l'introduction des pinçons du fer au-dessous d'eux, chose qui arrive avec des mors plus volumineux. Enfin la disposition des griffes, qui a été modelée sur celle du plan incliné des barres, fait que leurs trois dents plongent simultanément dans la corne, et que l'instrument, étant plus solidement implanté, peut rester fixé sur le pied, même quand il repose à terre, et est moins susceptible d'être ébranlé par les percussions du brochoir (1).

Nous nous sommes servi plusieurs fois, soit du désencasteleur de l'École de Saumur, soit de celui de Charrière, nous avons remarqué que ce dernier est d'un emploi très commode.

Pour remédier à l'encastelure au moyen de l'appareil Jarrier, on procède de la manière suivante :

1° Ramollir la corne, au préalable, pendant quelques jours par l'application de topiques convenables (cataplasmes, bains, etc.); 2' Ménager les barres et les arcs-boutants dont la solidité est une condition nécessaire de l'adaptation du fer désencasteleur; 3° Si la corne présente trop de résistance sur les quartiers, amincir la paroi avec la râpe jusqu'à ce qu'elle cède *un peu sous une forte pression du pouce*; 4° N'enlever de la fourchette que ses parties filandreuses ; 5° Prendre l'empreinte exacte du pied paré sur une feuille de papier blanc, afin de se rendre compte ultérieurement des modifications que le sabot éprouvera ; 6° Mesurer exactement la distance d'un arc-boutant à l'autre, et la noter en mesures millimétriques sur l'empreinte du papier ; 7° Choisir un fer ordinaire, proportionné aux dimensions du pied, et lui donner au préalable la tournure du sabot; 8° Si les lacunes latérales sont assez larges pour que les griffes du désencasteleur puissent s'y introduire sans gêner l'application des pinçons du fer, ne pas y toucher ; dans le cas contraire, creuser, avec la petite gorge d'une rénette, la loge où ces griffes

(1) H. Bouley et Reynal, *Dictionnaire de médecine et de chirurgie vétérinaires*, art. ENCASTELURE, p. 645.

doivent être reçues en intéressant le moins possible l'épaisseur des barres ; 9° Appliquer le désencasteleur en embrassant dans sa concavité, s'il est confectionné pour cela, la saillie des glomes, et le maintenir en position bien horizontale ; ses deux griffes doivent correspondre, de chaque côté, exactement aux mêmes points, et prendre leur appui sur l'origine de la barre, en dedans de l'angle d'inflexion ; 10° Le désencasteleur étant en place, le maintenir d'une main et faire jouer la vis de l'autre. L'écartement des branches fait d'abord pénétrer les dents des griffes dans la corne, puis, cet effet produit, l'opérateur perçoit la nécessité d'un plus grand effort pour faire tourner la vis ; c'est alors que l'écartement du sabot va commencer. Pour apprécier dans quelle étendue il va se produire, on note sur l'échelle graduée le degré actuel d'écartement des branches ; au delà de ce degré, l'espace dont ces branches vont s'écarter encore donne la mesure de la dilatation correspondante du sabot ; 11° A mesure que la vis tourne, on voit peu à peu la lacune médiane de la fourchette s'élargir et les glomes s'éloigner l'un de l'autre. Il faut arrêter le mouvement dilatateur de la vis lorsque l'écartement des branches marque sur l'échelle graduée 6 à 7 millimètres, ce qui correspond, d'après les expériences de Salles, à 3 ou 4 millimètres d'écartement des quartiers et 2 à 3 millimètres d'élargissement de la fourchette ; 12° *Faire porter* sous le pied le fer *non encore muni de ses pinçons* ; mêmes règles pour cette partie de l'opération que celle de la ferrure ordinaire ; seulement il faut que la rive interne des éponges corresponde exactement au bord inférieur des barres, et que leur bout ne déborde pas en arrière les arcs-boutants ; 13° Le fer ayant reçu la tournure et l'ajusture convenables, lever, à la rive interne des éponges, des pinçons *en oreille de chat*, auxquels on donne une direction perpendiculaire ou plus ou moins oblique suivant que les barres sont plus ou moins inclinées. Les pinçons doivent être exactement parallèles aux barres pour porter sur elles par toute leur surface et non pas en un point circonscrit. Il est préférable de lever les pinçons après que le fer est bien ajusté au pied plutôt qu'avant, parce que leur présence gêne pour donner cette ajusture ; 14° Les pinçons levés, présenter le fer chaud sous le pied, et voir s'il s'adapte exactement au sabot, et si les pinçons affectent rigoureusement la direction qu'exige celle des barres ; dans le cas de la négative, leur imprimer par le martelage des modifications convenables, jusqu'à ce que tout déplacement du fer d'un côté ou de l'autre soit impossible ; 15° Quand il est reconnu que le fer est bien adapté, le refroidir, et ensuite lui restituer par le martelage à froid, sur sa rive interne, le degré d'ouverture de branches que son refroidissement lui a fait perdre, car il s'est contracté en perdant sa chaleur, et, par ce fait, ses pinçons ne se trouvent plus en rapport exact de contact avec les barres ; 16° Brocher d'abord et serrer les deux clous de talons de chaque côté, afin de maintenir les pinçons en place et desserrer alors le désencasteleur dont l'action est devenue inutile, puisque les pinçons remplissent l'office de ses griffes, ce dont témoigne l'élargissement persistant de la lacune médiane ; achever ensuite la ferrure suivant les règles ordinaires ; 17° Au bout d'un mois, renouveler cette ferrure en procédant de la même manière à l'écartement des talons avec le désencasteleur et à l'application du fer à pinçon ; 18° Continuer de la même manière pendant les cinq ou six mois consécutifs, jusqu'à ce que le sabot ait récupéré des dimensions suffisantes pour que les parties qu'il contient soient exemptes de toute contrainte ; 19° Enfin, ce résultat obtenu, l'affirmer en continuant toujours l'usage des fers génetés qui deviennent alors des moyens préventifs de la récidive ; simultanément employer comme auxiliaires indispensables, et d'une manière continue, les topiques propres à conserver la corne dans un état constant de souplesse et d'humidité.

Tel est, d'après Salles, l'ensemble des précautions très minutieuses qu'il faut suivre pour appliquer le procédé désencasteleur de Jarrier. Le plus ordinairement, quand on n'a usé qu'avec modération de l'instrument dilatateur, les chevaux ne manifestent pas de souffrances ; souvent même leur allure est plus libre après l'application du fer génété qu'avant. Mais il arrive quelquefois qu'ils en souffrent d'une manière très accusée, au point même de boiter tout bas : cela dépend soit d'un excès de dilatation du pied, soit d'une pression trop forte exercée sur les barres par les pinçons du fer qui leur sont mal adaptés. Dans ce cas, l'indication est d'enlever le fer, de calmer la douleur par l'usage de cataplasmes, pendant quelques jours, et, lorsque la sensibilité anormale s'est éteinte, de réappliquer le fer avec plus de mesure et de méthode.

Quand les chevaux marchent sans souffrir, il est expressément indiqué de les soumettre à un exercice journalier afin que les pressions de la marche aident à l'action dilatante du fer (1).

Nous avons vu employer ce procédé, mais d'une manière défectueuse, ce qui ne nous permet pas d'en apprécier la valeur. Ainsi, au lieu d'ajuster le fer et de lever ensuite les pinçons des éponges, comme le recommande Salles, on agissait d'une manière inverse. Cette modification ne nous paraît pas heureuse, car lorsque les éponges sont munies de

____

(1) *Dictionnaire de méd., de chir. et d'hygiène vétérinaires*, t. V, p. 646.

pinçons et que ceux-ci présentent le degré d'obliquité convenable pour *être exactement parallèles aux barres et porter sur elles par toute leur surface*, il devient bien difficile de donner au fer l'ajusture convenable.

3° **Procédé Watrin**. — Dans ce procédé, comme dans celui de Defays, on pratique la dilatation, quand le fer est fixé sur le pied. En voici la description, telle qu'elle a été faite par Watrin :

Le pied doit être paré à plat en respectant les barres et surtout la face interne des talons qui seront conservés un peu élevés ; le vide destiné à recevoir le pinçon sera toujours fait aux dépens de la fourchette, qui peut être évidée impunément. Le fer doit être forgé en métal de bonne qualité, un peu dégagé et étampé loin des éponges. Après lui avoir donné une ajusture aussi faible que possible et l'avoir fait porter, on remet alternativement au feu l'extrémité de chaque branche afin de pouvoir relever sur la bigorne, et dans une étendue de 2 à 3 centimètres, la partie de la rive interne qui faisait saillie à l'intérieur du talon et qui doit constituer les pinçons de glissement : du reste, ceux-ci se relèvent comme les pinçons ordinaires, mais ils doivent être plus forts, légèrement amincis à l'extrémité, et avoir longitudinalement la direction des arcs-boutants, qui reposeront à leur base si l'opération a été bien faite et si l'on a pris les précautions pour ne pas fausser le fer ; ils seront en outre arrondis dans leur angle rentrant pour éviter un point d'arrêt où le talon viendrait se fixer et s'immobiliser, et leur extrémité sera toujours libre et isolée de la corne pour ne pas s'y incruster (fig. 302 et 303).

Le pied étant ferré de cette manière, on doit attendre deux ou trois jours avant de pratiquer la première dilatation, car, dit Watrin, en la pratiquant trop tôt, on risquerait de dépasser le but.

La dilatation se fait en engageant le mors de l'étau contraire entre les branches du fer, le plus près possible des pinçons ; on tourne la vis jusqu'à ce que les éponges se soient écartées de 2 à 3 millimètres et qu'un léger écartement se soit produit entre le fer et le pied. Alors on frappe sur la rive externe de l'une des branches, au niveau des étampures, un léger coup de marteau qui empêche le métal de revenir sur lui-même.

On renouvelle la dilatation tous les quatre ou cinq jours.

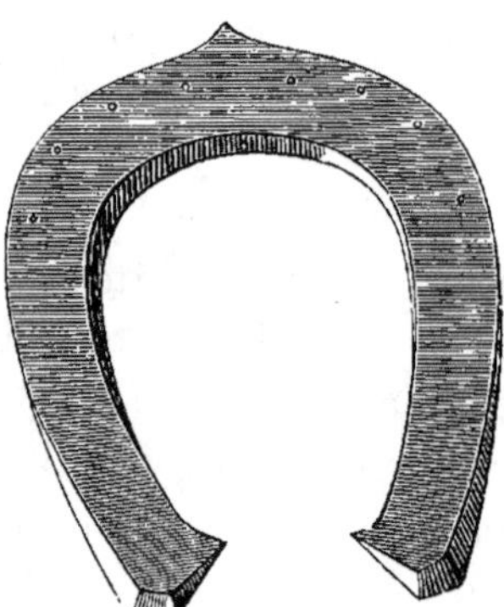

Fig. 302. — Fer Watrin
(face supérieure).

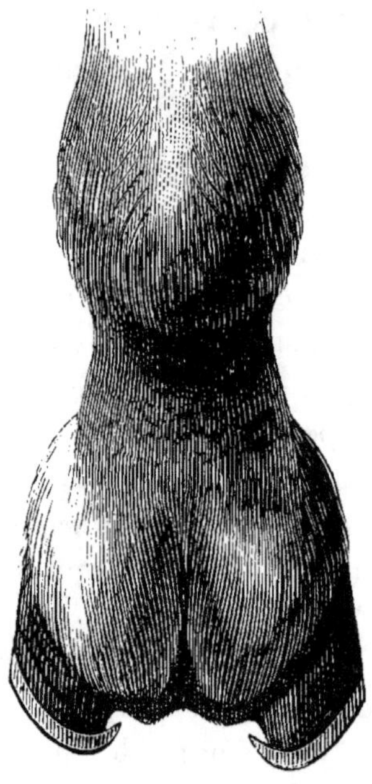

Fig. 303. — Fer Watrin, appliqué.

Watrin a retiré de l'emploi de ce procédé les plus grands avantages.

§ 6. — MÉTHODE DE TRAITEMENT DE L'ENCASTELURE PAR L'AMINCISSEMENT OU LES RAINURES.

1° **L'amincissement** se pratique au moyen de la râpe d'abord, puis de la rénette ; il doit être fait sur les quartiers, les arcs-boutants et les barres dans toute leur étendue, en hauteur comme en profondeur, et à un tel degré que la corne, réduite à l'état de pellicule, fléchisse partout

sous le doigt. Cela fait, une première couche de vésicatoire
est appliquée sur la peau de la couronne et sur la cutidure,
dans les points correspondants aux régions où la corne a
été amincie, et lorsque l'action de cette première application est éteinte, on a recours à une deuxième, à une troisième, à une quatrième, à une cinquième, à une sixième
et davantage encore, suivant les indications qui résultent
de la persistance de la claudication. Sous l'influence de ces
vésications répétées, le mouvement vasculaire se précipite
et s'entretient plus actif dans l'organe cutidural, et cette
activité plus grande du cours du sang ne tarde pas à se
traduire, aux points où elle a lieu, par une formation plus
abondante de corne, et, en résultat dernier, par un
élargissement notable du sabot. H. Bouley, après avoir
essayé ce procédé, pense qu'il est bon réellement, quoique
lent dans ses résultats ; « il ne nous paraît bien convenir,
dit-il, que pour remédier à l'encastelure fausse. Lorsque
le pied est véritablement encastelé, les moyens de dilatation mécanique nous paraissent devoir être préférés,
parce qu'ils ont une action plus puissante et que leurs effets
plus rapidement obtenus sont aussi plus durables. »
(H. Bouley.)

2° Le **procédé par les rainures**, employé autrefois par
les hippiatres, puis abandonné, a été préconisé de nouveau, il y a quelques années, par Weber, vétérinaire à
Paris. Voici comment il conseille d'en faire usage :

« Lorsque je veux combattre l'encastelure sur les deux
talons, dit-il, je fais parer le pied à fond, en ayant soin
d'abattre les talons et les arcs-boutants presque à la rosée,
de ne pas toucher à la fourchette. Je pratique ensuite une
première rainure, au niveau de la mamelle, sur la muraille, et une autre en arrière, à égale distance de celle-ci
et du talon. Je fais appliquer un fer à planche qui garnit
en talons, et je m'arrange de telle sorte que le fer prenne

son appui tout entier sur la fourchette. Quand cet organe est bien développé, la chose est facile ; mais s'il est atrophié, je supplée à son manque de volume en le garnissant de lames de cuir.

« Il est bien entendu que je pratique les rainures des deux côtés, ou d'un côté seulement, suivant l'indication. Si les deux pieds sont malades, on ne doit opérer que sur un pied d'abord, car le lendemain l'appui est souvent douloureux, et il serait imprudent d'agir sur les deux sabots à la fois ; les deux rainures sont remplies avec de l'onguent de pied et la muraille bien enduite de cet onguent. Il est important que le cheval soit utilisé à un travail léger, car j'ai remarqué que l'écartement était d'autant plus rapide que l'animal travaillait davantage. » Ce procédé a donné à Weber de très bons résultats ; d'autres praticiens l'ont également employé avec succès, notamment Bugniet, Liard, Zundel. Liard surtout en est grand partisan, et il pose en principe qu'on ne peut obtenir la guérison « en dilatant brutalement le sabot avec le désencasteleur » ; tandis qu'avec les rainures, au bout de quatre, huit, quinze, vingt-cinq jours au plus, l'animal ne boite plus, et le sabot s'ouvre progressivement de plusieurs centimètres. Liard proscrit en outre l'emploi du fer à planche ; il recommande « de ferrer d'aplomb avec une ajusture plate, et quelquefois même d'appliquer un fer à éponges tronquées. On aura la précaution ensuite de tamponner le dessous du pied avec de l'argile de la consistance du beurre et de régler l'exercice à donner selon l'intensité de la claudication. »

Collin, vétérinaire à Vassy (Haute-Marne), recommande également l'emploi des rainures. Il en pratique trois, savoir : une, parallèle au bourrelet « à 1 centimètre et demi de la peau », s'étendant du milieu de la mamelle jusqu'au talon, et deux autres partant de celle-ci pour descendre jusqu'au bord plantaire. « L'une d'elles, la posté-

rieure, est pratiquée à 2 centimètres environ du talon et
dans le sens des tubes ou fibres de la muraille ; l'antérieure,
placée à 2 centimètres environ en avant de celle-ci, n'est
plus parallèle aux tubes cornés de la paroi ; elle a une
direction oblique en avant, et son extrémité supérieure
correspond, au milieu de la mamelle, avec l'extrémité antérieure de la rainure parallèle au bourrelet avec laquelle
elle forme un angle aigu. » Ces rainures intéressent
presque toute l'épaisseur de la corne, elles vont « jusqu'au
voisinage des tissus vifs qu'il faut respecter ». On applique un fer à planche, et si la fourchette est atrophiée, on
augmente l'épaisseur de la traverse du fer au moyen de
lames de cuir, de gutta-percha ou de caoutchouc. On remplit ensuite les rainures d'onguent de pied que l'on étend
également sur tout le sabot.

ART. IV. — FERRURE ET TRAITEMENT DES PIEDS FOURBUS.

La fourbure est une congestion de l'appareil kératogène
susceptible d'être suivie de diverses complications. Les
caractères de cette maladie varient suivant qu'elle est *aiguë*
ou *chronique*. Sous cette dernière forme, la fourbure produit, dans le sabot, des déformations que l'on peut pallier
par la ferrure.

Toutefois, avant de parler de celle-ci, il nous a paru
utile de décrire brièvement les déformations dont il s'agit.

§ 1er. — DÉFORMATIONS DU SABOT.

En examinant la muraille d'un pied déformé par la fourbure chronique, on est frappé de son changement de direction. Ainsi, à sa
partie supérieure, elle présente plus d'obliquité que dans l'état normal et tend à se rapprocher de la ligne horizontale ; elle peut
former de la sorte, quand la fourbure date seulement de quelques
mois, au point de rencontre avec l'ancienne corne dont la production
est antérieure à la maladie, un angle saillant.

Le diamètre antéro-postérieur de l'ongle l'emporte de beaucoup sur le diamètre transverse par suite d'un soulèvement qu'il a éprouvé dans ses parties antérieures.

Sur la paroi, on remarque des reliefs circulaires, auxquels on donne le nom de *cercles*, échelonnés les uns au-dessus des autres et prolongés d'un talon à l'autre, en se rétrécissant en pince (fig. 304).

L'avalure des talons est en effet plus rapide que celle de cette dernière région.

Si l'on considère maintenant le sabot

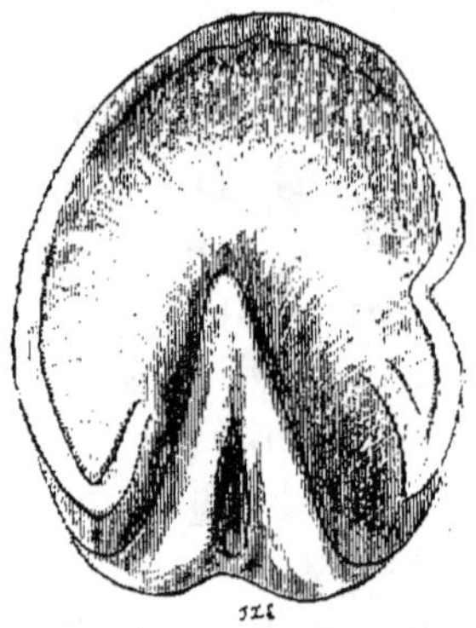

Fig. 304. — Sabot fourbu, vu de profil. Il présente en quartier un pli rentrant résultant d'une déviation de la paroi de ce côté (Voy. fig. 305).

Fig. 305. — Face plantaire du sabot précédent. La sole est comble et est séparée de la paroi, antérieurement, par un coin épais de corne podophyllienne en voie de désagrégation.

du côté de sa face plantaire (fig. 305), on voit d'abord que son contour est fortement ovalaire par suite de l'allongement de la pince; la sole, au lieu d'être concave, est au contraire convexe, surtout en avant de la pointe de la fourchette. Là, on voit une sorte de bombement qui dépasse parfois le niveau de la paroi et qui constitue le pied comble. L'usure de cette saillie de corne finit par laisser apparaître le bord de la phalangette, ce qui donne lieu à ce qu'on appelle le *croissant*.

Il est un caractère constant de la fourbure chronique, qui a été signalé par H. Bouley notamment, c'est le défaut de parallélisme entre le bord circulaire de la sole à son point d'union avec la paroi et le bord plantaire de celle-ci (fig. 306). On sait que la ligne de jonction de ces parties est indiquée par une zone un peu jaunâtre, sur laquelle il est facile de reconnaître la trace de la disposition feuilletée particulière à l'appareil kéraphylleux, et que la distance mesurée entre la ligne excentrique de cette zone et la surface externe de la paroi donne l'épaisseur de cette dernière, épaisseur qui présente quelques différences dans tous les pieds, suivant les régions. Eh bien, lorsque le pied est anciennement fourbu, on constate toujours cette particularité remarquable que, dans les régions de la pince, des mamelles et de la partie antérieure des quartiers, et dans ces régions exclusivement, le bord inférieur de la paroi est toujours éloigné du bord circulaire de la sole qui ne lui est plus régulièrement concentrique ; un espace semi-lunaire s'est formé entre eux qui peut atteindre trois, quatre, cinq, et jusqu'à dix centimètres suivant l'intensité et l'ancienneté de la fourbure. Cet espace peut être plein ou vide. Dans le premier cas (fig. 307), il est rempli par une matière cornée peu cohérente, lamelleuse, formée sous l'in-

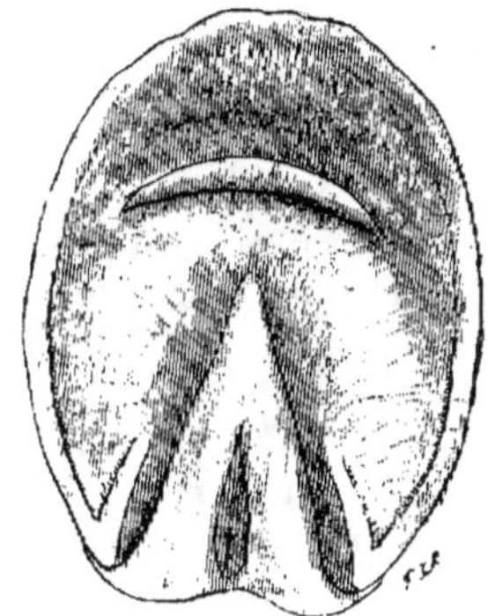

Fig. 306. — Croissant avec une four-milière peu profonde. Sole comble.

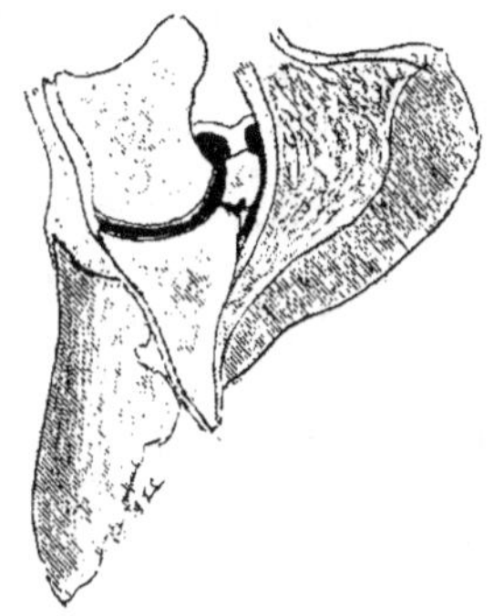

Fig. 307. — Coupe du pied précédent.

fluence de l'irritation inflammatoire, et dont la couleur est tantôt blanche ou jaunâtre, tantôt rougeâtre. Dans le second cas (voy. fig. 58, 59, p. 86), on voit une cavité, irrégulièrement conique à sommet tourné en haut, dont la paroi antérieure est formée par la face interne de la muraille normale et la postérieure par une couche de corne de formation nouvelle, dont le tissu podophylleux s'est revêtu après son désengrènement. Cette cavité est d'ordinaire complètement vide, si ce n'est peu de temps après sa formation ; elle renferme alors une sorte de matière poreuse, desséchée, brunâtre, qui n'est autre chose que le résidu du sang, de la sérosité ou de l'exsudat que le tissu podophylleux congestionné a laissé sortir de sa trame ; c'est ce détritus organique, criblé de trous ou de porosités, qui a fait donner à cette cavité le nom de *fourmilière* sous lequel on la désigne habituellement, de la ressemblance qu'on a crû trouver avec le tas de matières qui sert de nid aux fourmis.

Les déformations que la fourbure chronique détermine dans la boîte cornée sont plus ou moins prononcées suivant l'ancienneté de la maladie et son intensité. C'est ainsi que, dans les premiers mois, le sabot présente tout à la fois les caractères de l'état normal et ceux de l'état pathologique ; on voit notamment au point de rencontre de la corne formée par le bourrelet, postérieurement à la fourbure, et de celle produite avant cette maladie, un angle saillant dont nous avons parlé précédemment ; cet angle disparaît peu à peu par avalure et le sabot paraît alors comme aplati de dessus en dessous (fig. 304).

Après que l'appareil kératogène a été congestionné, les tubes cornés qui émergent du bourrelet ont de la tendance à prendre une direction horizontale, et cette tendance, dont les effets apparaissent le huitième jour, est surtout accusée vers la quatrième ou la cinquième semaine après le début de la fourbure, par une sorte de gouttière circulaire, longeant la partie antérieure de la couronne et assez creuse pour loger la pulpe du doigt, gouttière à laquelle H. Bouley donne le nom de *cavité digitale*.

En même temps que la couronne se déprime ainsi en avant, la sole s'aplatit, puis elle devient convexe, s'amincit et quelquefois même se perfore ; l'os à découvert ne tarde pas à se nécroser.

Il nous resterait maintenant à rechercher comment se produisent les altérations de forme que présentent les sabots affectés de fourbure chronique, mais cette question de physiologie pathologique exigerait, pour être traitée d'une manière complète, des développements qui dépasseraient les limites que nous avons assignées à cet ouvrage. Nous devons nous borner à faire connaître, en quelques lignes, les modifications fonctionnelles qu'éprouvent les divers organes de la boîte cornée, depuis le moment où la congestion de la région digitale aboutit à une néoformation de corne sur le podophylle jusqu'à celui où la déformation du sabot est achevée.

Sous l'influence de l'état congestif, le tissu podophylleux, dont la fonction kératogène est en quelque sorte latente dans l'état physiologique, entre en action et produit, dans les parties antérieures du sabot (pinces, mamelles, région antérieure des quartiers), et d'une manière incessante, de nouvelles couches de corne qui s'interposent entre la face interne de la paroi dans les régions précitées et la face antérieure du tissu podophylleux. Cette production continue de matière cornée a pour conséquences : 1° le soulèvement de la paroi et la déviation du bourrelet susceptibles d'allonger extrêmement le pied en lui donnant une direction tendant à l'horizontale; 2° une déviation de la phalange unguéale en vertu de laquelle elle fait pression sur la sole et la déprime tout en annihilant l'action kératogène du tissu velouté dans les points comprimés; 3° l'augmentation d'épaisseur de la paroi qui se forme non plus sur le bourrelet exclusivement comme dans l'état physiologique, mais par l'action combinée du bourrelet et du podophylle d'où résulte un accroissement d'épaisseur de haut en bas.

Le déplacement qu'éprouve la troisième phalange, dans la fourbure chronique, a été attribué par un vétérinaire italien, Fogliata, à la traction du fléchisseur profond des phalanges, qui se ferait sentir avec trop d'intensité par suite du désengrènement du tissu kératogène et de l'insuffisance du muscle antagoniste : l'extenseur antérieur des phalanges. En conséquence, il conseille de pratiquer la ténotomie plantaire pour remédier à la fourbure chronique : il n'est pas à notre connaissance que ce traitement ait jamais été employé avec succès dans le cas dont il s'agit.

On a vu précédemment que la fourbure chronique ne se traduisait pas toujours par la présence, entre la face interne de la paroi et la surface podophylleuse, d'une masse de corne anormale, et que dans certains cas elle amenait la formation d'une *fourmilière*. Le mécanisme suivant lequel cette lésion se produit est des plus simples. Sous l'influence d'une hémorrhagie intracornée (fig 308), ou d'une exsudation séreuse, le tissu podophylleux est brusquement séparé du tissu kéraphylleux par le liquide épanché ; ce liquide incompressible, fait sa place en déprimant la sole et en soulevant la paroi ; le tissu podophylleux est pour ainsi dire dénudé comme quand on arrache un lambeau de paroi : il se recouvre d'une couche de corne qui forme comme le dit H. Bouley, en dedans du sabot primitif, un sabot accidentel

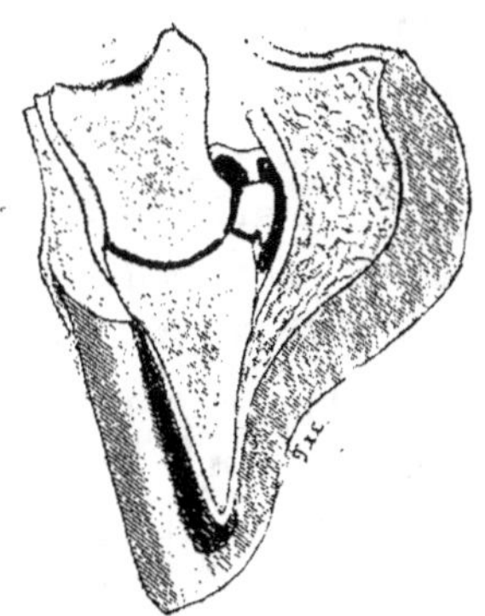

Fig. 308. — Fourbure aiguë avec cavité hémorrhagique entre la paroi et le podophylle.

qui est séparé du premier, dans les parties antérieures du doigt, par un espace plus ou moins vaste, suivant que le liquide qui s'était épanché sous l'ancienne paroi, y occupait plus ou moins de place.

Il est à remarquer que, dans le cas de fourmilière, le tissu podophylleux ne participe pas d'une manière incessante, anormale, à la kératogenèse, comme dans la variété de fourbure où le pied est plein. Une fois formée la couche de corne qui constitue comme une seconde muraille, l'activité fonctionnelle de ce tissu se ralentit et retourne à l'état physiologique.

Le désengrènement des parties constituantes de l'appareil kératogène, d'où procède la fourmilière, peut s'arrêter vers l'origine de l'ongle de telle sorte que la paroi reste encore adhérente au bourrelet par sa cavité cutigérale. Ce sont même les cas les plus fréquents, et, dans ces conditions, la fourmilière peut persister d'une manière indéfinie, car alors le bourrelet et l'appareil podophylleux, à son origine, fournissent deux formations cornées indépendantes.

Lorsque la séparation des parties précitées s'effectue sur toute la hauteur du tissu podophylleux, le bourrelet y compris, l'ongle décollé est entraîné par l'avalure de celui qui lui succède, lequel descendant sur la membrane kératogène sans la quitter efface peu à peu la fourmilière qui est par conséquent moins grave que la précédente.

§ 2. — FERRURE ET TRAITEMENT DU PIED FOURBU.

Les quelques considérations de physiologie pathologique dans lesquelles nous sommes entrés ont fait comprendre que le fait caractéristique et dominant de la fourbure chronique, c'est l'accroissement incessant de la corne produite anormalement par le tissu podophylleux, de telle sorte qu'on peut bien, à l'aide d'instruments sécateurs, couteaux anglais, rogne-pieds, rénettes, râpes, etc., diminuer l'épaisseur de cette corne, mais comme elle se produit d'une manière continue, il s'ensuit qu'il faut répéter souvent cette manœuvre afin que le sabot n'offre pas une déformation trop prononcée. On ne peut donc que pallier une lésion de cette nature. Toutefois, il faut établir une notable différence, au point de vue de la curabilité, entre les pieds fourbus, suivant qu'ils sont creusés d'une fourmilière, ou bien que la corne produite en avant de la troisième phalange forme une masse compacte. Dans le premier cas, la lésion est assez souvent curable parce que le tissu podophylleux n'a pas une activité exagérée, tandis que, dans le second cas, la lésion est au-dessus des ressources de l'art.

Fourmilière. — Pour guérir une fourmilière, il faut enlever, par amincissement, toute la portion de paroi qui, en pince, en mamelles et dans les parties antérieures des quartiers, est superposée à la corne podophyllienne sans y adhérer. Cette dernière doit être aussi amincie dans toute son étendue. Cela fait, on applique sur cette corne des topiques propres à la préserver de la dessiccation, et lui conserver ainsi sa souplesse, notamment l'onguent de pied, les préparations goudronnées, etc. Un fer, couvert en pince et à forte ajusture, est appliqué sous le pied que l'on enveloppe d'un pansement protecteur, et la guérison n'est plus ensuite qu'une question de temps. Toutefois le bombement de la sole persiste pendant un long temps et nécessite l'emploi d'un fer couvert.

Nous avons traité plusieurs fois, avec succès, des fourmilières sans avoir recours à l'enlèvement de la muraille antérieure ; nous nous sommes contentés de faire des pansements au goudron et d'appliquer pendant plusieurs mois un fer couvert en pince. Ce moyen dispense de l'application d'un pansement autour du pied.

Croissant. — L'opération dite du croissant a pour but de diminuer les pressions exercées sur la partie antérieure de l'os du pied par la masse cornée que le tissu podophylleux y accumule sans cesse.

On peut pratiquer cette opération, soit en amincissant à l'aide de la râpe et de la rénette, et de dehors en dedans, toute la corne pariétale d'abord, puis toute la masse podophyllienne qui lui est surajoutée, et l'on ne s'arrête que lorsque cette dernière est réduite à une mince pellicule ; ou bien on peut se contenter de creuser, avec la rénette, une sorte de fourmilière accidentelle entre la face interne de la paroi proprement dite que l'on ménage et la face antérieure de l'appareil podophylleux sur laquelle on conserve une pellicule cornée. Ce procédé a sur l'autre l'avantage, en conservant intacte l'enceinte de la paroi, de rendre plus facile et plus solide l'application du fer qui doit servir à protéger le pied, et de permettre plus tôt l'utilisation de l'animal.

Cette opération n'est que palliative, néanmoins elle produit, au début de la fourbure chronique, un soulagement marqué, plus tard, quand l'os du pied est atrophié, elle n'offre plus d'utilité et n'apporte aucun changement dans l'état des animaux.

Quand l'os du pied a fait hernie à la région plantaire, il est indiqué de le ruginer à fond, jusqu'à ce que l'on soit arrivé dans les parties saines; il faut pratiquer, en un mot, l'opération de la carie.

S'il existe un abcès sous la sole, il faut enlever toutes les parties décollées et ouvrir au pus une large voie d'échappement, puis amincir la corne jusqu'à pellicule dans toute l'étendue de la région plantaire.

Pour remédier à la déformation persistante que la fourbure *pleine* entraîne à sa suite, on a recours à l'emploi d'un *fer couvert*, présentant une largeur suffisante pour revêtir toute la partie antérieure de la sole jusqu'à la pointe de la fourchette, et une ajusture convenable pour que, dans son excavation, la partie saillante de la région plantaire soit logée librement et à l'abri de toute pression.

L'ajusture peut être obtenue par le procédé français ou par le procédé anglais.

Dans le premier cas, l'assise du membre, quand le pied est ferré, est constituée par une surface convexe, peu favorable à la solidité de l'appui, et même, dans la fourbure outrée, il est nécessaire d'exagérer à ce point l'ajusture, que le fer représente une sorte d'écuelle dont la circonférence est maintenue plane pour qu'elle puisse servir de support au bord plantaire de la paroi. C'est là ce qui constitue le *fer à bord renversé* dont la confection exige une grande habileté de la part de l'ouvrier; de plus, quand ce fer est appliqué, l'appui a lieu par une surface saillante et l'équilibre est mal assuré.

Aussi, disait H. Bouley, est-il de beaucoup préférable d'appliquer, sous les sabots fourbus, des fers ajustés à l'anglaise, car, avec ce mode d'ajusture, la face supérieure du fer peut être évasée aussi profondément que l'exige le bombement de la sole, sans que, pour cela, sa face inférieure cesse d'être plane.

Pour compléter l'action protectrice du fer, il est utile et souvent même nécessaire d'interposer, entre le pied et lui, une semelle qui comble le vide de ses branches et remplisse l'office d'une sole complémentaire. Cette semelle peut être en cuir, en gutta-percha, en caoutchouc durci, ou simplement en feutre, elle sert en outre à maintenir des étoupes enduites de topiques propres à entretenir la souplesse de la corne ; de plus, elle s'oppose à l'introduction sous le fer de corps durs, tels que la boue desséchée, des graviers dont la pression sur la sole amincie pourrait donner lieu à des accidents inflammatoires toujours redoutables dans l'état d'endolorissement que présentent les pieds fourbus.

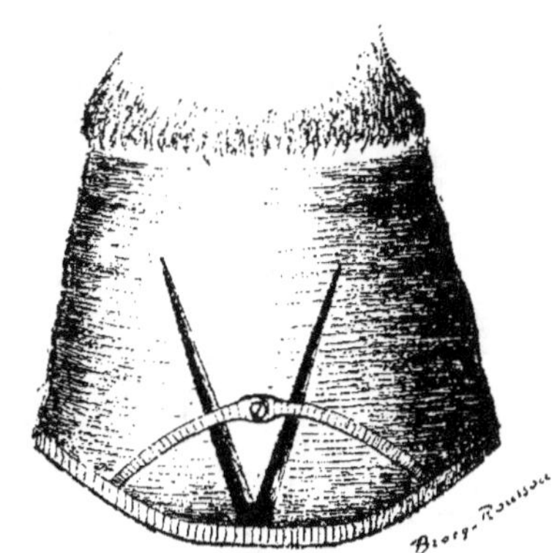

Fig. 309. — Ferrure de Hingst (Jacoulet et Chomel).

La ferrure Charlier donne de très bons résultats, dans le cas de fourbure chronique, en ayant le soin d'appliquer un fer dont l'épaisseur soit telle que la sole ne vienne pas au contact du terrain. H. Bouley recommandait beaucoup ce mode de ferrure.

Pour assurer la stabilité de l'appui lorsque la sole est fortement bombée, Pader conseille l'emploi d'un « fer suffisamment couvert et ajusté pour qu'il se moule sur la convexité de la sole », étampé en bonne corne et pourvu de crampons latéraux partant insensiblement des mamelles pour se perdre vers le milieu des quartiers, là où finit la voussure de la sole. Deux crampons ordinaires en éponges, de hauteur convenable, complètent l'assiette du pied sur le sol.

Le vétérinaire Hingst (de Francfort) a imaginé de ramener à sa forme normale, au moyen d'une pression exercée sur la paroi, le pied déformé par la fourbure. Son procédé, traduit de l'allemand par le vétérinaire en premier Boëllmann, a été également étudié et appliqué par Boisse (1). Il consiste en un fer couvert et suffisamment ajusté, muni d'une bride en arc de cercle qui s'applique sur la face antérieure de la paroi (fig. 309), deux rainures partant du bord

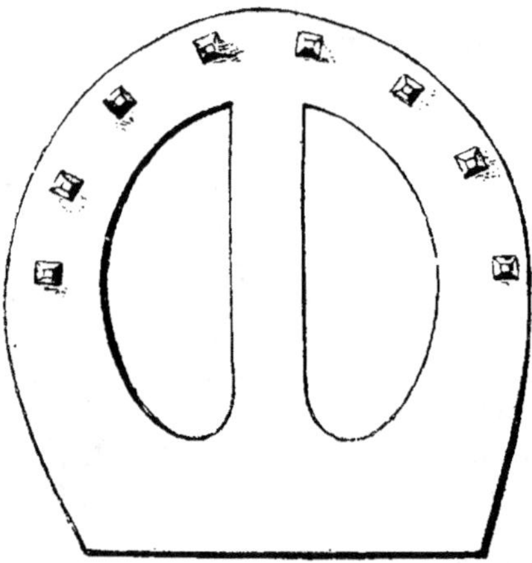

Fig. 310. — Fer à double planche de Schneider (Jacoulet et Chomel).

inférieur de la paroi, et se dirigent en V, de manière à embrasser toute la largeur de la fourmilière ou du kéraphyllocèle et à mourir près du bourrelet. S'il y a kéraphyllocèle, on creuse avec une rénette étroite entre la sole et le lambeau de paroi limité par les rainures, en remontant le plus haut possible. S'il s'agit d'une fourmilière, on dégage bien celle-ci. Une vis de pression traverse le milieu de la bride ; on tourne cette vis un peu tous les jours, de manière à faire reculer la partie déviée de la muraille jusqu'à ce qu'elle ait repris sa direction primitive. Boëllmann a conseillé de simplifier le *fer de Hingst* en levant simplement un fort pinçon que traverse la vis. Ce procédé assez compliqué est loin de donner toutes les satisfactions

(1) *Recueil de médecine vétérinaire*, nᵒˢ du 30 décembre 1888 et 30 mai 1890.

promises : le rapprochement de la paroi est un trompe-l'œil qui ne remédie à aucune des autres conséquences désastreuses de la fourbure et qui pourrait mettre obstacle au retour de l'os du pied à sa position normale, voire même le faire reculer, et basculer davantage si la pression était poussée trop loin.

Hermann Schneider (1) a proposé de combattre la bascule et le recul de la troisième phalange dans la fourbure chronique par l'emploi d'un fer à double planche, l'une transversale, l'autre longitudinale (fig. 310). Cette dernière s'applique en plein sur toute la longueur de la fourchette ; au besoin même on a recours pour cela à une fourchette artificielle. La pression ainsi transmise à l'os du pied doit s'opposer à sa bascule et à la formation du croissant.

Joly a relaté quelques résultats heureux de ce procédé, mais on les obtient tout aussi bien et sans danger par le *paré* rationnel du sabot et l'emploi d'un simple fer protecteur (2).

ART. V. — FERRURES COMPLÉMENTAIRES DES OPÉRATIONS CHIRURGICALES.

Certaines maladies du pied comme le clou de rue pénétrant, le javart cartilagineux, le crapaud, nécessitent des opérations chirurgicales suivies d'un pansement dont le fer constitue ordinairement la pièce principale de soutien.

Toutefois ce fer peut être remplacé par l'emmaillotement du pied, comme le recommande Cadiot. Si l'on applique un fer, il faut qu'il soit aussi léger que possible, et l'on conçoit que si l'on peut le fabriquer en bronze d'aluminium, cette condition se trouvera parfaitement réalisée. Parmi les fers que l'on applique après les opérations chirurgicales, on distingue : les *fers à plaque*, les *fers à dessolure*, les *fers à javart*.

§ 1ᵉʳ. — **FERS A PLAQUE.**

On nomme ainsi des fers dont une des faces est recouverte d'une plaque de tôle, de cuivre ou de cuir, destinée

----

(1) *Recueil de médecine vétérinaire*, n° du 15 juin 1889. Traduction de Joly.

(2) Jacoulet et Chomel, *Traité d'hippologie*, t. II, p. 417.

à protéger la sole et la fourchette ou à maintenir un pansement. Ils sont usités en cas de piqûre, de brûlure, foulure de la sole, crapaud ou blessure quelconque nécessitant un pansement.

La plaque peut être d'un seul morceau ou bien composée de pièces de tôle appelées *éclisses* (fig. 311 à 313) deux de ces éclisses remplissent exactement l'ouverture du fer et s'appliquent sur la face supérieure de celui-ci, la troisième, qu'on nomme *traverse* est destinée à maintenir les précé-

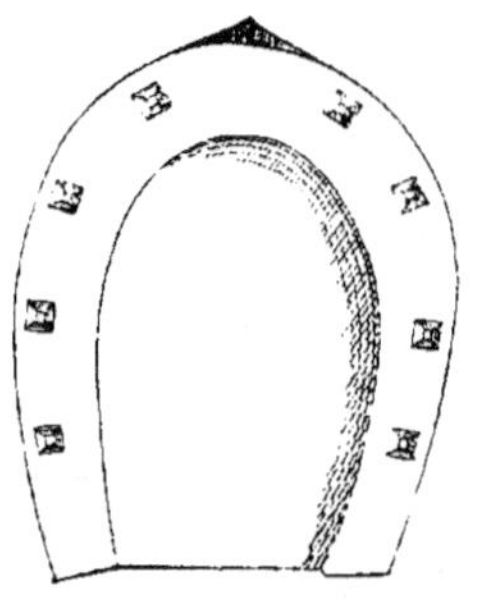

Fig. 311. — Fer à plaque sur la ace supérieure.

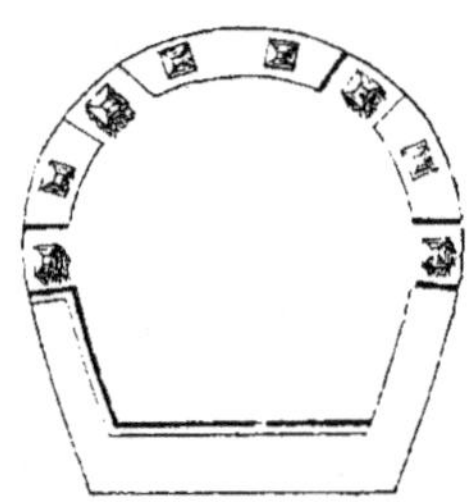

Fig. 312. — Fer à plaque sur la face inférieure (Gohier).

dentes en passant sous leur face inférieure et sur les éponges. Par cette disposition des éclisses, on peut panser les plaies de la sole sans être obligé de déferrer l'animal à chaque pansement. Mais les éclisses manquent de solidité et elles ne conviennent pas lorsque les lésions de la sole sont compatibles avec l'utilisation de l'animal à l'allure du pas ou du trot, comme dans le cas de crapaud. Alors on emploie un fer à plaque d'une seule pièce; tantôt cette plaque est fixée à demeure à la face supérieure du fer (fig. 311); tantôt à la face inférieure (Gohier)(fig. 312); elle est alors retenue par des prolongements placés vis-à-vis quelques-unes des étampures et qui sont fixés par les clous destinés à attacher le fer. Ce dispositif permet de

placer ou de retirer la plaque sans déferrer le pied; néanmoins il est peu usité car il manque de solidité et il expose
aux glissades. Bourgelat a décrit un fer avec *plaque à
coulisse* qui ne présente qu'un intérêt historique.

§ 2. — FER A DESSOLURE.

On nomme ainsi un fer étroit dans toutes ses parties,
beaucoup plus mince que le fer ordinaire, présentant

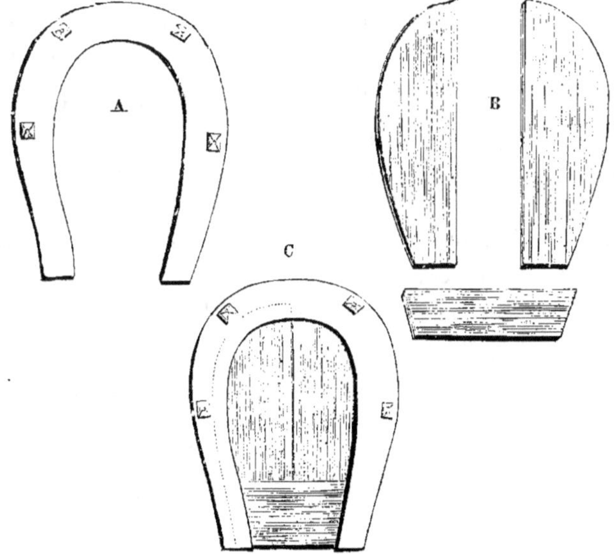

Fig. 313. — Fer à dessolure et éclisses.
A. fer à dessolure ; B, éclisses ; C, fer à dessolure et éclisses assemblées.

quatre à six étampures suivant le volume du pied auquel
il est destiné (fig. 313). Ses éponges sont un peu prolongées
afin de fournir un appui solide à la bande qui assujettit et
comprime le pansement.

Ce fer s'applique avec des éclisses, notamment après
l'opération du clou de rue pénétrant faite par dessolure.

§ 3. — **FER A JAVART.**

La forme de ce fer varie suivant le procédé d'après lequel l'opération du javart cartilagineux a été pratiquée.

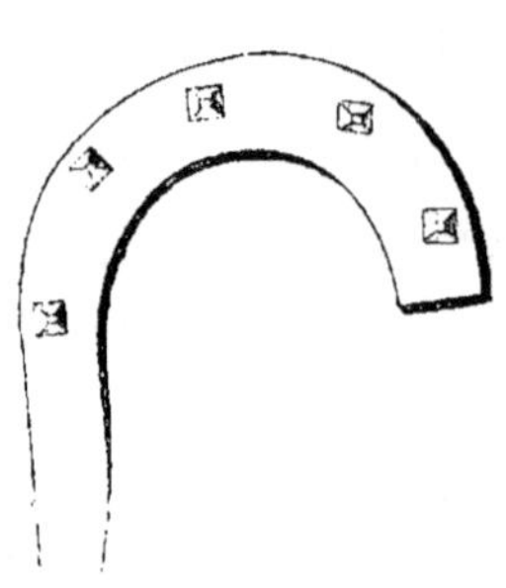

Fig. 314. — Fer à une branche tronquée.

Si l'on opère par ablation du quartier (procédé Renault), on applique le fer représenté par la figure 314, encore appelé *fer à une branche tronquée*. C'est un fer ordinaire dont une des éponges a été coupée près de la première étampure, tandis que l'éponge opposée est un peu plus longue que normalement afin de retenir la ligature qui assujettit le pansement.

Lorsque l'on opère par amincissement, on emploie un fer à branche couverte du côté correspondant à l'opération et à éponges dépassant un peu le talon pour soutenir les tours de bande. Quelles que soient les dispositions du fer, il doit toujours être mince et léger ; à cet effet, on utilise avantageusement *la déferre*.

CHAPITRE IV

SOINS A DONNER AU SABOT.

Ces soins ont pour but de prévenir la dessiccation de la
corne, de lui conserver sa souplesse afin d'éviter les déformations et la fragilité du sabot, les gerçures ou crevasses
de la couronne, les fendillements de la paroi. — Ces
moyens, qui sont qualifiés de *soins hygiéniques*, consistent dans des onctions, des bains, des cataplasmes.

Les *onctions* se pratiquent tantôt avec des matières
grasses plus ou moins pures, tantôt avec des onguents
réputés spécifiques. — De ces innombrables préparations,
la moins complexe est la meilleure, dirons-nous. Car le but
à atteindre est fort simple : il consiste à entretenir la souplesse du périople et des couches superficielles de la paroi,
au moyen d'un mince enduit graisseux, sorte de vernis
artificiel, qui s'oppose à la dessiccation de la corne. —
Pour remplir cette indication, la vaseline, l'huile de pied
de bœuf, la graisse de cheval, seules ou mélangées de
goudron de Norvège au tiers ou au quart, conviennent
parfaitement. Après avoir lavé et séché le sabot avec une
éponge, on graisse la paroi avec une brosse molle enduite
de la préparation ; la corne devient luisante et le cheval semble mieux soigné ; aussi le *graissage* répété
du sabot est-il fort à la mode. Mais cette pratique ainsi
entendue, c'est-à-dire fréquemment renouvelée, présente
plus d'inconvénients que d'avantages : le périople se gerce,
se fendille, la corne devient rugueuse, friable, et finalement on obtient un résultat contraire à celui que l'on
attendait. — Il faut donc se contenter de graisser le sabot
de loin en loin, de semaine en semaine pour ainsi dire ;

car, dans l'état physiologique, la souplesse de la corne est suffisamment entretenue par les exhalations dont elle est le siège.

Les *bains* d'eau tiède d'une durée de 20 à 25 minutes environ peuvent être utiles lorsque la corne est sèche, cassante ; mais, immédiatement après leur emploi, il faut enduire le sabot avec une matière onctueuse afin d'éviter l'évaporation trop rapide de l'eau imbibée dans la corne, évaporation qui rendrait cette matière sèche et cassante, comme on le conçoit aisément.

Les *cataplasmes* de farine de lin ou de son, l'emploi de la bouse de vache sont fréquemment recommandés pour entretenir et conserver la souplesse de la corne du sabot notamment chez les chevaux de luxe. « La bouse de vache est appliquée deux fois par semaine, placée le soir et retirée le lendemain matin. Des applications trop répétées amènent la pourriture de la fourchette ; si elles sont de trop longue durée, la fiente, en se desséchant, soutire l'humidité de la corne et fait ainsi plus de mal que de bien. » (Goyau.)

Le séjour du cheval, déferré surtout, dans une *prairie humide* favorise la conservation du sabot et même sa restauration ; car, le pied s'enfonce dans un sol meuble, la corne conserve ou reprend sa souplesse et son élasticité. On peut ainsi remédier à diverses défectuosités ou maladies, notamment au resserrement des talons.

APPENDICE SUR LA FERRURE DU MULET, DE L'ANE ET DU BOEUF.

ART. Iᵉʳ. — DU PIED DE L'ANE ET DU MULET.

Le pied du mulet est presque toujours construit sur le modèle de celui de l'âne. Voici les traits principaux par lesquels ils diffèrent l'un et l'autre de celui du cheval. Ils sont plus petits, même relativement à la taille, plus étroits, plus droits, plus creux, plus épais de paroi et d'une sûreté

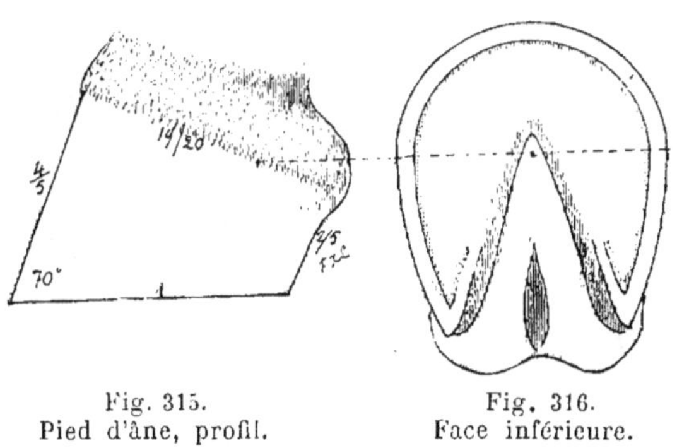

Fig. 315.
Pied d'âne, profil.

Fig. 316.
Face inférieure.

d'appui qui permet à l'âne et au mulet de passer aisément par les sentiers les plus étroits et les plus escarpés des pays de montagnes.

Vus de profil (fig. 315), ils sont limités en pince et en talon par deux lignes moins obliques que dans le cheval et non exactement parallèles : celle de la pince est inclinée sur l'horizon d'environ 65° au pied de devant, de 70° au pied de derrière; celle du talon est sensiblement plus oblique. Le rapport de longueur de ces deux lignes est d'environ 1 : 2. La longueur de la pince est à peu près les 4/5 de la longueur plantaire. Celle-ci ne l'emporte guère sur la longueur coronaire.

L'obliquité de la paroi décroît rapidement d'avant en

arrière, de telle sorte qu'à mi-distance de la pince et du talon, la verticale est tangente sur toute la hauteur du pied. Plus loin, l'obliquité devient négative sans jamais dépasser toutefois 5° à 8° relativement à la verticale. Les talons sont ainsi moins fuyants de dehors en dedans que chez le cheval.

Vus de face (fig. 317), les pieds en question sont limités par deux lignes légèrement convergentes, de sorte que leur largeur à la couronne dépasse un peu leur largeur inférieure (19 : 20).

Vus par-dessous (fig. 316) ils montrent une étroitesse caractéristique : la largeur maximum n'est guère que les 5/6 de la longueur comprise entre la pince et l'un des talons. Leur contour est formé d'un demi-cercle antérieur et de deux arcs postérieurs dont le centre se trouve sur le diamètre prolongé du demi-cercle antérieur, à un rayon de distance du sabot.

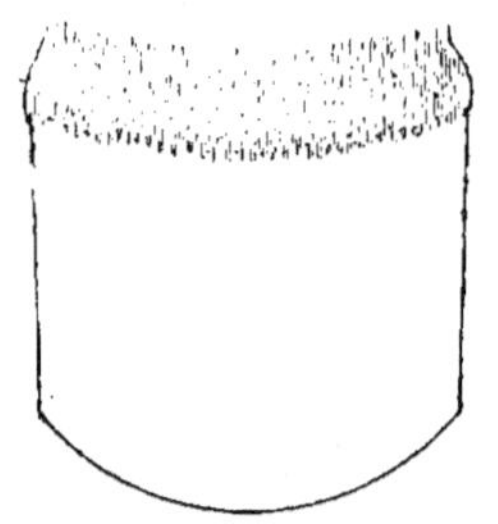

Fig. 317. — Pied d'âne, face antérieure.

Le contour du pied postérieur se distingue à peine par un léger allongement de la pince.

Les balzanes n'existant pas dans l'âne et le mulet, la paroi du sabot est toujours pigmentée, et, chose remarquable, dans toute son épaisseur ; seul le kéraphylle est blanc ; toutefois la couche superficielle est d'un gris plus foncé que la couche profonde, et, chez le mulet, il est commun de voir une mince couche blanche dans la profondeur, surtout en talons.

Les barres sont presque verticales. La sole est très creuse, et la fourchette très développée dans les beaux pieds. Cette dernière dépasse notablement en arrière la ligne qui unirait les talons, et recouvre ceux-ci d'une

couche de corne d'un à deux centimètres d'épaisseur qui
tient lieu de la mince lame périoplique qu'on observe chez
le cheval.

Examiné à l'intérieur, après évulsion, le sabot de l'âne
et du mulet se fait remarquer 1° par la hauteur considérable
de la gouttière cutigérale qui équivaut à la moitié de celle du
kéraphylle, tandis qu'elle n'en est que le tiers ou le quart

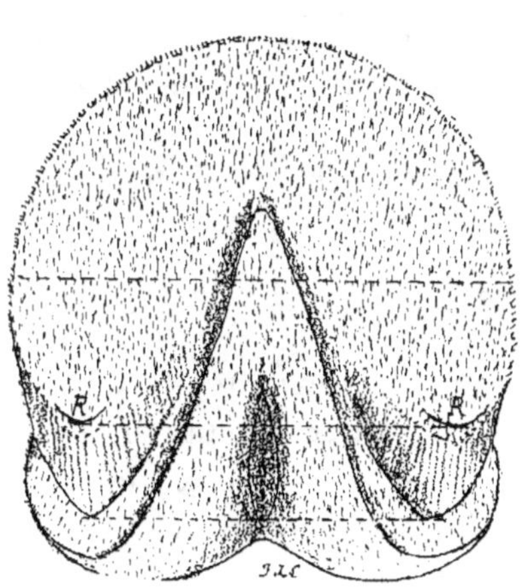

Fig. 318. — Face inférieure du pied
dessabotté d'un cheval.
R,R, apophyses rétrossales.

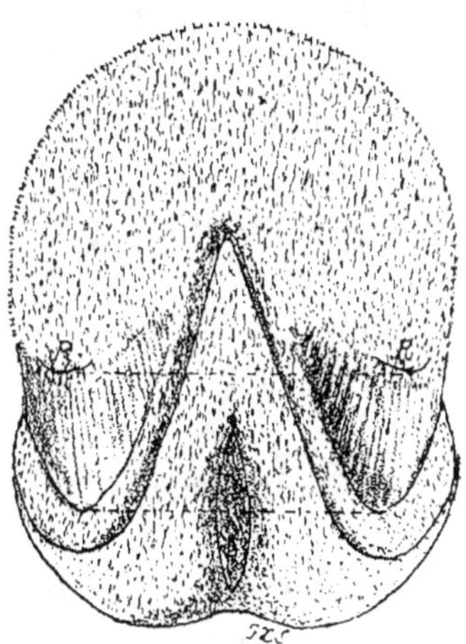

Fig. 319. — Face inférieure du
pied dessabotté d'un âne.
R,R, apophyses rétrossales.

dans le cheval ; 2° par la largeur des feuillets de corne qui
n'est pas moindre de 4 à 5 millimètres ; 3° par le nombre
de ces feuillets qui est d'environ 350 chez l'âne, 450 chez
le mulet, tandis qu'il atteint au moins 550 dans le cheval ;
4° par le faible relief de l'arête de la fourchette.

L'*extrémité dessabottée* de l'âne et du mulet est remarquable non-seulement au bourrelet très haut, aux lames
podophylleuses très larges, mais encore au coussinet
plantaire tiré en quelque sorte en arrière, de sorte qu'il
dépasse beaucoup la ligne unissant la partie supérieure du
podophylle des talons, tandis que dans le cheval cette ligne

le coupe tout à fait vers la base (fig. 318 et 319). La ligne réunissant les apophyses rétrossales n'est pas moins démonstrative : elle traverse le coussinet par le milieu chez le cheval, par la pointe chez l'âne et le mulet. On dirait que, dans ces derniers, cet organe ainsi que la fourchette tendent à s'échapper en arrière de l'intervalle des arcs-boutants, le sabot se rapprochant de la griffe.

Au microscope, on voit que les lames podophylleuses de l'âne sont environ deux fois plus épaisses que celles du cheval ($0^{mm},45$ à $0^{mm},50$, âne ; $0^{mm},20$ à $0^{mm},25$, cheval), et aussi beaucoup plus vasculaires ; par contre leurs crêtes latérales sont très peu saillantes (30 à 40 μ, âne ; 70 à 100 μ, cheval). Rien ne serait plus facile, avec une coupe du tissu podokéraphylleux, de distinguer un pied d'âne d'un pied de cheval.

Une autre particularité histologique très digne de remarque siège dans le coussinet plantaire : chez le cheval cet organe ne présente point de lobules adipeux ; la pulpe jaunâtre qui remplit ses mailles est constituée par des agglomérats de fines fibres élastiques enchevêtrées. Dans l'âne et le mulet, au contraire, le coussinet plantaire est graisseux, et conséquemment se tache de noir sous l'influence de l'acide osmique ; des lobules adipeux remplissent ses aréoles concurremment avec des amas de fibres élastiques, de telle sorte qu'il fait transition *des coussinets fibro-adipeux* des carnivores, des ruminants et du porc, *aux coussinets fibro-élastiques* du cheval.

Malgré leur épaisseur de paroi, les pieds de l'âne et du mulet sont très exposés au resserrement des talons et à l'atrophie du coussinet plantaire et de la fourchette : c'est avec la crapaudine ou mal d'âne, leurs deux principales défectuosités. Néanmoins, il est exceptionnel que ce resserrement entraîne une compression douloureuse des parties intérieures, c'est-à-dire une véritable encastelure.

Cela tient sans doute au faible développement des angles
saillants postérieurs de la phalangette, à la projection en
arrière du coussinet plantaire et des fibro-cartilages, et à
la conservation de l'intégrité histologique de ceux-ci, qui
ne sont presque pas sujets à l'ossification : toutes conditions permettant au retrait de s'effectuer sans qu'aucune
partie dure y fasse obstacle.

ART. II. — FERRURE DU MULET.

Le *fer du mulet* a la forme d'un carré long ; les mamelles sont saillantes ; les branches, droites et moins couver-

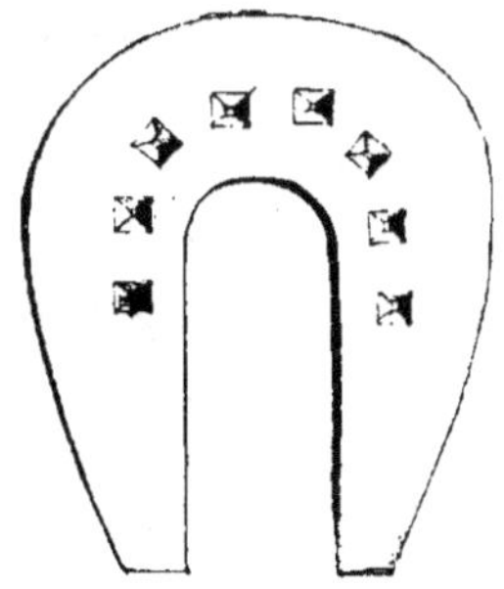

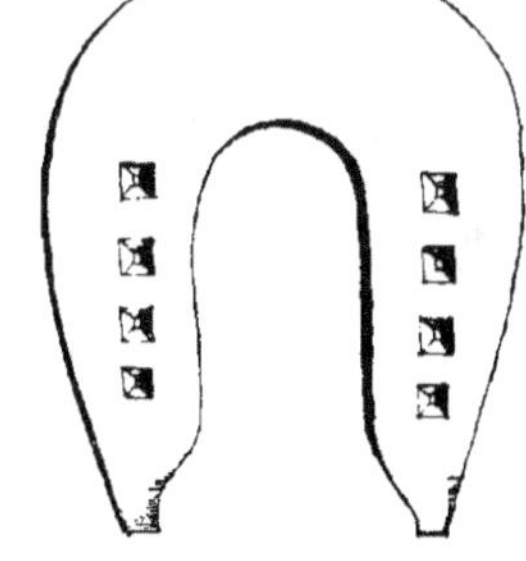

Fig. 320. — Fer de mulet pour un pied
de devant (ferrure provençale).

Fig. 321. — Fer de mulet pour un
pied de derrière.

tes que la pince ; l'épaisseur va en diminuant des mamelles vers les éponges, comme la couverture. Les étampures,
au nombre de huit généralement, sont percées à gras, un
peu moins cependant à la branche du dedans qu'à celle
du dehors.

Dans le *fer de devant* (fig. 320) la branche externe est
plus couverte que l'interne ; elle se termine ordinairement par une éponge carrée ; l'éponge opposée finit
par une pointe et se trouve un peu relevée du côté
du talon. Dans le *fer de derrière* (fig. 321), la pince n'a
point d'étampures ; celles-ci sont disposées sur les bran-

ches au nombre de quatre de chaque côté. Lorsque les éponges ne présentent pas de crampons, elles sont légèrement relevées contre les talons.

Pour ajuster le fer de mulet, on relève la pince de court d'une mamelle à l'autre et les branches sont disposées sur un plan horizontal. La garniture est toujours plus forte que pour la ferrure du cheval, attendu que le pied du mulet est plus étroit que celui du cheval ; si le fer était juste, il aurait moins de largeur que lorsqu'il garnit et par suite s'userait plus rapidement. C'est donc pour augmenter la durée de la ferrure que l'on donne de la garniture au fer de mulet.

Toutefois cette disposition du fer varie suivant que les mulets sont employés au service du bât ou du trait, dans les montagnes ou dans les plaines. Dans le premier cas, la garniture doit être très réduite afin d'éviter les glissades et les dangers qui en résulteraient. Dans le second cas, la garniture sera calculée suivant l'usure plus ou moins rapide du fer, c'est-à-dire en raison du service sur un sol meuble ou sur une route empierrée. Mais on évitera toujours de donner un excès d'épaisseur et de garniture en pince, comme on le fait pour la ferrure *à la florentine* (fig. 322) qui fatigue et ruine prématurément l'animal.

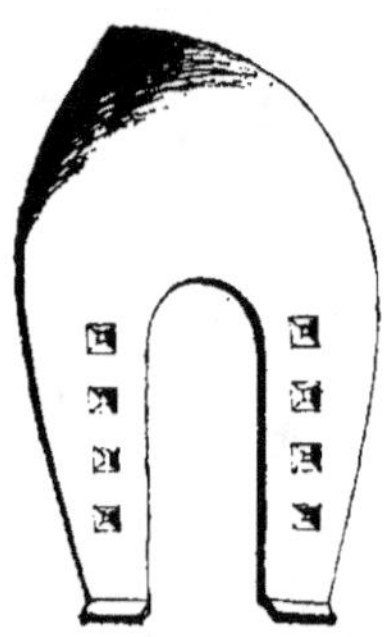

Fig. 322. — Fer de mulet à la florentine.

La *ferrure provençale* ou à pince carrée avec large garniture convient bien pour les mulets de roulage, les mulets de gros trait. Il faut remarquer toutefois qu'un excès de largeur du fer fatigue l'animal, surtout quand il travaille sur un terrain meuble, boueux, dans lequel les sabots enfoncent profondément ; en outre le fer peut être arraché.

Il faut donc calculer la garniture de telle sorte que la ferrure soit solide, durable, économique, sans qu'elle

DIMENSIONS EN MILLIMÈTRES des fers de mulets.	DEVANT						DERRIÈRE					
	COUVERTURE			ÉPAISSEUR			COUVERTURE			ÉPAISSEUR		
	Pince et mamelles.	Branches.	Éponges.	Pince et mamelles.	Branches.	Éponges.	Pince et mamelles.	Branches.	Éponges.	Pince et mamelles.	Branches.	Éponges.
	mm.	mm.	mm.	mm.	mm.	mm.	mm.	mm.	mm.	mm.	mm.	mm.
De trait........	26	24	20	11	8	8	34	25	15	13	10	10
De bât...... ..	22	20	15	10	8	8	25	19	12	12	10	10

fatigue l'animal par un excès de couverture et d'épaisseur du fer.

Dans l'*armée*, les dimensions des fers de mulets de trait

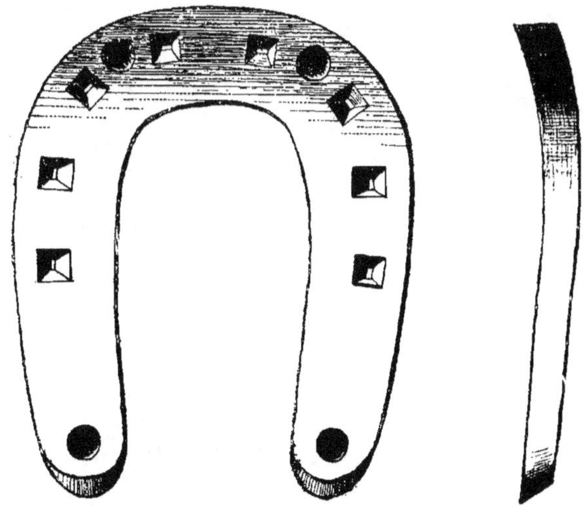

Fig. 323. — Fer de mulet (antérieur) (Jacoulet et Chomel).

et de bât ont été fixées, par décision ministérielle du 5 janvier 1882 (Voy. le tableau ci-dessus).

On voit donc que le fer de mulet, réglementaire dans

l'armée, présente une garniture bien appropriée au genre de service; il est en outre pourvu, comme le fer à cheval, de quatre mortaises d'attente pour crampons-vis à glace (fig. 323 et 324).

Suivant Rey, « les Allemands ménagent aux fers de derrière des mulets un large et fort pinçon, parce que, disent-ils, ces animaux forgent plus facilement que les che-

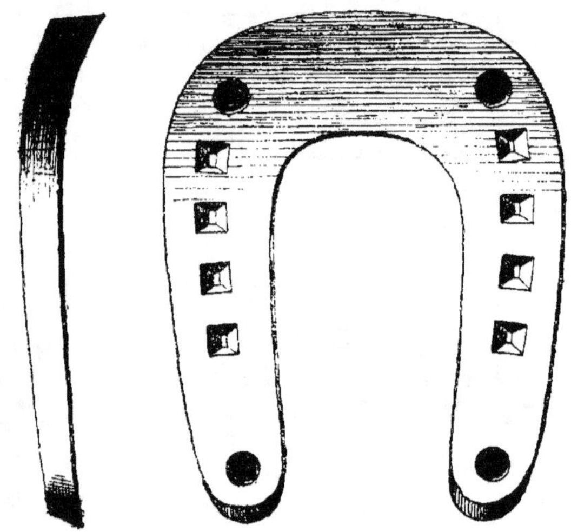

Fig. 324. — Fer de mulet (postérieur) (Jacoulet et Chomel).

vaux et frappent les talons ou les éponges des pieds de devant avec la pince des pieds de derrière ». Pader estime que le pinçon « doit être employé dans la ferrure du mulet de bât et de trait léger; il consolide le fer et protège la pince du sabot ». Cependant il est rare que cet appendice existe au fer du mulet, car la corne est généralement très résistante et les clous suffisent pour assurer la solidité de la ferrure; d'autre part, le pinçon ne permettrait pas de donner une garniture suffisante, surtout en pince où elle est toujours nécessaire.

Le pied doit être paré comme celui du cheval, suivant

un plan horizontal. On recommande en outre de « faire sauter carrément le sommet de la pince jusqu'à 2 millimètres du sillon circulaire (1) ». Cette manœuvre, qui est également indiquée dans le *Traité de maréchalerie* de Goyau, dont le *Manuel de maréchalerie à l'usage des maréchaux ferrants de l'armée française* n'est qu'un abrégé, cette manœuvre, disons-nous, constitue ce qu'on appelle, dans le langage technique, un *sifflet*. Or, d'après Garsault, on pratique le *sifflet* ou échancrure de pince « pour faire couler l'eau qui entre sous le fer et dont l'action permanente pourrirait le pied ».

Bourgelat considère le sifflet comme inutile et Pader estime que « la pratique généralement usitée de couper carrément la pince n'a pas sa raison; elle doit être abandonnée ».

Nous sommes également de cet avis.

L'implantation des clous destinés à fixer le fer sur le sabot du mulet offre quelques difficultés à cause de la direction perpendiculaire de la paroi et de la dureté de ses couches extérieures. On se servira de clous à lame mince, à affilure peu oblique permettant de *puiser* dans la corne, c'est-à-dire de brocher *à gras* et haut. Toutefois il est des ouvriers qui préfèrent donner *un peu plus de sortie* à l'affilure du clou, c'est-à-dire plus d'obliquité que chez le cheval, tout en brochant *à gras*.

ART. III. — FERRURE DE L'ANE.

Le fer de l'âne est semblable à celui du mulet, aux dimensions près; il est moins long et moins large : le pied de l'âne étant beaucoup plus petit que celui du mulet, bien que semblable dans sa forme.

---

(1) *Manuel de maréchalerie à l'usage des maréchaux ferrants de l'armée française*, 1885, p. 174.

Ce fer (fig. 325 et 326) présente de quatre ou six étampures, percées moins *à gras* que celles du fer de mulet, attendu qu'on donne moins de garniture. Il porte souvent des crampons, surtout aux pieds de derrière.

En parant le pied, on pratique généralement l'échancrure de pince qui n'a pas plus sa raison d'être chez l'âne que chez le mulet.

L'action de brocher les clous est assez difficile, car il est beaucoup d'ânes qui retirent le pied à chaque coup de brochoir, qui *comptent*, comme on le dit dans le langage

 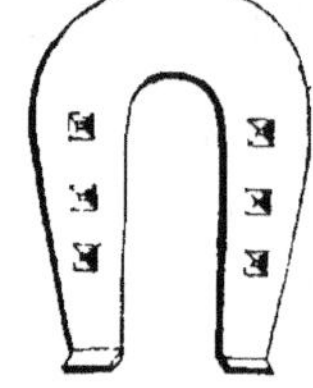

Fig. 325. — Fer d'âne (antérieur).   Fig. 326. — Fer d'âne (postérieur).

technique. On se servira de clous à lame mince et à affilure un peu plus oblique que pour le cheval.

ART. IV. — FERRURE DU BŒUF.

La ferrure du bœuf n'est pas aussi généralement employée que celle du cheval. On ne ferre que les bœufs et les vaches qui font un service de trait sur les routes empierrées ou pavées, les chemins pierreux. Dans certaines localités, et chez certaines bêtes bovines dont la corne des ongles est résistante, on ne ferre que l'onglon externe de chaque pied antérieur; il en est d'autres qui sont ferrés des quatre pieds, en dehors seulement; enfin, lorsque les bêtes bovines travaillent d'une manière prolongée sur des terrains durs, cailloureux, on ferre les huit onglons.

Le fer de bœuf (fig. 327) est une plaque de deux à trois

millimètres d'épaisseur, pouvant être ajustée à froid, dont la forme reproduit celle de la face inférieure de l'onglon.

Les étampures, au nombre de cinq ou six, sont percées à maigre ; elles n'occupent que les deux tiers antérieurs du bord externe du fer. Sur la rive interne, le fer présente un prolongement qui s'en détache à angle droit, et qu'on rabat à froid sur la paroi : c'est une sorte de pinçon en forme de languette qui consolide beaucoup la ferrure et dont l'utilité n'est pas douteuse,

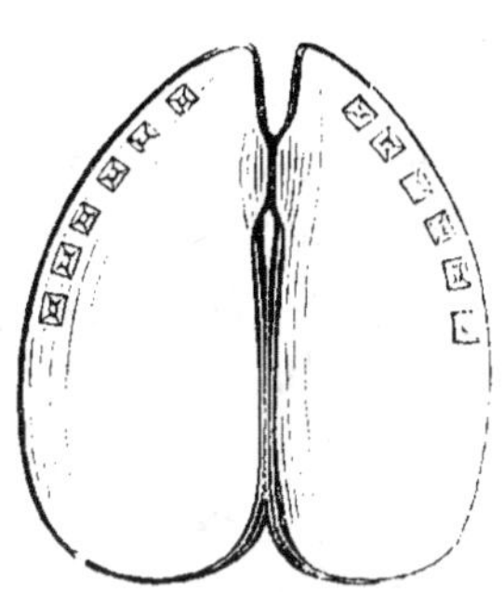

Fig. 327. — Deux fers de bœuf pour les onglons d'un même pied.

quoi qu'on en ait dit. Un peu en arrière de ce premier pinçon, il en existe un deuxième, large et bas, de forme à peu près triangulaire, destiné à empêcher la pénétration des graviers entre le fer et la sole.

Pour ferrer les bêtes bovines, il faut généralement les fixer dans un *travail*.

L'action de parer le pied consiste à retrancher l'excès de longueur de l'onglon avec le rogne-pied et le brochoir, ou seulement avec le boutoir.

On se sert parfois d'un outil spécial appelé *force* ou d'une sorte de *gouge*

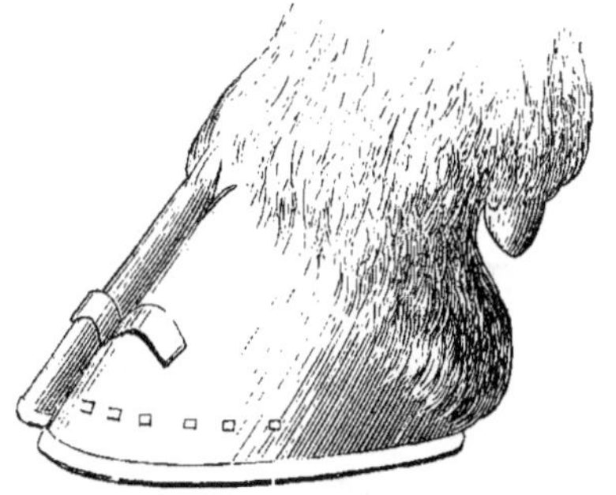

Fig. 328. — Pied de bœuf ferré des deux onglons.

large ; dans tous les cas, la sole doit être parée avec ménagement et prudence.

Avant de fixer le fer sous l'onglon, on l'ajuste en relevant un peu sa rive externe, mais de telle sorte que la face supérieure du fer soit légèrement concave ; on l'*essaye à froid* sur l'onglon et on frappe ensuite quelques coups de brochoir sur l'arrière de la plaque pour lui imprimer la courbure du talon.

Le maréchal fixe le fer en se servant de clous à lame mince qu'il broche à maigre. Finalement il courbe et rabat sur la paroi, par quelques coups de brochoir, le pinçon à languette (fig. 328).

Telle est la ferrure du bœuf. On a bien essayé de la modifier par l'application du système Charlier, c'est-à-dire en substituant à la plaque, qui constitue le fer, une bande métallique, étroite, incrustée dans la paroi. Mais, comme il était facile de le prévoir, ce système n'a pas eu de succès, quoi qu'on en ait dit, attendu que la ferrure du bœuf a surtout pour but de protéger la sole contre les foulures, les contusions, ce qui ne peut être réalisé que par l'emploi d'une plaque métallique modelée sur le dessous de l'onglon et le recouvrant entièrement.

FIN

TABLE ALPHABÉTIQUE DES MATIÈRES

600-95. — Corbeil. Imprimerie Crété.